AF402258

OEUVRES

DU COMTE

DE LACÉPÈDE.

TOME IV.

DE L'IMPRIMERIE DE FIRMIN DIDOT,

IMPRIMEUR DU ROI ET DE L'INSTITUT, RUE JACOB, N° 24.

OEUVRES

DU COMTE

DE LACÉPÈDE,

MEMBRE DE L'ACADÉMIE ROYALE DES SCIENCES,

L'UN DES PROFESSEURS DU MUSÉUM D'HISTOIRE NATURELLE,
MEMBRE DE PLUSIEURS SOCIÉTÉS SAVANTES, FRANÇAISES ET ÉTRANGÈRES,
PAIR DE FRANCE,
ET ANCIEN GRAND-CHANCELIER DE LA LÉGION-D'HONNEUR.

NOUVELLE ÉDITION,

DIRIGÉE

PAR M. A. G. DESMAREST,

Correspondant de l'Académie des Sciences, membre titulaire de l'Académie de
Médecine ; professeur de Zoologie à l'École royale vétérinaire d'Alfort; etc.

HISTOIRE NATURELLE DES SERPENTS.

A PARIS,

CHEZ LADRANGE ET VERDIÈRE,

LIBRAIRES, QUAI DES AUGUSTINS.

1828.

AVERTISSEMENT
DE L'AUTEUR.
1789.

Personne ne sent plus vivement que moi, combien la mort de M. le comte de Buffon m'a privé d'un puissant secours pour l'ouvrage dont je publie aujourd'hui le second volume, et que je n'aurais jamais entrepris s'il ne s'était engagé à m'éclairer dans la route qu'il m'avait indiquée lui-même en me chargeant de continuer l'*Histoire Naturelle*. Quelque temps avant cet événement funeste aux lettres, l'un des coopérateurs de M. de Buffon, l'éloquent auteur d'une partie de l'Histoire des Oiseaux, et du Discours préliminaire de la Collection académique, avait été enlevé aux sciences, et sa mort avait fait évanouir les grandes espérances qu'avaient conçues les amateurs de l'Histoire naturelle, ainsi que l'espoir particulier que j'avais fondé sur ses connaissances et la bonté de son caractère. Heureusement pour moi, l'on dirait que plusieurs naturalistes de France ou des pays étrangers, et particulièrement ceux qui viennent d'entreprendre de grands voyages pour l'avancement des sciences, ont cherché à diminuer les pertes que j'ai faites, en m'envoyant ou en me promettant un très-grand nombre d'observations importantes. C'est avec bien de la reconnaissance que je les remercie ici et des bienfaits que j'ai déja reçus, et de ceux que je dois recevoir encore. J'ai fait usage de quelques-unes de ces observations dans le volume que je publie aujourd'hui, et j'emploierai les autres dans ceux qui le suivront. M. le marquis de la Billardrie, successeur de M. de Buffon dans la place d'intendant du Jardin de Sa Majesté, et qui se propose de ne rien négliger pour l'avancement des sciences naturelles, tant par l'étendue de ses correspondances, que par les différents voyages qu'il pourra faire faire dans les pays les plus intéressants pour les naturalistes, a eu aussi la bonté de me promettre les différentes observations qui lui arriveront directement, et qui pourront être relatives à mon travail. D'ailleurs M. de Buffon m'avait remis, dans le temps, les notes, les lettres et les divers manuscrits qu'il avait reçus à différentes époques, au sujet des animaux dont je devais publier l'histoire. Deux mois avant sa mort, il voulut bien me remettre encore tous les manuscrits et les dessins originaux que feu M. Commerson, très-habile naturaliste, a composés ou fait exécuter, relativement aux diverses classes d'animaux, pendant son séjour dans l'île de Bourbon, où il avait été envoyé par le gouvernement. M. de Buffon a publié la partie de ces manuscrits qui concerne les quadrupèdes vivipares et les oiseaux, et je serai d'autant plus empressé d'enrichir mon ouvrage de ceux qui traitent des autres animaux, que les naturalistes les attendent depuis long-temps avec impatience. De plus, M. le comte de Buffon, fils du grand-homme que nous regrettons, et qui, entré avec honneur dans la carrière militaire, fera briller au milieu des armes, un nom rendu immortel par la gloire des lettres, a bien voulu, ainsi que son oncle, M. le chevalier de Buffon, officier supérieur distingué par ses services et connu depuis long-temps par son goût pour les sciences et les beauts-arts, me communiquer toutes les notes qui se sont trouvées dans les papiers de feu M. le comte de Buffon, et qui pouvaient m'être utiles pour la continuation de l'Histoire naturelle. Mais ce qui est pour moi l'un des plus grands encouragements, ce sont les rapports que j'ai l'avantage d'avoir avec M. Daubenton ; c'est l'amitié qui me lie avec ce célèbre naturaliste, dans les lumières duquel j'ai trouvé tant de secours, et que je me plairais tant à louer, si je pouvais, sans blesser sa modestie, répéter très-près de lui ce que la voix publique fait retentir partout où l'on s'intéresse au progrès des sciences naturelles. Le monde savant l'a vu avec regret cesser, dans le temps, de travailler à l'Histoire naturelle conjointement avec M. de Buffon, et suspendre la description du Cabinet de Sa Majesté ; aussi m'empressé-je d'annoncer au public qu'il jouira bientôt de la continuation de cette partie de l'Histoire naturelle, que M. Daubenton se propose de reprendre au point où des circonstances particulières l'ont engagé à l'interrompre.

———————◆———————

ÉLOGE

DU COMTE DE BUFFON.

JE préparais ce nouveau volume entrepris pour compléter l'*Histoire naturelle*, publiée avec tant de succès par le grand homme qui faisait un des plus beaux ornements de la France, lorsqu'il a terminé sa glorieuse carrière. Toutes les contrées éclairées par la lumière des sciences, après avoir retenti pendant sa vie des applaudissements donnés à ses triomphes, ont répété plus haut encore, après sa mort, les accents de l'admiration, auxquels se sont mêlés ceux des regrets; et la postérité a commencé, pour ainsi dire, de couronner sa statue. Au milieu de tous les hommages rendus à sa mémoire, que ne puis-je faire entendre une voix éloquente qui redise son éloge dans le sanctuaire même consacré par son génie à la science qu'il chérissait!

Lorsque Platon quitta sa dépouille mortelle pour s'élever à l'immortalité, ses disciples en pleurs se rassemblèrent sur le promontoire fameux (1), voisin de la célèbre Athènes, où ils avaient si

______

(1) Le promontoire de Sunium. Il est décrit et représenté dans le *Voyage du jeune Anacharsis.*

souvent entendu cette voix imposante et enchanteresse; ils répétèrent leurs tendres plaintes sur ce même rocher antique contre lequel venaient se briser les flots de la mer agitée, et où leur maître assis comme le maître des dieux sur le sommet du Mont-Olympe, leur avait si souvent dévoilé les secrets de la science et ceux de la vertu. Ils consacrèrent ce Mont à leur père chéri; ils en firent, pour ainsi dire, un lieu saint : et pour charmer leur peine, diminuer leur perte, et se retracer avec plus de force les vérités sublimes qu'il leur avait montrées, ils chantèrent un hymne funèbre, et peignirent dans leurs chants tristes et lugubres et son génie et leur douleur.

Que ne pouvons-nous aussi, nous tous qui consacrés à l'étude de l'Histoire naturelle, avons reçu les leçons, avons entendu la voix du Platon moderne, chanter en son honneur un hymne funéraire! Rassemblés des divers points du globe où chacun de nous a conservé cet amour de la nature qu'il savait inspirer si vivement à ses disciples, que ne pouvons-nous pénétrer tous ensemble jusqu'au milieu des plus anciens monuments élevés par cette nature puissante, porter nos pas vers ces monts sourcilleux dont les cimes toujours couvertes de neiges et de frimas, dominent sur les nuées et semblent réunir le ciel avec la terre ! C'est sur ces masses énormes, sur ces blocs immenses de granits, que les siècles ont attaqués en vain et qui seuls paraissent avoir résisté aux combats des éléments, et à toutes les révolutions éprouvées par le globe de la terre, c'est sur ces tables respectées par le temps que nous irions graver le nom de Buffon : c'est à ces antiques témoins des antiques bouleversements de notre planète, que nous irions confier le souvenir de nos regrets et de notre admiration : tout autre monument serait trop périssable pour une aussi longue renommée.

Élevons-nous du moins par la pensée au-dessus de ces rocs escarpés, avançons sur le bord des profonds abîmes qui les entourent, et parvenons jusqu'au sommet de ces monts entassés sur d'autres monts. La nuit règne encore ; aucun nuage ne nous dérobe le firmament ; l'atmosphère la plus pure laisse resplendir les étoiles à nos yeux ; nous voyons ces astres fixes briller des feux qui leur sont propres, et les astres errants nous renvoyer une douce lumière ; ravis d'admiration, plongés dans une méditation profonde, nous croyons voir *le génie de la nature dans la contemplation de l'univers* (1); tout nous rappelle ces vives images prodiguées par Buffon avec tant de magnificence, ce tableau mobile des cieux, que dans sa noble audace, il a tracé avec tant de grandeur (2), et debout sur les lieux les plus élevés du globe, nous entonnons un hymne en son honneur.

« Nous te saluons, ô Buffon, peintre sublime

---

(1) Voyez la planche qui sert de frontispice à la Théorie de la terre de M. de Buffon.

(2) Introduction à l'Histoire des Minéraux , par M. de Buffon.

« de ce spectacle auguste; toi dont le génie hardi,
« non content de parcourir l'immensité des cieux,
« et de chercher les limites de l'espace, a voulu
« remonter jusques à celles du temps (1).

« Tu as demandé à la matière par quelle force
« pénétrante ces astres immobiles, ces pivots em-
« brasés de l'univers, brûlent des feux dont ils
« resplendissent.

« Tu as demandé aux siècles, par quel moteur
« puissant, ces autres astres errants qui brillent
« d'une lumière étrangère, et circulent en esclaves
« soumis autour des soleils qui les maîtrisent, fu-
« rent placés sur la route céleste qui leur a été
« prescrite, et reçurent le mouvement dont ils pa-
« raissent animés.

« Nous te saluons, ô chantre immortel des cieux;
« que le firmament semé d'étoiles, que toutes les
« clartés répandues dans l'espace, que tout ce ma-
« gnifique cortége de la nuit rappelle à jamais ta
« gloire ! »

Cependant les premiers feux du jour dorent
l'orient ; l'astre de la lumière se montre dans toute
sa majesté ; il rougit les cimes isolées qui s'élancent dans les airs, et étincelle, pour ainsi dire,
contre les immenses glaciers qui investissent les
monts. Une vapeur épaisse remplit encore le fond
des vallées, et dérobe les collines à nos yeux. Une

---

(1) Article de la formation des Planètes ; première et seconde vues de
la Nature, etc., par M. de Buffon.

vaste mer paraît avoir envahi le globe; quelques pics couverts de glaces resplendissantes se montrent seulement au-dessus de cette mer immense dont les flots légers, agités par le vent, roulent en grands volumes, s'élèvent en tourbillons, et menacent de surmonter les roches les plus hautes. Nous croyons voir avec Buffon, la terre encore couverte par les eaux de l'Océan, et recevant au milieu des ondes, sa forme, ses inégalités, ses montagnes, ses vallées; et notre hymne continue.

« Nous te saluons, ô Buffon, toi dont le génie « après avoir parcouru l'immensité de l'espace et « du temps, a plané au-dessus de notre globe et « de ses âges (1).

« Tu as vu la terre sortant du sein des eaux; « les montagnes secondaires s'élevant par les ef- « forts accumulés des courants du vaste Océan; « les vallons creusés par ses ondes rapides; les « végétaux développant leurs cimes verdoyantes « sur les premières hauteurs abandonnées par les « eaux; ces bois touffus livrant leurs dépouilles « aux flots agités; les abîmes de l'Océan recevant « ces dépôts précieux comme autant de sources « de chaleur et de feu pour les siècles à venir, et « les plaines de la mer peuplées d'animaux dont « les débris forment de nouveaux rivages ou ex- « haussent les anciens.

« Tu as vu le feu jaillissant avec violence des

____

(1) Théorie de la terre et Époques de la Nature, par M. de Buffon.

« entrailles de la terre, sur le bord des ondes qui
« se retiraient, élevant par son effort de nouvelles
« montagnes, ébranlant les anciennes, couvrant
« les plaines de torrents enflammés ; et les ton-
« nerres retentissants, les foudres rapides, les
« orages des airs mêlant leur puissance à celle des
« orages intérieurs de la terre, et des tempêtes de
« la mer.

« Nous te saluons, toi dont les chants ont cé-
« lébré ces grands objets : que le feu des volcans,
« que les ondes agitées, que les tonnerres des airs
« rappellent à jamais ta gloire ! »

Mais la vapeur épaisse se dissipe, et nous laisse
voir des plaines immenses, des coteaux fertiles,
des champs fleuris, des retraites tranquilles ; ô
Nature, tu te montres dans toute ta beauté ! Les
habitants des airs voltigeant au milieu des boca-
ges, saluent par leur chant l'astre bienfaisant
source de la chaleur ; l'aigle altier vole jusqu'au-
dessus des plus hautes cimes (1) ; le cheval belli-
queux relevant sa mobile crinière, s'élance dans
les vertes prairies ; les divers animaux qui embellissent le globe, paraissent en quelque sorte à nos
yeux. Saisis d'un noble enthousiasme, entraînés
par l'espèce de délire qui s'empare de nos sens,
nous croyons nous détacher, pour ainsi dire, de

---

(1) Voyez particulièrement, dans l'Histoire des Quadrupèdes et des
Oiseaux, par M. de Buffon, les articles *du Cheval*, *du Tigre*, *du Lion*,
du Chameau, *de l'Éléphant*, *du Castor*, *des Singes*, *de l'Aigle*, *des
Perroquets*, *de l'Oiseau-Mouche*, *du Kamichi*, etc.

la terre, et voir le globe roulant sous nos pieds
nous présenter successivement toute sa surface.
Le tigre féroce, le lion terrible régnant avec empire dans les solitudes embrasées de l'Afrique; le
chameau supportant la soif au milieu des sables
brûlants de l'Arabie; l'éléphant des grandes Indes,
étonnant l'intelligence humaine par l'étendue de
son instinct; le castor du Canada, montrant par
son industrie ce que peuvent le nombre et le
concert; les singes des deux mondes, imitateurs
pétulants des mouvements de l'homme; les perroquets richement colorés des contrées voisines de
l'équateur; le brillant oiseau-mouche et le colibri
doré du nouveau continent; le kamichi des côtes
à demi noyées de la Guyane : tous passent sous
nos yeux. Rien ne peut nous dérober aucun de
ces objets que Buffon a revêtus de ses couleurs
éclatantes; et au milieu des sujets de ses magni-
fiques tableaux, nous voyons sur tous les points
de la terre habitable le chef-d'œuvre de la force
productrice, l'homme, qui par la pensée, a con-
quis le sceptre de la nature, dompté les éléments,
fertilisé la terre, embelli son asile, et créé le bonheur par l'amour et par la vertu. Depuis le pôle
sur lequel brille l'Ourse, depuis les bornes du
vaste empire de la souveraine de la Néwa (1), et

---

(1) C'est principalement de la Russie, ainsi que de l'Amérique septentrionale et méridionale, que l'on s'est empressé d'offrir à M. de Buffon,
les divers objets d'Histoire Naturelle qui pouvaient l'intéresser ; il en a

cette contrée fertile en héros, où Reinsberg (1)
voit les arts cultivés par des mains victorieuses,
jusques aux plages ardentes du Mexique, et aux
sommets du Potosi, quelle partie du globe ne
nous rappelle pas des tributs offerts au génie de
Buffon ?

Nous voyons au milieu de l'Athènes moderne,
ces lieux fameux consacrés à la science ou aux
arts sublimes de l'éloquence et de la poésie, ces
temples de la renommée qui parleront à jamais de
la gloire de Buffon, où il a laissé des amis, des
compagnons de ses travaux, un surtout, qui, né
sous le même ciel, et réuni avec lui dès sa plus
tendre jeunesse, a partagé sa gloire et ses cou-
ronnes. Nous croyons entendre leurs voix, et ce
concert de louanges du génie et de l'amitié, reten-
tissant jusques au fond de nos cœurs, nous nous
écrions de nouveau :

« Nous te saluons, ô Buffon, toi qui as chanté
« les œuvres de la création sur ta lyre harmonieuse ;
« toi qui d'une main habile as gravé sur un mo-
« nument plus durable que le bronze, les traits
« augustes du roi de la nature ; qui l'as suivi d'un

---

reçu de plusieurs souverains, et surtout de l'impératrice de toutes les
Russies.

(1) Château du Brandebourg, appartenant au prince Henri de Prusse.
Avec quel plaisir M. de Buffon ne parlait-il pas de son dévouement pour
ce prince ! Combien ne se plaisait-il pas à rappeler les marques d'attachement qu'il en avait reçues, ainsi qu'à s'entretenir de l'amitié que lui a
toujours témoignée la digne compagne d'un grand et célèbre ministre du
meilleur des rois !

« œil attentif sous tous les climats, depuis le mo-
« ment de sa naissance jusques à celui où il dis-
« paraît de dessus la terre : à ta voix la nature a
« rassemblé ses différentes productions ; les divers
« animaux se sont réunis devant toi : tu leur as
« assigné leur forme, leur physionomie, leurs ha-
« bitudes, leur caractère, leur pays, leur nom :
« que partout tes chants soient répétés ; que tout
« parle de toi ; poète sublime, tu as célébré et tous
« les êtres et tous les temps. »

EXTRAIT DES REGISTRES

DE L'ACADÉMIE ROYALE DES SCIENCES.

L'Académie nous a chargés de lui faire le rapport d'un ouvrage de M. le comte de Lacépède, qui a pour titre : *Histoire naturelle des Serpents.*

Cet ouvrage est une suite de celui qu'il a publié l'année dernière sur les Quadrupèdes ovipares et qui a été approuvé par l'Académie. M. le comte de Lacépède y traite de plus de cent soixante-quinze espèces de·Serpents, parmi lesquelles, plus de vingt-deux espèces n'avaient encore été décrites par aucun auteur, et plusieurs autres n'avaient été que légèrement indiquées par les voyageurs ou les naturalistes. C'est principalement dans la collection du Cabinet du roi, que M. le comte de Lacépède a vu ces espèces de Serpents, qui n'étaient pas encore connues ou qui ne l'étaient qu'imparfaitement.

L'auteur les a distribuées en huit genres avec la plupart des naturalistes; il a placé dans le premier, sous la dénomination de Couleuvres, les serpents qui ont de grandes plaques sous le corps et deux rangées de petites plaques sous la queue : comme ce genre est très-nombreux et contient cent trente-sept espèces, l'auteur dit, dans l'article où il traite de la nomenclature des Serpents, qu'il aurait désiré de diviser le genre des couleuvres, d'autant plus qu'il aurait voulu séparer les couleuvres venimeuses de celles qui ne le sont pas; celles dont les petits éclosent dans le ventre de leur mère, de celles qui pondent des œufs. En effet, dans la partie historique de son ouvrage, l'auteur sépare ces couleuvres en commençant par les vipères d'Europe, et les autres vipères des pays étrangers telles que le Céraste, le Naja, etc. et en passant ensuite à la couleuvre à collier et aux autres couleuvres non venimeuses d'Europe, ou des autres parties du globe. Mais, dans sa table méthodique, M. le comte de Lacépède a été obligé de les réunir toutes dans le même genre, n'ayant pas pu trouver des caractères extérieurs très-sensibles et constants pour différencier ces deux divisions. Il expose les tentatives qu'il a faites à ce sujet, et indique aux voyageurs des observations d'après lesquelles on pourrait espérer de trouver ces caractères.

Dans le second genre, l'auteur comprend les serpents qui ont une rangée de grandes plaques sous la queue aussi-bien que sous le ventre et auxquels il conserve le nom de *Boa*; ce genre présente dix espèces de serpents dont plusieurs parviennent à une longueur très-considérable, et parmi lesquelles est le Devin dont la longueur est quelquefois de plus de trente pieds.

Le troisième genre renferme les serpents connus sous le nom de *Serpents à sonnettes*, parce qu'ils ont au bout de la queue des écailles articulées, sonores et mobiles. L'auteur en compte cinq espèces,

M. le comte de Lacépède a mis dans le quatrième genre les serpents auxquels on a donné le nom d'*Anguis* et qui n'ont sous le corps que de petites écailles. Il donne la description de seize espèces de ces animaux parmi lesquels est l'*Orvet*, petit serpent très-connu en Europe, et particulièrement dans plusieurs provinces de France.

Il place dans le cinquième genre, sous le nom d'Amphisbènes, deux espèces de serpents dont le corps et la queue sont entourés d'anneaux écailleux.

Il met dans le sixième deux autres espèces de serpents dont les côtés du corps sont comme plissés et que l'on a nommés Cœcilies.

Il a conservé le nom de *Langaha* à une espèce de serpent, qui, ne pouvant être comprise dans aucun des genres précédents, a dû former un septième genre. Le dessous du corps de ce serpent présente vers la tête de grandes plaques, et ne montre ensuite que des anneaux écailleux; et sa queue garnie de ces mêmes anneaux à son origine, n'est revêtue que de petites écailles à son extrémité.

Enfin, dans le huitième genre, M. le comte de Lacépède traite d'un serpent dont on a donné la description sous le nom d'*Acrochorde de Java*, et qu'il croit être d'un genre particulier, d'après M. Hornstedt qui l'a fait connaître, jusqu'à ce que de nouvelles observations aient déterminé sa place dans quelqu'un des genres précédents.

M. de Lacépède ayant vu non seulement plusieurs espèces de serpents, mais plusieurs individus de la même espèce, a reconnu la difficulté de reconnaître les espèces, en n'employant qu'un très-petit nombre de caractères à l'exemple de la plupart des naturalistes. Il a vu qu'un grand nombre de ces caractères était très-variable en raison de l'âge ou du sexe ou d'autres circonstances. Il a cherché les caractères extérieurs les plus constants; ceux qui lui ont paru n'être pas sujets à varier, sont communs à un trop grand nombre d'espèces de serpents pour servir à distinguer chaque espèce en particulier, il les a combinés avec les caractères moins constants employés jusqu'ici par plusieurs nomenclateurs. Il en a composé une table méthodique, dans laquelle les caractères variables qui seuls ne pourraient pas garantir de l'erreur, servent cependant à faire trouver l'objet que l'on cherche : cette table réunit l'avantage de faire reconnaître plus sûrement qu'aucune autre, l'espèce d'un serpent, et présente les rapports principaux que les diverses espèces ont entre elles.

Ces caractères tant constants, que plus ou moins variables, sont le nombre des grandes et des petites plaques ; la proportion de la longueur du corps à celle de la queue, la présence ou le défaut de dents longues, crochues, creuses, mobiles et connues sous le nom de *crochets à venin ;* la forme et l'arrangement des écailles qui couvrent le sommet de la tête ; la forme de celles qui garnissent le dos ; les traits particuliers de conformation que les serpents peuvent présenter tels que la grosseur de la tête, la forme de cette partie, la distribution des taches et même leur couleur, dernier caractère que l'auteur regarde comme très-variable, mais qu'il présente avec les autres ; sa combinaison avec ces derniers peut quelquefois servir à lever des doutes et à distinguer les espèces.

Les espèces de serpents qui sont comprises dans la table méthodique de M. le comte de Lacépède sont arrangées suivant le nombre des plaques ou des écailles qu'elles ont sous le ventre ; les espèces qui en ont le plus se trouvent placées les premières. On peut connaître par ce moyen, avec quelles espèces on a principalement besoin de comparer celle que l'on veut reconnaître.

L'auteur a joint à l'article de chaque espèce de serpent, une liste très-étendue des noms qui ont été donnés à cette espèce, et la citation des divers auteurs qui en ont parlé. Non seulement il a donné la description de l'animal, mais autant qu'il l'a pu, il a exposé ses habitudes. Il a fait usage des différents ouvrages déja imprimés, et de notes manuscrites qui lui ont été envoyées par plusieurs observateurs tels que MM. de Laborde, le baron de Widersbach, correspondants du Cabinet du roi à Cayenne, de Badier de la Guadeloupe, de Sept-Fontaines, etc.

On trouve pour chaque genre, des articles principaux, où les caractères génériques des serpents sont exposés plus au long; et à la tête de tout l'ouvrage, est un discours sur la nature de ces animaux, dans lequel M. le comte de Lacépède a présenté ce qui est commun aux diverses espèces de ces reptiles, les traits les plus remarquables de leur conformation, les points les plus intéressants de leur histoire et leurs grands rapports avec les autres ordres d'animaux.

Quarante-cinq espèces principales ou qui n'ayaient pas encore été décrites, sont figurées dans cet ouvrage qui est terminé par des articles relatifs à un Iguane cornu et à un autre lézard à tête rouge, dont les individus ont été envoyés à l'auteur depuis la publication de son Histoire naturelle des quadrupèdes ovipares.

L'Histoire des serpents, que M. le comte de Lacépède a présentée à l'Académie, et dont nous venons d'exposer les principales parties, est faite avec autant de soin que l'Histoire des quadrupèdes ovipares qu'a donnée le même auteur; les descriptions y sont aussi exactes; les figures sont aussi bonnes. L'auteur a fait beaucoup de recherches par rapport aux habitudes des serpents; il a observé par lui-même la structure des écailles sonores et mobiles qui terminent la queue des serpents à sonnettes, et dont la forme et la disposition lui ont donné des lumières sur la formation et l'accroissement de cet organe singulier. M. le comte de Lacépède a aussi reconnu que les prétendues cornes du céraste, ne sont que des éminences écailleuses. Il a décrit le chaperon du serpent à lunettes et les côtes qui le soutiennent. M. le comte de Lacépède a comparé les mâchoires des serpents venimeux avec celles des serpents qui n'ont point de venin, pour reconnaître les différences qui sont causées par l'organe du venin; il a décrit sur la plupart des serpents la disposition et la figure des écailles qui couvrent le dos, et des grandes et des petites plaques qui revêtent le dessous de la tête et le dessous du corps et de la queue. Il a donné le rapport de la longueur totale de la plupart des serpents avec la longueur de leur queue : ces proportions donnent des facilités pour distinguer les différentes espèces de chaque genre de serpents.

Les caractères distinctifs de ces animaux sont difficiles à exprimer, parce que leurs différences sont peu sensibles et sujettes à beaucoup de variétés; c'est ce qui a obligé M. le comte de Lacépède à rapporter dans sa table méthodique plusieurs caractères distinctifs pour chaque espèce : ils se confirment mutuellement et ils se suppléent les uns aux autres : par ce moyen on peut classer des animaux qui ne sont pas encore assez bien connus pour être distingués par des caractères moins nombreux.

Nous pensons que l'Histoire naturelle des serpents

par M. le comte de Lacépède mérite d'être approuvée par l'Académie, et imprimée sous son privilége.

Signés, DAUBENTON, FOUGEROUX DE BONDAROY et BROUSSONNET.

Je certifie le présent extrait conforme à son original, et au jugement de l'Académie. A Paris, ce 20 mars 1789.

Signé, TILLET.

HISTOIRE NATURELLE

DES SERPENTS.

DISCOURS

SUR LA NATURE DES SERPENTS.

A la suite des nombreuses espèces des Quadrupèdes et des Oiseaux, se présente l'ordre des Serpents; ordre remarquable en ce qu'au premier coup-d'œil, les animaux qui le composent paraissent privés de tout moyen de se mouvoir, et uniquement destinés à vivre sur la place où le hasard les fait naître. Peu d'animaux, cependant, ont les mouvements aussi prompts et se transportent avec autant de vitesse que le serpent; il égale presque, par sa rapidité, une flèche tirée par un bras vigoureux, lorsqu'il s'élance sur sa proie ou qu'il fuit devant son ennemi : chacune de ses parties devient alors comme un ressort qui se débande avec violence; il semble ne toucher à la terre que pour en rejaillir; et, pour ainsi dire, sans cesse repoussé par les corps sur lesquels il s'appuie, on dirait qu'il nage au milieu de l'air en rasant la surface du terrain qu'il parcourt. S'il veut s'élever encore davantage, il le dispute à plusieurs espèces d'oiseaux, par la facilité avec laquelle il parvient jusqu'au plus haut des arbres, autour desquels il roule et déroule son corps avec tant de promptitude, que l'œil a de la peine à le suivre : souvent même, lorsqu'il ne change pas encore de place, mais qu'il est prêt à s'élancer, et qu'il est agité par quelque affection vive, comme l'amour, la colère ou la crainte, il n'appuie contre terre que sa queue qu'il replie en contours sinueux; il redresse avec fierté sa tête, il relève avec vitesse le devant de son corps, et le retenant dans une attitude droite et perpendiculaire, bien loin de paraître uniquement destiné à ramper, il offre l'image de la force, du courage, et d'une sorte d'empire.

Placé par la nature à la suite des quadrupèdes ovipares, ressemblant à un lézard qui serait privé de pates, et pouvant surtout être quelquefois confondu avec les espèces que nous avons nommées *Seps* et *Chalcides* (1), ainsi qu'avec les reptiles bipèdes (2), le serpent réunit cet ordre des Quadrupèdes ovipares à celui des Poissons, avec

---

(1) Voyez l'article du *Seps* et celui du *Chalcide*, dans l'Histoire naturelle des Quadrupèdes ovipares.

(2) Article des *Reptiles bipèdes*, à la suite de l'Histoire des Quadrupèdes ovipares.

plusieurs espèces desquels il a un grand nombre de rapports extérieurs, et dans lesquels il paraît, en quelque sorte, se dégrader par des nuances successives offertes par les *Anguilles*, les *Murènes* proprement dites, les *Gymnotes*, etc.

Malgré la grande vitesse avec laquelle le serpent échappe, pour ainsi dire, à la surface sur laquelle il s'avance, plusieurs points de son corps portent sur la terre, même dans le temps où il paraît le moins y toucher, et il est entièrement privé de membres qui puissent le tenir élevé au-dessus du terrain, ainsi que les quadrupèdes. Aussi le nom de reptile nous a-t-il paru lui appartenir principalement, et celui de *Serpent* vient-il de *serpere*, qui désigne l'action de ramper. Cette forme extérieure, ce défaut absolu de bras, de pieds, et de tout membre propre à se mouvoir, le caractérise essentiellement, et empêche qu'on ne le confonde, même à l'extérieur, avec aucun des animaux qui ont du sang, et particulièrement avec les murènes proprement dites, les anguilles et les autres poissons, qui ont tous des nageoires plus ou moins étendues et plus ou moins nombreuses.

Les limites qui circonscrivent l'ordre des serpents sont donc tracées d'une manière précise, malgré les grands rapports qui les lient avec les ordres voisins.

Leurs espèces sont en grand nombre; nous en décrivons plus de cent quarante dans cet ouvrage:

quelques-unes parviennent à une grandeur très-considérable, elles ont plus de trente pieds, et souvent même de quarante pieds de longueur (1). Toutes sont couvertes d'écailles ou de tubercules écailleux, comme les lézards et les poissons, qu'elles lient les uns avec les autres; mais ces écailles varient beaucoup par leur forme et par leur grandeur : les unes, que l'on nomme plaques, sont hexagones, étroites et très-allongées; les autres, presque rondes ou ovales, ou rhomboïdales ou carrées; celles-ci entièrement plates; celles-là relevées par une arête saillante, etc. Toutes ces diverses sortes d'écailles sont différemment combinées dans les espèces particulières de serpents; les uns en ont de quatre sortes, les autres de trois, les autres de deux, les autres n'en ont que d'une seule sorte; et c'est principalement en réunissant les caractères tirés de la forme, du nombre et de la position de ces écailles, que nous avons pu parvenir à distinguer non seulement les genres, mais encore les espèces des serpents, ainsi qu'on pourra le voir dans la table méthodique de ces animaux.

---

(1) Notes manuscrites communiquées par M. de Laborde, correspondant du Cabinet du Roi à Cayenne; et par M. le baron de Widerspach, correspondant du même Cabinet, et dans le même endroit.

« Nous lisons qu'auprès de Batavia, établissement hollandais dans les « Indes Orientales, il y a des serpents de cinquante pieds de longueur. » Essai sur l'Hist. naturelle des Serpents, par Charles Owen. Londres, 1742, pag. 15.

Voyez à ce sujet, dans cette Histoire naturelle, l'article du *Devin*.

Si, avant d'examiner les habitudes naturelles de ces reptiles, nous voulons jeter un coup-d'œil sur leur organisation interne, et si nous commençons par considérer leur tête, nous trouverons que la boîte osseuse en est à-peu-près conformée comme celle des quadrupèdes ovipares : cependant la partie de cette boîte qui représente l'os occipital, et qui est faite en forme de triangle dont le sommet est tourné vers la queue, ne paraît pas en général avancer autant vers le dos que dans ces quadrupèdes ; elle garantit peu l'origine de la moelle épinière, et voilà pourquoi les serpents peuvent être attaqués avec avantage et recevoir aisément la mort par cet endroit mal défendu.

Le reste de leur charpente osseuse présente de grands rapports avec celle de plusieurs espèces de poissons, mais elle offre cependant une conformation qui leur est particulière, et d'après laquelle il est presque aussi aisé de les distinguer que d'après leur forme extérieure. Elle est la plus simple de toutes celles des animaux qui ont du sang ; elle ne se divise pas en diverses branches pour donner naissance aux pates, comme dans les quadrupèdes ; aux ailes, comme dans les oiseaux, etc. ; elle n'est composée que d'une longue suite de vertèbres qui s'étend jusqu'au bout de la queue. Les apophyses ou éminences de ces vertèbres sont placées, dans la plupart des serpents, de manière que l'animal puisse se tourner dans tous les sens, et même se replier plusieurs fois sur lui-même; et d'ailleurs, dans presque tous ces reptiles, ces vertèbres sont très-mobiles, les unes relativement aux autres, l'extrémité postérieure de chacune étant terminée par une sorte de globe qui entre dans une cavité de la vertèbre suivante, et y joue librement comme dans une genouillère (1). De chaque côté de ces vertèbres sont attachées des côtes ordinairement d'autant plus longues, qu'elles sont plus près du milieu du corps, et qui pouvant se mouvoir en différents sens, se prêtent aux divers mouvements que le serpent veut exécuter. Vers l'extrémité de la queue, les vertèbres ne présentent plus que des éminences, et sont dépourvues de côtes (2).

Ces vertèbres et ces côtes composent toute la partie solide du corps des serpents; aussi leurs organes intérieurs ne sont-ils défendus, dans la partie de leur corps qui touche à terre, que par les

---

(1) C'est particulièrement ainsi dans le Boiquira ou grand serpent à sonnette. Edw. Tyson. Transact. philosoph., n° 144.

(2) J'ai voulu savoir si le nombre des vertèbres et des côtes des serpents a quelque rapport constant avec les différentes espèces de ces animaux. J'ai disséqué plusieurs individus de diverses espèces de serpents, et j'ai remarqué que le nombre des vertèbres et des côtes augmentait ou diminuait dans les couleuvres, les boa, et les serpents à sonnettes, avec celui des plaques qui recouvrent le dessous du corps de ces reptiles; de telle sorte, qu'il y avait toujours une vertèbre, et par conséquent deux côtes, pour chaque plaque: mais mes observations n'ont pas été assez multipliées pour que j'en regarde le résultat comme constant. Voyez dans l'article intitulé, *Nomenclature des Serpents*, ce que l'on peut penser du rapport du nombre de ces plaques avec l'âge ou le sexe des reptiles, etc.

plaques ou grandes écailles qui les revêtent par dessous, et par une matière graisseuse considérable que l'on trouve souvent entre la peau de leur ventre et ces mêmes organes. Cette graisse doit aussi contribuer à entretenir leur chaleur intérieure, à préserver leur sang des effets du froid, et à les soustraire pendant quelque temps à l'engourdissement auquel ils sont sujets, dans certaines contrées, à l'approche de l'hiver; elle leur est d'autant plus utile, que la chaleur naturelle de leur sang est peu considérable; ce fluide ne circule dans les serpents qu'avec lenteur, relativement à la vitesse avec laquelle il coule dans les quadrupèdes vivipares et dans les oiseaux. Et comment serait-il poussé avec autant de force dans les reptiles que dans les oiseaux et les vivipares, puisque le cœur des serpents n'est composé que d'un ventricule (1), et puisque la communication entre le sang qui y arrive et le sang qui en sort, peut être indépendante des oscillations des poumons et de la respiration, dont la fréquence échauffe et anime le sang des vivipares et des oiseaux?

Le jeu du cœur et la circulation ne seraient donc point arrêtés dans les serpents, par un très-long séjour sous l'eau, et ces animaux pourraient

---

(1) L'oreillette du cœur de plusieurs espèces de serpents est conformée de manière à paraître double, ainsi que dans un grand nombre de quadrupèdes ovipares; mais aucun de ces reptiles n'a deux ventricules.

rester habituellement dans cet élément, comme les poissons, si l'air ne leur était pas nécessaire, de même qu'aux quadrupèdes ovipares, pour entretenir dans leur sang les qualités nécessaires à son mouvement et à la vie, pour dégager ce fluide des principes surabondants qui en engourdiraient la masse, ou y porter ceux de liquidité qui doivent l'animer (1). Les serpents ne peuvent donc vivre dans l'eau sans venir souvent à la surface; et la respiration leur est presque aussi nécessaire que si leur cœur était conformé comme celui de l'homme et des quadrupèdes vivipares, et que la circulation de leur sang ne pût avoir lieu qu'autant que leurs poumons aspireraient l'air de l'atmosphère. Mais leur respiration n'est pas aussi fréquente que celle des quadrupèdes vivipares et des oiseaux; au lieu de resserrer et de dilater leurs poumons par des oscillations promptes et régulières, ils laissent échapper avec lenteur la portion d'air atmosphérique qu'ils ont aspirée avec assez de rapidité; et ils peuvent d'autant plus se passer de respirer fréquemment, que leurs poumons sont très-grands en comparaison du volume de leur corps, ainsi que ceux des tortues, des crocodiles, des salamandres, des grenouilles, etc.; et que, dans certaines espèces, telles que celle du Boiquira, la longueur de ces viscères égalant à-

---

(1) Discours sur la nature des Quadrupèdes ovipares.

peu-près les trois quarts de celle du corps, ils peuvent aspirer à-la-fois une très-grande quantité d'air (1).

Ils sont pourvus de presque autant de viscères que les animaux les mieux organisés ; ils ont un œsophage ordinairement très-long et susceptible d'une très-grande dilatation, un estomac, un foie avec son conduit, une vésicule du fiel, une sorte de pancréas, et de longs intestins qui, par leurs circuits, leurs divers diamètres, et les espèces de séparations transversales qu'ils contiennent, forment plusieurs portions distinctes analogues aux intestins grêles et aux gros intestins des vivipares, et après plusieurs sinuosités, se terminent par une portion droite, par une sorte de rectum, comme dans les quadrupèdes. Ils ont aussi deux reins, dont les conduits n'aboutissent pas à une vessie proprement dite, ainsi que dans les quadrupèdes vivipares, mais se déchargent dans un réservoir commun semblable au cloaque des oiseaux, et où se mêlent de même les excréments, tant solides que liquides. Ce réservoir commun n'a qu'une seule ouverture à l'extérieur ; il renferme, dans les mâles, les parties qui leur sont nécessaires pour perpétuer leur espèce, et qui y demeurent cachées jusqu'au moment de leur accouplement : c'est aussi dans l'intérieur de ce réservoir que sont placés, dans les femelles, les

---

(1) Observ. anatomiq. d'Edw. Tyson, Transact. philosoph., n° 144.

orifices des deux ovaires ; et voilà pourquoi, dans la plupart des serpents, et excepté certaines circonstances rares, voisines de l'accouplement de ces animaux, on ne peut s'assurer de leur sexe d'après la seule considération de leur conformation extérieure.

Presque toutes les écailles qui recouvrent les serpents, et particulièrement les grandes lames qui sont situées au-dessous de leur corps, sont mobiles indépendamment les unes des autres ; ils peuvent redresser chacune de ces lames par un muscle particulier qui y aboutit : dès-lors chacune de ces pièces, en s'élevant et en se rabaissant, devient une sorte de pied, par le moyen duquel ils trouvent de la résistance, et par conséquent un point d'appui dans le terrain qu'ils parcourent, et peuvent se jeter, pour ainsi dire, dans le sens où ils veulent s'avancer. Mais les serpents se meuvent encore par un moyen plus puissant; ils relèvent en arc de cercle, une partie plus ou moins étendue de leur corps ; ils rapprochent les deux extrémités de cet arc, qui portent sur la terre, et lorsqu'elles sont près de se toucher, l'une ou l'autre leur sert de point d'appui pour s'élancer, en aplatissant la partie qui était élevée en arc de cercle. Lorsqu'ils veulent courir en avant, c'est sur l'extrémité postérieure de cet arc qu'ils s'appuient; et c'est au contraire sur la partie antérieure, lorsqu'ils veulent aller en arrière.

Chaque fois qu'ils répètent cette action, ils font,

pour ainsi dire, un pas de la grandeur de la portion de leur corps qu'ils ont courbée, sans compter
l'étendue que peut donner à cet intervalle parcouru, l'élasticité de cette même portion de leur
corps qu'ils ont pliée, et qui les lance avec roideur
en se rétablissant. Ces arcs de cercle sont plus ou
moins élevés, ou plus ou moins multipliés dans
chaque individu, suivant son espèce, sa grandeur,
ses proportions, sa force, ainsi que le besoin qu'il
a de courir plus ou moins vite ; et tous ces arcs,
en se débandant successivement, produisent cette
sorte de mouvement que l'on a appelé vermiculaire, parce que les vers proprement dits, qui
sont dépourvus de pieds, ainsi que les serpents,
sont également obligés de l'employer pour changer de place.

Pendant que les serpents exécutent ces divers
mouvements, ils portent leur tête d'autant plus
élevée au-dessus du terrain, qu'ils ont plus de
vigueur et qu'ils sont animés par des sensations
plus vives ; et comme leur tête est articulée avec
l'épine du dos, de manière que la face forme un
angle droit avec cette épine dorsale, les serpents
ne pourraient point se servir de leur gueule, ne
verraient point devant eux, et ne s'avanceraient
qu'en tâtonnant dans les moments où ils relèvent
la partie la plus antérieure de leur corps, s'ils
n'en repliaient alors l'extrémité de manière à conserver à leur tête une position horizontale.

Quoique toutes les portions du corps des serpents jouissent d'une grande élasticité, cependant, dans le plus grand nombre d'espèces, ce ressort ne doit pas être également distribué dans toutes les parties : aussi la plupart des serpents ont-ils plus de facilité pour avancer que pour reculer : d'ailleurs les écailles qui les revêtent, et particulièrement les plaques qui garnissent le dessous du ventre, se recouvrent mutuellement et sont couchées de devant en arrière les unes au-dessus des autres. Il arrive de-là, que lorsque les serpents les redressent, elles forment, contre le terrain, un obstacle qui arrête leurs mouvements, s'ils veulent aller en arrière ; tandis qu'au contraire, lorsqu'ils s'avancent, la surface qu'ils parcourent applique ces pièces les unes contre les autres dans le sens où elles se recouvrent naturellement.

Quelques espèces cependant, dont le corps est d'une grosseur à-peu-près égale à ses deux extrémités, et qui, au lieu de plaques, n'ont que des anneaux circulaires, paraissent jouir de la faculté de se mouvoir presque aussi aisément en arrière qu'en avant, ainsi que nous le verrons dans la suite (1) ; mais ces espèces ne forment qu'une petite partie de l'ordre dont nous traitons.

Lorsque certains serpents, au lieu de se mouvoir progressivement pendant un temps plus ou moins considérable, et par une suite d'efforts plusieurs fois répétés, ne cherchent qu'à s'élancer

---

(1) Articles des *Serpents Amphisbènes*.

tout d'un coup d'un endroit à un autre, ou à se jeter sur une proie par un seul bond, ils se roulent en spirale au lieu de former des arcs de cercle successifs; ils n'élèvent presque que la tête au-dessus de leur corps ainsi replié et contourné; ils tendent, pour ainsi dire, toutes leurs parties élastiques, et réunissant par-là toutes les forces particulières qu'ils emploient l'une après l'autre dans leurs courses ordinaires, allongeant tout d'un coup toute leur masse, et leurs ressorts se débandant tous à-la-fois, ils se déroulent et s'élancent vers l'objet qu'ils veulent atteindre, avec la rapidité d'une flèche fortement vibrée, et en franchissant souvent un espace de plusieurs pieds.

Les serpents qui grimpent sur les arbres s'y retiennent en entourant les tiges et les rameaux par les divers contours de leur corps; ils en parcourent les branches de la même manière qu'ils s'avancent sur la surface de la terre; ils s'élancent d'un arbre à un autre, ou d'un rameau à un rameau, en appuyant contre l'arbre une portion de leur corps, et en la pliant de manière qu'elle fasse une sorte de ressort et qu'elle se débande avec force; ou bien ils se suspendent par la queue, et balançant à plusieurs reprises leur corps qu'ils allongent avec effort, ils atteignent la branche à laquelle ils veulent parvenir, s'y attachent en l'embrassant par plusieurs contours de leur partie antérieure, se resserrent alors, se raccourcissent, ramassent, pour ainsi dire, leur corps, et retirent

à eux leur queue qui leur avait servi à se suspendre.

Les très-grands serpents l'emportent en longueur sur tous les animaux, en y comprenant
même les crocodiles, dont la grandeur est la plus
démesurée, et qui ont depuis vingt-cinq jusqu'à
trente pieds de long, et en n'en exceptant que
les baleines et les autres grands cétacées. A l'autre
extrémité cependant de l'échelle qui comprend
tous ces reptiles arrangés par ordre de grandeur,
on en voit qui ne sont guère plus gros qu'un
tuyau de plume, et dont la longueur, qui n'est
que de quelques pouces, surpasse à peine celle
des plus petits quadrupèdes, tant ovipares que
vivipares. L'ordre des serpents est donc celui où
les plus grandes et les plus petites espèces diffèrent le plus les unes des autres par la longueur.
Mais si, au lieu de mesurer une seule de leurs
dimensions, on pèse leur masse, on trouvera que
la quantité de matière que renferment les serpents
les plus gigantesques, est à-peu-près dans le même
rapport avec la matière des plus petits reptiles,
que la masse des grands éléphants, des hippopo-
tames, etc. avec celle des rats, des musaraignes,
des plus petits quadrupèdes vivipares.

Ne pourrait-on pas penser que, dans tous les
ordres d'animaux, la même proportion se trouve
entre la quantité de matière modelée dans les
grandes espèces, et celle qui est employée dans
les petites? Mais, dans l'ordre des serpents, tous

les développements ont dû se faire en longueur plutôt qu'en grosseur; sans cela, ces reptiles, et surtout ceux qui sont énormes, privés de pates et de bras, auraient à peine exécuté quelques mouvements très-lents : la vitesse de leur course ne doit-elle pas, en effet, être proportionnée à la grandeur de l'arc que leur corps peut former pour se débander ensuite? Auraient-ils pu se plier avec facilité et chercher sur la surface du terrain, des points d'appui qui remplaçassent les pieds qui leur manquent? Ne pouvant ni atteindre leur proie, ni échapper à leurs ennemis, n'auraient-ils pas été comme des masses inertes exposées à tous les dangers et bientôt détruites? La matière a donc dû être façonnée dans une dimension beaucoup plus que dans une autre, pour que le produit de ce travail pût subsister, et que l'ordre des serpents ne fût pas anéanti, ou du moins très-diminué; et voilà pourquoi la même proportion de masse se trouve entre les grands et les petits reptiles d'un côté, et les grands et les petits quadrupèdes de l'autre; quoique les énormes serpents l'emportent beaucoup plus, par leur longueur, sur les plus petits de ceux que l'on connaît, que les éléphants ne surpassent les musaraignes et les rats, par leur dimension la plus étendue.

Entre les limites assignées par la nature à la longueur des serpents, c'est-à-dire, depuis celle de quarante ou même cinquante pieds, jusqu'à celle de quelques pouces, on trouve presque tous

les degrés intermédiaires occupés par quelque espèce ou quelque variété de ces reptiles, au moins
à compter depuis les plus courts jusqu'à ceux
qui ont vingt ou vingt-cinq pieds de longueur.
Les espèces supérieures paraissent ensuite comme
isolées ; ceci se trouve conforme à ce que l'on a
déja remarqué dans les quadrupèdes vivipares (1),
et prouve également que, dans la nature, les grands
objets sont moins liés que les petits par des nuances intermédiaires. Mais voilà donc, depuis la petite étendue de quelques pouces, jusqu'à celle de
vingt-cinq pieds, presque toutes les grandeurs
intermédiaires représentées par autant d'espèces,
ou du moins de races plus ou moins constantes;
et cela ne suffirait-il pas pour montrer la variété
qui se trouve dans l'ordre des serpents? Il semble,
à la vérité, au premier coup-d'œil, que des espèces très-multipliées doivent se ressembler presque entièrement dans un ordre d'animaux dont le
corps, toujours formé sur le même modèle, ne
présente aucun membre extérieur et saillant qui,
par sa forme et le nombre de ses parties, puisse
offrir des différences sensibles. Mais si l'on ajoute
à la variété des longueurs des serpents, celle des
couleurs éclatantes dont ils sont peints, depuis le
blanc et le rouge le plus vif, jusqu'au violet le plus
foncé, et même jusqu'au noir; si l'on observe que
ce grand nombre de couleurs sont merveilleuse-

---

(1) Voyez les articles de l'Éléphant et des autres grands quadrupèdes.

ment fondues les unes dans les autres, de manière à ne présenter que très-rarement la même teinte lorsqu'elles sont diversement éclairées par les rayons du soleil; si l'on se retrace tout-à-la fois ce nombre de serpents, dont les uns n'offrent qu'une seule nuance, tandis que les autres brillent de plusieurs couleurs plus ou moins contrastées, enchaînées, pour ainsi dire, en réseaux, distribuées en lignes, s'étendant en raies, disposées en bandes, répandues par taches, semées en étoiles, représentant quelquefois les figures les plus régulières et souvent les plus bizarres; et si l'on réunit encore à toutes ces différences, celles que l'on doit tirer de la position, de la grandeur, et de la forme des écailles, ne verra-t-on pas que l'ordre des serpents est un des plus variés de ceux qui peuplent et embellissent la surface du globe?

Toutes les espèces de ces animaux habitent de préférence les contrées chaudes ou tempérées : on en trouve dans les deux mondes, où ils paraissent à-peu-près également répandus en raison de la chaleur, de l'humidité, et de l'espace libre (1).

---

(1) « Le mélange de la chaleur et de l'humidité produit, à Siam, des « serpents d'une monstrueuse longueur; il n'est point rare de leur voir « plus de vingt pieds de long, et plus d'un pied et demi de diamètre. » Hist. génér. des Voyages, édit. in-12, vol. XXXIV, p. 383.

« L'humidité, jointe au ferment continuel de la chaleur, produit, dans « toutes les îles Philippines, des serpents d'une grandeur extraordinaire... « Les bobas, qui sont les plus grands, ont quelquefois trente pieds de « longueur. » Hist. génér. des Voyages, édit. in-12, vol. XXXIX, p. 100 et suiv. Comme nous ne voulons pas multiplier les notes sans

Plusieurs de ces espèces sont communes aux deux continents; mais il paraît qu'en général, ce sont les plus grandes qui appartiennent à un plus grand nombre de contrées différentes. Ces grandes espèces ayant plus de force et des armes plus meurtrières, peuvent exécuter leurs mouvements avec plus de promptitude, soutenir pendant plus de temps une course plus rapide, se défendre avec plus d'avantage contre leurs ennemis, chercher et vaincre plus facilement une proie, se répandre bien plus au loin, se trouver au milieu des eaux avec moins de crainte, nager avec plus de constance, lutter contre les flots, voguer avec vitesse au milieu des ondes agitées, et traverser même des bras de mer étendus. D'ailleurs ne pourrait-on pas dire que le moule des grandes espèces est plus ferme, moins soumis aux influences de la nourriture et du climat? Les petites espèces ont pu être aisément altérées dans leurs proportions, dans la forme ou le nombre de leurs écailles, dans la teinte ou la distribution de leurs couleurs, de manière à ne plus présenter aucune image de leur origine; les changements qu'elles auront éprouvés n'auront point porté uniquement sur la surface; ils auront pénétré, pour ainsi dire, dans un intérieur peu susceptible de résistance : toutes ces variations auront influé sur leurs habitudes, et ne

---

nécessité, nous ne citons ici que ces deux passages, parmi un très-grand nombre que nous pourrions rapporter, et dont plusieurs sont répandus dans cet ouvrage.

pouvant pas opposer de grandes forces aux accidents de toute espèce, non plus qu'aux vicissi-
tudes de l'atmosphère, leurs mœurs auront changé
de plus en plus, et tout aura si fort varié dans ces
petits animaux, que bientôt les diverses races sor-
ties d'une souche commune, n'auront pas présenté
assez de ressemblances pour constituer une même
espèce. Les grands serpents, au contraire, peuvent bien offrir, sous les divers climats, quelques
différences de couleurs ou d'habitudes qui marquent l'influence de la terre et de l'air, à laquelle
aucun animal ne peut se soustraire; mais plus
indépendants des circonstances de lieux et de
temps, plus constants dans leurs habitudes, plus
inaltérables dans leurs proportions, ils doivent
présenter plus souvent, dans les pays les plus
éloignés, le nombre et la nature de rapports qui
constituent l'identité de l'espèce. Ce seront quelques-uns de ces grands serpents, nageant à la surface de la mer, fuyant sur les eaux un ennemi
trop à craindre pour eux, ou jetés au loin par
les vagues agitées, élevant avec fierté leur tête au-
dessus des flots, et se recourbant avec agilité en
replis tortueux, qui auront fait dire du temps de
Pline, ainsi que le rapporte ce grand naturaliste,
qu'on avait vu des migrations par mer, de *dragons*
ou grands serpents partis d'Éthiopie, et ayant près
de vingt coudées de longueur (1), et qui auront

____

(1) Pline, livre huitième.

donné lieu aux divers récits semblables de plusieurs voyageurs modernes.

Mais il n'en est pas des serpents comme des quadrupèdes vivipares : moins parfaits que ces animaux, moins pourvus de sang, moins doués de chaleur et d'activité intérieure, plus rapprochés des insectes, des vers, des animaux les moins bien organisés, ils ne craignent point l'humidité lorsqu'elle est combinée avec la chaleur : elle semble même leur être alors très-favorable; et voilà pourquoi aucune espèce de serpent ne paraît avoir dégénéré en Amérique : on doit penser, d'après les récits des voyageurs, qu'elles n'ont rien perdu dans ces pays nouveaux, de leur grandeur ni de leur force; et même dans les terres les plus inondées de ce continent, les grands serpents présentent une longueur peut-être plus considérable que dans les autres parties du Nouveau-Monde (1).

Si l'humidité ne nuit pas aux diverses espèces de serpents, le défaut de chaleur leur est funeste; ce n'est qu'aux environs des contrées équatoriales, qu'on rencontre ces énormes reptiles, l'effroi des voyageurs; et lorsqu'on s'avance vers les régions tempérées, et surtout vers les contrées froides, on ne trouve que de très-petites espèces de serpents.

L'on peut présumer que ce n'est pas la chaleur

____

(1) Voyez les articles particuliers de cette Histoire.

seule qui leur est nécessaire; nous sommes assez portés à croire que, sans une certaine abondance de feu électrique répandu dans l'atmosphère, tous leurs ressorts ne peuvent pas être mis en jeu avec avantage, et qu'ils ne jouissent pas par conséquent de toute leur activité. Il semble que les temps orageux, où le fluide électrique de l'atmosphère est dans cet état de distribution inégale qui produit les foudres, animent les serpents au lieu de les appesantir, ainsi qu'ils abattent l'homme et les grands quadrupèdes; c'est principalement dans les contrées très-chaudes que la chaleur plus abondante peut en se combinant, produire une plus grande quantité de fluide électrique; c'est en effet vers ces contrées équatoriales que le tonnerre gronde le plus souvent et avec le plus de force; et voilà donc deux causes, l'abondance de la chaleur, et la plus grande quantité de feu électrique, qui retiennent les grandes espèces de l'ordre des serpents aux environs de l'équateur et des tropiques.

On a écrit mille absurdités sur l'accouplement des serpents : la vérité est que le mâle et la femelle, dont le corps est très-flexible, se replient l'un autour de l'autre, et se serrent de si près qu'ils paraissent ne former qu'un seul corps à deux têtes. Le mâle fait alors sortir par son anus les parties destinées à féconder sa femelle, et qui sont doubles dans les serpents, ainsi que dans plusieurs quadrupèdes ovipares, et communément cette union intime est longuement prolongée (1).

Tous les serpents viennent d'un œuf, ainsi que les quadrupèdes ovipares, les oiseaux et les poissons; mais, dans certaines espèces de ces reptiles, les œufs éclosent dans le ventre de la mère; et ce sont celles auxquelles on doit donner le nom de *Vipère* au lieu de celui de *Vivipare*, pour les distinguer des animaux vivipares proprement dits (2).

---

(1) Sans cette durée de leur accouplement, il serait souvent infécond; ils n'ont point, en effet, de vésicule séminale, et il paraît que c'est dans cette espèce de réservoir que la liqueur prolifique des animaux doit se rassembler, pour que, dans un court espace de temps, ils puissent en fournir une quantité suffisante à la fécondation : les testicules où cette liqueur se prépare, ne peuvent la laisser échapper que peu-à-peu; et d'ailleurs les conduits par où elle va de ces testicules aux organes de la génération étant très-longs, très-étroits, et plusieurs fois repliés sur eux-mêmes, dans les serpents, il n'est pas surprenant qu'ils aient besoin de demeurer long-temps accouplés pour que la fécondation puisse s'opérer. Il en est de même des tortues et des autres quadrupèdes ovipares, qui, n'ayant pas non plus de vésicules séminales, demeurent unis pendant un temps assez long; et cette union très-prolongée, est, en quelque sorte, forcée dans les serpents; par une suite de la conformation de la double verge du mâle; elle est garnie de petits piquants tournés en arrière, et qui doivent servir à l'animal à retenir sa femelle, et peut-être à l'animer. Au reste, l'impression de ces aiguillons ne doit pas être très-forte sur les parties sexuelles de la femelle, car elles sont presque toujours cartilagineuses. On peut consulter, à ce sujet, dans les Transactions philosophiques, n° 144, les Observations de M. Tyson, célèbre anatomiste, dont nous adoptons ici l'opinion.

(2) Nous croyons, pour éviter toute difficulté relativement à cette expression d'*ovipare*, et à la propriété qu'elle désigne, devoir exposer ici la différence qu'il y a entre les animaux vivipares proprement dits, et les ovipares; différence qui a été très-bien sentie par plusieurs naturalistes. On peut, à la rigueur, regarder tous les animaux comme venant

Le nombre des œufs doit varier suivant les espèces. Nous ignorons s'il diminue en proportion

d'un œuf, et dès-lors il semblerait qu'on ne pourrait distinguer les vivipares d'avec les ovipares, que par la propriété de mettre au jour des
petits tout formés, ou de pondre des œufs. Mais l'on doit admettre deux
sortes d'œufs; dans la première, le fœtus est renfermé dans une enveloppe
que l'on nomme *amnios*, avec un peu de liqueur qui peut lui fournir
le premier aliment; mais comme cette liqueur n'est pas suffisante pour
le nourrir pendant son développement, l'œuf est lié par un cordon ombilical ou par quelque autre communication avec le corps de la mère, ou
quelque corps étranger d'où le fœtus tire sa nourriture : cet œuf ne
pouvant pas suffire à l'accroissement, ni même à l'entretien de l'animal,
n'est donc qu'un œuf incomplet; et tels sont ceux dans lesquels sont
renfermés les fœtus de l'homme et des animaux à mamelles, qui ne
peuvent point être appelés ovipares, puisqu'ils ne produisent pas d'œuf
parfait, d'œuf proprement dit. Les œufs de la seconde sorte sont, au
contraire, ceux qui contiennent non seulement un peu de liqueur capable
de substanter le fœtus dans les premiers moments de sa formation, mais
encore toute la nourriture qui lui est nécessaire jusqu'au moment où il
brise ou déchire ses enveloppes pour venir à la lumière. Ces derniers
œufs sont pondus bientôt après avoir été formés, ou s'ils demeurent dans
le ventre de la mère, ils n'y tiennent en aucune manière, ils en sont
entièrement indépendants, ils n'en reçoivent que de la chaleur, ils sont
véritablement complets; ce sont des œufs proprement dits, et tels sont
ceux des oiseaux, des poissons, des serpents et des quadrupèdes qui
n'ont point de mamelles. Tous ces animaux doivent être appelés ovipares,
parce qu'ils viennent d'un véritable œuf; et si dans quelques espèces de
l'ordre des poissons, ou de celui des quadrupèdes sans mamelles, ou de
celui des serpents, les œufs éclosent dans le ventre même de la mère,
d'où les petits sortent tout formés, ces œufs sont toujours des œufs
parfaits et isolés; les animaux qui en éclosent doivent être appelés ovipares, et si l'on en nomme quelques-uns vipères ou vivipares, pour les
distinguer de ceux qui pondent, et dont l'incubation ne se fait pas dans
le ventre même de la mère, il ne faut point les considérer comme des
vivipares proprement dits, ce nom n'appartenant qu'aux animaux dont
les œufs sont incomplets et ne contiennent pas toute la nourriture nécessaire au fœtus. On doit donc distinguer trois manières dont les animaux

de la grandeur des animaux, ainsi que dans les oiseaux, et de même que le nombre des petits dans les quadrupèdes vivipares. On a jusqu'à présent trop peu observé les mœurs des reptiles pour qu'on puisse rien dire à ce sujet. L'on sait seulement qu'il y a des espèces de vipères qui donnent le jour à plus de trente vipereaux ; et l'on sait aussi que le nombre des œufs, dans certaines espèces de serpents ovipares des contrées tempérées, va quelquefois jusqu'à treize.

Les œufs dans quelques espèces ne sortent pas l'un après l'autre immédiatement : la femelle paraît avoir besoin de se reposer après la sortie de

---

viennent au jour; premièrement, ils peuvent sortir d'une enveloppe à laquelle on peut, si l'on veut, donner le nom d'œuf, mais qui ne forme qu'un œuf imparfait et nécessairement lié avec un corps étranger ou le ventre de la mère. Secondement , ils peuvent venir d'un œuf complet et isolé, éclos dans le ventre de la mère. Et troisièmement, ils peuvent sortir d'un œuf aussi isolé et complet, mais pondu plus ou moins de temps avant d'éclore. Ces deux dernières manières sont les mêmes quant au fond; elles diffèrent beaucoup de la première, mais elles ne diffèrent l'une de l'autre que par les circonstances de l'incubation; dans la seconde, la chaleur intérieure du ventre de la mère développe le véritable œuf; tandis que dans la troisième , la chaleur extérieure du corps de la mère, ou la chaleur plus étrangère du soleil et de l'atmosphère le fait éclore. Les animaux qui viennent au jour de la seconde et de la troisième manière sont donc également ovipares ; j'ai donc été fondé à donner ce nom, avec la plupart des naturalistes, aux tortues, crocodiles, lézards , salamandres, grenouilles et autres quadrupèdes sans mamelles; et tous les serpents, même les vipères, doivent être aussi regardés comme de vrais ovipares, très-différents également, par leur manière de venir au jour, des vivipares proprement dits. Voyez, à ce sujet, Rai : Synopsis methodica animalium quadrupedum et serpentini generis. Lond. 1693 , fol. 47 et fol. 285.

chaque œuf. Il est même des espèces où cette sortie est assez difficile pour être très-douloureuse. Une couleuvre (1) femelle qu'un observateur avait trouvée, pondant ses œufs avec lenteur et beaucoup d'efforts, et qu'il aida à se débarrasser de son fardeau, paraissait recevoir ce secours, non seulement sans peine, mais même avec un plaisir assez vif; et en frottant mollement le dessus de sa tête contre la main de l'observateur, elle semblait vouloir lui rendre de douces caresses pour son bienfait.

L'on ignore encore combien de jours s'écoulent dans les diverses espèces, entre la ponte des œufs et le moment où le serpenteau vient à la lumière. Ce temps doit être très-relatif à la chaleur du climat.

Les femelles ne couvent point leurs œufs; elles les abandonnent après la ponte; elles les laissent quelquefois sur la terre nue, surtout dans les contrées très-chaudes; mais le plus souvent elles les

______

(1) « J'observai qu'un de ces serpents femelles, après s'être beaucoup
« roulé sur les carreaux, ce qu'il n'avait pas coutume de faire, y pondit
« enfin un œuf; je le pris sur-le-champ, je le mis sur une table, et en
« le maniant doucement, je lui facilitai la ponte de treize œufs. Cette
« ponte dura environ une heure et demie, car à chaque œuf il se reposait,
« et lorsque je cessais de l'aider, il lui fallait plus de temps pour faire
« sortir son œuf; d'où j'eus lieu de conclure que le bon office que je lui
« rendais ne lui était pas inutile, et plus encore de ce que, pendant cette
« opération, il ne cessa de frotter doucement mes mains avec sa tête,
« comme pour les chatouiller. » Observ. de George Segerus, médecin
du roi de Pologne. Collect. acad., part. étrang., vol. III, p. 2.

couvrent avec plus ou moins de soin, suivant que l'ardeur du soleil et celle de l'atmosphère sont plus ou moins vives (1); nous verrons même que certaines espèces qui habitent les contrées tempérées, les déposent dans des endroits remplis de végétaux en putréfaction et dont la fermentation produit une chaleur active (2).

Si l'on casse ces œufs avant que les petits soient éclos, on trouve le serpenteau roulé en spirale. Il paraît pendant quelque temps immobile; mais si le terme de sa sortie de l'œuf n'était pas bien éloigné, il ouvre la gueule et aspire à plusieurs reprises l'air de l'atmosphère; ses poumons se remplissent; et le jeu alternatif des inspirations et des expirations est pour lui un nouveau moteur assez puissant pour qu'il s'agite, se déroule et commence à ramper.

Lorsque les petits serpents sont éclos ou qu'ils

____

(1) « Au mois de juillet dernier, j'apportai de la campagne des grappes « d'œufs de serpents qui avaient été trouvées dans le creux d'un vieux « arbre : les ayant ouverts avec précaution, j'y trouvai de petits serpents « tout vivants, dont le cœur avait des battements sensibles. Le placenta, « formé de quantité de vaisseaux, était attaché au jaune, ou, pour mieux « dire, en était un prolongement, et allait se terminer en forme de petit « cordon, dans l'ombilic du fœtus, assez près de la queue. Il est à re- « marquer que ces œufs de serpents n'éclosent qu'au frais et à l'air libre, « et qu'ils se dessécheraient dans un endroit fermé et trop chaud. Il y a « apparence que cet animal étant naturellement froid, ses œufs n'ont pas « besoin d'une grande chaleur pour éclore. » Observ. de Thomas Bartholin, insérée dans les Act. de Copenhague, en 1673, et rapportée dans la Collection académique, part. étrangère, tom. IV, pag. 226.

(2) Voyez particulièrement l'article de la *Couleuvre à collier.*

sont sortis tout formés du ventre de leur mère, ils traînent seuls leur frêle existence; ils n'apprennent de leur mère dont ils sont séparés, ni à distinguer leur proie, ni à trouver un abri; ils sont réduits à leur seul instinct : aussi doit-il en périr beaucoup avant qu'ils soient assez développés et qu'ils aient acquis assez d'expérience pour se garantir des dangers. Et si nous voulons rechercher quelle peut être la force de cet instinct; si nous examinons pour cela les sens dont les serpents ont été pourvus, nous trouverons que celui de l'ouïe doit être très-obtus dans ces animaux. Non seulement ils sont privés d'une conque extérieure qui ramasse les rayons sonores; mais ils sont encore dépourvus d'une ouverture qui laisse parvenir librement ces mêmes rayons jusqu'au tympan auquel ils ne peuvent aboutir qu'au travers d'écailles assez fortes et serrées l'une contre l'autre. Leur odorat ne doit pas être très-fin, car l'ouverture de leurs narines est petite et environnée d'écailles; mais leurs yeux garnis, dans la plupart des espèces, d'une membrane clignotante qui les préserve de plusieurs accidents et des effets d'une lumière presque toujours trop vive dans les climats qu'ils habitent, sont ordinairement brillants et animés, très-mobiles, très-saillants, placés de manière à recevoir l'image d'un espace étendu; et la prunelle pouvant aisément se dilater et se contracter, admet un grand nombre de rayons lumineux, ou arrête ceux qui nuiraient à ces organes (1). Leur vue doit donc être et est en effet très-perçante. Leur goût peut d'ailleurs être assez actif, leur langue étant déliée et fendue de manière à se coller aisément contre les corps savoureux (2); leur toucher même doit être assez fort; ils ne peuvent pas, à la vérité, appliquer immédiatement aux différentes surfaces, la partie sensible de leur corps; ils ne peuvent recevoir par le tact l'impression des objets qui les environnent, qu'au travers des dures écailles qui les revêtent; ils n'ont point de membres divisés en plusieurs parties, des mains, des pieds, des doigts séparés les uns des autres, pour embrasser étroitement ces mêmes objets; mais comme ils peuvent former facilement plusieurs replis autour de ceux qu'ils saisissent; qu'ils les touchent, pour ainsi dire, par une sorte de main composée d'autant de parties

---

(1) Lorsque la prunelle est resserrée, elle est très-allongée, comme dans les chats, les oiseaux de proie de nuit, etc., et elle forme une fente horizontale dans certaines espèces, et verticale dans d'autres, quand la tête du serpent est parallèle à l'horizon.

(2) Elle est ordinairement étroite, mince, déliée, et composée de deux corps longs et ronds, réunis ensemble dans les deux tiers de leur longueur. Pline a écrit qu'elle était fendue en trois; elle peut le paraître lorsque le serpent l'agite vivement, mais elle ne l'est réellement qu'en deux. Pline, liv. II, chap. 65. Dans la plupart des espèces, elle est renfermée presque en entier dans un fourreau, d'où l'animal peut la faire sortir en l'allongeant; il peut même la darder hors de sa gueule sans remuer ses mâchoires et sans les séparer l'une de l'autre, la mâchoire supérieure ayant, au-dessous du museau, une petite échancrure par où la langue peut passer, et par où, en effet, on voit souvent déborder les deux pointes de cet organe, même dans l'état de repos du serpent.

qu'il y a d'écailles dans le dessous de leur corps, et que par-là ils doivent avoir un toucher plus parfait que celui de beaucoup d'animaux et particulièrement des quadrupèdes ovipares, nous pensons qu'ils sont plus sensibles que ces derniers et qu'ils ne cèdent en activité intérieure qu'aux quadrupèdes vivipares et aux oiseaux. D'ailleurs l'habitude d'exécuter avec facilité des mouvements agiles et de s'élancer avec rapidité à d'assez grandes distances, ne doit-elle pas leur faire éprouver dans un temps très-court un grand nombre de sensations qui remontent, pour ainsi dire, les ressorts de leur machine, ajoutent à leur chaleur intérieure, augmentent leur sensibilité et par conséquent leur instinct? La patience avec laquelle ils savent attendre pendant très-long-temps dans une immobilité presque absolue, le moment de se jeter sur leur proie, la colère qu'ils paraissent éprouver lorsqu'on les attaque, leur fierté lorsqu'ils se redressent vers ceux qui s'opposent à leur passage, la hardiesse avec laquelle ils s'élancent même contre les ennemis qui leur sont supérieurs, leur fureur lorsqu'ils se précipitent sur ceux qui les troublent dans leurs combats ou dans leurs amours, leur acharnement lorsqu'ils défendent leur femelle, la vivacité du sentiment qui semble les animer dans leur union avec elle, ne prouvent-ils pas, en effet, la supériorité de leur sensibilité sur celle de tous les animaux, excepté les oiseaux et les quadrupèdes vivipares? Non seulement plusieurs espèces de serpents vivent tranquillement auprès des habitations de l'homme, entrent familièrement dans ses demeures, s'y établissent même quelquefois et les délivrent d'animaux nuisibles et particulièrement d'insectes malfaisants (1); mais l'on a vu des serpents réduits à une vraie domesticité, donner à leurs maîtres des signes d'attachement supérieurs à tous ceux qu'on a remarqués dans plusieurs espèces d'oiseaux et même de quadrupèdes, et ne le céder en quelque sorte, par leur fidélité, qu'à l'animal même qui en est le symbole (2).

Il en est des serpents comme de plusieurs autres ordres d'animaux : ceux qui sont très-grands sont rarement plusieurs ensemble. Il leur faut trop de place pour se mouvoir, trop d'espace pour chasser; doués de plus de force et d'armes plus puissantes, ils doivent s'inspirer mutuellement plus de crainte : mais ceux qui ne parviennent pas à une longueur très-considérable, et qui n'excè-

---

(1) « Schouten décrit une espèce de serpents du Malabar, que les « Hollandais ont nommés *Preneurs de rats*, parce qu'ils vivent effective- « ment de rats et de souris, comme les chats, et qu'ils se nichent dans « les toits des maisons : loin de nuire aux hommes, ils passent sur le « corps et le visage de ceux qui dorment, sans leur causer aucune incom- « modité ; ils descendent dans les chambres d'une maison, comme pour « les visiter, et souvent ils se placent sur le plus beau lit. On embarque « rarement du bois de chauffage, sans y jeter quelques-uns de ces animaux, « pour faire la guerre aux insectes qui s'y retirent. » Hist. génér. des Voy., édit. in-12, vol. XLIII, p. 346.

(2) Voyez particulièrement l'article de la *Couleuvre commune*.

dent pas sept ou huit pieds de long, habitent
souvent en très-grand nombre, non seulement
sur le même rivage ou dans la même forêt, suivant qu'ils se nourrissent d'animaux aquatiques,
ou de ceux des bois, mais dans le même asile
souterrain; c'est dans des cavernes profondes
qu'on les rencontre quelquefois entassés, pour
ainsi dire, les uns contre les autres, repliés, et
entrelacés de telle sorte qu'on croirait voir des
serpents à plusieurs têtes. Lorsqu'on parvient dans
ces antres ténébreux, on n'entend d'abord que le
petit bruit qu'ils peuvent faire au milieu des
feuilles sèches, ou sur le gravier en se tournant
et en se retournant, parce que naturellement
paisibles lorsqu'on ne les attaque point, ils ne
cherchent alors qu'à se cacher davantage, ou continuent sans crainte leurs mouvements accoutu-
més; mais si on les effraie ou les irrite par un
séjour trop long dans leurs repaires, on entend
autour de soi leurs sifflements aigus; et si l'on
peut apercevoir les objets à l'aide de la faible
clarté qui parvient dans la caverne, on voit un
grand nombre de têtes se dresser au-dessus de
plusieurs corps écailleux, entortillés et pressés les
uns contre les autres, et tous les serpents faire
briller leurs yeux et agiter avec vitesse leur langue déliée.

Telle est l'espèce de société dont ces animaux
sont susceptibles; mais, dépourvus de mains et
de pieds, ne pouvant rien porter qu'avec leur

gueule, ils sont plusieurs ensemble sans que leur union produise jamais aucun ouvrage combiné, sans que leurs efforts particuliers tendent à un résultat commun, sans qu'ils cherchent à rendre leur retraite plus commode; et peut-être est-ce par une suite de ce défaut de concert dans leurs mouvements, qu'on ne les voit point se réunir contre les ennemis qui les attaquent ni chasser en commun une proie dont ils viendraient plus aisément à bout par le nombre.

Ils éprouvent pendant l'hiver des latitudes élevées, un engourdissement plus ou moins profond et plus ou moins long, suivant la rigueur et la durée du froid : ce ne sont guère que les petites espèces qui tombent dans cette torpeur, parce que les très-grands serpents vivent dans la zone torride où les saisons ne sont jamais assez froides pour diminuer leur mouvement vital, au point de les engourdir.

Ils sortent de leur sommeil annuel, lorsque les premiers jours chauds du printemps se font ressentir; mais ce qui peut paraître singulier, c'est qu'ainsi que les quadrupèdes ovipares, et presque tous les animaux qui passent le temps du froid dans un état de sopeur, ils se réveillent de leur sommeil d'hiver, lorsque la température est encore moins chaude que celle qui n'a pas suffi, vers la fin de l'automne, pour les tenir en activité. On a observé que ces divers animaux se retiraient souvent pendant l'automne dans leurs asiles d'hi-

ver, et s'y engourdissaient à une température
égale à celle qui les ranimait au printemps. D'où
vient donc cette différence d'effets de la chaleur
du printemps et de celle de l'automne? Pourquoi,
vers la fin de l'hiver, le même degré de chaleur
produit-il un plus haut degré d'activité dans les
animaux? C'est que la chaleur du printemps n'est
point le seul agent qui ranime alors et mette en
mouvement les animaux engourdis. Dans cette
saison, non seulement l'atmosphère commence à
être pénétrée de chaleur, mais encore elle se remplit d'une grande quantité de fluide électrique
qui se dissipe avec les orages de l'été; et voilà
pourquoi on n'entend jamais, pendant l'automne,
un aussi grand nombre d'orages ni des coups de
tonnerre aussi violents, quoique quelquefois la
chaleur de ces deux saisons soit égale. Ce feu
électrique est un des grands agents dont se sert
la nature pour animer les êtres vivants; il n'est
donc pas surprenant que lorsqu'il abonde dans
l'atmosphère, les animaux déja mus par cette
cause puissante, n'aient besoin, pour reprendre
tous leurs mouvements, que d'une chaleur égale
à celle qui les laisserait dans leur état de torpeur
si elle agissait seule. La plupart des animaux qui
ont assez de chaleur intérieure pour ne pas s'engourdir, et l'homme même, éprouvent cette différence d'action de la chaleur du printemps et de
celle de l'automne; ils ont, tout égal d'ailleurs, bien
plus de forces vitales et d'activité intérieure dans

le commencement du printemps, qu'à l'approche de l'hiver, parce qu'ils sont également susceptibles d'être plus ou moins animés par le fluide électrique dont l'action est bien moins forte dans l'automne qu'au printemps.

Quelque temps après que les serpents sont sortis de leur torpeur, ils se dépouillent comme les quadrupèdes ovipares, et revêtent une peau nouvelle; ils se tiennent de même plus ou moins cachés pendant que cette nouvelle peau n'est pas encore endurcie (1); mais le temps de leur dépouillement doit varier suivant les espèces, la température du climat, et celle de la saison (2).

---

(1) L'on trouvera, à l'article de la *Couleuvre d'Esculape*, l'exposition très-détaillée de la manière dont se fait le dépouillement des serpents.

(2) « Ayant trouvé, près de Copenhague, une grande quantité de ser-« pents de l'espèce de ceux qu'on nomme *Serpents d'Esculape*, parce « qu'ils ne sont pas dangereux et qu'ils n'ont point de venin, j'en pris « quelques-uns en vie, que je mis dans un panier, et que je fis porter « dans mon cabinet. D'abord, pour plus grande sûreté, je leur arrachai « la petite langue déliée qu'ils dardent sans cesse, croyant alors, suivant « l'opinion vulgaire, qu'ils pouvaient par-là faire des blessures mortelles; « mais devenu par la suite plus hardi, je leur laissai cette partie comme « incapable de pouvoir faire le moindre mal. Les serpents à qui j'avais ôté « la langue restèrent dans le panier, que j'avais rempli d'une terre molle « et humide, pendant plus de trois jours, tristes et sans mouvement, à « moins qu'on ne les agaçât; mais ayant recouvré leur première vigueur, « ils parcoururent bientôt, sans aucune crainte, tous les recoins de mon « cabinet, se retirant toujours, sur le soir, dans le panier. Je m'aperçus, « un jour, qu'un d'eux faisait les plus grands efforts pour se fourrer entre « ce panier et le mur, contre lequel je l'avais placé; je le retirai donc un « peu, pour observer dans quelle vue ce serpent cherchait ainsi des lieux « étroits, et dans l'instant il se mit en devoir de se dépouiller de sa peau, « en commençant près de sa tête; je m'approchai alors, et je l'aidai peu-

C'est même dans les serpents que les anciens ont principalement observé le dépouillement annuel, et comme leur imagination riante et féconde se plaisait à tout embellir, ils ont regardé cette opération comme une sorte de rajeunissement, comme le signe d'une nouvelle existence, comme un dépouillement de la vieillesse, et une réparation de tous les effets de l'âge; ils ont consacré cette idée par plusieurs proverbes, et supposant que le serpent reprenait, chaque année, des forces nouvelles avec sa nouvelle parure, qu'il jouissait d'une jeunesse qui s'étendait autant que sa vie, et que cette vie elle-même était très-longue, ils se sont déterminés d'autant plus aisément à le regarder comme le symbole de l'éternité, que plusieurs de leurs idées astronomiques et religieuses se liaient avec ces idées physiques.

On ignore, dans le fait, quelle est la longueur de la vie des serpents. On doit croire qu'elle varie suivant les espèces, et qu'elle est d'autant plus considérable, qu'elles parviennent à de plus grandes dimensions. Mais on n'a point, à ce sujet, d'observations précises et suivies. Et comment aurait-on pu en avoir? La conformation extérieure de ces reptiles est trop simple et trop peu variée,

---

« à-peu à s'en débarrasser. Ce travail fini, il se retira dans sa boîte pen-
« dant quelques jours, et jusqu'à ce que sa nouvelle peau écailleuse eût
« acquis une consistance convenable. » Observ. de George Segerus,
Éphémérid. des Curieux de la Nature, déc. 1, an. 1. — Collect. acad.,
part. étrang., tom. III, pag. 1.

pour qu'on ait pu s'assurer d'avoir vu plusieurs
fois le même individu dans les bois ou dans les
autres endroits où ils vivent en liberté; et d'ailleurs, les grands serpents ont toujours inspiré
trop de crainte pour qu'on ait osé essayer de les
observer avec assiduité; les moins grands ont été
aussi l'objet d'une grande frayeur, ou leur petitesse, ainsi que la nature de leurs retraites les
ont dérobés aux regards de ceux qui auraient
voulu étudier leurs habitudes. Mais, si nous man-
quons de faits positifs et de preuves directes à ce
sujet, nous pouvons présumer, par analogie, qu'en
général leur vie comprend un grand nombre d'années. Les quadrupèdes ovipares avec lesquels ils
ont de très-grands rapports, tant par leur conformation intérieure, la température de leur sang,
le peu de solidité de leurs os, leurs écailles, etc.
que par leurs habitudes, leur engourdissement
périodique et leur dépouillement annuel, jouissent
en général d'une vie assez longue. Les très-grandes
espèces de serpents doivent donc vivre très-long-
temps; si nous les comparons en effet avec les
crocodiles, qui ne parviennent de la longueur de
quelques pouces à celle de vingt-cinq ou trente
pieds qu'au bout de trente ans (1), nous trouverons que les serpents, dont la grandeur excède
quelquefois quarante pieds, ne doivent y parvenir

---

(1) Voyez l'article du *Crocodile* dans l'Histoire Naturelle des Quadrupèdes ovipares.

qu'au bout d'un temps pour le moins aussi long. Ces énormes serpents sortent en effet d'un œuf, comme les crocodiles; leurs œufs sont à-peu-près de la même grosseur que ceux de ces derniers animaux, et le fœtus ne doit guère avoir plus de deux pieds de long lorsqu'il éclot, à quelque espèce démesurée qu'il appartienne; nous avons vu et mesuré de jeunes serpents évidemment de la même espèce que ceux qui parviennent à trente ou quarante pieds de long, et leur longueur n'était qu'environ de trois pieds, quoique leur conformation et la position de leurs diverses écailles annonçassent qu'ils étaient sortis de leur œuf depuis quelque temps lorsqu'ils avaient été tués. Mais si ces grands serpents ont besoin au moins du même temps que les crocodiles pour atteindre à leur entier développement, ne doit-on pas supposer que leur vie est aussi longue?

'Sa durée serait bien plus considérable, ainsi que celle de presque tous les animaux qui vivent dans l'état sauvage, et qui ne reçoivent de l'homme ni abri ni nourriture, s'ils pouvaient passer par un véritable état de vieillesse, et si le commencement de leur dépérissement n'était pas presque toujours le terme de leur vie. Presque aucun des animaux qui sont dans le pur état de nature, ne prolonge son existence au-delà du moment où ses forces commencent à s'affaiblir. Cette époque, qui, dans l'homme placé au milieu de la société, n'indique tout au plus que les deux tiers de sa vie, marque la fin de celle de l'animal sauvage. Dès le moment que sa vigueur diminue, il ne peut ni atteindre à la course les animaux dont il se nourrit, ni supporter la fatigue d'une longue recherche pour se procurer les aliments qui lui conviennent, ni échapper par la fuite aux ennemis qui le poursuivent, ni attaquer ou se défendre avec des armes supérieures ou égales. Dès-lors ayant moins de ressources, lorsqu'il aurait besoin de plus de secours; exposé à plus de dangers, lorsqu'il a moins de puissance et de légèreté pour s'en garantir; manquant plus souvent d'aliments, lorsqu'il lui est plus nécessaire de réparer des forces qui s'épuisent plus vite, sa faiblesse va toujours en augmentant; la vieillesse n'est pour lui qu'un instant très-court, auquel succède une décrépitude dont tous les degrés se suivent avec rapidité : bientôt retiré dans son asile, où même quelquefois il a bien de la peine à se traîner, il meurt de dépérissement et de faim, ou est dévoré par des animaux plus vigoureux que lui. Et voilà pourquoi l'on ne rencontre presque jamais d'animal sauvage avec les signes de la caducité; il en serait de même de l'homme qui vivrait seul dans le véritable état de nature; sa vie se terminerait toujours au moment où elle commencerait à s'affaiblir; la société seule, en lui fournissant les secours, les abris, les divers aliments, a prolongé des jours qui ne peuvent se soutenir que par ces forces étrangères; l'intelligence humaine a doublé, pour ainsi dire, la vie que la nature avait accordée à l'homme; et si les produits de cette intelligence, si les résultats de la société, si les arts de toute espèce ont amené les excès qui diminuent les sources de l'existence, ils ont créé ces secours puissants qui empêchent qu'elles ne tarissent presque au moment où elles commencent à n'être plus si abondantes. Tout compté, ils ont donné à l'homme bien plus d'années, par tous les biens qu'ils lui procurent, qu'ils ne lui en ont ôté, par les maux qu'ils entraînent. Les animaux élevés en domesticité, jouissant des mêmes abris, et trouvant toujours à leur portée la nourriture qui leur convient, parviendraient presque tous, comme l'homme, à une longue vieillesse; ils recevraient ce bienfait de nos arts, en dédommagement de la liberté qui leur est ravie, si l'intérêt qui les élève, ne les abandonnait dès que leurs forces affaiblies et leurs qualités diminuées, les rendent inutiles à nos jouissances.

Lorsque les très-grands serpents sont encore éloignés de leur courte vieillesse, lorsqu'ils jouissent de toute leur activité et de toutes leurs forces, ils doivent les entretenir par une grande quantité de nourriture substantielle; aussi ne se contentent-ils pas de brouter l'herbe, ou de manger des graines et des fruits, ils dévorent les animaux qu'ils peuvent saisir; et comme, dans la plupart des serpents, la digestion est très-longue, et que leurs aliments demeurent très-long-temps dans leur corps, les substances animales qu'ils avalent, et qui sont très-susceptibles de putréfaction, s'y décomposent et s'y corrompent au point de répandre l'odeur la plus fétide. Il est arrivé à plusieurs voyageurs, et particulièrement à M. de Laborde (1), qui avaient ouvert le corps d'un serpent, d'être comme suffoqués par l'odeur forte et puante qui s'exhalait des restes d'aliments que l'animal avait encore dans les intestins. Cette odeur vive pénètre le corps du serpent, et, se faisant sentir de très-loin, annonce à une assez grande distance l'approche du reptile. Fortifiée dans plusieurs espèces, par celle qu'exhalent des glandes particulières (2), elle sort, pour ainsi dire, par tous les pores, mais se répand surtout par la gueule de l'animal; elle est produite par un grand volume de miasmes corrupteurs et de vapeurs méphitiques, qui, s'étendant jusqu'à la victime que le serpent veut dévorer, l'investit, la suffoque, ou ajoutant à la

____

(1) Notes manuscrites communiquées par M. de Laborde, correspondant du Cabinet du Roi, à Cayenne.

(2) Voyez les divers articles de cette Histoire.

« Au Brésil il se trouve, à chaque pas, des serpents dans les cam- « pagnes, dans les bois, dans l'intérieur des maisons, et jusques dans les « lits ou les hamacs; on en est piqué la nuit comme le jour, et si l'on « n'y remédie pas aussitôt par la saignée, par la dilatation de la blessure, « et par les plus puissants antidotes, il faut s'attendre à mourir dans les « plus cruelles douleurs. Quelques espèces jettent une odeur de musc qui « est d'un grand secours pour se garantir de leurs surprises. » Hist. génér. des Voyag., édit. in-12, vol. LIV, pag. 326.

frayeur qu'inspire la présence du reptile, l'enivre, lui ôte l'usage de ses membres, suspend ses mouvements, anéantit ses forces, la plonge dans une sorte d'abattement, et la livre sans défense à l'animal vorace et carnassier.

Cette vapeur putride, qui produit des effets si funestes sur les animaux qui y sont exposés, et qui a donné lieu à tant de contes bizarres et absurdes (1), forme une sorte d'atmosphère empestée autour de presque tous les grands reptiles, soit qu'ils aient du venin, ou qu'ils n'en soient pas infectés; et elle ne doit être presque jamais rapportée à la nature de ce poison, qui, malgré son activité, ne répand pas souvent une odeur sensible, même lorsqu'il est mortel.

Lorsque les serpents se sont précipités sur les animaux dont ils se nourrissent, ils les retiennent en se roulant plusieurs fois autour d'eux, et en les serrant dans leurs nombreux replis; ils les dévorent alors, et ce qui sert à expliquer comment ils avalent des volumes très-considérables, c'est que leurs deux mâchoires sont articulées ensemble de manière à pouvoir se séparer l'une de l'autre, et s'écarter autant que la peau de la tête peut le permettre; cette peau obéissant avec facilité aux efforts de l'animal, et les deux os qui forment les deux côtés de chaque mâchoire, n'étant réunis

---

(1) Lisez particulièrement l'Histoire générale des Voyages, édition in-12, tom. LIII, pag. 445 et suiv.

vers le museau que par des ligaments qui se prêtent plus ou moins à leur séparation, il n'est pas
surprenant que la gueule des serpents devienne
une large ouverture par laquelle ils peuvent engloutir des corps très-gros. D'ailleurs comme ils
commencent par briser au milieu de leurs contours les os des animaux, et les autres substances
très-dures, qu'ils veulent avaler; comme ils s'ai-
dent, pour y parvenir plus facilement, des arbres,
des grosses pierres et de tous les corps très-résis-
tants qui peuvent être à leur portée; comme ils
les enveloppent dans les mêmes replis que leurs
victimes, et qu'ils s'en servent comme d'autant de
leviers pour les écraser, il est encore moins étonnant que leurs aliments, étant broyés de manière
à céder aux différentes pressions, et étant enduits
de leur bave et d'une liqueur qui les rend plus
souples et plus gluants, puissent entrer en grande
masse dans leur gueule très-élargie; ils serrent
même souvent leur proie avec tant de force et de
promptitude, que non seulement ils la compri-
ment, la brisent et la concassent, mais la coupent
comme le fer le plus tranchant.

Les anciens connaissaient cette manière d'attaquer qu'emploient presque tous les serpents, et
surtout les très-grandes espèces. Pline (1) a écrit
même que lorsque ces énormes reptiles avaient
avalé quelque grand animal, et par exemple une

---

(1) Pline, liv. X, chap. 92.

brebis, ils s'efforçaient de le briser en se roulant en plusieurs sens et en comprimant ainsi avec force les os et les différentes parties de l'animal qu'ils avaient dévoré.

Leurs aliments étant triturés et préparés, avant de parvenir dans leur estomac, il est aisé de voir qu'ils doivent être aisément digérés, d'autant plus que leurs sucs digestifs paraissent très-abondants, leur vésicule du fiel par exemple étant en général très-grande en proportion des autres parties de leur corps.

La masse des aliments qu'ils avalent est quelquefois si grosse, relativement à l'ouverture de leur gosier, que, malgré tous leurs efforts, l'écartement de leurs mâchoires et l'extension de leur peau, leur proie ne peut entrer qu'à demi dans leur estomac. Étendus alors dans leur retraite, ils sont obligés d'attendre que la partie qu'ils ont déja avalée soit digérée, et qu'ils puissent de nouveau écraser, broyer, enduire et préparer les portions trop grosses; et on ne doit pas être étonné qu'ils ne soient cependant pas étouffés par cette masse d'aliments qui remplit leur gosier et y interdit tout passage à l'air; leur trachée-artère par où l'air de l'atmosphère parvient à leurs poumons(1), s'étend jusqu'au-dessus du

_____

(1) Il n'y a point d'épiglotte pour fermer l'ouverture de la trachée; cette ouverture ne consiste communément que dans une fente très-étroite, et voilà pourquoi les serpents ne peuvent faire entendre que des sifflements.

fourreau qui enveloppe leur langue; elle s'avance dans leur bouche de manière que son ouverture ne soit pas obstruée par un volume d'aliments suffisant néanmoins pour remplir toute la capacité du gosier; et l'air ne cesse de pénétrer plus ou moins librement dans leurs poumons jusqu'à ce que presque toutes les portions des animaux qu'ils ont saisis soient ramollies, mêlées avec les sucs digestifs, triturées, etc. Quelques efforts qu'ils fassent cependant pour briser et concasser les os, ainsi que pour ramollir les chairs et les enduire de leur bave, il y a certaines parties, telles, par exemple, que les plumes des oiseaux, qu'ils ne peuvent point ou presque point digérer, et qu'ils rejettent presque toujours.

Lorsque leur digestion est achevée, ils reprennent une activité d'autant plus grande, que leurs forces ont été plus renouvelées, et pour peu surtout qu'ils ressentent alors de nouveau l'aiguillon de la faim, ils redeviennent très-dangereux pour les animaux plus faibles qu'eux ou moins bien armés. Ils préludent presque toujours aux combats qu'ils livrent, par des sifflements plus ou moins forts. Leur langue étant très-déliée et très-fendue, et ces animaux la lançant en dehors lorsqu'ils veulent faire entendre quelques sons, leurs cris doivent toujours être modifiés en sifflements; et il est à remarquer que ces sifflements plus ou moins aigus ne paraissent pas être comme les cris de plusieurs quadrupèdes ou le chant de plusieurs oiseaux, une sorte de langage qui exprime les sensations douces aussi bien que les affections terribles ; ils n'annoncent dans les grands serpents que le besoin extrême, ou celui de l'amour ou celui de la faim. On dirait qu'aucune affection paisible ne les émeut assez vivement pour qu'ils la manifestent par l'organe de la voix ; presque tous les animaux de proie tant de l'air que de la terre, les aigles, les vautours, les tigres, les léopards, les panthères, ne font également entendre leurs cris ou leurs hurlements que lorsque leurs chasses commencent ou qu'ils se livrent des combats à mort pour la libre possession de leurs femelles. Jamais on ne les a entendus comme plusieurs de nos animaux domestiques, et la plupart des oiseaux chanteurs, radoucir, en quelque sorte, les sons qu'ils peuvent proférer, et exprimer par une suite d'accents plus ou moins tranquilles, une joie paisible, une jouissance douce, et pour ainsi dire, un plaisir innocent ; leur langage ne signifie jamais que *colère* et *fureur ;* leurs clameurs ne sont que des bruits de guerre ; elles n'annoncent que le désir de saisir une proie, et d'immoler un ennemi, ou ne sont que l'expression terrible de la douleur aiguë qu'ils éprouvent, lorsque leur force trompée n'a pu les garantir de blessures cruelles, ni leur conserver la femelle vers laquelle ils étaient entraînés par une puissance irrésistible.

Si les sifflements des très-grands serpents étaient

entendus de loin, comme les cris des tigres, des aigles, des vautours, etc. ils serviraient à garantir de l'approche dangereuse de ces énormes reptiles : mais ils sont bien moins forts que les rugissements des grands quadrupèdes carnassiers et des oiseaux de proie. La masse seule de ces grands serpents les trahit, et les empêche de cacher leur poursuite; on s'aperçoit facilement de leur approche, dans les endroits qui ne sont pas couverts de bois, par le mouvement des hautes herbes qui s'agitent et se courbent sous leur poids; et on les voit aussi quelquefois de loin repliés sur eux-mêmes, et présentant ainsi un cercle assez vaste et assez élevé (1).

Soit qu'ils recherchent naturellement l'humidité, ou que l'expérience leur ait appris que le bord des eaux, dans les contrées torrides, était toujours fréquenté par les animaux dont ils font leur proie, et qu'ils peuvent y trouver en abondance, et sans la peine de la recherche, l'aliment qu'ils préfèrent, c'est auprès des mares, des fontaines, ou des bords des fleuves qu'ils choisissent leur repaire. C'est-là que, sous le soleil ardent des contrées équatoriales, et, par exemple, au milieu des déserts sablonneux de l'Afrique, ils attendent que la chaleur du midi amène au bord des eaux, les gazelles, les antilopes, les chevrotains qui, consumés par la soif, excédés de fatigue,

____

(1) M. Adanson, Voyage au Sénégal.

et souvent de disette, au milieu de ces terres desséchées et dépouillées de verdure, viennent leur
livrer une proie facile à vaincre. Les tigres et les
autres animaux moins altérés d'eau que de sang,
viennent aussi sur ces rives, plutôt pour y saisir
leurs victimes que pour y étancher leur soif. Attaqués souvent par les énormes serpents, ils les
attaquent eux-mêmes. C'est surtout au moment
où la chaleur de ces contrées est rendue plus dévorante par l'approche d'un orage qui fait briller
les foudres et entendre ses affreux roulements, et
où l'action du fluide électrique répandu dans l'atmosphère, donne, en quelque sorte, une nouvelle vie aux reptiles, que, tourmentés par une
faim extrême, animés par toute l'ardeur d'un sable brûlant et d'un ciel qui paraît s'allumer, environnés de feu, et le lançant, pour ainsi dire, eux-
mêmes par leurs yeux étincelants, le serpent et
le tigre se disputent avec le plus d'acharnement
l'empire de ces bords si souvent ensanglantés.
Des voyageurs disent avoir vu ce spectacle terrible; ils ont vu un tigre furieux, et dont les rugissements portaient au loin l'épouvante, saisir
avec ses griffes, déchirer avec ses dents, faire
couler le sang d'un serpent démesuré, qui, roulant son corps gigantesque, et sifflant de douleur
et de rage, serrait le tigre dans ses contours multipliés, le couvrait de son écume rougie, l'étouf-
fait sous son poids, et faisait craquer ses os au
milieu de tous ses ressorts tendus avec force; mais

les efforts du tigre furent vains, ses armes furent impuissantes, et il expira au milieu des replis de l'énorme reptile qui le tenait enchaîné.

Et que l'on ne soit pas étonné de la grande puissance des serpents. Si les animaux carnassiers ont tant de force dans leurs mâchoires, quoique la longueur de ces mâchoires n'excède guère un pied, et qu'ils n'agissent que par ce levier unique, quels effets ne doivent pas produire, dans les serpents, un très-grand nombre de leviers composés des os, des vertèbres et des côtes, et qui, par l'articulation de ces mêmes vertèbres, peuvent s'appliquer avec facilité aux corps que les serpents veulent saisir et écraser?

A la force et à l'adresse les serpents réunissent un nouvel avantage; on ne peut leur ôter la vie que difficilement, ainsi qu'aux quadrupèdes ovipares, et ils peuvent, sans en périr, perdre une portion de leur queue, qui repousse presque toujours lorsqu'elle a été coupée (1). Mais ce n'est pas seulement par des blessures qu'il est difficile de les faire mourir; on ne peut y parvenir qu'avec peine par une privation absolue de nourriture, puisqu'ils vivent plusieurs mois sans manger (2); et même il leur reste encore quelque sensibilité lorsqu'ils ont été privés pendant long-temps et

---

(1) Les anciens ont exagéré cette propriété des reptiles : Pline a écrit que lorsqu'on arrachait les yeux à un jeune serpent, il s'en formait de nouveaux.

(2) Voyez les divers articles de cette Histoire.

presque entièrement, de l'air qui leur est nécessaire pour respirer. Redi a fait des expériences à ce sujet; il a placé des serpents dans le récipient d'une machine pneumatique, et après en avoir pompé presque tout l'air, il les a vus donner encore quelques signes de vie au bout de près de vingt-quatre heures (1). Cette expérience montre

---

(1) Boyle a fait aussi des expériences analogues. « Nous renfermâmes « une vipère, dit ce grand physicien, dans un récipient des plus grands « entre les petits, et nous fîmes le vide avec un grand soin; la vipère « allait de bas en haut et de haut en bas, comme pour chercher l'air; « peu de temps après elle jeta par la bouche un peu d'écume qui s'attacha « aux parois du verre, son corps enfla peu, et le cou encore moins, « pendant que l'on pompait l'air, et encore un peu de temps après; mais « ensuite le corps et le cou se gonflèrent prodigieusement, et il parut sur « le dos une espèce de vessie. Une heure et demie après qu'on eut tota- « lement épuisé l'air du récipient, la vipère donna encore des signes de « vie, mais nous n'en remarquâmes plus depuis. L'enflure s'étendait jus- « qu'au cou, mais elle n'était pas fort sensible à la mâchoire inférieure; « le cou, et une grande partie du gosier, étant tenus entre l'œil et la « lumière d'une chandelle, paraissaient assez transparents dans les endroits « qui n'étaient point obscurcis par les écailles. Les mâchoires demeurèrent « fort ouvertes et un peu tordues; l'épiglotte et la fente du larynx, qui « restèrent aussi ouvertes, allaient presque jusqu'à l'extrémité de la mâ- « choire inférieure; la langue sortait, pour ainsi dire, de dessous l'épi- « glotte, et s'étendait au-delà; elle était noire et paraissait sans vie, le « dedans de la bouche était aussi noirâtre; au bout de vingt-trois heures, « ayant laissé rentrer l'air dans le récipient, nous observâmes que la « vipère ferma la bouche à l'instant, mais elle la rouvrit bientôt et de- « meura en cet état; lorsqu'on lui pinçait ou qu'on lui brûlait la queue, « on apercevait, dans tout le corps, des mouvements qui indiquaient « un reste de vie.

« A ces expériences sur les vipères, j'en joindrai une faite sur un ser- « pent ordinaire et sans venin, que nous enfermâmes, le 25 avril, avec « une jauge, dans un récipient portatif: ayant épuisé l'air de ce récipient, « et pris les précautions nécessaires pour que l'air extérieur n'y pût pas

comment ils peuvent parvenir à tout leur accroissement, jouir de toute leur force, et même choisir de préférence leur demeure au milieu des
marais fangeux dont les exhalaisons empestées
corrompent l'air, le rendent moins propre à la
respiration, et produisent, dans l'atmosphère,
l'effet d'un commencement de vide.

Quoique de tous les temps les serpents, et surtout les très-grandes espèces, ainsi que celles qui
sont venimeuses, aient dû inspirer une frayeur
très-vive, leur forme remarquable et leurs habitudes singulières, ont attiré sur eux assez d'attention pour qu'on ait reconnu leurs qualités principales. Il paraît que les anciens connaissaient,
même dès les temps les plus reculés, toutes les
propriétés que nous venons d'exposer. Il faut
qu'elles aient été observées dans ces temps antiques, dont il nous reste à peine quelques monuments imparfaits, et qui ont précédé les siècles
nommés héroïques, où la plupart des idées religieuses des Égyptiens et des Grecs ont commencé

« rentrer, nous le portâmes dans un endroit tranquille et retiré; il y
« resta depuis les dix ou onze heures après midi, jusqu'au lendemain
« environ les neuf heures du matin, et alors le serpent me parut mort;
« mais ayant mis le récipient auprès du feu, à une distance convenable,
« l'animal donna des signes de vie et darda même sa langue fourchue; je
« le laissai en cet état, et n'étant revenu le voir que le lendemain après
« midi, je le trouvai sans vie et ne pus le faire revenir; sa bouche, qui
« était fermée la veille, se trouvait alors fort ouverte, comme si les mâ-
« choires eussent été écartées avec violence. » Collect. académ., part.
étrang., tom. VI, pag. 25.

à prendre ces formes brillantes qui ont fourni
tant d'images à la poésie. Si nous ouvrons, en
effet, les livres des premiers poètes dont les ouvrages sont parvenus jusqu'à nous; si nous con-
sultons les fastes de la mythologie grecque; si
nous réunissons, sous un même point de vue, les
différentes parties de ces anciennes traditions, où
le serpent est employé comme emblême, nous
trouverons que les anciens lui ont attribué, ainsi
que nous, une grandeur très-considérable, qu'ils
semblaient regarder comme dépendante du séjour
de ce reptile au milieu des endroits marécageux
et humides, puisqu'ils ont supposé qu'à la suite
du déluge de Deucalion, le limon de la terre en-
gendra un énorme serpent qu'Apollon tua par ses
flèches, c'est-à-dire que le soleil fit périr et des-
sécha par la chaleur de ses rayons. Ils lui ont aussi
donné la force, car en parlant du combat d'Aché-
loüs contre Hercule, ils ont supposé que le premier de ces deux demi-dieux avait revêtu la forme
du serpent pour vaincre plus aisément son redoutable adversaire. C'est son agilité et la promptitude
de tous ses mouvements qui l'ont fait choisir par
les auteurs de la mythologie égyptienne et grecque, pour le symbole de la vitesse du temps et
de la rapidité avec laquelle les siècles roulent à la
suite les uns des autres; et voilà pourquoi ils
l'ont donné pour emblême à Saturne, qui désigne
ce temps; et voilà pourquoi encore, ils l'ont représenté se mordant la queue, et formant ainsi

un cercle parfait, pour peindre la succession infinie des siècles de siècles, pour exprimer cette
durée éternelle dont chaque instant fuit avec tant
de vitesse, et dont l'ensemble n'a ni commencement ni fin. C'est ainsi qu'il était figuré en argent
dans un des temples de Memphis, comme l'attes-
tent les monuments échappés au ravage de ce
même temps dont il était le symbole; et c'est
encore ainsi qu'il était représenté autour de ces
tableaux chronologiques où divers hiéroglyphes
retraçaient aux yeux des Mexicains, de ce premier
peuple du Nouveau-Monde, ses années, ses mois,
et les divers événements qui en remplissaient le
cours (1).

Les anciens ne lui ont-ils pas aussi attribué l'instinct étendu que les voyageurs s'accordent à
reconnaître dans cet être remarquable? Ils ont
ennobli, exagéré cet instinct; ils l'ont décoré du
nom d'intelligence, de prévoyance, de divina-
tion (2); et voilà pourquoi, placé autour du mi-

---

(1) Description de la Nouvelle-Espagne. Hist. génér. des Voyages,
édit. in-12, tom. XLVIII.

(2) Les habitants d'Argos vénéraient les serpents. Les Athéniens disaient,
suivant Hérodote, qu'on avait vu, dans le Temple, un grand serpent
gardien et protecteur de la citadelle; et même Jupiter était adoré sous
la forme d'un serpent dans plusieurs endroits de la Grèce.

Mais, pour avoir une idée plus précise des opinions des anciens
touchant l'intelligence, la vivacité et les autres qualités des serpents, on
peut consulter Plutarque, Eusèbe, Shaw, et M. Savary. Les Égyptiens
l'employaient, dans leur langue symbolique, pour désigner le soleil; il
représentait aussi, pour ce peuple, le bon génie, la bonté suprême et
infinie, dont le nom, *Cneph*, lui fut donné, suivant Eusèbe; et les Phé-

roir de la Déesse de la prudence, il fut consacré à celle de la santé, ainsi qu'à Esculape adoré à Épidaure sous la forme d'un serpent. N'ont-ils pas reconnu sa longue vie lorsqu'ils ont feint que Cadmus, et plusieurs autres héros avaient été métamorphosés en serpents, comme pour désigner la durée de leur gloire; et que le choisissant pour représenter les mânes de ce qui leur était cher, ils l'ont placé parmi les tombeaux (1)? N'ont-ils pas fait allusion à l'effroi qu'il inspire, et principalement au poison mortel qu'il recèle quelquefois, lorsqu'ils l'ont donné aux Euménides dont il entoure et hérisse la tête; à l'Envie, dont il perce le cœur; à la Discorde, dont il arme les mains sanglantes? Et cependant, par un certain contraste d'idées que l'on rencontre presque toujours lorsque les objets ont été examinés plusieurs fois et par divers yeux, n'ont-ils pas vu, dans le serpent, cette beauté de couleurs et ces proportions déliées que nous y ferons plus d'une fois remarquer? Ne lui ont-ils pas accordé la beauté, puisqu'ils ont dit que Jupiter qui, pour plaire à Léda, avait pris la forme élégante du cygne, avait choisi celle du serpent pour obtenir les faveurs

niciens le nommaient de même *Agatho Daimon*, bon génie. Plutarque, Traité d'Isis et d'Osiris. — Eusèbe, Préparation évangélique, liv. 3. — Shaw, Observations géographiques sur la Syrie, l'Égypte, etc., tom. II, chap. 5. — M. Savary, Lettres sur l'Égypte, tom. II, pag. 112.

(1) Voyez, à ce sujet, dans le cinquième livre de l'Énéide, la belle description du serpent qu'Énée vit autour du tombeau de son père.

d'une autre divinité? Toutes ces idées, répandues des contrées de l'Asie anciennement peuplées (1),

---

(1) Un roi de Calécut avait ordonné que celui qui tuerait un serpent serait puni aussi rigoureusement que s'il avait tué un homme; il regardait les serpents comme descendus du ciel, comme donés d'une puissance divine, et même comme des divinités, puisqu'ils pouvaient donner la mort en un instant.

Dès les temps les plus reculés, le serpent a été aussi regardé par les Indiens, comme le symbole de la sagesse; et leur religion avait consacré cette idée. Mémoire manuscrit de feu M. Commerson, sur l'*Autorrha-Bahde*, commentaire du *Chasta* ou *Shastah*, le plus ancien des livres sacrés des habitants de l'Indostan et de la presqu'île en-deçà du Gange.

« Les Égyptiens peignaient un serpent, couvert d'écailles de différentes
« couleurs, roulé sur lui-même. Nous savons, par l'interprétation qu'Ho-
« rus Apollo donne des hiéroglyphes égyptiens, que, dans ce style, les
« écailles du serpent désignaient les étoiles du ciel. On apprend encore,
« par Clément Alexandrin, que ces peuples représentaient la marche
« oblique des astres par les replis tortueux d'un serpent. Les Égyptiens,
« les Perses, peignaient un homme nu, entortillé d'un serpent; sur les
« contours du serpent étaient dessinés les signes du zodiaque. C'est ce
« qu'on voit sur différents monuments antiques, et en particulier sur une
« représentation de Mithras, expliquée par l'abbé Bannier, et sur un
« tronçon de statue trouvé à Arles, en 1698. Il n'est pas douteux qu'on
« a voulu représenter, par cet emblême, la route du soleil dans les douze
« signes, et son double mouvement annuel et diurne, qui, en se com-
« binant, font qu'il semble s'avancer d'un tropique à l'autre par des lignes
« spirales. On retrouve cet hiéroglyphe jusque chez les Mexicains. Ils ont
« leur cycle de cinquante-deux ans, représenté par une roue; cette roue
« est environnée d'un serpent qui se mord la queue, et, par ses nœuds,
« marque les quatre divisions du cycle.... Il est évident que les figures
« des constellations, les caractères qui désignent les signes du zodiaque,
« et tout ce qu'on peut appeler la notation astronomique, sont les restes
« des anciens hiéroglyphes. Il est remarquable que les Chinois appellent
« les nœuds de la lune, la tête et la queue du ciel, comme les Arabes
« disent la tête et la queue du dragon. Le dragon est, chez les Chinois,
« un animal céleste; ils ont apparemment confondu ces deux idées.... Il
« est encore fait mention dans l'*Edda*, d'un grand serpent qui environne

s'étendant parmi les sociétés à demi policées de l'Amérique, et parmi les hordes sauvages de l'Afrique, accrues par leur éloignement de leur origine, embellies par l'imagination, altérées par l'ignorance, falsifiées par la superstition et par la crainte, lui ont attiré les honneurs divins, tant dans l'Amérique qu'au royaume de Juida, et dans d'autres contrées, où il a encore ses temples, ses prêtres, ses victimes; et pour remonter de la considération d'objets profanes et du spectacle de la raison humaine égarée, à la contemplation des vérités sacrées dictées par la parole divine, si nous jetons un œil respectueux sur le plus saint des recueils, ne voyons-nous pas toutes les idées des anciens sur les propriétés du serpent, s'accorder avec celles qu'en donne l'écrivain sacré, toutes les fois qu'il s'en sert comme de symbole?

Grandeur, agilité, vitesse de mouvement, force, armes funestes, beauté, intelligence, instinct supérieur, tels sont donc les traits sous lesquels les

---

« la terre. Tout cela a quelque analogie avec le serpent, qui, partout,
« représente le temps, et avec le dragon, dont la tête et la queue marquent les nœuds de l'orbite de la lune, tandis que ce dragon cause
« les éclipses. Mais cette superstition, ce préjugé universel qui se retrouve
« en Amérique comme en Asie, n'indique-t-il pas une source commune,
« et ne place-t-il pas même plus naturellement cette source au nord, où
« peut exister la seule communication possible entre l'Asie et l'Amérique,
« et d'où les hommes ont pu descendre facilement de toutes parts vers le
« midi, pour habiter l'Amérique, la Chine, les Indes, etc.? » M. Bailly,
de l'Académie française, de celle des Sciences, et de celle des Inscriptions. Hist. de l'Astronomie ancienne, pag. 515.

serpents ont été montrés dans tous les temps; et
en cherchant ici à présenter cet ordre nombreux
et remarquable, je n'ai fait que rétablir des rui-
nes, ramasser des rapports épars, en lier l'ensemble et exposer des résultats généraux que les
anciens avaient déja recueillis. C'est donc la grande
image de ces êtres distingués, déja peinte par les
anciens, nos maîtres en tant de genres, que je
viens d'essayer de montrer, après avoir tâché de
la dégager du voile dont l'ignorance, l'imagination, et l'amour du merveilleux l'avaient couverte
pendant une longue suite de siècles; voile tissu
d'or et de soie, et qui embellissait peut-être l'i-
mage que l'on voyait au travers, mais qui n'était
que l'ouvrage de l'homme, et que le flambeau de
la vérité devait consumer pour n'éclairer que l'ouvrage de la nature.

NOMENCLATURE

ET

TABLE MÉTHODIQUE

DES SERPENTS.

Nous venons de voir que malgré le grand nombre de ressemblances que présentent les diverses espèces de serpents, elles diffèrent les unes des autres, non seulement par la teinte et la distribution de leurs couleurs, mais encore par le nombre, la grandeur, la forme et l'arrangement de leurs écailles, autant que par leurs habitudes, et particulièrement par la nature de leur habitation, ainsi que de la nourriture qu'elles recherchent. L'ordre des serpents étant d'ailleurs assez nombreux, et renfermant plus de cent quarante espèces (1), nous avons cru ne pouvoir en traiter avec clarté, qu'en établissant dans l'ordre de ces

---

(1) Nous décrivons, dans cet Ouvrage, non seulement plus de cent quarante, mais même plus de cent soixante serpents; cependant, comme plusieurs de ces animaux, au lieu de former plus de cent soixante espèces, ainsi que nous le présumons, pourront, dans la suite, n'être regardés, d'après de nouvelles observations des voyageurs ou des natura_ listes, que comme des variétés dépendantes de l'âge ou du sexe, nous avons cru ne devoir parler ici que de cent quarante espèces.

reptiles, quelques divisions générales, fondées sur là différence de leur conformation extérieure, ainsi que sur celle de leurs mœurs. Nous les avons réunis en huit différents groupes, et nous en avons formé huit genres.

Le premier est composé des serpents qui ont un seul rang de grandes écailles sous le ventre, et deux rangs de petites plaques sous la queue. Nous les appelons *Couleuvres* (en latin *Coluber*), avec la plupart des naturalistes récents, et particulièrement avec M. Linnée : et ce genre comprend la vipère commune, l'aspic, la couleuvre proprement dite, la couleuvre à collier, la quatre raies, cinq serpents très-communs en France, et qui forment avec l'orvet, et peut-être la couleuvre d'Esculape, les seules espèces qu'on y ait encore observées.

Nous plaçons dans le second genre les serpents qui n'ont qu'un seul rang de grandes plaques, tant au-dessous du corps qu'au-dessous de la queue, et ce genre présente les plus grandes espèces auxquelles nous laissons le nom générique de *Boa*, par lequel elles ont été désignées en latin par Pline et les autres anciens auteurs, et en français ainsi qu'en latin, par le plus grand nombre des naturalistes et des voyageurs modernes, et qu'on a ainsi nommées, parce qu'on a écrit qu'elles se nourrissaient avec plaisir du lait des vaches (1).

---

(1) « Aluntur primò bibuli lactis succo, unde nomen traxere. » Pline, liv. XXVIII, chap. 24.

Le troisième genre est composé des serpents qui ont de grandes plaques sous le ventre et sous la queue dont l'extrémité est terminée par des écailles articulées et mobiles, auxquelles on a donné le nom de sonnettes (1) : nous leur conservons le nom générique de Serpent à sonnette (2).

Dans le quatrième genre, l'on trouvera les serpents qui n'ont au-dessous du corps et de la queue, que des écailles semblables à celles du dos ; nous leur laissons le nom générique d'*Anguis*. Et c'est dans ce genre qu'est placé l'orvet, serpent très-commun dans quelques-unes de nos provinces méridionales.

Nous comprenons dans le cinquième genre, ceux qui sont entourés partout d'anneaux écailleux, et que les naturalistes ont déja appelés *Amphisbènes*.

Nous comptons dans le sixième, les serpents dont les côtés du corps sont plissés, et que l'on a nommés Cœciles (en latin *Cœcilia.*)

Dans le septième genre doivent être mis ceux dont le dessous du corps présente vers la tête de grandes plaques, ne montre ensuite que des anneaux écailleux, et dont la queue garnie de ces mêmes anneaux à son origine, n'est revêtue que de simples écailles à son extrémité. Nous les ap-

---

(1) Voyez la description de ces écailles ou sonnettes, dans l'article du *Boiquira.*

(2) En latin, *Crotalus.*

pelons *Langaha* avec les naturels du pays où on les trouve.

Et enfin, nous plaçons dans le huitième le serpent qui a sa peau revêtue de petits tubercules, et que nous nommons l'Acrochorde de Java, avec M. Hornstedt, qui en a publié la description (1).

Dans chacun de ces huit genres différenciés par des signes extérieurs très-constants et très-faciles à reconnaître, il serait à désirer que l'on pût former une sous-division, d'après une propriété bien importante dont nous allons parler. Chacun de ces genres présenterait deux groupes secondaires. L'on placerait dans le premier les serpents dont les petits éclosent dans le ventre de leur mère, et auxquels on doit donner le nom de *Vipère*, et l'on comprendrait dans le second les serpents proprement dits, et qui pondent des œufs. Cette distribution si naturelle, et fondée sur d'assez grandes différences intérieures, ainsi que sur un fait remarquable, devrait faire partie de tout arrangement méthodique, destiné à faire reconnaître l'espèce et le nom des divers individus. Mais, pour cela, il faudrait qu'on eût trouvé des caractères extérieurs constants et faciles à voir, qui distinguassent les vipères d'avec les serpents

____

(1) M. Linnée a divisé les serpents en six genres, auxquels nous avons ajouté celui des *Langaha*, que M. Bruguères, de la Société royale de Montpellier, a le premier fait connaître, dans le Journal de Physique du mois de février 1784, et celui que M. Hornstedt a décrit dans les Mémoires de l'Académie de Stockholm, année 1787, page 306.

proprement dits. Un fort bon observateur, M. de Laborde, correspondant du Cabinet du roi à Cayenne, a cru remarquer que toutes les espèces de serpents dont les petits éclosent dans le ventre de leur mère, sont venimeuses, et que, par conséquent, elles ont toutes des crochets ou dents mobiles semblables à celles de la vipère commune d'Europe. Si cette observation importante, que nous avons vérifiée sur plusieurs espèces de serpents reconnus pour vipères, pouvait s'appliquer également à toutes les espèces de reptiles qui viennent au jour tout formés, et si ces dents mobiles ne garnissaient les mâchoires d'aucun serpent ovipare, on pourrait regarder ces crochets comme des caractères distinctifs de la sous-division des vipères dans chacun des huit genres des reptiles. Ce caractère est d'autant plus remarquable, qu'il nous a paru toujours réuni avec une conformation particulière des mâchoires, que nous croyons devoir faire connaître ici. Dans toutes les espèces de couleuvres à crochets que nous avons examinées, nous n'avons trouvé à la mâchoire supérieure qu'un seul rang de petites dents crochues et recourbées en arrière; c'est à l'extérieur de ce rang qu'est placé de chaque côté un crochet plus ou moins long, creux, percé vers ses deux extrémités, enveloppé dans une gaîne, d'où l'animal peut le faire sortir; et auprès de sa base sont deux ou trois crochets semblables, quelquefois cependant plus petits et destinés à remplacer le premier, lorsque quelque accident en prive le reptile (1). La mâchoire inférieure ne présente également qu'un seul rang de dents, mais les deux os qui la composent, l'un à droite et l'autre à gauche, bien loin d'être articulés ensemble au bout du museau, ne sont réunis que par la peau et les muscles. Ils sont toujours très-écartés l'un de l'autre, et terminés par des dents crochues, moins petites que les autres dents, mais qui ne sont ni creuses, ni percées, ni mobiles comme les vrais crochets placés dans la mâchoire supérieure, et ne peuvent distiller aucun venin.

Dans les couleuvres qui n'ont point de vrais crochets mobiles, toutes les dents sont au contraire presque égales; les deux os de la mâchoire inférieure ne sont pas articulés ensemble; mais ils sont courbés l'un vers l'autre, et ils sont rapprochés au point de paraître se toucher. La mâchoire supérieure est garnie de deux rangs de dents; l'extérieur est à la place des crochets mobiles, et l'intérieur s'étend très-avant vers le gosier (2). Cependant, comme l'on devrait désirer un caractère plus extérieur et par conséquent plus facile à apercevoir, ces crochets ou dents mobiles pouvant d'ailleurs être quelquefois confondus avec

_____

(1) Article de la *Vipère commune.*

(2) Voyez l'article de la *Vipère commune*, relativement au jeu des mâchoires et des os qui les composent.

les dents crochues, mais immobiles, de plusieurs
espèces de serpents venus d'un œuf éclos hors du
ventre de la mère, j'ai observé avec soin un grand
nombre de couleuvres, et j'ai remarqué que, dans
ce genre, les espèces dont les mâchoires étaient
garnies de crochets, avaient le sommet de la tête
couvert de petites écailles à-peu-près semblables
à celles du dos (1), et que presque toutes les
autres l'avaient revêtu au contraire d'écailles plus
grandes que celles du dessus du corps, d'une
forme très-différente, toujours au nombre de
neuf, et placées sur trois rangs, le premier et le
second à compter du museau, étant composé de
deux écailles, le troisième de trois, et le quatrième
de deux. Nous ne croyons pas néanmoins que l'on
doive établir une sous-division rigoureuse dans
le genre des couleuvres, et à plus forte raison
dans chaque genre de serpents, avant que de
nouvelles et de nombreuses observations aient
mis les naturalistes à portée de compléter notre
travail à ce sujet; nous croyons devoir nous contenter, en attendant, de séparer, dans la partie
historique de chaque genre, les espèces reconnues pour de vraies vipères, ou que nous consi-

____

(1) Quelques serpents venimeux, et par conséquent à crochets, ont
quelquefois, entre les yeux, trois écailles un peu plus grandes que celles
du dos; mais je n'ai vu que sur la tête du *Naja*, les neuf grandes écailles
qui garnissent celle de la plupart des couleuvres ovipares et non venimeuses.

dérerons comme telles, à cause de leur conformation extérieure, de leurs crochets mobiles, et de
leur venin, d'avec les autres que nous regarde-
rons comme ovipares, jusqu'à ce que les voyageurs aient éclairci l'histoire de ces espèces peu
connues et presque toutes étrangères.

Le genre des couleuvres étant très-nombreux,
et par conséquent les espèces qui le composent
ne pouvant pas être reconnues très-aisément,
non seulement nous aurions voulu pouvoir séparer les vipères de celles qui pondent, mais nous
aurions désiré pouvoir diviser ensuite les couleuvres ovipares en deux sections différentes. Nous
avons pensé à faire ce partage d'après la proportion de la longueur du corps et de celle de la
queue, ainsi que d'après la grosseur ou la forme
déliée de cette dernière partie ; mais indépendamment que cette proportion et cette forme ont été
jusqu'à présent très-peu indiquées par les naturalistes et les voyageurs, et que nous n'aurions pu
d'après cela classer les espèces que nous n'avons
pas vues, et dont nous ne parlerons que d'après
les auteurs, nous avons cru nous apercevoir que
cette proportion variait suivant l'âge ou le sexe,
etc. Nous devons donc uniquement inviter les
voyageurs, et ceux qui ont dans leur collection
un grand nombre d'individus de la même espèce,
à déterminer, par des observations très-multipliées, les limites de ces variations ; lorsque ces

limites seront fixées, on pourra établir une division exacte entre les deux sections que l'on formera dans la grande famille des couleuvres ovipares, et dont les caractères distinctifs seront tirés de la grosseur de la queue et de sa longueur comparée avec celle du corps. Nous ne pouvons maintenant que chercher à indiquer des signes caractéristiques de chaque espèce, très-marqués et très-faciles à saisir, afin de diminuer, le plus possible, l'inconvénient d'un trop grand nombre d'espèces renfermées dans le même genre. Nous avons donc laissé d'autant moins échapper les traits de leur conformation extérieure qui ont pu nous donner ces caractères sensibles, que, sans cette attention de rechercher tous les moyens de distinguer les espèces, les naturalistes et les voyageurs auraient été très-souvent embarrassés pour les reconnaître. Lorsqu'en effet les serpents sont encore jeunes, ils ne ressemblent pas toujours aux serpents adultes de leur espèce; ils en diffèrent souvent par la teinte de leurs couleurs; et s'ils n'en sont pas distingués par la disposition générale de leurs écailles, ils le sont quelquefois par le nombre de ces pièces. On peut reconnaître facilement leur genre; mais il serait souvent difficile de déterminer leur espèce, en n'adoptant pour caractère spécifique, que celui qui a été admis jusqu'à présent par le plus grand nombre des naturalistes, et qui a été principalement employé par M. Linnée. Ce caractère consiste dans le nombre des grandes et des petites plaques situées au-dessous du corps et de la queue. Nous pensons, d'après des observations et des comparaisons très-multipliées, que nous avons faites sur plusieurs individus d'un grand nombre d'espèces, conservées au Cabinet du roi, ou que nous avons vues dans différentes collections, que le nombre de ces plaques peut varier suivant l'âge, augmenter à mesure que les serpents grandissent, et dépendre d'ailleurs de beaucoup de circonstances particulières et accidentelles. Nous n'avons pas cru cependant devoir rejeter un caractère aussi simple, aussi sensible, et qui ne s'efface pas lors même que l'animal a été conservé pendant long-temps dans les Cabinets; nous l'avons employé d'autant plus qu'il établit une grande unité dans la méthode, et qu'il est quelquefois le seul indiqué par les auteurs pour les espèces que nous n'avons pas vues. D'ailleurs nous marquerons toujours séparément, ainsi que les naturalistes qui nous ont précédés, le nombre des plaques qui revêtent le dessous du corps, et celui des plaques situées au-dessous de la queue; et comme il peut être très-rare que ces deux nombres aient varié dans le même individu, l'un pourra servir à corriger l'autre. Mais nous avons cru que ce caractère, tiré du nombre des écailles placées au-dessous du corps ou de la queue, devait être réuni avec d'autres caractères. Nous avons donc multiplié nos observations sur le grand nombre de serpents que nous avons été à portée d'examiner ; nous avons comparé le plus d'individus de chaque espèce que nous avons pu, afin de parvenir à distinguer les formes constantes d'avec celles qui sont variables. Nous n'avons presque pas voulu nous servir des nuances des couleurs, si peu permanentes dans les individus vivants, et si souvent altérées dans les animaux conservés dans les collections. Malgré cette contrainte que nous nous sommes imposée, nous croyons être parvenus à trouver ce que nous désirions. Nous avons pensé que neuf caractères différents pouvaient, par leurs diverses combinaisons avec le nombre des grandes ou des petites plaques placées sous le corps et sous la queue, suffire à distinguer les espèces des genres les plus nombreux, d'autant plus qu'on peut y ajouter, dans certaines circonstances, un dixième caractère souvent aussi permanent et plus apparent que les neuf autres.

Nous tirons principalement ces caractères de la forme des écailles. En effet, si les plaques du dessous du corps ont à-peu-près la même forme dans tous les serpents ; si elles sont presque toujours très-allongées ; si elles ont le plus souvent six côtés très-inégaux, et si elles ne varient guère que par leur longueur et leur largeur, la forme des écailles qui revêtent le dessus du corps n'est pas la même dans les diverses espèces; dans les unes, ces écailles sont hexagones; dans les autres, ovales ou taillées en losange; plates et unies dans celles-ci; relevées, dans celles-là, par une arête très-saillante; se touchant quelquefois à peine, ou se recouvrant, au contraire, comme les ardoises des toits. Voilà donc sept formes différentes et bien distinctes, que les écailles du dos peuvent présenter.

De plus, si quelques espèces de serpents ont le dessus de la tête recouvert d'écailles semblables à celles du dos, les autres ont, ainsi que nous venons de le dire, cette partie du corps défendue par des lames plus grandes, au nombre de neuf, et placées sur trois rangs, ce qui compose un huitième caractère spécifique. Nous tirons le neuvième de la forme, et quelquefois du nombre des écailles placées sur les mâchoires; et tous ces caractères nous ont paru constants dans chaque espèce, et indépendants du sexe ainsi que de l'âge.

D'ailleurs, autant les nuances des couleurs sont variables dans les serpents, autant leurs distributions générales en taches, en bandes, en raies, etc. sont le plus souvent permanentes; de telle sorte que, dans une même espèce de serpents distingués par un grand nombre de taches, quelques individus peuvent, par exemple, être blanchâtres avec des taches vertes, et d'autres jaunes avec des taches bleues; mais, dans la même espèce, ce sont presque toujours des taches disposées de la même manière.

Cette distribution de couleurs est d'ailleurs peu altérée dans les serpents qui font partie des collections, et ce n'est que la nuance des diverses teintes qui change après la mort de l'animal, ou naturellement ou par l'effet des moyens employés pour le conserver.

Cependant comme l'âge et le sexe peuvent introduire d'assez grands changements dans la distribution des couleurs, nous n'employons qu'avec réserve ce dixième caractère.

C'est d'après les principes que nous venons d'exposer, que nous avons fait la table suivante. Les espèces n'y sont pas présentées dans le même ordre que celui dans lequel nous avons exposé quelques traits de leur histoire. Nous avons dû, en effet, pour bien présenter ces traits, séparer, par exemple, les vipères d'avec les couleuvres ovipares, qui en diffèrent beaucoup par leurs habitudes; traiter d'abord de la vipère commune, comme du serpent le mieux connu, et dont on est, en Europe, très à portée d'étudier les mœurs; commencer l'histoire des couleuvres ovipares par celle de la couleuvre verte et jaune, ainsi que de la couleuvre à collier, que l'on rencontre en très-grand nombre en France, et dont les habitudes naturelles peuvent être très-aisément observées, etc.

Dans la table méthodique, au contraire, où nous n'avons dû chercher qu'à donner aux naturalistes, et principalement aux voyageurs, le moyen de reconnaître les diverses espèces, de voir si elles n'ont pas été décrites, ou de leur rapporter les observations des différents auteurs; nous avons cru diminuer beaucoup le nombre des comparaisons qu'ils auraient été obligés de faire, et leur épargner beaucoup de recherches, en plaçant les espèces d'après l'un des caractères que nous avons employés, en les rangeant, par exemple, d'après le nombre des plaques qui revêtent le dessous du corps, et en commençant par les espèces qui en ont le plus (1).

Cette table est divisée en dix colonnes.

La première présente les noms des espèces; la seconde, le nombre des grandes plaques, des rangées de petites écailles, ou des anneaux écailleux qui revêtent le dessous du corps des serpents, ou le nombre des plis que l'on voit le long des côtés du corps, selon le genre auquel ils appartiennent; les espèces sont placées, ainsi que nous venons de le dire, suivant le nombre de ces grandes plaques, rangées de petites écailles, anneaux écailleux ou plis latéraux, afin qu'on puisse

---

(1) Nous n'avons jamais compris dans le nombre des plaques du dessous du corps, les grandes écailles, ordinairement au nombre de deux ou de trois, qui les séparent de l'anus.

trouver très-aisément une espèce de serpent que nous y aurons comprise, ou celles avec lesquelles il faudra comparer le reptile dont on voudra connaître l'espèce.

La troisième colonne renferme le nombre des paires de petites plaques, ou de grandes plaques, ou de rangées de petites écailles, ou d'anneaux écailleux que l'on voit sous la queue des serpents, ou le nombre des plis latéraux placés le long de cette partie.

La quatrième offre la longueur totale des reptiles, et la cinquième, la longueur de leur queue. Ces longueurs ne sont souvent ni les plus grandes ni les plus petites que présentent les espèces; elles ne sont que les longueurs mesurées sur les individus que nous avons décrits, et nous n'en avons fait mention dans notre Table méthodique, que pour indiquer le rapport de la longueur totale des reptiles à celle de leur queue (1).

La sixième colonne apprend si les serpents ont des crochets venimeux ou non, et laquelle de leurs deux mâchoires est armée de ces crochets.

La septième désigne le défaut de grandes écailles

---

(1) Nous venons de voir que ce rapport variait dans plusieurs espèces de serpents, suivant l'âge ou le sexe; cependant comme il paraît constant dans le plus grand nombre d'espèces de reptiles, ou du moins que ses variations y sont renfermées dans des limites très-rapprochées, nous avons cru qu'il pourrait servir assez souvent à reconnaître l'espèce des individus que l'on examinerait.

sur la partie supérieure de la tête, ou le nombre et l'arrangement de ces grandes pièces, lorsque le dessus de la tête des serpents en est garni. Cette expression abrégée, *neuf sur quatre rangs*, signifie qu'elles sont grandes, conformées et placées à-peu-près comme celles qui couvrent une partie de la tête de la couleuvre à collier, de la couleuvre verte et jaune, et du plus grand nombre de couleuvres sans venin. Il est bon d'observer que, dans certaines espèces, comme, par exemple, dans celle du Molure, la grande pièce du milieu du troisième rang, à compter du museau, est quelquefois divisée par une suture; ce qui pourrait faire croire que la tête de ces espèces de reptiles est couverte de dix grandes pièces.

Sur la huitième colonne est marquée la forme des écailles du dos; leur figure, en losange, ou ovale, ou hexagone, peut être variable; mais nous n'avons jamais vu des individus de la même espèce avoir, les uns, des écailles unies, et les autres, des écailles relevées par une arête.

La neuvième colonne montre quelques traits remarquables de la conformation des serpents; et enfin la dixième indique leurs couleurs. Nous nous sommes attachés beaucoup plus à désigner la disposition de ces couleurs que leurs nuances; et c'est aussi le plus souvent à cette disposition qu'il faut presque uniquement avoir égard; quelques nuances sont cependant peu sujettes à va-

rier sur l'animal vivant, et même à être altérées
par les divers moyens employés pour la conser-
vation des reptiles; nous les avons marquées de
préférence, dans la Table méthodique (1). Au
reste, il ne faut pas perdre de vue que c'est uniquement d'après la réunion de plusieurs caractères
que l'on doit presque toujours se décider sur l'espèce du serpent que l'on examinera.

---

(1) On s'apercevra aisément, en lisant les divers articles de cet Ouvrage, qu'il était impossible de donner, dans des planches noires, une
idée de toutes les couleurs brillantes, et surtout des reflets variés d'un
grand nombre de serpents. Nous aurions désiré substituer des planches
enluminées à ces planches noires ; mais on ne peut pas faire, dans un
seul pays, des dessins enluminés et exacts d'animaux qui, habitant
presque toutes les contrées des deux mondes, ne peuvent être trans-
portés vivants qu'en très-petit nombre, et dont les couleurs s'altèrent
d'abord après leur mort. Ce ne sera qu'après beaucoup de temps qu'on
pourra réunir des dessins en couleur de tous les reptiles connus, dessinés
en vie et dans leur pays natal, par différents voyageurs.

Au reste, nous devons prévenir que nos descriptions indiquent quelquefois une distribution de couleurs un peu différente de celle que la
gravure présente, parce que quelques dessins ont été faits d'après des
individus dont les couleurs étaient altérées, quoique leurs formes fussent
bien conservées ; nous avons été bien aises que le dessinateur ne repré-
sentât que ce qu'il avait sous les yeux ; mais nous avons fait notre description d'après tout ce que nous avons pu recueillir de plus certain
relativement aux couleurs de l'animal en vie. Quelquefois aussi la gravure
n'a pu indiquer la véritable forme des écailles dont on trouve la description dans le texte*.

---

* Nous n'avons pas la prétention de donner, dans les planches lithographiées qui
accompagnent cette édition, les couleurs exactes des objets qui y sont représentés. Tout
ce que nous pouvons assurer, c'est qu'on a mis autant de soin que possible à les rendre
d'après les individus vivants ou morts qui ont servi de modèles. (Note des Éditeurs.)

Les places vides de la Table méthodique pourront être remplies avec le temps; elles présenteront alors des caractères dont nous n'avons pas pu parler, à cause du mauvais état des serpents que nous avons vus, ou de la trop grande brièveté des descriptions des naturalistes.

ANIMAUX SANS PIEDS ET SANS NAGEOIRES.

SERPENTS.

PREMIER GENRE.

ts qui ont de grandes plaques sous le corps, et deux rangées de petites plaques sous la queue.

COULEUVRES. *Colubri.*

S.	Plaques du dessous du corps.	Paires de petites plaques sous la queue.	Longueur totale.	Longueur de la queue.	Crochets à venin.	Écailles du dessus de la tête.	Écailles du dos.	Autres traits particuliers de la conformation extérieure.	COULEUR.
ne et *lavo- s.*	312	93	9 pi.		o	grandes.			Des raies bleues bordées de jaune, qui se croisent et forment une sorte de treillis sur un fond bleuâtre.
uble- *iacu- .*	297	72	1 pi. 8 po. 2 lig.	3 po. 10 lig.	o	9 sur 4 rangs.	unies et en losange.	la tête très-allongée et large par derrière.	Rousse; de petites taches blanches irrégul., bordées de noir et assez éloignées l'une de l'autre; deux taches blanches derrière la tête.
iée. *catus.*	250	35			o	9 sur 4 rangs.	rhomboïdales et unies.	le corps aussi gros que la tête.	La tête blanche; le museau noir; une bande noire et transversale entre les yeux; le dessus du corps noir avec des bandes transversales blanches; de trois en trois, une bande quatre fois aussi large que les deux autres.
.	248	59	6 pi.		o	9 sur 4 rangs.	ovales et unies.	la tête très-allongée et large par derrière.	Blanchâtre; une rangée longitudinale de grandes taches rousses bordées de brun; d'autres taches presque semblables le long des côtés du corps.

ESPÈCES.	Plaques du dessous du corps.	Pâires de petites plaques sous la queue.	CARACTÈRES.						Coul...
			Longueur totale.	Longueur de la queue.	Cro-chets à venin.	Écailles du dessus de la tête.	Écailles du dos.	Autres traits particuliers de la conformation extérieure.	
C. domestique. *C. domesticus.*	245	94							Une ban... en deux, ... deux taches placées entr...
Fer-à-cheval. *Hippocrepis.*	238	94							Livide ; ... nombre de... ses; des tach... sant sur la... bande tra... brune entre... une tache... d'arc vers l'...
C. de Minerve. *C. Minervæ.*	238	90							D'un ver... une bande... long du dos; ... des brunes...
Situle. *Situla.*	236	45							Grise ; ... longitudina... de noir.
Dhara. *Dhara.*	235	48	près de 2 pi.			9 sur 4 rangs.		le corps très-menu.	Le dessu... d'un gris u... vré; toutes... bordées de... dessous du c...
Fer-de-lance. *C. lanceolatus.*	228	61	1 pi. 2 po. 2 lig.	2 po. 1 lig.	à la mâ-choire supé-rieure.	sembla-bles à celles du dos.	ovales et relevées par une arête.	le dessus de la tête aplati de manière à représenter une sorte de triangle.	Jaune ou quelquefois de brun et d... tre, avec ... très-brune... derrière cha...
C. rude. *C. scaber.*	228	44					relevées par une arête.		Le dessu... ondé de noir... une tache n... sur le som... tête, et qu... en deux dar... opposée au...
C. mouchetée. *C. guttatus.*	227	60							D'un gris... rangées lon... de taches r... la rangée du... jaunes dans... côtés ; le c... corps blanc... des taches... noires et pl... nativement... à gauche.

S.	Plaques du dessous du corps.	Paires de petites plaques sous la queue.	Longueur totale.	Longueur de la queue.	Crochets à venin.	Écailles du dessus de la tête.	Écailles du dos.	Autres traits particuliers de la conformation extérieure.	COULEUR.
								CARACTÈRES.	
ate. uda-	226	42	2 pi.	2 po. 9 lig.		9 sur 4 rangs.	rhomboïdales et unies.	la queue très-aplatie par les côtés, et terminée par deux grandes écailles.	Dessus du corps d'un cendré bleuâtre ; de larges bandes transversales très-brunes, et qui font le tour du corps.
.	224	68	1 pi. 5 po. 4 lig.	3 po.		9 sur 4 rangs.	rhomboïdales et unies.		Rousse ; le dessous du corps blanchâtre.
us.	223	67	1 pi. 1 po. 6 lig.	2 po.	à la mâchoire supérieure.	semblables à celles du dos.	ovales et relevées par une arête longitudinale.	la tête semblable à celle de la Vipère commune.	Le dessus du corps d'un roux blanchâtre, et présentant des taches foncées bordées de noir.
	220	124	4 pi.	1 pi. 4 po.		9 sur 4 rangs.	ovales et unies.	la tête très-grosse et presque globuleuse ; le corps très-délié.	Brune, des taches blanchâtres ; quelquefois des bandes transversales et blanches.
âtre. ulus.	220	50							Blanchâtre ; des bandes transversales brunes.
laire. atus.	218	83	3 pi. 11 po.	10 po.		9 sur 4 rangs.	ovales et en losange.		Les écailles du dessus du corps d'une couleur pâle et bordées de blanc.
aies. or-li-	218	73	3 pi. 9 po.	8 po. 6 lig.		9 sur 4 rangs.	ovales et relevées par une arête ; celles des côtés, unies.	deux paires de petites plaques entre les grandes et l'anus.	Blanchâtre ; quatre raies longitudinales, d'une couleur très-foncée ; les deux extérieures se réunissant au-dessus du museau.
c. api-	218	52	4 pi. 9 po.	7 po.	0	9 sur 4 rangs.	ovales et unies.	le museau terminé par une grande écaille presque verticale ; les écailles du dos un peu séparées l'une de l'autre vers la tête.	Blanchâtre ; de grandes taches irrégulières, d'une couleur foncée, et réunies plusieurs ensemble ; des taches plus petites et disposées longitudinalement de chaque côté du ventre.

| ESPÈCES. | CARACTÈRES. | | | | | | | | |
	Plaques du dessous du corps.	Paires de petites plaques sous la queue.	Longueur totale.	Longueur de la queue.	Crochets à venin.	Écailles du dessus de la tête.	Écailles du dos.	Autres traits particuliers de la conformation extérieure.	Coule
C. noire et fauve. *C. nigrorufus.*	218	31	1 pi. 11 po.	2 po.		9 sur 4 rangs.	hexagones et unies.		Des bandes sales noires rement au n vingt-deux, de bandes fa dées de blanc tées de brun alternativem quefois le n la partie sup la tête noirâ
C. verte. *C. viridissimus.*	217	122	2 pi. 2 po. 9 lig.	7 po. 1 lig.	o	9 sur 4 rangs.	ovales et unies.		Verte, p sous le venti le dos.
C. minime. *C. pullatus.*	217	108	3 pi. 2 po. 6 lig.	1 pi.	o	9 sur 4 rangs.		la tête allongée; d'assez grandes écailles sur les lèvres.	Minime; q des bandes sales noires écaille du d bordée de b
C. bleuâtre. *C. subcyaneus.*	215	170							Bleuâtre couleur de
Chaîne. *C. Catena.*	215	44	2 pi. 6 po.	6 po.					D'un bleu de petites tac disposées e transversale étroites; le c corps bleu, petites tach presque car
Triangle. *C. Triangulum.*	213	48	2 pi. 7 po. 2 lig.	3 po.	o	9 sur 4 rangs.	unies et en losange.		Blanchâtr che triangul gée d'une a triangulaire tite sur le c la tête; des t ses, irrégu bordées de dos; une ta allongée et p quement de que œil.
C. pétalaire. *C. petalarius.*	212	102	1 pi. 9 po.	4 po. 9 lig.	o	9 sur 4 rangs.	ovales et unies.		Noirâtre; très-irréguli versales et l

ES.	Plaques du dessous du corps.	Paires de petites plaques sous la queue.	Longueur totale.	Longueur de la queue.	Crochets à venin.	Écailles du dessus de la tête.	Écailles du dos.	Autres traits particuliers de la conformation extérieure.	COULEUR.
.	210	83							Blanchâtre ; trois rangs longitudinaux de taches rhomboïdales et brunes.
t.	209	90			o	9 sur 4 rangs.	ovales et unies.		Livide ; des bandes transversales d'une couleur rougeâtre.
blan- 'idis-	209	62	6 pi.		à la mâchoire supérieure.				Très-blanche.
.	207	109							La moitié de chaque écaille blanche ; des bandes blanches placées obliquement ; le reste du corps noir.
: et -fla-	206	107	4 pi.	1 pi.	o	9 sur 4 rangs.	unies.		D'un vert noirâtre ; plusieurs raies longitudinales, composées de petites taches jaunes et de diverses figures ; le ventre jaunâtre ; une tache et un point noir aux deux bouts de chaque grande plaque.
.	206	66	3 pi.	6 po.	o				Le dessus du corps gris ; trois raies longitudinales blanches, et d'autres raies longitudinales brunes ; le dessous du corps blanchâtre, avec de petites raies brunes, et souvent de petits points rougeâtres.
-raie. tus.	205	99	2 pi. 1 po.	6 po. 6 lig.	o	9 sur 4 rangs.	unies et en losange.		Les écailles rousses et bordées de jaune ; deux bandes longitudinales jaunes.
us.	203	73							

ESPÈCES.	Plaques du dessous du corps.	Paires de petites plaques sous la queue.	Longueur totale.	Longueur de la queue.	Crochets à venin.	Écailles du dessus de la tête.	Écailles du dos.	Autres traits particuliers de la conformation extérieure.	Coule[urs]
Lacté. *C. Lacteus.*	203	32	1 pi. 6 po.	1 po. 7 lig.	à la mâchoire supérieure.	9 sur 4 rangs.	hexagones et relevées par une arête.		D'un blan… des taches … rangées deu… la tête noire… petite band… et longitudi…
14ᵉ de Gronovius. *C. 14ᵃ Gronov.*	202	96							Des tache…
C. muqueuse. *C. mucosus.*	200	140						les yeux assez gros; les angles de la tête très-marqués.	La tête … des raies tra… comme nua… placées ob… sur le dos.
C. cendrée. *C. cinereus.*	200	137							Grise; … blanc; les … la queue b… couleur de f…
Padère. *C. Padera.*	198	56							Le dessus … blanc; plusie… placées par… long du do… nies par t… raie; autant… isolées sur …
Naja. *C. Naja.*	197	58	4 pi. 4 po. 6 lig.	7 po. 10 lig.	à la mâchoire supérieure.	9 sur 4 rangs.	ovales et unies.	une extension membraneuse de chaque côté du cou.	Jaune; u… transversale… foncée sur l… raie souven… noir, replié… des deux cô… née par deu… tournés en d… tant des lu… placée sur … élargie du c…
C. du Pérou. *C. Peruvii.*						9 sur 4 rangs.		le cou ne présente point d'extension membraneuse.	A-peu-pr… dans le Naj…

S.	CARACTÈRES.								
	Plaques du dessous du corps.	Paires de petites plaques sous la queue.	Longueur totale.	Longueur de la queue.	Crochets à venin.	Écailles du dessus de la tête.	Écailles du dos.	Autres traits particuliers de la conformation extérieure.	COULEUR.
ésil. iæ.								une extension membraneuse de chaque côté du cou.	D'un roux clair, avec des bandes transversales brunes ; une grande tache blanche en forme de cœur, chargée de quatre taches noires et placée sur l'extension membraneuse.
te. tus.	196	77	2 pi. 5 po.	6 po. 3 lig.	o	9 sur 4 rangs.	ovales et unies.	la queue terminée par une pointe très-déliée.	D'une couleur foncée ; des bandes transversales et irrégulières d'une couleur très-claire.
.	196	69	1 pi.	2 po. 2 lig.	à la mâchoire supérieure.	semblables à celles du dos.	ovales et relevées par une arête.	la tête très-large.	Cendrée ; des taches blanchâtres.
orge. iber.	195	102			o				Toute noire ; la gorge couleur de sang.
lis.	195	86	1 pi. 4 po. 6 lig.	3 po. 10 lig.	o	9 sur 4 rangs.	ovales et unies.		Le dessus du corps d'un vert de mer ; quatre raies longitudinales rousses qui se réunissent en trois, en deux, et enfin en une, au-dessus de la queue.
inus.	193	82	3 pi.		à la mâchoire supérieure.		arrondies vers la tête, et pointues du côté de la queue.	les écailles du dos sont disposées sur seize rangs longitudinaux, et un peu séparés les uns des autres.	D'un vert de mer ; trois raies longitudinales et rousses ; le dessous du corps blanchâtre et pointillé de blanc.
rono- onov.	191	75							Brune ; des points blancs.
rono- onov.	190	125							Des raies transversales blanches et noires.

ESPÈCES.	Plaques du dessous du corps.	Paires de petites plaques sous la queue.	Longueur totale.	Longueur de la queue.	Crochets à venin.	Écailles du dessus de la tête.	Écailles du dos.	Autres traits particuliers de la conformation extérieure.	Couleurs
C. blanche et brune. *C. albofuscus.*	190	96	1 pi. 6 po.	4 po. 6 lig.	o	9 sur 4 rangs.	lisses et ovales.		Blanchât... ches brune... dies, et réun... sieurs endro... taches der... yeux; le d... corps roussâ...
C. cuirassée. *C. scutatus.*	190	5o	4 pi.		o			les grandes plaques revêtent près des deux tiers de la circonférence du corps; la queue est triangulaire.	Noire; l... du corps de... couleur, av... ches blanch... que carrées; ... ternativeme... et à gauche; ... petit nombi... queue.
17e de Gronovius. *C. 17ª Gronov.*	189	122							Pourprée... ches noires.
Grison. *C. cineraceus.*	188	70							Le dessus... blanc; de... transversale... tres; deux p... blanc de nei... côtés.
Pélie. *C. Pelias.*	187	103			o				Noire; l... de la tête br... sous du cor... bordé de ch... d'une ligne...
C. asiatique. *C. asiaticus.*	187	76	1 pi.	2 po. 3 lig.	o	9 sur 4 rangs.	rhomboïdales et unies.		Des raies... nales sur le... écailles bo... blanchâtre.
Lien. *C. Ligamen.*	186	92	7 pi.		o				D'un bleu... le dessous... d'une couleu... ou bronzée; ... fois la gorg...

ES,	CARACTÈRES.								
	Plaques du dessous du corps.	Paires de petites plaques sous la queue.	Longueur totale.	Longueur de la queue.	Crochets à venin.	Écailles du dessus de la tête.	Écailles du dos.	Autres traits particuliers de la conformation extérieure.	COULEUR.
r.	185	105	2 pi. 10 po. 7 lig.	9 po. 7 lig.	o	9 sur 4 rangs.	ovales et unies.		Verdâtre ; deux rangées longitudinales de petites taches blanches et allongées.
euse. osus.	185	85							Le dessus du corps nué de brun et de cendré ; le dessous varié de brun et de blanc.
iati.	184	60							Grise ou rousse ; des bandes transversales blanches ou jaunâtres, divisées en deux de chaque côté ; le sommet de la tête blanc.
.	184	50	1 pi. 8 po.	4 po. 3 lig.	o	9 sur 4 rangs.	en losange et unies.		Des bandes transversales et irrégulières, alternativement blanches et brunes ; les bandes brunes quelquefois pointillées de noir.
ari.	183	144	2 pi.	6 po.	o	9 sur 4 rangs.		le corps très-menu.	D'un cendré brun ; quatre raies longitudinales blanches ; le dessous du corps jaunâtre et pointillé de brun vers la gorge.
.	180	85					rhomboïdales.	la queue courte et menue.	Le dessus du corps brun mêlé de blanc ; le dessous blanc tacheté de brun.
roño- ronov.	180	80							Varié de blanc et de brun. NOTA. *Il est à présumer que cette couleuvre est de la même espèce que le Sibon.*

ESPÈCES.	CARACTÈRES.								COULE
	Plaques du dessous du corps.	Paires de petites plaques sous la queue.	Longueur totale.	Longueur de la queue.	Crochets à venin.	Écailles du dessus de la tête.	Écailles du dos.	Autres traits particuliers de la conformation extérieure.	
Hydre. *C. Hydrus.*	180	66	3 pi.		o				Olivâtre, cendré; qu longitudina ches noirâtr sées en qui dessous du cheté de jau noirâtre.
C. brasilienne. *C. brasiliensis.*	180	46	3 pi.	5 po. 6 lig.	à la mâchoire supérieure.	semblables à celles du dos.	ovales et relevées par une arête.		De grand ovales, rou dées de noir tres petites nes.
Bande-noire. *C. nigrofasciatus.*	180	43			o	9 sur 4 rangs.	ovales et unies.		Une band tre les yeux du corps li sieurs band sales et n quelques-u tour du co
C. aurore. *C. Aurora.*	179	37							Grise; longitudina la tête jaun points roug
C. lisse. *C. lævis.*	178	46	1 pi. 9 po. 9 lig.	3 po. 3 lig.	o	9 sur 4 rangs.	très-unies.		Bleuâtre ches d'un j derrière la rangées lon de taches p celles d'u correspond tervalles d quelques ta côtés; de p taches sur
Ibiboca. *C. Ibiboca.*	176	121	5 pi. 5 po. 6 lig.	1 pi. 7 po. 1 lig.	o	9 sur 4 rangs.	rhomboïdales et unies.	les écailles du dos un peu séparées les unes des autres en quelques endroits.	Les écail grisâtres et blanc.

ES.	CARACTÈRES.								
	Plaques du dessous du corps.	Paires de petites plaques sous la queue.	Longueur totale.	Longueur de la queue.	Crochets à venin.	Écailles du dessus de la tête.	Écailles du dos.	Autres traits particuliers de la conformation extérieure.	COULEUR.
ilape. *lapii.*	175	64	3 pi. 10 po.	9 po. 3 lig.	0	9 sur 4 rangs.	ovales et relevées par une arête; celles des côtés unies.		Rousse; une bande noirâtre et longitudinale de chaque côté du dos; une rangée de petites taches triangulaires et blanchâtres de chaque côté du ventre.
rono- *onov.*	174	60							D'un cendré bleuâtre. (Séba, mus. 2, tab. 33, fig. 1).
… *us.*	173	157	4 pi. 9 po.	1 pi. 11 po.	0	9 sur 4 rangs.	rhomboïdales et unies.	un prolongement écailleux au bout du museau, qui est très-allongé.	Verdâtre; quatre raies longitudinales sur le corps; deux autres raies longitudinales sur le ventre.
rono- *onov.*	172	142							Bleue; une ligne latérale noire.
e. *ticus.*	170	127	3 pi.		0		ovales et relevées par une arête.		Grise; de petites raies noires sur les côtés; une bande longitudinale composée de raies transversales plus étroites et plus pâles.
llier. *ionile.*	170	85	1 pi. 7 po.	4 po. 10 lig.	0	9 sur 4 rangs.	en losange et relevées par une arête longitudinale.		Brune; de petites bandes transversales blanchâtres; trois taches brunes et allongées sur la tête; trois taches rondes et blanches sur le cou.
e. *leus.*	170	64	2 pi.	5 po. 3 lig.	0	9 sur 4 rangs.	ovales et unies.		Bleue, foncée sur le dos, très-claire sous le ventre.

ESPÈCES.	Plaques du dessous du corps.	Paires de petites plaques sous la queue.	Longueur totale.	Longueur de la queue.	Crochets à venin.	Écailles du dessus de la tête.	Écailles du dos.	Autres traits particuliers de la conformation extérieure.	Coul...
C. à collier. *C. torquatus.*	170	53	2 pi.	4 po.	o	9 sur 4 rangs.	ovales et relevées par une arête.	les écailles des côtés unies et plus grandes que celles du dos.	Grise ; de longitudinal tites taches leur très-fon autres rang rieures de t. grandes , ne régulières ; des taches b sur le cou ; varié de noir et de bleuât
C. hébraïque. *C. hæbraicus.*	170	42			à la mâchoire supérieure.				Roussâtre ches jaunes de rouge-br présentant tères hébraï
C. blanche. *C. albus.*	170	20			o				Blanche ; ment sans t
C. rayée. *C. lineatus.*	169	84			o				Bleuâtre ; q brunes qui gent depuis qu'à l'extré queue.
Daboie. *C. Daboie.*	169	46	3 pi. 5 po.	5 po. 9 lig.	o	sembla-bles à celles du dos.	ovales et relevées par une arête.		Blanchât rangs lon de grandes les , rousses de noir ou
Trois-raies. *C. terlineatus.*	169	34	1 pi. 5 po. 6 lig.	2 po. 8 lig.	o	9 sur 4 rangs.	en losange et unies.		Rousse ; longitudinal tendent de seau jusqu de la queue.
Boiga. *C. Boiga.*	166	128	3 pi.	1 pi. 5 po.	o	9 sur 4 rangs.	unies.	le corps très-délic.	D'un bleu en vert ; tr raies lon couleur d'o tite bande bordée de de la mâch périeure.

S.	Plaques du dessous du corps.	Paires de petites plaques sous la queue.	Longueur totale.	Longueur de la queue.	Crochets à venin.	Écailles du dessus de la tête.	Écailles du dos.	Autres traits particuliers de la conformation extérieure.	COULEUR.
la.	166	103	1 pi. 5 po. 6 lig.	5 po. 6 lig.	o	9 sur 4 rangs.	unies et en losange.	la tête grosse et aplatie par-dessus et par les côtés; le corps très-délié.	Bleue; deux raies longitudinales blanches; dans le milieu une raie longitudinale noire chargée de taches ovales blanches et de points blancs placés alternativement; deux rangs longitudinaux de points noirs sur le ventre.
nis.	165	158	1 pi. 6 lig.	4 po. 6 lig.	o	9 sur 4 rangs.	en losange et relevées par une arête.	la tête grosse; le corps très-délié.	Noire ou livide; le dessous du corps blanchâtre.
ono- nov.	165	74							Blanche; des bandes transversales d'une couleur foncée. (Séba, mus. 2, tab. 21, fig. 3).
s.	165	35	1 pi.	1 po. 6 lig.	o	9 sur 4 rangs.	rhomboïdales et unies.		Blanche; souvent quelques écailles tachetées de roussâtre à leur extrémité; des bandes transversales d'une couleur très-foncée, qui font tout le tour du corps.
ru-	165	24					ovales.	la queue très-déliée.	Les écailles qui garnissent le dos presque mi-parties de blanc et de bleuâtre; le dessous du corps blanc; la queue d'un bleu foncé sans aucune tache.
e. s.	164	43	7 po. 4 lig.	1 po. 5 lig.	o	9 sur 4 rangs.	unies et en losange.		Blanche; des bandes transversales noirâtres qui se réunissent à d'autres bandes semblables placées sur le ventre, mais sans se correspondre exactement; le cou blanc; le dessus de la tête noirâtre.

ESPÈCES.	Plaques du dessous du corps.	Paires de petites plaques sous la queue.	Longueur totale.	Longueur de la queue.	Crochets à venin.	Écailles du dessus de la tête.	Écailles du dos.	Autres traits particuliers de la conformation extérieure.	Coule…
Dard. *C. Jaculus.*	163	77							Grise cen… bandes long… noirâtres e… d'un noir fo… du milieu … que les deu… res; le desso… blanchâtre.)
C. miliaire. *C. miliaris.*	162	59			o				Le dessus… tés du cor… une tache b… chaque écai… sous du co…
C. chatoyante. *C. versicolor.*	161	113	1 pi. 6 po.			9 sur 4 rangs.			Grise ; u… longitudina… composée … raies trans… disposées e… les plaques … tachetées d… bordées en… bleuâtre.
Malpole. *C. Malpolon.*	160	100	1 pi. 10 po.	5 po. 6 lig.	o	9 sur 4 rangs.	ovales et relevées par une arête.	la langue longue et très-déliée; le corps très-menu.	Bleu; de… taches noir… en raies lo… les; une tac… bordée de … sommet de…
28e de Grono-vius. *C. 28a Gronov.*	160	60							Des raie… et noires tr…
29e de Grono-vius. *C. 29a Gronov.*	159	42							D'un ro… moins fonc… (Séba, mus… fig…
C. carénée. *C. carinatus.*	157	115			o			le dos relevé en carène.	Toutes … du dessus… couleur d… bordées de… dessous du… châtre.

	Plaques du dessous du corps.	Paires de petites plaques sous la quete.	Longueur totale.	Longueur de la queue.	Crochets à venin.	Écailles du dessus de la tête.	Écailles du dos.	Autres traits particuliers de la conformation extérieure.	COULEUR.
...oï... ...tus.	157	70	1 pi. 6 po. 9 lig.	4 po. 4 lig.	o	9 sur 4 rangs.	ovales et relevées par une arête.		Bleue ; des taches bleues en losange et bordées de noir.
.	156	121			o			le corps très-délié.	Brune ; trois raies longitudinales blanches ou vertes ; le ventre blanc.
e. ...dis.	155	144		le tiers de la longueur du corps.	o		unies.		Bleue ou verte ; le dessous du corps d'un vert plus ou moins mêlé de jaune.
...s.	155	96	1 pi. 6 po.		o	9 sur 4 rangs.	ovales et unies.	le corps et la queue très-déliés.	D'un gris pâle ; un grand nombre de points bruns et de taches grises répandues sans ordre, une ligne noire de chaque côté du corps.
...us.	155	46			à la mâchoire supérieure.				Nuageuse ; le dessous du corps parsemé de points roux ou noirs.
	155	37	3 pi.	3 po. 8 lig.	à la mâchoire supérieure.	semblables à celles du dos.	ovales et relevées par une arête.		Trois rangées longitudinales de taches rousses bordées de noir.
...ono- ...nov.	153	50							Blanche ; des raies et des taches noires.
...rus.	153	47	2 pi.	3 po. 7 lig.	o	9 sur 4 rangs.	hexagones et unies.		Le dessus du corps marbré de blanchâtre et de brun ; des bandes transversales, étroites, irrégulières et blanchâtres.

ESPÈCES.	Plaques du dessous du corps.	Paires de petites plaques sous la queue.	Longueur totale.	Longueur de la queue.	Crochets à venin.	Écailles du dessus de la tête.	Écailles du dos.	Autres traits particuliers de la conformation extérieure.	Cou…
C. schythe. *C. schytus.*	153	31	1 pi. 6 po.	1 po. 7 lig.	à la mâchoire supérieure.			la tête a un peu la forme d'un cœur,	Noire ; le corps très-
Dipse. *C. Dipsas.*	152	135			à la mâchoire supérieure.		ovales.	la queue longue et déliée.	Les écai tres et bord châtre ; les ques blan raie bleuât tudinale au la queue.
C. maure. *C. maurus.*	152	66			o	9 sur 4 rangs.	ovales et relevées par une arête.		Brune ; longitudin bandes tran noires dep jusqu'au corps ; le v
C. noire. *C. niger.*	152	32	2 pi. 9 lig.	2 po. 4 lig.	à la mâchoire supérieure.	3 sur 2 rangs.	ovales et relevées par une arête.		Noire ; des taches plus foncé sées comme vipère com
Sirtale. *C. Sirtalis.*	150	114	2 pi.	3 po. 9 lig.	o		relevées par une arête.		Brune ; tr gitudinales changeant
Tête-triangulaire. *C. Capite-triangulatus.*	150	64			à la mâchoire supérieure.	semblables à celles du dos.	en losange et unies.	la tête presque triangulaire ; le corps délié du côté de la tête.	Verdâtre de diverses la tête, et le corps en gulière et nale ; les g ques d'une cée et bord châtre.
Cobel. *C. Cobella.*	150	54	1 pi. 4 po. 9 lig.	3 po. 10 lig.	o	9 sur 4 rangs.			D'un gris grand nom tites raies b cées obliqu quefois une que et livit chaque œi bandes tran blanchâtres

	Plaques du dessous du corps.	Paires de petites plaques sous la queue.	Longueur totale.	Longueur de la queue.	Crochets à venin.	Écailles du dessus de la tête.	Écailles du dos.	Autres traits particuliers de la conformation extérieure.	COULEUR.
a-	150	52	1 pi. 10 lig.	4 po.	o	9 sur 4 rangs.	ovales et relevées par une arête.		Blanchâtre; trois rangs longitudinaux de taches d'une couleur foncée; le dessous du corps varié de blanchâtre et de brun.
	150	34			à la mâchoire supérieure.	semblables à celles du dos.	relevées par une arête.		D'un gris d'acier; une tache noire en forme de cœur sur la tête, et une bande composée de taches noires et rondes sur le dos.
s.	149	117			o				D'un cendré mêlé de brun; une tache brune et allongée derrière chaque œil.
no- ov.	149	63							Blanche; des raies noires et transversales.
	148	27			à la mâchoire supérieure.				Noire; le dessous du corps couleur d'acier avec des taches plus obscures et d'autres taches bleuâtres et comme nuageuses vers la gorge et des deux côtes du corps.
éc. s.	147	132			o			le corps très-délié.	D'un bleu clair mêlé de cendré; les lèvres blanches.
ne. us.	147	120			o			les yeux assez gros.	La tête couleur de plomb; le dessus du corps d'une couleur nuageuse mêlée de livide et de cendré.
r.	147	63	2 pi.	4 po. 6 lig.	à la mâchoire supérieure.	semblables à celles du dos.	ovales et relevées par une arête.	une petite corne de nature écailleuse au-dessus de chaque œil.	Jaunâtre; des bandes transversales irrégulières et d'une couleur plus ou moins foncée.

ESPÈCES.	CARACTÈRES.								
	Plaques du dessous du corps.	Paires de petites plaques sous la queue.	Longueur totale.	Longueur de la queue.	Crochets à venin.	Écailles du dessus de la tête.	Écailles du dos.	Autres traits particuliers de la conformation extérieure.	Cou…
Vipère. C. Vipera.	146	39	2 pi.	4 po.	à la mâchoire supérieure.	semblables à celles du dos.	relevées par une arête.		D'un g… des tach[es]… formant… dentelée, … en zig-zag…
Sipède. C. Sipedon.	144	73							Brune.
Chayque. C. Chaiqua.	143	76			à la mâchoire supérieure.				Deux b…châtres et… les; deux… sur chaqu[e]… que; neuf… des et n… chaque c…… du mâle.
C. violette. C. violaceus.	143	25	1 pi. 5 po. 3 lig.	2 po. 3 lig.	o	9 sur 4 rangs.	unies et en losange.		Violette… du corps… avec des… lettes, irré… cées alter[n]… droite et à…
C. rubannée. C. vittatus.	142	78			o		ovales et petites.	la tête très-allongée et large par derrière.	Blanchât… raies lon… noires où… tête noir[e]… sieurs p[r]… blanches… les gran[d]… bordées d… bande bla… tudinale… sous la qu…
36e de Gronovius. C. 36ª Gronov.	142	60							Bleuâtr[e]… plaques… avec des… et un lég… gitudinal… (Séba, int… fig…
Ammodyte. C. Ammodytes.	142	33			à la mâchoire supérieure.	semblables à celles du dos.	ovales et unies.	une petite éminence mobile et deux tubercules sur le museau.	Des t… formant u… gitudinal…

	Plaques du dessous du corps.	Paires de petites plaques sous la queue.	Longueur totale.	Longueur de la queue.	Crochets à venin.	Écailles du dessus de la tête.	Écailles du dos.	Autres traits particuliers de la conformation extérieure.	COULEUR.
...ue. ...us.	142	26	1 pi. 5 po. 6 lig.	2 po. 3 lig.	0	9 sur 4 rangs.	ovales et unies.		Foncée; une rangée de petites taches noires de chaque côté du dos, auprès de la tête; des bandes et des demi-bandes transversales et placées symétriquement sur le ventre.
...rer.	140	62	2 pi. 1 po. 7 lig.	4 po. 6 lig.	0	9 sur 4 rangs.	ovales et unies.		Le dessus du corps brun; la tête noire; le dessous du corps varié de blanchâtre et d'une couleur très-foncée, par taches transversales et rectangulaires.
	140	53							Bleuâtre.
...us.	140	22			0				Livide; des bandes transversales brunes; des rangs de points bruns; des taches presque carrées et placées symétriquement sous le corps; une raie longitudinale et couleur de feu sur la queue.
	138	72	2 pi.	4 po. 10 lig.	0	9 sur 4 rangs.	ovales et relevées par une arête.	quelquefois quatre grandes plaques entre l'anus et les premières paires de petites.	Bleue ou verte, tachetée de noir; une rangée de points noirs de chaque côté du corps; quelquefois une raie longitudinale sur le dos.
	137	70							Le dessus du corps brun; le dessous varié de blanc et de noir.

ESPÈCES.	Plaques du dessous du corps.	Paires de petites plaques sous la queue.	CARACTÈRES.						Cou
			Longueur totale.	Longueur de la queue.	Cro- chets à venin.	Écailles du dessus de la tête.	Écailles du dos.	Autres traits particuliers de la conformation extérieure.	
C. ponctuée. C. *punctatus.*	136	43							D'un gr dessous du avec neuf ches noir sur trois r de trois ta
38ᵉ de Grono- vius. *C. 38ᵃ Gronov.*	136	39							Variée de fer, blanc.
39ᵉ de Grono- vius. *C. 39ᵃ Gronov.*	135	42							Blanch blanches
C. mexicaine. *C. mexicanus.*	134	77							
Lutrix. *C. Lutrix.*	134	27							Le des sous du les côtés
Hœmachate. *C. Hœma- chata.*	132	22	1 pi. 4 po. 5 lig.	1 po. 10 lig.	à la mâ- choire supé- rieure.	9 sur 4 rangs.	unies et en losange.		Rouge blanches
Bali. *C. Bali.*	131	46	6 pi. 6 po.		0	9 sur 4 rangs.	rhomboï- dales et unies.		Une b dinale ro tée de bla côté du le dessu mêlé de rangs l de point le corps.
Atropos. *C. Atropos.*	131	22			à la mâ- choire supé- rieure.	sembla- bles à celles du dos.	ovales et relevées par une arête.	la tête a un peu la forme d'un cœur.	Blanc rangs lo taches r et blanc centre; res sur l

	Plaques du dessous du corps.	Paires de petites plaques sous la queue.	Longueur totale.	Longueur de la queue.	Crochets à venin.	Écailles du dessus de la tête.	Écailles du dos.	Autres traits particuliers de la conformation extérieure.	COULEUR.
m.	128	67	1 pi. 10 po.	6 po.	0	9 sur 4 rangs.	ovales et relevées par une arête.	la tête petite à proportion du corps.	Bleue ; des bandes transversales blanches et partagées en deux sur les côtés ; une petite bande transversale brune sur chaque grande plaque.
	126	45			0				Brune ; le dessous du corps d'une couleur pâle.
	124	46						la tête arrondie, relevée en bosse, et le museau très-court.	Une petite bande noire et courbée entre les yeux ; une croix blanche, avec un point noir au milieu, sur le sommet de la tête ; le dessus du corps varié de noir et de blanc ; des bandes transversales blanches ; le dessous du corps noir.
	121	58							D'un blanc éclatant.
et eru-	119	110	2 pi.	6 po.	0	grandes.			D'un bleu foncé ; le dessous du corps d'un vert pâle.
e. tus.	119	70	2 pi.	5 po. 4 lig.	0	9 sur 4 rangs.	hexagones et relevées par une arête.		Blanchâtre ; de grandes taches en losange ou irrégulières, roussâtres et bordées de noir ou de brun ; le ventre blanchâtre et quelquefois tacheté.
nes. lla-	118	60			0				Blanche ; des bandes transversales, irrégulières et noires ; une raie noirâtre, irrégulière et longitudinale sous le ventre.

8.

ESPÈCES.	Plaques du dessous du corps.	Paires de petites plaques sous la queue.	Longueur totale.	Longueur de la queue.	Crochets à venin.	Écailles du dessus de la tête.	Écailles du dos.	Autres traits particuliers de la conformation extérieure.	Cou...
C. d'Égypte. C. Ægyptiacus.	118	22			à la mâchoire supérieure.		très-petites.	le derrière de la tête relevé par deux bosses.	D'un bl... des taches
C. anguleuse. C. angulatus.	117	70	1 pi.		o	9 sur 4 rangs.	ovales, un peu échancrées et relevées par une arête.		Blanchât... des brunes vers leurs guleuses et vers le m... longueur d...
Léberis. C. Leberis.	110	50			à la mâchoire supérieure.				Des raie... sales, étr... res; la têt... avec deux... ses sur le... une tache... sur le musi...
C. joufflue. C. buccatus.	107	72							Rousse; transversa... ches.
Argus. C. Argus.								le derrière de la tête relevé par deux bosses.	Une tac... sur chaque... sieurs ran... blanches, ... dées de rou... dans leur...

SECOND GENRE.

erpents qui ont de grandes plaques sous le corps et sous la queue.

BOA.

S.	Plaques du dessous du corps.	Plaques du dessous de la queue.	Longueur totale.	Longueur de la queue.	Cro-chets à venin.	Écailles du dessus de la tête.	Écailles du dos.	Autres traits particuliers de la conformation extérieure.	CARACTÈRES. / COULEUR.
	290	128	3 po. 6 lig.	7 po.	0	sembla-bles à celles du dos.	rhomboï-dales et unies.	la tête large par derrière; le museau allongé.	Une chaîne de taches irrégulières en forme de broderie, le long du dos, et surtout sur la tête.
s.	281	64							Brune.
is.	270	115						les dents de la mâchoire inférieure très-longues.	D'un gris varié d'un gris plus clair.
ia.	265	57							D'un jaune clair; des taches blanchâtres et grises dans leur centre
re. a:	254	65	2 pi. 6 po.	4 po. 2 lig.	0	sembla-bles à celles du dos.	rhomboï-dales et unies.	la tête large par derrière; le museau allongé; dè grandes écailles sur les lèvres.	Blanchâtre ou d'un vert de mer, cinq ran-gées longitudinales de taches rousses, dont plusieurs sont chargées de taches blanchâtres.
ale.	250	70							D'un gris mêlé de vert; des taches noires et arrondies le long du dos; d'autres taches noires vers leurs bords, blanches dans leur cen-tre et disposées des deux côtés du corps; des points noirs for-mant des taches allon-gées sur le ventre.

ESPÈCES.	CARACTÈRES.								Coul...
	Plaques du dessous du corps.	Plaques du dessous de la queue.	Longueur totale.	Longueur de la queue.	Crochets à venin.	Écailles du dessus de la tête.	Écailles du dos.	Autres traits particuliers de la conformation extérieure.	
Devin. B. divinatrix.	246	54	quelquefois plus de 3o pieds.	ordinairement le 9e de la longueur du corps.	o	semblables à celles du dos.	hexagones et unies.	le museau allongé et terminé par une grande écaille presque verticale; la tête élargie par derrière; le front élevé; un sillon longitudinal sur la tête.	De grand ovales, souv crées à cha et en demi-r dées d'une c cée, et entol tres petites
B. Muet. B. muta.	217	34		à la mâchoire supérieure.				l'extrémité de la queue garnie par dessous de quatre rangs de petites écailles.	Des tach rhomboïdal nies les une tres.
Bojobi. B. Bojobi.	2o3	77	2 pi. 11 po.	7 po.	o	semblables à celles du dos.	rhomboïdales et unies.	la tête large par derrière; le museau allongé; les lèvres garnies d'écailles grandes et sillonnées.	Verte ou des taches i éloignées l' tre, blanch nâtres, et rouge.
Hipnale. B. Hipnale.	179	120	1 pi. 11 po.	3 po.	o	semblables à celles du dos.	rhomboïdales et unies.	les lèvres garnies d'écailles très-grandes et sillonnées.	Jaunâtre blanchâtres d'un bru noir.
Groin. B. porcaria.	15o	4o	2 pi.	8 po.	o	semblables à celles du dos.		le museau terminé par une grande écaille relevée.	Cendrée noires disp lièrement; transversal vers la que

TROISIÈME GENRE.

*qui ont le ventre couvert de grandes plaques, et la queue terminée par une
pièce écailleuse, ou par de grandes pièces articulées les unes dans les autres,
: et bruyantes.*

SERPENTS A SONNETTE. *Crotali.*

S.	Plaques du dessous du corps.	Plaques du dessous de la queue.	Longueur totale.	Longueur de la queue.	Crochets à venin.	Écailles du dessus de la tête.	Écailles du dos.	Autres traits particuliers de la conformation extérieure.	COULEUR.
Boi-	182	27	4 pi. 10 lig.	4 po.	à la mâchoire supérieure.	6 sur 3 rangs.	ovales et relevées par une arête.		D'un gris jaunâtre; une rangée longitudinale de taches noires bordées de blanc.
issus.	172	21	1 pi. 5 po. 6 lig.	1 po. 3 lig.	à la mâchoire supérieure.	6 sur 3 rangs.	ovales et relevées par une arête.		Variée de blanc et de jaune; des taches rhomboïdales, noires et blanches dans leur centre.
rinas.	165	30			à la mâchoire supérieure.	2 grandes.	ovales et relevées par une arête.		Blanchâtre; des taches d'un jaune plus ou moins clair.
ilia-	132	32	1 pi. 3 po. 10 lig.	1 po. 10 lig.	à la mâchoire supérieure.	9 sur 4 rangs.	ovales et relevées par une arête.		Grise; trois rangs longitudinaux de taches noires; celles de la rangée du milieu rouges dans leur centre, et séparées l'une de l'autre par une tache rouge.
sonn. ore. pisci-			5 pi.		à la mâchoire supérieure.			la queue terminée par une pointe longue et dure.	Brone; le ventre et les côtés du cou noirs, avec des bandes transversales jaunes et irrégulières.

QUATRIÈME GENRE.

Serpents dont le dessous du corps et de la queue est garni d'écailles, sembl
à celles du dos.

ANGUIS. *Angues.*

ESPÈCES.	Rangs d'écailles sous le corps.	Rangs d'écailles sous la queue.	Longueur totale.	Longueur de la queue.	Crochets à venin.	Écailles du dessus de la tête.	Écailles du dos.	Autres traits particuliers de la conformation extérieure.	Coule
Roulean. *An. cylindrica.*	240	13	2 pi. 6 po.	1 po.	o	3 grandes.	unies.		Les divers blanches b roux; des bar versales d'un foncée, et sieurs se réu
Rouge. *An. rubra.*	240	12	1 pi. 6 po.	6 lig.	o	3 grandes sur 2 rangs.	hexagones et unies.		Les écaille et bordées d des bandes sales noirâtr sus et au-de corps.
Lombric. *An. Lumbricalis.*	230	7	8 po. 11 lig.	1½ lig.	les mâchoires presque toujours sans dents.	3 grandes.	très-unies et très-petites.	la bouche au-dessous du museau et très-petite, ainsi que l'anus.	Le dessus sous du co blanc livide.
Long-nez. *An. nasuta.*	218	12	1 pi.					la bouche au-dessous du museau qui est trèsallongé ; la queue terminée par une pointe dure.	D'un noir une tache jau museau ; deu obliques de couleur sur l le ventre jau
Queue - lancéolée. *An. laticauda.*	200	50						la queue trèscomprimée par les côtés et terminée en pointe.	Pâle ; des transversales

	Rangs d'écailles sous le corps.	Rangs d'écailles sous la queue.	Longueur totale.	Longueur de la queue.	Crochets à venin.	Écailles du dessus de la tête.	Écailles du dos.	Autres traits particuliers de la conformation extérieure.	COULEUR.
a.	200	15						deux dents qui percent la lèvre supérieure, et ont l'apparence de deux petites cornes.	
	200	12	1 pi.	3 lig.	o	9 sur 4 rangs.	unies.		Jaune; une ou trois raies longitudinales brunes; des bandes transversales très-étroites et de la même couleur.
	186	23						les écailles qui recouvrent le ventre sont un peu plus larges que celles qui garnissent le dos.	
na.	180	18				grandes.			Varié de brun et d'une couleur pâle.
t-	177	37							Les écailles brunes et blanches dans leur centre.
	165	32							Verdâtre; plusieurs rangées longitudinales de points noirs ou bruns.
	135	135	3 pi.	1 pi. 6 po.	o	9 sur 4 rangs.	hexagones et unies.		Les écailles du dessus du corps rousses et bordées de blanchâtre; quatre raies longitudinales, brunes ou noires; le ventre d'un brun très-foncé; la gorge marbrée de blanc, de noir et de jaunâtre.

ESPÈCES.	Rangs d'écailles sous le corps.	Rangs d'écailles sous la queue.	Longueur totale.	Longueur de la queue.	Crochets à venin.	Écailles du dessus de la tête.	Écailles du dos.	Autres traits particuliers de la conformation extérieure.	Cou
An. Jaune et brun. *An. flavo-fusca.*	127	123	1 pi. 6 po.	1 pi. 1 po. 6 lig.					D'un v brun ; pl gées long points ja tre jaune.
Eryx. *Eryx.*	126	136		un peu plus grande que celle du corps.	0		arrondies et unies.	la mâchoire supérieure un peu plus avancée que l'inférieure.	D'un r trois raie longitudin
Plature. *Platura.*			1 pi. 6 po.	2 po.	les mâchoires sans dents.		arrondies, très-petites, et placées à côté les unes des autres.	la queue comprimée par les côtés, et un peu arrondie à son extrémité.	Noire ; du corp queue var et de noir

CINQUIÈME GENRE.

pents dont le corps et la queue sont entourés d'anneaux écailleux.

AMPHISBÈNES. *Amphisbænæ.*

	Anneaux du corps.	Anneaux de la queue.	Longueur totale.	Longueur de la queue.	CARACTÈRES.				
					Crochets à venin.	Écailles du dessus de la tête.	Écailles du dos.	Autres traits particuliers de la conformation extérieure.	Couleur.
z.	223	16	1 pi. 5 po. 9 lig.	1 po. 6 lig.		6 sur 3 rangs.		huit tubercules près de l'anus.	Blanche.
fu- igi-	200	3o	1 pi. 1 po. 6 lig.	6 lig.	o	6 sur 3 rangs.		huit tubercules près de l'anus.	Noirâtre, variée de blanc.

SIXIÈME GENRE.

nts dont les côtés du corps présentent une rangée longitudinale de plis.

COECILES. *Cœciliæ.*

	Plis des côtés du corps.	Plis des côtés de la queue.	Longueur totale.	Longueur de la queue.	CARACTÈRES.				
					Crochets à venin.	Écailles du dessus de la tête.	Écailles du dos.	Autres traits particuliers de la conformation extérieure.	Couleur.
eux. iosa.	340	10							Brune ; une raie blanchâtre sur les côtés.
	135		1 pi.					la mâchoire supérieure garnie de deux petits barbillons ; la queue très-courte.	

SEPTIÈME GENRE.

Serpents dont le dessous du corps, présentant vers la tête de grandes plaque[s]
vers l'anus des anneaux écailleux, et dont l'extrémité de la queue est g[arnie en]
dessous de très-petites écailles.

LANGAHA. *Langaha.*

ESPÈCES.	Grandes plaques.	Anneaux écailleux.	Longueur totale.	Longueur de la queue.	Cro-chets à venin.	Écailles du dessus de la tête.	Écailles du dos.	Autres traits particuliers de la conformation extérieure.	Cou[leur.]
Langaha de Madagascar. *Langaha.*	184	42	2 pi. 8 po.		à la mâchoire supérieure.	7 sur 2 rangs.	rhomboï-dales.		Les écai[l]-tres, char[gées à la] base d'un[e tache] gris et [d'une] jaune.

HUITIÈME GENRE.

Serpents qui ont le corps et la queue garnis de petits tubercules.

ACROCHORDES. *Acrochordi.*

ESPÈCES.			Longueur totale.	Longueur de la queue.	Cro-chets à venin.	Écailles du dessus de la tête.	Écailles du dos.	Autres traits particuliers de la conformation extérieure.	Cou[leur.]
Acrochorde de Java. *Acrochordus javanicus.*			8 pi. 3 po.	11 po.	o	petites et en grand nombre.		la queue très-menue à proportion du corps.	Noire ; [le dessous] du corps [blanc ;] les côtés b[lancs,] tachetés de [noir.]

PREMIER GENRE.

SERPENTS

QUI ONT DE GRANDES PLAQUES SOUS LE CORPS, ET DEUX
RANGÉES DE PETITES PLAQUES SOUS LA QUEUE.

COULEUVRES.

COULEUVRES VIPÈRES.

LA VIPÈRE COMMUNE.[1]

Pelias Berus, Merr.; *Col. Berus*, var. α, Linn., Laur., Lacep.,
Shaw.; *Vipera vulgaris*, Latr.; *Vipera Berus*, Daud., Fitz.;
Vip. Chersea, Sturm.

L'ORDRE des Serpents paraît être un de ceux qui

---

(1) En grec, Εχις, *le mâle*, Εχιδνα, *la femelle*.

Viper or adder, en anglais.

La vipère, M. d'Aubenton, Hist. natur. des Serpents, Encyclopédie
méthodique.

Colub. Berus, Linneus, Systema naturæ, amphibia Serpentes.

Coluber Berus. — *Vipera Francisci Redi.* — *Vipera mosis, charas.* —
Laurenti Specimen Medicum. Viennæ, 1768, fol. 97 et seq.

Vipera, Ray, Synopsis Quadrupedum et Serpentini generis. Londr.
1693, p. 285.

Vipera, Gesner. de Serpentum natura, fol. 71.

renferment le plus de ces espèces funestes dont les sucs empoisonnés, donnent la mort lorsqu'ils se mêlent avec le sang. Il ne faut pas croire cependant que le plus grand nombre de ces reptiles soient venimeux; l'on doit présumer que, tout au plus, le tiers des diverses espèces de serpents renferme un poison très-actif. Ce sont ces espèces redoutables qu'il importe le plus de connaître, pour les éviter; aussi commencerons-nous, en traitant de chaque genre de serpents, par donner l'histoire de ceux qui, pour ainsi dire, recèlent la mort, et dont l'approche est d'autant plus dange-

---

Col. Berus, Wulf, Ichthyologia cum amphibiis regni Borussici.

Viper or adder, Essay Touwards a natural History of Serpents by Charles Owen. London, 1742, p. 51, pl. 1.

Viper, Zoologie Britannique, vol. 3, p. 25, pl. 4, n° 12.

Vipera anglica, fusca dorso lineâ undatâ nigricante conspicuâ. Petiv. mus. fol. 17, n° 103.

Vipère, M. Valmont de Bomare.

Vipera vera Indiæ orientalis. Seba, muse. 2, tabula 8, fig. 4.

Nous croyons devoir prévenir ici, relativement à la nomenclature des diverses espèces de serpents dont nous allons traiter, que plusieurs noms dont les modernes se servent pour les désigner, ont été également employés par les anciens; tels sont les noms de *berus*, *prester*, *aspic*, *boa*, *padera*, *cœcilia*, *miliaris*, *triscalis*, *dipsas*, *driynus*, *elops*, *elaps*, *molurus*, *schytale*, etc. Mais les anciens ont si peu caractérisé les différentes espèces auxquelles ils ont attribué ces noms, qu'il est presque impossible de les reconnaître, tout ce que j'ai cru découvrir, en général, par une comparaison attentive des expressions des anciens, avec les descriptions des serpents qui ont été bien observés, c'est que les anciens n'ont pas toujours appliqué ces noms à des espèces distinctes, et qu'ils les ont souvent employés pour de simples variétés d'âge ou de sexe, appartenantes à des espèces communes en Europe, et particulièrement en Grèce.

reuse, que leurs armes empoisonnées, presque
toujours enveloppées dans une sorte de fourreau
qui les dérobe aux regards, ne peuvent faire
naître aucune méfiance ni inspirer aucune précaution.

Parmi ces espèces, dont le venin est plus ou
moins funeste, une des plus anciennement et des
mieux connues, est la vipère commune. Elle est,
en effet, très-multipliée en Europe; elle habite
autour de nous, elle infeste nos bois, et souvent
nos demeures; aussi a-t-elle inspiré, depuis long-
temps, une grande crainte; et cependant avec
quelle attention n'a-t-elle pas été observée? Objet
d'importantes recherches et de travaux multipliés
d'un grand nombre de savants, combien de fois
n'a-t-elle pas été décrite, disséquée et soumise à
diverses épreuves? Nous avons donc cru devoir
commencer l'histoire de tous les serpents par celle
de la vipère commune; sa conformation, tant intérieure qu'extérieure, ses propriétés, ses habitudes naturelles ayant été très-étudiées, et pouvant par conséquent être présentées avec clarté,
répandront une grande lumière sur tous les objets
que nous leur comparerons, et dont on pourra
connaître plusieurs parties, encore voilées pour
nous, par cela seul qu'on verra un grand nombre
de leurs rapports avec un premier objet bien connu
et vivement éclairé.

La vipère commune est aussi petite, aussi faible, aussi innocente, en apparence, que son venin

est dangereux. Paraissant avoir reçu la plus petite part des propriétés brillantes que nous avons reconnues en général dans l'ordre des serpents, n'ayant ni couleurs agréables, ni proportions très-déliées, ni mouvements agiles, elle serait presque ignorée, sans le poison funeste qu'elle distille. Sa longueur totale est communément de deux pieds ; celle de la queue, de trois ou quatre pouces, et ordinairement cette partie du corps est plus longue et plus grosse dans le mâle que dans la femelle ; sa couleur est d'un gris cendré, et le long de son dos, depuis la tête jusqu'à l'extrémité de la queue, s'étend une sorte de chaîne composée de taches noirâtres de forme irrégulière, et qui, en se réunissant en plusieurs endroits les unes aux autres, représentent fort bien une bande dentelée et sinuée en zig-zag. On voit aussi, de chaque côté du corps, une rangée de petites taches noirâtres, dont chacune correspond à l'angle rentrant de la bande en zig-zag.

Toutes les écailles du dessus du corps sont relevées au milieu par une petite arête, excepté la dernière rangée de chaque côté, où les écailles sont unies et un peu plus grandes que les autres. Le dessous du corps est garni de grandes plaques couleur d'acier et d'une teinte plus ou moins foncée, ainsi que les deux rangs de petites plaques qui sont au-dessous de la queue (1).

---

(1) Nous avons compté sur le plus grand nombre d'individus que

Quelquefois, dans la vipère commune, de même que dans un très-grand nombre d'autres espèces de serpents, les grandes pièces qui recouvrent le ventre et le dessous de la queue sont, ainsi que les autres écailles, plus pâles ou plus blanches dans la partie qui est cachée par la plaque ou l'écaille voisine, que dans la partie découverte, et le défaut de lumière paraît nuire à la vivacité des couleurs sur les écailles des serpents, comme sur les pétales des fleurs; mais on ne remarque communément cette nuance plus faible de la partie cachée, que sur les serpents en vie ou sur ceux qui ont été desséchés. Il arrive le plus souvent, au contraire, que sur les serpents conservés dans l'esprit-de-vin, la partie des grandes plaques ou des autres écailles qui est toujours découverte, est d'une nuance plus blanchâtre, comme plus exposée à l'action de l'esprit ardent qui altère toutes les couleurs.

Le dessus du museau et l'entre-deux des yeux sont noirâtres; et sur le sommet de la tête, deux taches allongées, placées obliquement, se réunissent par un bout et sous un angle aigu.

La tête va en diminuant de largeur du côté du

---

nous avons examinés, 146 grandes plaques et 39 rangées de petites.

« Depuis le commencement du cou jusqu'au commencement de la « queue, il y a autant de grandes écailles qu'il y a de vertèbres, et comme « chaque vertèbre a de chaque côté une côte, chaque écaille rencontre « par ses deux bouts la pointe de toutes les deux, et leur sert comme de « défense et de soutien. » Mémoires pour servir à l'histoire naturelle des animaux. Description anatomique de la vipère, tome 3, page 608.

museau, où elle se termine en s'arrondissant ; et les bords des mâchoires sont revêtus d'écailles plus grandes que celles du dos, tachetées de blan‑châtre et de noirâtre, et formant un rebord assez saillant (1).

____

(1) Nous avons cru qu'on verrait avec d'autant plus de plaisir ici une courte exposition des principales parties intérieures de la vipère, que sa conformation interne est très-semblable à celle du plus grand nombre de serpents dont nous traiterons dans cet ouvrage, et qui, par là, seront connus à l'intérieur aussi bien qu'à l'extérieur. Nous n'avons pu mieux faire que de rapporter les propres paroles de M. Charas, qui a disséqué avec soin la vipère commune, et dont nous avons vérifié les observations que l'on trouvera ici. « Le museau est composé d'un os en partie « cartilagineux, garni aux environs de quelques bouts de muscles qui « viennent de plus loin, qui sont aussi accompagnés de quelques petites « veines et de quelques petites artères. Cet os est encore couvert de la « peau écailleuse, retroussée, comme nous l'avons dit, dans ses extrémités. « Il y a deux conduits dans ses deux côtés qui forment les narines, les- « quelles ont chacune une ouverture petite et ronde, à droite et à gauche « sur le devant, et leur nerf propre, qui vient depuis la partie antérieure « du cerveau jusqu'à leur orifice, et qui leur communique l'odorat... « Cet os cartilagineux a tout autour divers angles, et est articulé par « de forts ligaments au-dedans et autour de la partie creuse et antérieure « du crâne ; ce qui n'empêche pas qu'il ne soit un peu flexible dans cette « articulation.

« Le crâne se trouve creusé dans sa partie antérieure, et représente « une forme de cœur lorsqu'on en sépare l'os du museau. Il a deux « pointes avancées qui embrassent en partie cet os-là ; il est entouré, en « sa partie supérieure, d'un petit bord avancé en forme de corniche ; il « est échancré aux deux côtés où sont situés les yeux, et y forme leurs « orbites, dont la partie postérieure est étendue en pointe qui répond à « celle de devant. Tout le crâne, en toutes ses parties, est d'une substance « fort compacte et fort dure ; il y a trois sutures principales dans sa partie « supérieure ; l'une qu'on peut nommer sagittale, qui divise de long en « long la partie du dessus des deux yeux ; l'autre, qui se peut nommer « coronale, qui divise le crâne en travers derrière les deux orbites ; et la

Le nombre des dents varie suivant les individus;

« troisième, qui le sépare encore en travers près du commencement de
« l'épine. Dans la superficie de la partie supérieure du crâne, on remarque
« la forme d'un cœur bien représenté, situé dans son milieu, qui a sa
« base près de la suture que j'ai nommée coronale, et qui porte sa pointe
« vers la partie postérieure du crâne, qui est séparée par la troisième
« suture. Il y a aussi une autre grande suture tout autour des parties
« latérales inférieures du crâne, par laquelle il se peut diviser en deux
« corps, l'un supérieur et l'autre inférieur : ce dernier est fait en forme
« de dos renversé, allant de long en long, creusé au-dedans, et repré-
« sentant la forme d'un soc qui a comme des ailerons à ses côtés, et dont
« la pointe avance au-dessous de l'entre-deux des yeux ; sa partie posté-
« rieure descend jusqu'au fond du palais, où elle a, dans son dessous,
« une pointe descendant en forme de monticule renversé. Toutes les sutures
« du crâne sont si bien unies dans leur jonction, et si fortement annexées,
« qu'il est fort difficile de les distinguer, et encore plus d'en séparer les
« parties sans les casser, à moins que de faire bouillir le crâne dans quelque
« liqueur.

« La substance du cerveau de la vipère est divisé en cinq corps princi-
« paux, dont les deux premiers sont ronds et longuets ; chacun de la
« grandeur et de la forme d'un grain de semence de chicorée ; ils sont
« situés de long en long entre les deux yeux, et c'est de ces corps que
« partent les nerfs de l'odorat ; les trois autres sont dans la partie moyenne
« du crâne, et au-dessous de cette forme de cœur dont nous avons parlé ;
« chacun de ces corps approche de la grosseur d'un grain de semence de
« *milium solis*, et représente à peu près la forme d'une poire, dont la
« pointe est tournée vers la partie antérieure de la tête. Deux de ces corps
« sont situés dans la partie supérieure, de long en long et à côté l'un de
« l'autre : le troisième, qui est tant soit peu plus petit, est situé sous le
« milieu des deux, et peut être nommé le cervelet ou le petit cerveau.

« La moëlle spinale semble être un même corps avec ce dernier, quoi-
« qu'elle ait sa place séparée dans la partie postérieure du crâne : elle
« est d'une substance un peu plus blanche et un peu plus molle que les
« corps dont nous venons de parler, et de la grosseur d'un petit grain de
« froment ; elle produit un corps de la même substance, qui s'étend en
« long, et passant en droite ligne au travers de toutes les vertèbres de
« l'épine du dos, vient aboutir à l'extrémité de la queue. Les corps du
« cerveau de la vipère sont couverts d'une tunique assez épaisse, et qui

il est souvent de vingt-huit dans la mâchoire su-

« leur est assez adhérente, qu'on peut nommer dure-mère; elle est de
« couleur noire, d'où il est arrivé que quelques auteurs, qui n'avaient pas
« pris la peine de regarder sous la tunique, ont dit que le cerveau de la
« vipère était de couleur noire. Sous cette dure-mère, chaque corps du
« cerveau, séparément, a encore une petite membrane qui l'enveloppe,
« qu'on peut nommer pie-mère. On remarque de petits interstices entre
« ces corps, et même dans le corps de la moëlle spinale, qui pourraient
« passer pour des ventricules; et je ne doute pas que, si le sujet était
« un peu plus gros, on n'y pût remarquer la plupart des parties consi-
« dérables qui se voient dans les animaux plus grands.

« A chaque côté supérieur du milieu de ce cœur, que l'on voit au-dessus
« du crâne, il y a un petit os plat qui a environ une ligne et demie de
« long, qui lui est fortement articulé, lequel, suivant et adhérent au
« même côté du crâne jusqu'à sa partie postérieure, vient s'articuler de
« nouveau à un autre os plat plus long et plus fort, et y forme comme
« un coude : ce dernier os descend en bas et vient s'articuler fortement
« au bout interne de la mâchoire inférieure, au milieu de laquelle arti-
« culation la mâchoire supérieure vient aboutir et s'y articule, mais non
« pas si fortement, parce qu'elle a d'autres articulations dont l'inférieure
« est dépourvue. Ces os, qui sont comme des clavicules, servent et de
« soutien aux mâchoires, et à les ouvrir et resserrer, et ils y sont aidés
« par les nerfs et par les muscles dont la nature les a pourvus.

« Il y a aussi à chaque bout avancé de l'orbite, un petit os plat, ayant
« environ deux lignes et demie de long, qui est fortement articulé et con-
« jointement avec la racine de la dent canine, lequel, par son autre bout,
« est aussi fortement articulé au milieu de la mâchoire supérieure, tant
« pour la soutenir que pour la faire avancer ensemble avec la grosse dent
« lorsqu'elle se relève pour mordre. La mâchoire supérieure est divisée en
« deux sur le devant, et est séparée par l'os cartilagineux du museau,
« où ses deux bouts sont articulés de chaque côté. Ces deux mâchoires
« sont beaucoup plus internes que celles de dessous, et les grosses dents
« sont situées hors de leur rang et à leur côté, en tendant en dehors, et
« leur servent comme de défenses; elles sont composées chacune d'un
« seul os, qui a environ dix lignes de long.

« La mâchoire de dessous est aussi divisée en deux : ces mâchoires sont
« annexées pardevant l'une à l'autre, par un muscle qui les ouvre ou les
« resserre au gré de l'animal, et n'ont d'autre articulation que celle que

périeure, et de vingt-quatre dans l'inférieure;

« nous avons dit de leur bout interne avec la clavicule qui descend du
« crâne, et avec le bout interne des mâchoires supérieures. Chacune de ces
« mâchoires est composée de deux os, articulés ensemble vers le milieu de
« la mâchoire; celui de devant embrasse dessus et dessous celui de der-
« rière, et se peut ployer en dehors en cet endroit lorsque la vipère veut
« mordre, et il est tant soit peu recourbé en dedans vers son extrémité;
« c'est sur cet os seul que les dents de dessous sont fichées.

« Les nerfs principaux de la tête de la vipère sont, en premier lieu,
« ceux dont nous avons parlé; savoir, ceux de l'odorat, ceux des yeux et
« de l'ouïe. Il y a, outre ceux-là, ceux du goût, celui qu'on peut appeler
« la sixième paire errante, qui se distribue après dans toutes les parties
« vitales et naturelles, et ceux qui, sortant de la moëlle spinale, sont
« portés par toute l'habitude du corps. Il y a aussi plusieurs nerfs qui
« partent de la partie inférieure du cerveau, et qui passent au travers du
« crâne; mais à cause de leur délicatesse, il est très-difficile de les suivre
« jusqu'à leur insertion.

« Il y a encore un nerf considérable qui sort du crâne derrière celui de
« l'ouïe, qui laisse dans l'entre-deux une petite apophyse au crâne, et
« qui, descendant le long de la clavicule, fait son cours sur la mâchoire
« inférieure, et s'insère dans son milieu, puis il poursuit au-dedans jus-
« qu'à son extrémité, et se distribue dans toutes les dents qui y sont
« fichées.

« La tête a aussi ses veines et ses artères, qui, venant du foie et du
« cœur, s'y distribuent en une infinité de rameaux, dont toutes ses par-
« ties sont arrosées. Elle est aussi garnie de plusieurs muscles aux côtés
« et au-dessous du crâne, et aux environs des clavicules et des mâchoires
« supérieures et inférieures, qui servent non seulement à remplir les creux
« du crâne et à couvrir les os qui y sont articulés, mais à donner le
« mouvement à toutes les parties qui en ont besoin; à quoi aussi les
« nerfs contribuent de leur part.

« Le grand nombre des os qui restent au corps de la vipère, après
« ceux de la tête, ne consiste qu'en vertèbres et en côtes. Les vertèbres
« commencent à la partie postérieure du crâne, à laquelle la première est
« articulée; les autres sont arrangées de suite, fortement articulées l'une
« à l'autre, et continuent jusqu'à l'extrémité de la queue. Chaque vipère,
« tant mâle que femelle, a cent quarante-cinq vertèbres depuis la fin de la
« tête jusqu'au commencement de la queue; et deux cent quatre-vingt-dix

mais toutes les vipères ont, de chaque côté de la

« côtes, qui est le nombre double des vertèbres, à chacune desquelles il
« y a deux côtes articulées, une de chaque côté, qui sont ployées et qui
« embrassent les parties vitales et les naturelles de la vipère, et dont chaque
« pointe vient se rendre à un des bouts de la grande écaille de dessous le
« ventre, qui est propre à toutes les deux ; en sorte qu'il y a autant de
« grandes écailles sous le ventre, depuis la fin de la tête jusqu'au com-
« mencement de la queue, qu'il y a de vertèbres assorties de leurs deux
« côtes. Outre cela, il y a vingt-cinq vertèbres depuis le haut de la queue
« jusqu'à son extrémité, et ces vertèbres n'ont plus de côtes, mais elles
« ont, en leur place, de petites apophyses qui diminuent en grandeur,
« de même que les vertèbres, en tendant vers le bout de la queue.

« Les vertèbres ont une apophyse épineuse en leur partie supérieure,
« qui va de long en long, et qui a près d'une ligne de haut ; elles en
« ont au-dessous une autre pointue, qui est courbée vers le côté
« de la queue, et qui est de même hauteur que la supérieure : elles
« ont aussi des apophyses transverses aux deux côtés, auxquelles les
« côtes sont articulées ; elles sont creuses dans leur milieu, et reçoivent
« le corps de la moëlle qui part du derrière de la tête, qui fournit autant
« de paires de nerfs qu'il y a de vertèbres, et qui continue jusqu'à
« l'extrémité de la queue.

« Il y a quatre grands muscles bien forts et bien longs, qui prennent
« leur origine du derrière de la tête, et qui descendent deux de chaque
« côté des apophyses épineuses, l'un joignant l'épine, et l'autre au côté
« et un peu au-dessous du premier, qu'il accompagne de long en long
« jusqu'au bout de la queue. Il y a aussi deux grands muscles de pareille
« longueur qui sont attachés à la partie inférieure des vertèbres, et qui
« les accompagnent d'un bout à l'autre, de même que les supérieurs.
« Nous remarquons aussi de chaque côté, autant de muscles intercostaux
« qu'il y a de vertèbres, servant au même usage que ceux des autres
« animaux, qui séparent les côtes depuis la racine jusqu'à leur pointe ;
« tous ces muscles sont aussi accompagnés de veines et d'artères, de
« même que les plus grands.

« La trachée-artère est située au-dessus et tout le long de la langue,
« et lui sert comme de couverture par sa partie antérieure ; elle a son
« commencement à l'entrée de la gueule, où elle présente un trou ovale
« relevé en haut, et ayant comme un petit bec en sa partie inférieure.
« Elle est composée, à l'entrée, de plusieurs anneaux cartilagineux joints

mâchoire supérieure, une ou deux, et quelquefois

« les uns aux autres, qui continuent environ la longueur d'un bon pouce,
« et qui se jettent dans le côté droit de la vipère, où ils rencontrent le
« poumon; et depuis cet endroit-là, on ne voit plus que les demi-an-
« neaux renversés, lesquels étant joints des deux côtés à des membranes
« qui dépendent du poumon et qui lui sont annexées par-dessous d'un
« bout à l'autre, étant aidés du même poumon, servent à la respiration,
« et continuent leur rang et leur connexion jusque vers la quatrième
« partie du foie, qui lui est soumis, aussi-bien que le cœur. La trachée-
« artère a en tout huit ou neuf pouces de long, et à l'endroit où ses
« demi-anneaux finissent, elle s'unit avec une membrane qui attire et
« reçoit l'air jusqu'au commencement des intestins, où elle forme comme
« un cul-de-sac en rond.

« Le poumon étant joint à la trachée-artère, et faisant avec elle un
« même corps, est, par-conséquent, situé, comme elle, au côté droit;
« ils commencent là où finissent les anneaux entiers de la trachée-artère.
« Le poumon est fait en forme de rets, il n'a aucuns lobes, il est d'une
« couleur rouge, fort claire et fort vive, d'une substance assez mince,
« assez transparente, et un peu rugueuse; il est attaché par des mem-
« branes à la partie supérieure des anneaux imparfaits, il a sept ou huit
« pouces de long, et un petit travers de doigt de large; il est tout semé
« de veines et d'artères.

« Le cœur et le foie sont aussi situés au côté droit de la vipère; et
« au-devant du cœur il y a, à environ le tiers d'un travers de doigt, un
« petit corps charnu et un peu plat, de la grosseur d'un petit pois, qui
« est rempli d'eau, ce petit corps est situé au-dessous du poumon, de
« même que le cœur et le foie, et est suspendu par les mêmes membranes
« qui les soutiennent; on peut le prendre pour une espèce de sagouë ou
« de *tymus*, et il peut avoir les mêmes usages.

« Le cœur est situé environ quatre ou cinq pouces au-dessous du com-
« mencement du poumon; il est de la grosseur d'une féverole ou d'une
« petite fève, il est longuet, charnu, et environné de son péricarde, qui
« est composé d'une tunique assez épaisse; il a deux ventricules, l'un du
« côté droit, et l'autre du côté gauche; il a aussi deux ouvertures. Le
« sang qui vient de la veine-cave entre dans le ventricule droit, et se je-
« tant dans le gauche, en sort par l'artère aorte, qui se divise d'abord
« en deux gros rameaux, dont l'un monte vers les parties supérieures,
« et l'autre, passant au-dessous de l'œsophage et prenant son chemin en

trois ou quatre dents longues d'environ trois

« biais, se divise dans la suite en plusieurs rameaux, qui se répandent
« et sont portés à toutes les parties, jusqu'au bout de la queue.

« Le foie est un corps charnu, de couleur rouge-brun, situé demi-
« pouce au-dessous du cœur, et soutenu des mêmes membranes ; sa lon-
« gueur et sa grosseur sont assez inégales, mais les plus grands foies ont
« jusqu'à cinq et six pouces de long, et un demi-pouce de large. Le foie
« est composé de deux grands lobes, dont le droit descend un bon pouce
« plus bas que le gauche. Ces deux lobes sont arrosés de la veine-cave,
« qui semble les séparer de long en long en deux corps, et même elle le
« fait dans leur moitié inférieure, coulant dans leur entre-deux, et leur
« servant pour les joindre en un même corps. La moitié supérieure du
« foie est continue, et ne se peut diviser sans la couper. Le tronc de la
« veine-cave se divise en deux rameaux en sa partie supérieure, dont le
« principal et le plus gros aboutit au cœur, et l'autre passe sous le pou-
« mon, et de là aux parties supérieures ; la même veine-cave, dans sa partie
« inférieure, se divise en plusieurs rameaux qui descendent dans toutes
« les parties du dessous.

« La vipère est dépourvue de diaphragme, n'y ayant aucune tunique
« transversale qui sépare les parties vitales d'avec les naturelles : on pour-
« rait néanmoins dire que cette tunique déliée qui dépend de la trachée-
« artère et du poumon, et qui descend vers les intestins et y forme comme
« un cul-de-sac, en fait en quelque sorte la fonction.

« La vessie du fiel est située un travers de doigt au-dessous du foie, et
« à côté du fond de l'estomac, et elle penche sur le côté gauche ; elle est
« presque de la forme et de la grosseur d'une petite fève couchée sur son
« plat. Le fiel est d'une couleur fort verte, son goût est très-amer et très-
« âcre, sa consistance approche de celle d'un sirop peu cuit. Je n'ai
« trouvé, dans la vessie du fiel, qu'une issue par un petit vaisseau, qui,
« sortant du côté interne de sa partie supérieure, est recourbé dès son
« origine, et descendant et adhérant, même dans son commencement,
« à la partie interne de cette vessie, se divise après en deux rameaux,
« dont le principal et le plus droit, passant par ce corps que les anciens
« ont pris pour la rate, se jette dans l'intestin qui le reçoit, et l'autre
« moindre, en rebroussant chemin, semble remonter contre le foie ; mais
« se divisant en plusieurs petits rameaux, on ne saurait plus le discerner
« ni le suivre. Ce n'est pas en ce lieu que je veux combattre le sentiment
« des anciens sur la qualité vénéneuse qu'ils ont attribuée au fiel ; je

lignes, blanches, diaphanes, crochues et très-

« renvoie cela à un autre lieu, où je tâcherai de soutenir la qualité balsa-
« mique de ce suc, en faisant voir qu'il est exempt de toute sorte de
« venin. Le pancréas, que tous les auteurs ont nommé rate, est situé
« près et tant soit peu au-dessous du fiel et au côté droit de la vipère ; il
« est de la grosseur d'un bon pois, de substance charneuse en apparence,
« mais en effet glanduleuse ; sa situation, qui est tout joignant le fond de
« l'estomac, et vers l'entrée des intestins, considérée avec sa substance
« glanduleuse, me fait croire que c'est plutôt un pancréas qu'une rate ; j'en
« laisse néanmoins la décision à ceux qui voudront prendre la peine de
« l'examiner.

« L'œsophage prend son commencement au fond du gosier, sa situa-
« tion est au côté gauche, et son chemin est tout droit au côté du pou-
« mon et du foie, jusqu'à son union avec l'orifice de l'estomac. Elle est
« composée d'une seule membrane, fort molle et fort aisée à s'étendre,
« et qui même peut être enflée de la grosseur de deux doigts ; c'est elle
« qui reçoit la première tous les animaux que la vipère a tués avec ses
« grosses dents et qu'elle a avalés tout entiers, étant propre à cela, tant
« par sa large capacité, que par sa longueur, qui est d'un bon pied.

« L'estomac qui la suit, est comme cousu à son fond, et semble ne
« faire qu'un même corps avec elle ; il est toutefois beaucoup plus épais,
« et composé de deux fortes tuniques l'une dans l'autre, et adhérente
« l'une à l'autre. L'épaisseur de ses tuniques fait qu'on ne peut l'enfler de
« la même grosseur de l'œsophage, car il ne peut guère excéder la gros-
« seur d'un pouce ; il a trois à quatre pouces de long, son orifice est
« assez large, de même que son milieu, mais son fond va en étrécissant,
« et est d'ordinaire fort étroitement fermé, et ne s'ouvre que pour re-
« jeter ses excréments dans les intestins. Sa tunique interne est pleine
« de rugosités lorsqu'il est vide, et on y trouve fort souvent plusieurs
« petits vers de la longueur et de la grosseur de petites épingles. L'estomac
« est situé du côté gauche, comme l'œsophage, mais son fond est tourné
« vers le milieu du corps, pour se vider dans le premier intestin.

« La longueur et la capacité de l'œsophage, et la largeur de l'entrée de
« l'estomac, sont fort accommodés au naturel de la vipère, laquelle n'en-
« voie rien de mâché à son estomac, mais avale, pour sa nourriture, des
« animaux tout entiers, quelquefois plus gros, et quelquefois plus petits ;
« et lorsqu'ils se rencontrent plus longs que la profondeur de l'estomac,
« le reste demeure dans l'œsophage, en attendant que l'estomac ait tiré

aiguës; on les a appelées les dents canines de la

« et envoyé à tout le corps, le suc des parties dévorées qu'il pouvait
« contenir, après quoi il reçoit celles qui restaient encore dans l'œso-
« phage; mais il faut un grand temps pour tout cela, à cause que l'estomac
« ne se ferme point, et qu'il ne saurait ramasser aucune chaleur considé-
« rable pour faire une prompte digestion.

« Les intestins des vipères sont situés au milieu du corps, sous l'épine
« du dos, et immédiatement après le fond de l'estomac. J'en ai remarqué
« seulement trois, dont le premier et le plus étroit de tous, peut être
« appelé *duodenum*; le second, qui est plus large et qui est rempli de
« plusieurs sinuosités, peut être nommé *colon*; et le troisième et dernier,
« *rectum*; lequel aussi est fort large et fort droit, et lequel a son ouverture
« au-dessous et près du commencement de la queue, par où les excréments
« sortent. Ces intestins ont à leurs côtés les testicules avec leurs vais-
« seaux, tant des mâles que des femelles, et les deux corps de la matrice
« des dernières, dont nous parlerons après cette section; ils ont aussi les
« reins, avec leurs vaisseaux qui en partent, et qui sont accompagnés
« de leurs veines et de leurs artères, de même que tous les vaisseaux
« qui servent à la génération; et les intestins n'en sont pas aussi dé-
« pourvus.

« Les reins sont situés au-dessous des testicules; ils sont composés de
« plusieurs corps glanduleux, contigus et rangés de long en long, les
« uns après les autres; ils ont d'ordinaire deux pouces et demi de long,
« et deux lignes et demie de large sur leur rondeur, qui est un peu aplatie;
« ils sont de couleur rouge pâle : le droit est toujours situé plus
« haut que le gauche dans l'un et dans l'autre sexe; ils ont aussi
« leurs uretères, par où ils déchargent les sérosités près de l'extrémité
« de l'intestin.

« Tous les intestins, les testicules et les reins sont couverts de graisse
« fort blanche et fort molle, laquelle étant fondue, demeure en forme
« d'huile; on voit aussi quelquefois, en certaines vipères, quelque peu
« de graisse auprès du cœur, du poumon et du foie, et surtout près
« du fiel, et près de cette partie que les uns prennent pour rate, et les
« autres pour pancréas. Toutes ces parties sont enveloppées d'une tunique
« forte et fermement attachée aux extrémités des côtes, qui pourrait passer
« pour épiploon, si on y joignait la graisse; mais comme la vipère, qui
« est une espèce de serpent, ne peut passer que parmi les animaux im-
« parfaits, je ne déterminerai pas le nom de cette tunique, à laquelle

vipère, à cause d'une ressemblance imparfaite qu'elles ont avec les dents canines de plusieurs quadrupèdes. Ces dents, longues et crochues, sont très-mobiles, ainsi que celles des autres serpents vipères ; l'animal les peut incliner ou redresser à volonté : communément elles sont couchées en arrière le long de la mâchoire, et alors leur pointe ne paraît point ; mais, lorsque la vipère veut mordre, elle les relève et les enfonce dans la plaie en même temps qu'elle y répand son venin.

Auprès de la base de ces grosses dents, et hors de leurs alvéoles, on voit, dans des enfoncements de la gencive, un certain nombre de petites dents crochues, inégales en longueur, conformées comme les dents canines, et qui paraissent destinées à remplacer ces dernières lorsque la vipère les perd par quelque accident. On en a trouvé depuis deux jusqu'à huit (1). L'on peut présumer que le nombre de ces dents de remplacement est limité,

***

« ceux qui seront plus éclairés que moi donneront le nom qui leur sem-
« blera le plus raisonnable. » Mémoires pour servir à l'Histoire naturelle des animaux, vol. 3, page 611 et suiv.

(1) « Lorsqu'on les examine attentivement avec une loupe, on voit
« qu'elles tiennent, par leur base, à une espèce de tissu membraneux
« très-fin et très-mou. Ces petites dents vont en diminuant de grosseur,
« à mesure qu'elles s'éloignent des alvéoles des dents canines ; celles qui
« sont le plus près de ces alvéoles, sont aussi les mieux formées et les
« plus dures ; les autres sont plus petites, plus tendres, moins bien
« formées, et comme muqueuses, particulièrement à leur base ; elles
« paraissent, en effet, devoir leur formation à une matière blanchâtre et
« gélatineuse. » Ouvrage de M. l'abbé Fontana, sur les poisons, et particulièrement sur celui de la vipère. Florence, 1781, vol. 1, page 6.

et que lorsque la vipère a réparé plusieurs fois la perte de ses crochets, elle ne peut plus les remplacer; elle demeure privée de dents canines pendant le reste de sa vie; et peut-être qu'alors on en serait mordu sans éprouver l'action de son venin, qu'elle ne pourrait plus faire pénétrer dans la blessure. Ce défaut absolu de crochets, auquel la vipère serait sujette, devrait être une raison de plus de chercher des caractères extérieurs, autres que les dents canines, pour distinguer les vipères d'avec les serpents ovipares.

Ces dents canines de la vipère sont creuses, elles renferment une double cavité et comme un double tube, dont l'un est contenu dans la partie convexe de la dent, et l'autre dans la partie concave. Le premier de ces deux conduits s'ouvre à l'extérieur par deux petits trous, dont l'un est situé à la base de la dent, et l'autre vers sa pointe; et le second n'est ouvert que vers la base, où il reçoit les vaisseaux et les nerfs qui attachent la dent à la mâchoire (1).

Ces mêmes dents canines sont renfermées, jusqu'aux deux tiers de leur longueur, dans une espèce de gaîne composée de fibres très-fortes et d'un tissu cellulaire; cette gaîne ou tunique est toujours ouverte vers la pointe de la dent; elle s'y termine par une espèce d'ourlet, souvent den-

---

(1) Voyez à ce sujet, l'ouvrage déjà cité, de M. l'abbé Fontana, vol. 1, p. 8.

telé, et formé par un repli de deux membranes qui la composent.

Le poison de la vipère est contenu dans une vésicule placée de chaque côté de la tête, au-dessous du muscle de la mâchoire supérieure; le mouvement du muscle pressant cette vésicule, en fait sortir le venin, qui arrive par un conduit à la base de la dent, traverse la gaîne qui l'enveloppe, entre dans la cavité de cette dent par le trou situé près de la base, en sort par celui qui est auprès de la pointe, et pénètre dans la blessure. Ce poison est la seule humeur malfaisante que renferme la vipère, et c'est en vain qu'on a prétendu que l'espèce de bave qui couvre ses mâchoires lorsqu'elle est en fureur, est un venin plus ou moins dangereux; l'expérience a démontré le contraire (1).

Le suc empoisonné, renfermé dans les vésicules de chaque côté de la tête, est une liqueur jaune dont la nature n'est ni alkaline ni acide, comme on l'a écrit en divers temps; elle ne produit pas non plus les effets d'un caustique, ainsi qu'on l'a pensé; et il paraît qu'elle ne contient aucun sel proprement dit, puisque lorsqu'elle se dessèche, elle ne présente pas un commencement de cristallisation, comme les sels dont l'eau surabondante s'évapore, mais se gerce, se retire, se fend, se divise en très-petites portions, de manière à

____

(1) M. l'abbé Fontana, ouvrage déjà cité.

représenter, par toutes ses fentes très-déliées et très-multipliées, une espèce de réseau que l'on a comparé à une toile d'araignée (1).

Quelque subtil que soit le poison de la vipère, il paraît qu'il n'a point d'effet sur les animaux qui n'ont pas de sang; il paraît aussi qu'il ne peut pas donner la mort aux vipères elles-mêmes; et à l'égard des animaux à sang chaud, la morsure de la vipère leur est d'autant moins funeste que leur grosseur est plus considérable, de telle sorte qu'on peut présumer qu'il n'est pas toujours mortel pour l'homme ni pour les grands quadrupèdes ou oiseaux. L'expérience a prouvé aussi qu'il est d'autant plus dangereux qu'il a été distillé en plus grande quantité dans les plaies par des morsures répétées. Le poison de la vipère est donc funeste en raison de sa quantité, de la chaleur du sang et de la petitesse de l'animal qui est mordu; ne doit-il pas aussi être plus ou moins mortel, suivant la chaleur de la saison, la température du climat et l'état de la vipère, plus ou moins irritée, plus ou moins animée, plus ou moins pressée par la faim, etc.? Et voilà pourquoi Pline avait peut-être raison de dire que la vipère, ainsi que les autres serpents venimeux, ne renfermait point de poison pendant le temps de son engourdissement (2). Au reste, M. l'abbé Fontana, l'un des

---

(1) M. l'abbé Fontana, dans le même ouvrage.
(2) Pline, livre 8.

meilleurs physiciens et naturalistes de l'Europe, pense que le venin de la vipère tue en détruisant l'irritabilité des nerfs, de même que plusieurs autres poisons tirés du règne animal ou du règne végétal (1); et il a aussi fait voir que cette liqueur jaune et vénéneuse était un poison très-dangereux lorsqu'elle était prise intérieurement, et que Rédi, ainsi que d'autres observateurs, n'ont écrit le contraire que parce qu'on avait avalé de ce poison en trop petite quantité pour qu'il pût être très-nuisible (2).

On a fait depuis long-temps beaucoup de recherches relativement aux moyens de prévenir les suites funestes de la morsure des vipères; mais M. l'abbé Fontana, que nous venons de citer, s'est occupé de cet important objet plus qu'aucun autre physicien : personne n'a eu, plus que lui, la patience et le courage nécessaires pour une longue suite d'expériences; il en a fait plus de six mille; il a essayé l'effet des diverses substances indiquées avant lui comme des remèdes plus ou moins assurés contre le venin de la vipère; il a trouvé, en comparant un très-grand nombre de faits, que, par exemple, l'alkali volatil, appliqué extérieurement ou pris intérieurement, était sans effet contre ce poison. Il en est de même, suivant ce savant, de l'acide vitriolique, de l'acide nitreux,

---

(1) Traité des Poisons. Florence, 1781.
(2) Ibid. vol. 2, p. 308.

de l'acide marin, de l'acide phosphorique, de l'a-
cide spathique, des alkalis caustiques ou non
caustiques, tant minéraux que végétaux, du sel
marin et des autres sels neutres. Les huiles, et
particulièrement celle de térébenthine, lui ont
paru de quelque utilité contre les accidents produits par la morsure des vipères, et il a pensé
que la meilleure manière d'employer ce remède,
était de tremper, pendant long-temps, la partie
mordue dans cette huile de térébenthine extrêmement chaude. Le célèbre physicien de Florence
pense aussi qu'il est avantageux de tenir cette
même partie mordue dans de l'eau, soit pure,
soit mêlée avec de l'eau de chaux, soit chargée de
sel commun, ou d'autres substances salines; la
douleur diminue, ainsi que l'inflammation, et la
couleur de là partie blessée est moins altérée et
moins livide. Les vomissements produits par l'é-
métique, peuvent aussi n'être pas inutiles; mais
le traitement que M. l'abbé Fontana avait regardé
comme le plus assuré contre les effets du venin
de la vipère, consistait à couper la partie mordue, peu de secondes ou du moins peu de minutes après l'accident, suivant la grosseur des
animaux blessés, les plus petits étant les plus
susceptibles de l'action du poison. Bien plus, cet
observateur ayant trouvé que les nerfs ne peuvent
pas communiquer le venin, que ce poison ne se
répand que par le sang, et que les blessures
envenimées, mais superficielles de la peau, ne

sont pas dangereuses, il avait pensé qu'il suffisait d'empêcher la circulation du sang dans la partie mordue, et qu'il n'était pas même nécessaire de la suspendre dans les plus petits vaisseaux, pour arrêter les effets du poison. Un grand nombre d'expériences l'avaient conduit à croire qu'une ligature mise à la partie blessée prévenait la maladie interne et générale qui donne la mort à l'animal; que dès que le venin avait agi sur le sang, dans les parties mordues par la vipère, il cessait d'être nuisible, comme s'il se décomposait en produisant un mal local, et qu'au bout d'un temps déterminé il ne pouvait plus faire naître de maladie interne. A la vérité, le mal local était très-grand et paraissait quelquefois tendre à la gangrène; et, comme il était d'autant plus violent que la ligature était plus serrée et plus long-temps appliquée, il était important de connaître, avec quelque précision, le degré de tension de la ligature et le temps de son application, nécessaires pour qu'elle pût produire tout son effet. Au reste, M. l'abbé Fontana, en remarquant avec raison qu'un mauvais traitement peut changer la piqûre en une plaie considérable qui dégénère en gangrène, assurait en même temps que le venin de la vipère n'est pas aussi dangereux qu'on l'a pensé. Lorsqu'on a été mordu par ce serpent, on ne doit pas désespérer de sa vie, quand bien même on ne ferait aucun remède, et la frayeur extrême qu'inspire l'accident, est souvent une grande cause de ses suites funestes (1).

Pour faire connaître avec plus d'exactitude le résultat que ce physicien croyait devoir tirer lui-même de ses belles et très-nombreuses expériences, nous avons cru devoir rapporter ses propres paroles dans la note suivante (2), d'après laquelle

(1) « Une simple morsure de vipère n'est pas mortelle naturellement ; « quand même il y aurait eu deux ou trois vipères, la maladie serait plus « grave, mais elle ne serait probablement pas mortelle ; quand une vipère « aurait mordu un homme six ou sept fois, quand elle aurait distillé dans « les morsures tout le venin de ses vésicules, on ne doit pas désespérer. » Ouvrage déja cité, vol. 2, p. 45.

(2) « Le dernier résultat de tant d'expériences sur l'usage de la liga-« ture contre la morsure de la vipère, ne présente ni cette certitude, ni « cette généralité auxquelles on se serait attendu dans le commence-« ment. Ce n'est pas que la ligature soit à rejeter comme absolument « inutile, puisque nous l'avons trouvée un remède assuré pour les pi-« geons et pour les cochons d'Inde ; elle peut donc l'être pour d'autres « animaux, et peut-être serait-elle utile pour tous, si l'on connaissait « mieux les circonstances dans lesquelles il faut la pratiquer. Il paraît, « en général, qu'on ne doit rien attendre des scarifications plus ou moins « grandes, plus ou moins simples, puisqu'on a vu mourir, avec cette « opération, les animaux mêmes qui auraient été le plus facilement guéris « avec les seules ligatures.

« Je n'ose pas décider de quelle utilité elle pourrait être dans l'homme, « parce que je n'ai point d'expériences directes. Mais comme je suis « d'avis que la morsure de la vipère n'est pas naturellement meurtrière « pour l'homme, la ligature, dans ce cas, ne pourrait faire autre « chose que diminuer la maladie ; peut-être une ligature très-légère pour-« rait-elle suffire ; peut-être pourrait-on l'ôter peu de temps après ; mais « il faut des expériences pour nous mettre en état de prononcer, et les « expériences sur les hommes sont très-rares.

« Je dois encore avertir qu'une partie de mes expériences sur le venin « de la vipère, ont été faites dans la plus rude saison, en hiver. Il est « naturel de concevoir que les vipères dont je me suis servi, ne pouvaient « être dans toute leur vigueur ; qu'elles devaient mordre les animaux avec

on verra aussi que M. l'abbé Fontana reconnaît, ainsi que nous, l'influence des saisons et de diverses autres causes locales ou accidentelles sur la force du venin des serpents, et qu'il croit que plusieurs circonstances particulières ont pu altérer les résultats de ces différentes expériences.

Mais enfin, dans un Supplément imprimé à la fin de son second volume, M. l'abbé Fontana annonce, d'après de nouvelles épreuves, que la pierre à cautère détruit la vertu malfaisante du venin de la vipère, avec lequel on la mêle ; que tout concourt à la faire regarder comme le véritable et seul spécifique contre ce poison, et qu'il suffit de l'appliquer sur la plaie, après l'avoir agrandie par des incisions convenables (1).

Quelquefois cependant le remède n'est pas apporté à temps, ou ne se mêle pas avec le venin. On ne peut pas toujours faire pénétrer la pierre

---

« moins de force, et que n'étant pas nourries depuis plusieurs mois, leur
« venin devait être en moindre quantité. Je n'ai aucune peine à croire que
« dans une autre saison plus favorable, comme dans l'été, dans un climat
« plus chaud, les effets dussent être, en quelque sorte, différents, et,
« en général, plus grands.

« Je puis encore avoir été trompé par ceux qui me fournissaient les
« vipères. J'étais en usage, dans le commencement, de rendre les vipères
« même dont je m'étais servi pour faire mordre les animaux, et que je
« n'avais pas besoin de tuer. J'ai tout lieu de croire qu'on m'a vendu
« pour la seconde fois les vipères que j'avais déja employées ; mais, dès
« que je me suis aperçu de cela, je me suis déterminé à tuer toutes les
« vipères, après m'en être servi dans mes expériences. » Ouvrage déja
cité, vol. 2, p. 59 et suiv.

(1) Ibid. volume second, page 313.

à cautère dans tous les endroits dans lesquels le poison est parvenu. Les trous que font les dents de la vipère sont très-petits, et souvent invisibles; ils s'étendent dans la peau en différentes directions et à diverses profondeurs, suivant plusieurs circonstances très-variables. L'inflammation et l'enflure qui surviennent, augmentent encore la difficulté de découvrir ces directions, en sorte que les incisions se font presque au hasard. D'ailleurs le venin s'introduit quelquefois tout d'un coup et en grande quantité dans l'animal, par le moyen de quelques vaisseaux que la dent pénètre; et la morsure de la vipère peut donner la mort la plus prompte, si les dents percent un gros vaisseau veineux, de manière que le poison soit porté vers le cœur très-rapidement et en abondance. L'animal mordu éprouve alors une sorte d'injection artificielle du venin, et le mal peut être incurable. On ne peut donc pas, suivant M. Fontana, regarder la pierre à cautère comme un remède toujours assuré contre les effets de la morsure des vipères; mais on ne doit pas douter de ses bons effets, et même on peut dire qu'elle est le véritable spécifique contre le poison de ces serpents.

Tels sont les résultats des expériences les plus intéressantes qu'on ait encore faites sur les effets ainsi que sur la nature du venin que la vipère distille par le moyen de ses dents mobiles et crochues. Achevons maintenant de décrire cet animal funeste.

Elle a les yeux très-vifs et garnis de paupières, ainsi que ceux des quadrupèdes ovipares; et, comme si elle sentait la puissance redoutable du venin qu'elle recèle, son regard paraît hardi; ses yeux brillent, surtout lorsqu'on l'irrite; et alors non seulement elle les anime, mais, ouvrant sa gueule, elle darde sa langue, qui est communément grise, fendue en deux, et composée de deux petits cylindres charnus adhérents l'un à l'autre jusque vers les deux tiers de leur longueur; l'animal l'agite avec tant de vîtesse, qu'elle étincelle, pour ainsi dire, et que la lumière qu'elle réfléchit la fait paraître comme une sorte de petit phosphore. On a regardé pendant long-temps cette langue comme une sorte de dard dont la vipère se servait pour percer sa proie; on a cru que c'était à l'extrémité de cette lange, que résidait son venin, et on l'a comparée à une flèche empoisonnée. Cette erreur est fondée sur ce que, toutes les fois que la vipère veut mordre, elle tire sa langue et la darde avec rapidité. Cet organe est enveloppé, d'un bout à l'autre, dans une espèce de fourreau qui ne contient aucun poison (1); ce n'est qu'avec ses crochets que la vipère donne la mort, et sa langue ne lui sert qu'à retenir les insectes dont elle se nourrit quelquefois.

---

(1) Voyez, sur la forme de la langue des serpents, le Discours sur la nature de ces reptiles.

Non seulement la vipère a ses deux mâchoires articulées de telle sorte qu'elle peut beaucoup les écarter l'une de l'autre, ainsi que nous l'avons dit (1); mais encore les deux côtés de chaque mâchoire sont attachés ensemble de manière qu'elle peut les mouvoir indépendamment l'un de l'autre, beaucoup plus librement peut-être que la plupart des autres reptiles; et cette faculté lui sert à avaler ses aliments avec plus de facilité : tandis que les dents d'un côté sont immobiles et enfoncées dans la proie qu'elle a saisie, les dents de l'autre côté s'avancent, accrochent cette même proie, la tirent vers le gosier, l'assujétissent, s'arrêtent à leur tour, et celles du côté opposé se portent alors en avant pour attirer aussi la proie et rester ensuite immobiles. C'est par ce jeu, plusieurs fois répété, et par ce mouvement alternatif des deux côtés de ses mâchoires, que la vipère parvient à avaler des animaux quelquefois assez considérables, qui, à la vérité, sont pendant long-temps presque tout entiers dans son œsophage ou dans son estomac, mais qui, dissous insensiblement par les sucs et digestifs, se résolvent en une pâte liquide, tandis que leurs parties trop grossières sont rejetées par l'animal (2).

---

(1) Discours sur la nature des Serpents.

(2) « Nous avons remarqué cela depuis peu dans une grande partie du
« corps du lézard qu'une vipère a vomi douze jours après avoir été
« prise, où nous avons vu qu'à la tête et aux jambes de devant, et à la
« partie du corps qui les touchait et qui avait pu être placée commodé-

Non seulement, en effet, la vipère se nourrit de petits insectes, qu'elle retient par le moyen de sa langue, ainsi qu'un grand nombre d'autres serpents et plusieurs quadrupèdes ovipares; non seulement elle dévore des insectes plus gros, des buprestes, des cantharides, et même ceux qui souvent sont très-dangereux, tels que les scorpions (1), mais elle fait sa proie de petits lézards, de jeunes grenouilles, et quelquefois de petits rats, de petites taupes, et d'assez gros crapauds, dont l'odeur ne la rebute pas, et dont l'espèce de venin ne paraît pas lui nuire.

Elle peut passer un très-long temps sans manger, et l'on a même écrit qu'elle pouvait vivre un an et plus sans rien prendre; ce fait est peut-être exagéré, mais du moins il est sûr qu'elle vit plusieurs mois privée de toute nourriture. M. Pennant en a gardé plusieurs renfermées dans une boîte, pendant plus de six mois, sans qu'on leur donnât aucun aliment, et cependant sans qu'elles

---

« ment dans l'estomac de la vipère, il ne restait guère que les os ; mais
« qu'une bonne partie du tronc, avec les jambes de derrière et toute la
« queue, étaient presque en même état que si la vipère les eût avalées ce
« jour-là, comme on le verra dans la figure que j'en ai fait graver; mais
« on fut surpris, entre autres choses, de voir que les parties qui n'avaient
« pu entrer dans l'estomac, et qui avaient resté dans l'œsophage, se fussent
« conservées si long-temps sans souffrir aucune altération dans la peau,
« bien que celles du dessous eussent de la lividité, qui était en apparence
« un effet du venin de la morsure. » Description anatomique de la vipère,
par M. Charas. Mém. pour servir à l'histoire naturelle des animaux, par
MM. de l'Acad. royale des Sciences, vol. 3, p. 605.

(1) Aristote, liv. 8, chap. 29, De Histor. animal.

parussent rien perdre de leur vivacité. Il semble même que, pendant cette longue diète, non seulement leurs fonctions vitales ne sont ni arrêtées ni suspendues, mais même qu'elles n'éprouvent pas une faim très-pressante, puisqu'on a vu des vipères renfermées pendant plusieurs jours avec des souris ou des lézards, tuer ces animaux sans chercher à s'en nourrir (1).

Les vipères communes ne fuient pas les animaux de leur espèce; il paraît même que, dans certaines saisons de l'année, elles se recherchent mutuellement. Lorsque les grands froids sont arrivés, on les trouve ordinairement sous des tas de pierres ou dans des trous de vieux murs, réunies plusieurs ensemble et entortillées les unes autour des autres. Elles ne se craignent pas, parce que leur venin n'est point dangereux pour elles-mêmes, ainsi que nous l'avons vu ; et l'on peut présumer qu'elles se rapprochent ainsi les unes des autres pour ajouter à leur chaleur naturelle, contrebalancer les effets du froid, et reculer le temps qu'elles passent dans l'engourdissement et dans une diète absolue.

Pour peu que leur peau extérieure s'altère, les sucs destinés à l'entretenir cessent de s'y porter, et commencent à en former une nouvelle au-dessous ; et voilà pourquoi, dans quelque temps

---

(1) Description anatomique de la vipère, par M. Charas, à l'endroit déja cité.

qu'on prenne des vipères, on les trouve presque toujours revêtues d'une double peau, de l'ancienne, qui est plus ou moins altérée, et d'une nouvelle, placée au-dessous et plus ou moins formée. Elles quittent leur vieille peau dans les beaux jours du printemps, et ne conservent plus que la nouvelle, dont les couleurs sont alors bien plus vives que celles de l'ancienne. Souvent cette peau nouvelle, altérée par les divers accidents que les vipères éprouvent pendant les chaleurs, se dessèche, se sépare du corps de l'animal dès la fin de l'automne, est remplacée par la peau qui s'est formée pendant l'été, et, dans la même année, la vipère se dépouille deux fois.

Les vipères communes ne parviennent à leur entier accroissement qu'au bout de six ou sept ans; mais, après deux ou trois ans, elles sont déja en état de se reproduire ; c'est au retour du beau temps, et communément au mois de mai, que le mâle et la femelle se recherchent. La femelle porte ses petits trois ou quatre mois, et si, lorsqu'elle a mis bas, le temps des grandes chaleurs n'est pas encore passé, elle s'accouple de nouveau et produit deux fois dans la même année.

Les anciens, trop amis du merveilleux, ont écrit que, lors de l'accouplement, le mâle faisait entrer sa tête dans la gueule de la femelle; que c'était ainsi qu'il la fécondait; que la femelle, bien loin de lui rendre caresse pour caresse, lui coupait la tête dans le moment même où elle devenaît mère ; que les jeunes serpents, éclos dans le ventre de la vipère, déchiraient ses flancs pour en sortir ; que par là ils vengeaient, pour ainsi dire, la mort de leur père, etc. (1) Nous n'avons pas besoin de réfuter ces opinions extraordinaires ; les vipères communes viennent au jour et s'accouplent comme les autres vipères (2) ; mais

(1) « Vipera mas caput inserit in os, quod illa abrodit voluptatis dul-
« cedine.... Eadem tertià die intrà uterum catulos excludit : deindè sin-
« gulos singulis diebus parit, viginti ferè numero. Itaque cæteri tarditatis
« impatientes, perrumpunt latera occisà parente. » Pline, livre 10.

(2) « Le mâle a deux testicules qui sont de forme longue, arrondie et
« un peu aplatie dans sa longueur ; ils vont aussi un peu en pointe
« vers leurs deux bouts ; leur couleur est blanche et leur substance glan-
« duleuse ; leur longueur est inégale, car le droit a plus d'un pouce de
« long, mais le gauche est plus court et un peu moindre en grosseur :
« l'un et l'autre ne sont pas plus gros que le tuyau d'une plume de l'aile
« d'un gros chapon. Leur situation est différente, car le droit commence
« proche et au-dessous du fiel, au lieu que le gauche commence environ
« huit lignes plus bas que le droit. Ils sont tous deux suspendus en leur
« partie supérieure, par deux fortes membranes qui viennent du dessous
« du foie, et sont d'ordinaire enveloppés de graisse, qui fait qu'on a peine
« à les discerner, à cause de la conformité de couleur qu'ils ont avec
« cette graisse.

« Du milieu de chacun de ces testicules de la partie interne, on voit
« sortir un petit corps long et menu, assez solide, et même un peu
« plus blanc que la substance des testicules, qui descend et qui leur est
« attaché tout le long jusqu'à leur bout inférieur ; on peut l'appeler épi-
« didyme. On voit au bout de chacun, le commencement d'un petit vais-
« seau variqueux, qu'on peut nommer spermatique, à cause de sa fonction,
« qui est un peu aplati, de couleur fort blanche et assez luisante, et qui
« est d'ordinaire rempli de semence en forme de suc laiteux. Ce vaisseau
« est assez délicat, et il est replié dans tout son cours en forme de plu-
« sieurs S jointes ensemble d'une façon fort agréable à voir ; de-là, il
« descend entre l'intestin et le rein, duquel il suit l'uretère jusqu'au trou du
« dernier intestin, par où sortent les excréments. Il est aussi accompagné

les anciens, ainsi que les modernes, ont quelque-

« de veines et d'artères d'un bout à l'autre, de même que les testicules,
« et il cesse d'être anfractueux un peu avant que d'arriver à l'ouverture
« de l'intestin. Chacun de ces deux vaisseaux spermatiques vient se rendre
« à son propre réservoir de semence, dont il y en a deux qu'on peut
« nommer parastates, qui sont comme des glandes blanches, chacune
« de la longueur, de la grosseur et de la forme d'un grain de semence
« de chardon bénit. Ces glandes sont situées de long en long au-desous et
« entre les deux parties naturelles ; elles sont toujours remplies d'un suc
« laiteux et tout semblable à celui des vaisseaux spermatiques que nous
« venons de décrire ; et pour fournir à l'éjaculation, lors du coït, elles
« transmettent la semence qu'elles contiennent dans les canaux éjaculatoires
« des deux parties naturelles qui leur sont voisines.

« Je puis dire là-dessus que ceux qui ont pris ces deux réservoirs de se-
« mence pour d'autres testicules, se sont bien trompés dans l'opinion qu'ils
« avaient qu'y ayant deux parties naturelles, il y devait aussi avoir, pour
« chacun, deux testicules : mais leur substance étant tout-à-fait différente
« des véritables testicules que nous avons décrits, et leur fonction étant de
« recevoir et non de former, nous ne les connaissons que pour parastates,
« qui reçoivent peu à peu la semence que les testicules leur envoient,
« qu'ils réservent et qu'ils tiennent toute prête pour le temps du coït
« et pour faire, dans un moment et à propos, ce que les vaisseaux
« spermatiques ne sauraient exécuter sitôt ni si bien, à cause de leur
« longueur et de leur entortillement.

« Le mâle a deux parties naturelles toutes pareilles, qui, étant at-
« tachées, sont chacune de la longueur de la queue de l'animal ; leur
« naissance vient de l'extrémité de la queue, sous laquelle elles sont
« situées de long en long, l'une près de l'autre ; elles vont en grossis-
« sant, de même que la queue, au commencement de laquelle elles
« finissent, et elles ont leur issue auprès et à côté l'une de l'autre,
« et tout joignant l'ouverture de l'intestin, qui fait en quelque sorte
« leur séparation.

« Chacune de ces parties est composée de deux corps longs et caver-
« neux, situés ensemble l'un contre l'autre, et qui se joignent vers leur
« sommité en un même corps, qui se trouve environné de son prépuce,
« et qui a ses muscles érecteurs, conformément à ceux de plusieurs ani-
« maux. Ces parties sont remplies par dedans de plusieurs aiguillons fort
« blancs, fort durs, fort pointus et piquants, qui y sont plantés, et qui

fois pris des faits particuliers, des accidents bizar-

« ont leur pointe diversement tournée, dont la grandeur et la grosseur
« se rapportent à l'endroit de la partie naturelle où ils sont situés, en
« sorte que comme la sommité est plus grande et plus grosse, ses aiguillons
« le sont aussi, et ils ne s'avancent et ne paraissent que lorsque le pré-
« puce qui les couvre s'abaisse, qui est lorsque l'animal se dispose pour
« le coït.

« Ces parties naturelles sont d'ordinaire cachées, et elles ne s'enflent
« et ne sortent que pour le coït, si ce n'est qu'ayant pris l'animal, on
« les fasse sortir par force en les pressant ; car alors on les voit sortir
« toutes deux également, chacune environ de la grosseur d'un noyau de
« datte et des deux tiers de sa longueur, et leur sommité se trouve toute
« couverte et toute environnée de ces aiguillons, comme la peau d'un
« hérisson, et ces aiguillons se retirent et se cachent sous le prépuce,
« lorsqu'on cesse de les presser.

« L'issue de ces deux parties est environnée d'un muscle bien fort et
« bien épais, auquel la peau est fortement attachée, en sorte qu'il est fort
« difficile de l'en séparer ; le même muscle sert aussi à ouvrir et à res-
« serrer l'intestin.

« La vipère femelle a deux testicules, de même que le mâle, ils sont
« toutefois plus longs et plus gros, mais de la même forme. Ils sont
« situés aux côtés et proche du fond des deux corps de la matrice, et le
« droit est plus haut que le gauche, de même qu'aux mâles ; leur sub-
« stance et leur couleur sont aussi fort semblables : le droit a environ un
« ponce et demi de long et deux lignes et demie de large, le gauche a
« quelque chose de moins ; ils ont leur épididyme et leurs vaisseaux
« spermatiques, qui portent la semence dans les deux corps de la matrice,
« et qui sont bien plus courts que ceux des mâles. Je dirai néanmoins
« que ces testicules ne paraissent pas toujours tels en toutes les femelles,
« surtout en celles qui sont amaigries, ou par maladie, ou pour avoir été
« long-temps gardées, car leurs testicules s'accourcissent, se rétrécissent
« et se dessèchent, de même qu'en celles qui ont leurs œufs déja grands ;
« ayant remarqué qu'en celles-ci, les testicules sont fort raccourcis et
« fort desséchés, et même qu'ils sont descendus plus bas, quoique le
« droit se trouve toujours plus haut que le gauche.

« La matrice commence par un corps assez épais, qui est composé de
« deux fortes tuniques, et qui, étant situé au-dessus de l'intestin, a au
« même lieu, son orifice, qui est large, et qui se dilate aisément, pour

res, ou des observations exagérées, pour des lois générales, et d'ailleurs il semble qu'ils avaient quelque plaisir à croire que la naissance d'une génération d'animaux aussi redoutés que la vipère, ne pouvait avoir lieu que par l'extinction de la génération précédente.

Les œufs de la vipère commune sont distribués en deux paquets; celui qui est à droite est communément le plus considérable; et chacun de ces paquets est renfermé dans une membrane qui sert comme d'ovaire; le nombre de ces œufs varie beaucoup suivant les individus, depuis douze ou

---

« recevoir tout-à-la-fois, par une même ouverture, les deux parties na-
« turelles du mâle dans le coït. Ce corps est environ de la grandeur
« de l'ongle d'un doigt médiocre, et il se divise, fort près de son
« commencement, en deux petites poches ouvertes au fond, et que
« la nature a formées pour recevoir et pour embrasser les deux
« membres du mâle dans le coït. Leur tunique intérieure est pleine de
« rugosités et est fort dure, de même que celle de tout le corps dont
« nous avons parlé....

« La matrice commence par ces deux petites poches, à se diviser en
« deux corps qui montent, chacun de leur côté, le long des reins, et
« entre eux et les intestins, jusque vers le fond de l'estomac, où ils sont
« suspendus par des ligaments qui viennent d'auprès du foie, étant aussi
« soutenus, d'espace en espace, par divers petits ligaments qui viennent
« de l'épine du dos. Ces deux corps sont composés de deux tuniques
« molles, minces et transparentes, qui sont l'une dans l'autre; leur com-
« mencement est au fond de ces deux petites poches qui embrassent les
« deux membres du mâle, dont ils reçoivent la semence, chacun de leur
« côté, pour en former des œufs, et ensuite des vipereaux, par la jonc-
« tion de leur propre semence que les testicules y envoient. Ces deux
« corps de matrice sont fort aisés à se dilater, pour contenir un grand
« nombre de vipereaux jusqu'à leur perfection. » Mémoires pour servir
à l'hist. natur. des animaux, vol. III, pag. 630 et suiv.

treize jusqu'à vingt ou vingt-cinq, et l'on a comparé leur grosseur à celle des œufs de merle.

Le vipereau est replié dans l'œuf; il y prend de la nourriture par une espèce d'arrière-faix attaché à son nombril, et dont il n'est pas encore délivré lorsqu'il a percé sa coque ainsi que la tunique qui renferme les œufs, et qu'il est venu à la lumière. Il entraîne avec lui cet arrière-faix, et ce n'est que par les soins de la vipère-mère qu'il en est débarrassé.

On a prétendu que les vipereaux n'étaient abandonnés par leur mère que lorsqu'ils étaient parvenus à une grandeur un peu considérable, et qu'ils avaient acquis assez de force pour se défendre. L'on ne s'est pas contenté d'un fait aussi extraordinaire dans l'histoire des serpents; on a ajouté que, lorsqu'ils étaient effrayés, ils allaient chercher un asyle dans l'endroit même où leur mère recélait son arme empoisonnée; que, sans craindre ses crochets venimeux, ils entraient dans sa bouche, se réfugiaient jusques dans son ventre, qui s'étendait et se gonflait pour les recevoir, et que lorsque le danger était passé, ils ressortaient par la gueule de leur mère. Nous n'avons pas besoin de réfuter ce conte ridicule, et s'il a jamais pu paraître fondé sur quelque observation, si l'on a jamais vu des vipereaux effrayés se précipiter dans la gueule d'une vipère, ils y auront été engloutis comme une proie, et non pas reçus comme dans un endroit de sûreté; l'on aura eu seulement une preuve de plus de la voracité des vipères, qui, en effet, se nourrissent souvent de petits lézards, de petites couleuvres, et quelquefois même des vipereaux auxquels elles viennent de donner le jour. Mais quelles habitudes peuvent être plus éloignées de l'espèce de tendresse et des soins maternels qu'on a voulu leur attribuer?

La vipère commune se trouve dans presque toutes les contrées de l'ancien continent; on la rencontre aux grandes Indes, où elle ne présente que de légères variétés; et non seulement elle habite dans toutes les contrées chaudes de l'ancien monde, mais elle y supporte assez facilement les températures les plus froides, puisqu'elle est assez commune en Suède, où sa morsure est presque aussi dangereuse que dans les autres pays de l'Europe. Elle habite aussi la Russie et plusieurs contrées de la Sibérie; elle s'y est même d'autant plus multipliée, que, pendant long-temps, la superstition a empêché qu'on ne cherchât à l'y détruire (1). Et comme les qualités vénéneuses s'accroissent ou s'affaiblissent à mesure que la chaleur augmente ou diminue, on peut croire que les humeurs de

---

(1) « On porte un respect singulier aux vipères en Russie et en Sibérie, et on les épargne soigneusement, parce qu'on croit que, si on « fait du mal à cette espèce de reptiles, ils se vengeront d'une manière « terrible. On raconte, à ce sujet, bien des aventures où l'on ne voit « qu'une superstition ridicule; il y a cependant aujourd'hui des gens qui « en ont secoué le joug, et j'ai vu, dit M. Gmelin, un soldat qui tua « quinze vipères en un jour. » Hist. génér. des Voyages, édition in-12, tom. LXXI, p. 265.

la vipère sont bien propres à acquérir cette espèce d'exaltation qui produit ses propriétés funestes, puisque sa morsure est dangereuse même dans les contrées très-septentrionales. C'est peut-être à cette cause qu'il faut rapporter l'activité de ses sucs, que la médecine a souvent employés avec succès ; peu d'animaux fournissent même des remèdes aussi vantés, contre autant d'espèces de maladies : les modernes en font autant d'usage que les anciens, ils se servent de toutes les parties de son corps, excepté de celles de la tête qui peuvent être imprégnées de poison ; ils emploient son cœur, son foie, sa graisse ; on a cru cette graisse utile dans les maladies de la peau, pour effacer les rides, pour embellir le teint ; et de tous les avantages que l'on retire des préparations de la vipère, ce ne serait peut-être pas celui que la classe la plus aimable de nos lecteurs estimerait le moins. Au reste, comme des effets opposés dépendent souvent de la même cause, lorsqu'elle agit dans des circonstances différentes, il ne serait pas surprenant que les mêmes sucs actifs qui produisent, dans les vésicules de la tête de la vipère, le venin qui la fait redouter, donnassent au sang et aux humeurs de ceux qui s'en nourrissent, assez de force pour expulser les poisons dont ils ont été infectés, ainsi que l'on prétend qu'on l'a éprouvé plusieurs fois.

On ignore quel degré de température les vipères communes peuvent supporter sans s'engourdir ;

mais, tout égal d'ailleurs, elles doivent tomber dans une torpeur plus grande que plusieurs espèces de serpents, ces derniers se renfermant, pendant l'hiver, dans des trous souterrains, et cherchant, dans ces asyles cachés, une température plus douce, tandis que les vipères ne se mettent communément à l'abri que sous des tas de pierres et dans des trous de murailles, où le froid peut pénétrer plus aisément.

Quelque chaleur qu'elles éprouvent, elles rampent toujours lentement; elles ne se jettent communément que sur les petits animaux dont elles font leur nourriture; elles n'attaquent point l'homme ni les gros animaux; mais cependant lorsqu'on les blesse, ou seulement lorsqu'on les agace et qu'on les irrite, elles deviennent furieuses et font alors des morsures assez profondes. Leurs vertèbres sont articulées de manière qu'elles ne peuvent pas se relever et s'entortiller dans tous les sens aussi aisément que la plupart des serpents, quoiqu'elles renversent et retournent faci lement leur tête. Cette conformation les rend plus aisées à prendre; les uns les saisissent au cou à l'aide d'une branche fourchue, et les enlèvent ensuite par la queue pour les faire tomber dans un sac, dans lequel ils les emportent; d'autres appuient l'extrémité d'un bâton sur la tête de la vipère, et la serrent fortement au cou avec la main; l'animal fait des efforts inutiles pour se défendre, et tandis qu'il tient sa gueule béante, on lui coupe facilement, avec des ciseaux, ses dents venimeuses; ou bien, comme ses dents sont recourbées e tournées vers le gosier, on les fait tomber avec une lame de canif que l'on passe entre ces crochets et les mâchoires, en allant vers le museau l'animal est alors hors d'état de nuire, et on peut le manier impunément. Il y a même des chasseurs de vipères assez hardis pour les saisir brusquement au cou, ou pour les prendre rapidement par la queue; de quelque force que jouisse l'animal, il ne peut pas se redresser et se replier assez pour blesser la main avec laquelle on le tient suspendu.

L'on ignore quelle est la durée de la vie des vipères; mais comme ces animaux n'ont acquis leur entier accroissement qu'après six ou sept ans, on doit conjecturer qu'ils vivent, en général, d'autant plus de temps, que leur vie est, pour ainsi dire, très-tenace, et qu'ils résistent aux blessures et aux coups beaucoup plus peut-être qu'un grand nombre d'autres serpents. Plusieurs parties de leur corps, tant intérieures qu'extérieures, se meuvent en effet, et, pour ainsi dire, exercent encore leurs fonctions lorsqu'elles sont séparées de l'animal. Le cœur des vipères palpite long-temps après avoir été arraché, et les muscles de leurs mâchoires ont encore la faculté d'ouvrir la gueule et de la refermer lorsque cependant la tête ne tient plus au corps depuis quelque temps (1). On prétend même que ces muscles peuvent exercer cette faculté avec assez de force pour exprimer le venin de la vipère, serrer fortement la main de ceux qui manient la tête, faire pénétrer jusqu'à leur sang le poison de l'animal; et, comme lorsqu'on coupe la tête à des vipères pour les employer en médecine, on la jette ordinairement dans le feu, on assure que plusieurs personnes ont été mordues par cette tête, perdue dans les cendres, même quelques heures après sa séparation du tronc, et qu'elles ont éprouvé des accidents très-graves (2).

______

(1) « L'on voit que les esprits demeurent encore plusieurs heures dans « la tête et dans toutes les parties du tronc, après qu'il a été écorché, vidé « de toutes ses entrailles, et coupé en plusieurs morceaux ; ce qui fait « que le mouvement et le fléchissement y continuent fort long-temps, que « la tête est en état de mordre, et que sa morsure est aussi dangereuse « que lorsque la vipère était tout entière ; et que le cœur même , quand « il est arraché du corps et séparé des autres entrailles, conserve son « battement pendant quelques heures. » Description anatomique de la vipère , à l'endroit déjà cité.

(2) Plusieurs personnes , maniant imprudemment des vipères, tant communes que d'autres espèces , desséchées ou conservées dans l'esprit-de-vin, se sont blessées à leurs crochets, encore remplis de venin, très-long-temps et même plusieurs années après la mort de l'animal ; le venin, dissous par le sang sorti de la blessure, s'est échappé par le trou de la dent, a pénétré dans la plaie et a donné la mort. « Le venin de la vipère, « dit M. l'abbé Fontana , se conserve pendant des années dans la cavité « de sa dent, sans perdre de sa couleur ni de sa transparence ; si on met « alors dans de l'eau tiède cette dent, il se dissout très-promptement, et « se trouve encore en état de tuer les animaux ; car d'ailleurs le venin de « la vipère, séché et mis en poudre, conserve, pendant plusieurs mois , « son activité, ainsi que je l'ai éprouvé plusieurs fois d'après Rédi ; il

Il est d'ailleurs assez difficile d'étouffer la vipère commune ; quoiqu'elle n'aille pas naturellement dans l'eau, elle peut y vivre quelques heures sans périr ; lors même qu'on la plonge dans de l'esprit-de-vin, elle y vit trois ou quatre heures et peut-être davantage, et non seulement son mouvement vital n'est pas alors tout-à-fait suspendu, mais elle doit jouir encore de la plus grande partie de ses facultés, puisqu'on a vu des vipères que l'on avait renfermées dans un vase plein d'esprit-de-vin, s'y attaquer les unes les autres et s'y mordre trois ou quatre heures après y avoir été plongées. Mais, malgré cette force avec laquelle elles résistent, pendant plus ou moins de temps, aux effets des fluides dans lesquels on les enfonce, ainsi qu'aux blessures et aux amputations, il paraît que le tabac et l'huile essentielle de cette plante leur donnent la mort, ainsi qu'à plusieurs autres serpents. L'huile du laurier-cerise leur est aussi très-funeste, lors même qu'on ne fait que l'appliquer sur leurs muscles, mis à découvert par des blessures (1).

« suffit qu'il soit porté, comme à l'ordinaire, dans le sang, par quelque « blessure ; mais il ne faut cependant pas qu'il ait été gardé trop long- « temps : je l'ai vu souvent sans effet au bout de dix mois. » M. l'abbé Fontana, vol. I, p. 52.

(1) M. l'abbé Fontana, vol. II, p. 332.

LA VIPÈRE CHERSEA.[1]

Pelias Berus, var. β, Merr.; *Col. Chersea,* Linn., Gmel., Lacep., Latr.; *Vipera Chersea,* Daud., Fitz. (2).

Ce serpent a d'assez grands rapports avec la vipère commune, que nous venons de décrire : il habite également l'Europe, mais il paraît qu'on le trouve principalement dans les contrées septentrionales; il y est répandu jusqu'en Suède, où il est même très-venimeux. M. Wulf l'a observé en Prusse. Cette vipère a communément au-dessous du corps cent cinquante plaques très-longues, et trente-quatre paires de petites plaques au-dessous de la queue. Les écailles dont son dos est garni, sont relevées par une petite arête longitudinale; sa couleur est d'un gris d'acier : on voit une tache noire en forme de cœur sur le sommet de sa tête, qui est blanchâtre, et sur son dos règne une bande formée par une suite de taches noires

---

(1) *Æsping,* en Suède.

Coluber Chersea. Linn., amphib. Serpent.

Act. Stockh. 1749, p. 246, tab. 6.

Aspis colore ferrugineo. Aldr. Serp. 197.

C. Chersea. Wulf, Ichthyologia cum amphibiis regni Borussici.

Coluber Chersea. Laurenti Specimen medicum, p. 97.

(2) Ce reptile est considéré, par les erpétologistes modernes, comme une simple variété de la vipère commune. Desm. 1827.

et rondes qui se touchent en plusieurs endroits du corps. Elle se tient ordinairement dans les lieux garnis de brossailles ou d'arbres touffus; on la redoute beaucoup aux environs d'Upsal. M. Linnée ayant rencontré, dans un de ses voyages, en diverses parties de la Suède, une femme qui venait d'être mordue par une chersea, lui fit prendre de l'huile d'olive à la dose prescrite contre la morsure de la vipère noire, mais ce remède fut inutile, et la femme mourut. On trouvera dans la note suivante (1), les divers autres remèdes aux-

----

(1) « La vipère *Æsping* est très-venimeuse, et l'huile ne suffit pas pour « en arrêter l'effet; les racines du mongos, du mogori, du polygala « seneka, guériraient sans doute en ce cas; mais elles sont extrêmement « rares en Europe, et il faut des remèdes faciles et peu chers dans les « campagnes, où ces accidents arrivent toujours.

« Un paysan fut mordu par un æsping, au petit doigt du pied gauche; « six heures après, le pied, la jambe et la cuisse étaient rouges et enflés, « le pouls petit et intermittent; le malade se plaignait de mal de tête, « de tranchées, de mal-aise dans le bas-ventre, de lassitude, d'oppression; « il pleurait souvent et n'avait point d'appétit; ces symptômes prouvaient « que le poison était déja répandu dans toute la masse du sang.

« On avait éprouvé plusieurs fois que le suc des feuilles du frêne était « un spécifique certain contre la morsure de la couleuvre Bérus, mais « on ignorait s'il réussirait contre celle de l'æsping; comme on n'avait « aucun remède plus assuré que l'on pût employer à temps, on mit dans « un mortier une poignée de feuilles de frêne, tendres et coupées menu; « on y versa un verre de vin de France, on en exprima le suc à travers « un linge, et le malade en but un verre de demi-heure en demi-heure; « on appliqua de plus, sur le pied mordu, un cataplasme de feuilles « écrasées de la même plante; vers dix heures du soir on lui fit boire « une tasse d'huile chaude.

« Il dormit assez bien pendant la nuit, et se trouva beaucoup mieux « le lendemain; la cuisse n'était plus enflée, mais la jambe et le pied

quels on a eu recours en Suède, contre le venin
de la chersea, que l'on y nomme *Æsping*.

« l'étaient encore un peu. Le malade dit qu'il ne sentait plus qu'une légere
« oppression et de la faiblesse; le pouls était plus fort et plus égal. On lui
« conseilla de continuer le suc de frêne et l'huile ; comme il se trouvait
« mieux, il le négligea, et les symptômes qui revinrent tous, furent dis-
« sipés de nouveau par le même remède. Dans cette espèce de rechûte, il
« parut sur les membres enflés des raies bleuâtres ; le pouls était faible et
« presque tremblant : on fit prendre de plus, le soir, au malade, une petite
« cuillerée de thériaque ; il sua beaucoup dans la nuit, les raies bleues, la
« rougeur et la plus grande partie de l'enflure se dissipèrent; le pouls
« devint égal et plus fort, l'appétit revint. Les mêmes remèdes furent
« continués, et ne laissèrent au pied qu'un peu de roideur avec un peu
« de sensibilité au petit doigt blessé ; l'une et l'autre ne durèrent que deux
« jours, et on cessa les remèdes.

« Le malade était jeune, mais il avait beaucoup d'âcreté dans le sang;
« il est vraisemblable que le suc de feuilles de frêne seul l'aurait guéri,
« mais comme on n'était pas certain de son efficacité, on y ajouta la
« thériaque et l'huile, qui du moins ne pouvaient pas nuire. » Lars Montin,
médecin. Mémoires abrégés de l'Académie de Stockholm. Collection
académique, partie étrangère, tom. XI, pages 300 et 301.

L'ASPIC.[1]

Vipera (Echidna) maculata, Merr.; *Vipera maculata*, Latr.;
    Coluber maculata, Gmel.; *Col. Aspis*, Latr.; *Vip. ocellata*,
    Daud., Latr.

C'EST en France, et particulièrement dans nos
provinces septentrionales, qu'on trouve ce serpent. Plusieurs grands naturalistes ont écrit qu'il
n'était point venimeux; mais les crochets mobiles,
creux et percés, dont nous avons vu sa mâchoire
supérieure garnie, nous ont fait préférer l'opinion
de M. Linnée, qui le regarde comme contenant un
poison très-dangereux. Nous le plaçons donc à la
suite de la chersea, avec laquelle il a de si grands
rapports de conformation, qu'il pourrait bien n'en
être qu'une variété, ainsi que l'a soupçonné aussi
M. Linnée; mais il paraît qu'il est constamment
plus grand que cette vipère : l'individu qui est
conservé au Cabinet du Roi, a trois pieds de long
depuis le bout du museau jusqu'à l'extrémité de
la queue, dont la longueur est de trois pouces
huit lignes. Nous avons compté cent cinquante-

____

(1) L'Aspic, M. Daubenton, Encyclopédie méthodique.
Coluber Aspis, Linn., amphib. Serp.
An Vipera maculata? Laurenti Specimen medicum. Vien., 1768,
p. 102.

cinq grandes plaques sous le corps, et trente-sept paires de petites plaques sous la queue. Ce nombre n'est pas le même dans tous les individus, et l'aspic dont on trouve la description dans le Système de la Nature de M. Linnée, avait cent quarante-six grandes plaques, et quarante-six paires de petites.

La mâchoire supérieure de l'aspic est armée de crochets, ainsi que nous venons de le dire; les écailles qui revêtent le dessus de la tête sont semblables à celles du dos, ovales et relevées dans le milieu par une arête. On voit s'étendre sur le dessus du corps, trois rangées longitudinales de taches rousses, bordées de noir, ce qui fait paraître la peau de l'aspic tigrée, et a fait donner à ce reptile, dans plusieurs cabinets, le nom de *Serpent tigré*. Les trois rangées de taches se réunissent sur la queue, de manière à représenter une bande disposée en zig-zag; et par-là les couleurs de l'aspic ont quelque rapport avec celles de la vipère commune, à laquelle il ressemble aussi par les teintes du dessous de son corps, marbré de foncé et de jaunâtre.

Il paraît que les anciens n'ont point connu l'aspic de nos contrées, car il ne faut pas le confondre avec une espèce de vipère dont nous parlerons sous le nom de *Vipère d'Égypte*, que les anciens nommaient aussi Aspic, et que la mort d'une grande reine a rendue fameuse. Afin même d'empêcher qu'on ne prît le serpent dont il est ici question, pour celui d'Égypte, nous n'aurions pas donné à ce reptile des provinces septentrionales, le nom d'Aspic, attribué par les anciens à une vipère venimeuse des environs d'Alexandrie, si tous les observateurs ne s'étaient accordés à le nommer ainsi.

LA VIPÈRE NOIRE.[1]

Pelias Berus, var. γ, Merr.; *Coluber Prester*, Linn.; *Coluber Vipera Anglorum*, Laur.; *Coluber niger*, Lacep.; *Vipera Prester*, Latr., Daud. (2); *Vipera Chersea*, var. α, Fitz.

VOICI encore une espèce de serpent venimeux, assez nombreuse dans plusieurs contrées de l'Europe, et qui a beaucoup de rapports avec notre vipère commune; il est aisé cependant de l'en distinguer, même au premier coup-d'œil, à cause

(1) La Dipsade, M. Daubenton, Encyclopédie méthodique.

Coluber Prester, Linn., amphib. Serpent.

Vipera Anglica nigricans, Petiver. mus. 17, n° 104.

Faun. suec., 287.

Coluber vipera Anglorum, Laurenti Specimen medicum, p. 98, tabul. 4, fig. 1.

Col. Prester, Wulf, Ichthyologia cum amphibiis regni Borussici.

C. Prester, Zoologie Britannique, vol. III, Reptiles.

Col. Prester, Voyag. de M. Pallas, traduction française, vol. 1, pag. 59.

(2) Ce serpent est maintenant considéré comme une simple variété de l'espèce de la Vipère commune. DESM. 1827.

de sa couleur, qui est presque toujours noire, ou du moins très-foncée, avec des points blancs sur les écailles qui bordent les mâchoires. Quelquefois on aperçoit sur ce fond noir, des taches plus obscures encore, à-peu-près de la même forme et disposées dans le même ordre que celles de la vipère commune; et voilà pourquoi des naturalistes ont pensé que la vipère noire n'en est peut-être qu'une variété plus ou moins constante (1). Quoi qu'il en soit, c'est de toutes les vipères, une de celles qu'on doit voir avec le plus de peine, puisqu'elle réunit une couleur lugubre aux traits sinistres de leur conformation, et qu'elle porte, pour ainsi dire, les livrées de la mort, dont elle est le ministre.

Le dessus de sa tête n'est pas entièrement couvert d'écailles semblables à celles du dos, ainsi que le dessus de la tête de la vipère commune; mais on remarque, entre les deux yeux, trois écailles un peu plus grandes, placées sur deux rangs, dont le plus proche du museau ne contient qu'une pièce; et, par ce trait, la vipère noire se rapproche des couleuvres ovipares plus que les autres vipères dont nous venons de parler.

Les écailles du dos sont ovales et relevées par une arête. Un des individus que nous avons observés, et qui est conservé au Cabinet du Roi, a

____

(1) Zoologie Britannique, vol. III, pag. 26.

deux pieds neuf lignes de longueur totale, et deux pouces quatre lignes depuis l'anus jusqu'à l'extrémité de la queue; nous avons compté cent quarante-sept grandes plaques au-dessous du corps, et vingt-huit paires de petites plaques au-dessous de la queue. Un autre individu que nous avons vu, et que l'on disait apporté de la Louisiane, avait cent quarante-cinq grandes plaques et trente-deux paires de petites; celui que M. Linnée a décrit, avait cent cinquante-deux de ces grandes lames, et trente-deux paires de petites plaques; et ces lames sont quelquefois si luisantes, que leur éclat ressemble assez à celui de l'acier.

On se sert de la vipère noire, dans les pharmacies d'Angleterre, au lieu de la vipère commune. Elle est en assez grand nombre dans les bois qui bordent l'Oka, rivière de l'empire de Russie, qui se jette dans le Volga; elle y est très-venimeuse, et y présente quelques taches jaunes sur le cou et sur la queue (1). On la trouve aussi en Allemagne, et particulièrement dans les montagnes de Schneeberg; M. Laurent, qui l'y a observée, ne la croit pas très-dangereuse (2); mais, comme il n'a fait des expériences sur les effets de sa morsure, que dans les premiers jours de novembre, et par conséquent au commence-

_____

(1) M. Pallas, à l'endroit déja cité.

(2) Laurenti Specimen medicum, p. 188.

ment de l'hiver, qui diminue presque toujours l'action du venin des animaux, il se pourrait que, pendant les grandes chaleurs, le poison de la vipère noire fût aussi redoutable en Allemagne que dans presque toutes les autres contrées qu'elle habite. Quelquefois elle menace, pour ainsi dire, son ennemi, par des sifflements plusieurs fois répétés; mais d'autres fois elle se jette tout d'un coup, et avec furie, sur ceux qui l'attaquent ou qui l'effraient, ou sur les animaux dont elle veut faire sa proie.

LA MÉLANIS.[1]

Pelias Berus, var. ♂, Merr.; *Coluber Melanis*, Pall., Gmel., Lacep., Shaw.; *Vipera Melanis*, Latr., Daud. (2).

C'EST sur les bords du Volga et de la Samara, qui se jette dans ce grand fleuve, que l'on rencontre la mélanis, dont M. Pallas a parlé le premier. Elle s'y plaît dans les endroits humides et marécageux, au milieu des végétaux pourris. Elle ressemble beaucoup à la vipère commune, par sa conformation extérieure, sa grandeur et

---

(1) *Coluber Melanis*. Voyages de M. Pallas, traduction française, par M. Gauthier de la Peyronie, vol. I, Suppl.

(2) La Mélanis constitue une troisième variété dans l'espèce de la Vipère commune. DESM. 1827.

celle de ses crochets; mais elle en diffère par ses couleurs : son dos est d'un noir très-foncé; les écailles du dessous du ventre présentent une sorte d'éclat semblable à celui de l'acier; sur ce fond très-brun on remarque des taches plus obscures, et des deux côtés du corps, ainsi que vers la gorge, on voit des teintes comme nuageuses, qui tirent sur le bleu. Ses yeux sont d'un blanc éclatant qui donne plus de feu à l'iris, dont la couleur est rousse; lorsque la prunelle est resserrée, elle est allongée verticalement. La queue est courte et diminue de grosseur vers son extrémité. Cette espèce a communément cent quarante-huit plaques sous le ventre, et vingt-sept paires de petites plaques revêtent le dessous de sa queue.

LA SCYTHE.[1]

Pelias Berus, var. ε, Merr.; *Coluber Scytha*, Pall., Gmel., Lacep., Shaw.; *Vipera Scytha*, Latr., Daud. (2).

CETTE couleuvre est une de celles qui ne crai-

----

(1) *Coluber Scytha.* Voyages de M. Pallas, traduction française, vol. II, Supplément.

(2) Ce reptile appartient, comme le précédent, à l'espèce de la Vipère commune; il en constitue la quatrième variété dans la nomenclature de M. Merrem. DESM. 1827.

gnent pas des froids très-rigoureux ; on la trouve en effet dans les bois qui couvrent les revers des hautes montagnes de la Sibérie, même des plus septentrionales : aussi M. Pallas, qui l'a fait connaître le premier, dit-il que son venin n'est pas très-dangereux. Elle a beaucoup de rapports avec la vipère commune par sa conformation, et avec la mélanis par sa couleur ; son dos est d'un noir très-foncé, comme le dessus du corps de cette dernière, mais le dessous du ventre et de la queue est d'un blanc de lait très-éclatant. Sa tête a un peu la forme d'un cœur ; l'iris est jaunâtre. Elle a ordinairement cent cinquante-trois grandes plaques sous le corps, et trente-une paires de petites plaques sous la queue. La longueur de cette dernière partie est un dixième de la longueur totale, qui, communément, est de plus d'un pied et demi.

LA VIPÈRE D'ÉGYPTE.[1]

Vipera (Echidna) ægyptiaca, Merr.; *Coluber Vipera*, Hasselq.; *Aspis Cleopatræ*, Laur.; *Col. ægyptiacus*, Lacep.; *Vipera ægyptia*, Latr.; *Vip. ægyptiaca*, Daud.

Tous ceux qui ont donné des larmes au récit de la mort funeste d'une reine célèbre par sa beauté, ses richesses, son amour et son infortune, liront peut-être avec quelque plaisir ce que nous allons écrire du serpent dont elle choisit le poison pour terminer ses malheurs. Le nom de Cléopâtre est devenu trop fameux pour que l'intérêt qu'il inspire ne se répande pas sur tous les objets qui peuvent rappeler le souvenir de cette grande souveraine de l'Égypte, que ses charmes et sa puissance ne purent garantir des plus cruels revers; et le simple reptile qui lui donna la mort pourra paraître digne de quelque attention à ceux même qui ne recherchent qu'avec peu d'empressement les détails de l'histoire naturelle. C'est M. Hasselquist qui a fait connaître cette vipère, qu'il a

---

(1) L'Aspic des anciens auteurs.

La vipère d'Égypte. M. Daubenton, Encyclopédie méthodique.

Coluber Vipera. Linn., amphib. Serp.

Hasselquist, Act. Upsal, 1750, p. 24; et itin. in Palestinam, 314.

Aspis Cleopatræ. 231, Laurenti Specimen medicum.

décrite dans son voyage en Égypte; elle a la tête relevée en bosse des deux côtés, derrière les yeux; sa longueur est peu considérable; les écailles qui recouvrent le dessus de son corps sont très-petites; son dos est d'un blanc livide, et présente des taches rousses; les grandes plaques qui revêtent le dessous de son corps, sont au nombre de cent dix-huit, et le dessous de la queue est garni de vingt-deux paires de petites plaques.

Les anciens ont écrit que son poison, quoique mortel, ne causait aucune douleur; que les forces de ceux qu'elle avait mordus s'affaiblissaient insensiblement, qu'ils tombaient dans une douce langueur et dans une sorte d'agréable repos, auquel succédait un sommeil tranquille qui se terminait par la mort; et voilà pourquoi on a cru que la reine d'Égypte, ne pouvant plus supporter la vie après la mort d'Antoine et la victoire d'Auguste, avait préféré de mourir par l'effet du venin de cette vipère. Quoi qu'il en soit des suites plus ou moins douloureuses de sa morsure, il paraît que son poison est des plus actifs. C'est ce serpent dont on emploie diverses préparations en Égypte, comme nous employons en Europe celles de la vipère commune; c'est celui qu'on y vend dans les boutiques, et dont on se sert pour les remèdes connus sous les noms de *Sel de vipère*, de *Chair de vipère desséchée*, etc. Suivant M. Hasselquist, on envoie tous les ans à Venise une grande quantité de vipères égyptiennes, pour la composition de la thériaque; et, dès le temps de Lucain, on en faisait venir à Rome pour la préparation du même remède. C'est cet usage, continué jusqu'à nos jours, qui nous a fait regarder la vipère d'Égypte comme celle dont Cléopâtre s'était servie; toutes ses descriptions sont d'ailleurs très-conformes à celle que nous trouvons de l'aspic de Cléopâtre, dans les anciens auteurs, et particulièrement dans Lucain; et voilà pourquoi nous avons préféré, à ce sujet, l'opinion de M. Laurenti (1), et d'autres naturalistes, à celle de M. Linnée, qui a cru que le serpent dont le poison a donné la mort à la reine d'Égypte, était celui qu'il a nommé l'*Ammodyte*, et dont nous allons nous occuper (2).

Il paraît que c'est aussi à cette vipère qu'il faut rapporter ce que Pline a dit de l'aspic (3), et la belle peinture qu'a faite ce grand écrivain de l'attachement de ce reptile pour sa femelle, du courage avec lequel il la défend lorsqu'elle est attaquée, et de la fureur avec laquelle il poursuit ceux qui l'ont mise à mort.

---

(1) Voyez l'endroit déjà cité.

(2) Aménités académiques, Stockholm, 1763, vol. VI, p. 210.

(3) Pline, liv. VIII.

L'AMMODYTE. [1]

Vipera (Echidna) Ammodytes, Merr.; *Col. Ammodytes*, Linn.,
Lacep., Shaw.; *Vipera Mosis* et *Vip. illyrica*, Laur.; *Vip.
Ammodytes*, Daud., Cuv.; *Col. Charasii*, Shaw.; *Cobra
Ammodytes*, Fitz.

LES anciens, et surtout les auteurs du moyen

---

(1) *Cenchrias.*
Cerchrias.
Cynchrias.
Miliaris.
Vipère cornue d'Illyrie.
Aspide del corno.
Ammodyte, M. Daubenton, Encyclopédie méthodique.
C. Ammodytes, Linnæus, amphib. Serpent.
Ammodyte, M. Valmont de Bomare, Dict. d'Histoire naturelle.
Druinus, Belon, 203.
Ammodytes, Aldrovande, Serp. 169.
Ammodyte, Mathiole; com. sur Dioscoride, p. 950.
Amiudutus, Avicenne.
Ammodyte, Olaus magnus.
Ammodytes, Gesner, lib. V, de Serp. natura, fol. 23.
Ammodytes, Solinus.
Ammodytes, Aëtius, lib. XIII, cap. 25.
Ammodytes, Essay Touwards a natural History of Serpents, by
Charl. Owen, Lond., 1742, p. 53.
Ammodytes, Rai, Synops., f. 287. « Ammodytes ita dictus quod
« arenam subeat. Viperæ persimilem esse aiunt, cubitali longitudine,
« colore arenaceo, capite viperino ampliore, maxillis latioribus, insu-

âge, ont beaucoup parlé de ce serpent très-venimeux, qui habite plusieurs contrées orientales, et que l'on trouve dans plusieurs endroits de l'Italie, ainsi que de l'Illyrie, autrement Esclavonie. Son nom lui vient de l'habitude qu'il a de se cacher dans le sable, dont la couleur est à-peu-près celle de son dos, varié d'ailleurs par un grand nombre de taches noires, disposées souvent de manière à représenter une bande longitudinale et dentelée, ce qui donne aux couleurs de l'ammodyte une très-grande ressemblance avec celles de la vipère commune, dont il se rapproche aussi beaucoup par sa conformation; mais sa tête est ordinairement plus large, à proportion du corps, que celle de notre vipère; et d'ailleurs il est fort aisé de le distinguer de toutes les autres couleuvres connues, parce qu'il a sur le bout du museau, une petite éminence, une sorte de corne, haute communément de deux lignes, mobile en arrière, d'une substance charnue, couverte de très-petites écailles, et de chaque côté de laquelle on voit deux tubercules un peu saillants, placés aux orifices des narines; aussi a-t-il été nommé, dans plusieurs contrées, *Aspic cornu.* Sa morsure est, en effet, aussi dangereuse que celle du serpent venimeux nommé Aspic par

---

« periore parte rostri eminentiam quamdam acutæ verucæ similem ge-
« rens, undè Serpens cornutus vulgò dicitur. In Lybià, inque Illyrico
« et Italià, Comitatu imprimis Goritiensi invenitur. »

les anciens; et l'on a vu des gens mordus par ce serpent, mourir trois heures après (1); d'autres ont vécu cependant jusqu'au troisième jour, et d'autres même jusqu'au septième. Les remèdes qu'on a indiqués contre le venin de l'Ammodyte, sont à-peu-près les mêmes que ceux auxquels on a eu recours contre la morsure des autres serpents venimeux (2). On a employé l'application des ventouses, les incisions aux environs de la plaie, la compression des parties supérieures à l'endroit mordu, l'agrandissement de la blessure, les boissons qu'on fait avaler contre les poisons pris intérieurement, les emplâtres dont on se sert pour prévenir ou arrêter la putréfaction des chairs, etc. (3). Ce reptile est couvert, sous le ventre, de cent quarante-deux grandes plaques, et sous la queue, de trente-deux paires de petites; le dessus

---

(1) Mathiole.

(2) Voyez, dans l'article de la Vipère commune, un extrait des expériences de M. l'abbé Fontana, au sujet du poison de ce serpent.

(3) « Propriè autem eis auxiliatur mentacum, aqua mulsa potata, « castoreum, cassia et artemisiæ succus cum aquâ. Danda etiàm in potu « theriaca, eadem quoque plagæ imponenda. Utendum et emplastris « attractoriis : posteà verò cataplasmata ; quæ ad nomas sive ulcera « serpentia conducunt, imponenda. » Aëtius.

« Curatio autem eorum est curatio communis : et est ejus proprium « dare in potu castoreum, et cinnamomum, et radicem centaureæ, de « quocumque istorum fuerit, etc., cum vino. Et confert eis radix aristo- « lochiæ, et propriè longè juvamentum maximum. Et similiter radix « assoasir, et succus ejus propriè, et radix gentianæ. Et conferunt eis « ex emplastris mel decoctum et exsiccatum, et tritum : et radices gra- « natorum : et similiter centaureæ, et semen lini et lactucæ, et semen « barmel, et volubilis, et ruta sylvestris : et conferunt eis emplastra « appropriata ulceribus putridis. » Avicenne.

de sa tête est garni de petites écailles ovales, unies et presque semblables à celles du dos. La queue est très-courte, à proportion du corps, qui n'a ordinairement qu'un demi-pied de long.

L'ammodyte se nourrit souvent de lézards et d'autres animaux aussi gros que lui, mais qu'il peut avaler avec facilité, à cause de l'extension dont son corps est susceptible.

Il paraît que c'est à cette espèce, au développement de laquelle un climat très-chaud peut être très-nécessaire, qu'il faut rapporter les serpents cornus de la Côte-d'Or, dont a parlé Bosman, quoique ces derniers soient beaucoup plus grands que l'ammodyte d'Esclavonie. Ce voyageur vit, au fort hollandais d'Axim, la dépouille d'un individu de cette espèce de serpents cornus; ce reptile était de la grosseur du bras, long de cinq pieds, et rayé ou tacheté de noir, de brun, de blanc et de jaune, d'une manière très-agréable à l'œil. Suivant Bosman, ces serpents ont pour arme offensive, une fort petite corne, ou plutôt une dent qui sort de la mâchoire supérieure, auprès du nez; elle est blanche, dure et très-pointue. Il arrive souvent aux nègres, qui vont nu-pieds dans les champs, de marcher impunément sur ces animaux, car ces reptiles avalent leur proie avec tant d'avidité, et tombent ensuite dans un sommeil si profond, qu'il faut un bruit assez fort, et même un mouvement assez grand pour les réveiller (1).

____

(1) Bosman, page 273.

LE CÉRASTE.[1]

Vipera (Echidna) Cerastes, Mérr.; *Col. Cerastes*, Hasselq.,
Linn., Lacep., Shaw.; *Col. cornutus*, Hasselq.; *Vipera Ce-*
rastes, Latr., Daud.; *Vipera cornuta*, Daud.; *Aspis Ceras-*
tes, Fitz.

On a donné ce nom à un serpent venimeux
d'Arabie, d'Afrique, et particulièrement d'Égypte,
qui a été envoyé au Cabinet du Roi sous le nom
de *Vipère cornue*; il est très-remarquable et très-
aisé à distinguer par deux espèces de petites cornes qui s'élèvent au-dessus de ses yeux. C'est
apparemment cette conformation qui, jointe à sa
qualité vénéneuse, et peut-être à ses habitudes
naturelles, l'auront fait observer avec attention
par les premiers Égyptiens, et les auront déter-

---

(1) Κεράστης, en grec. *Alp* et *Aëg*, en Égypte.

Cerastes.

Ceristalis.

Le Céraste, M. Daubenton, Encyclopédie méthodique.

Coluber Cerastes, Linn., amphib. Serpent.

Belon, itin. 203.

Coluber cornutus, Hasselquist, iter 315, n° 51.

Le Céraste, M. Valmont de Bomare, Dict. d'Hist. natur.

Cerastes, Rai, Synopsis Serpentini generis, p. 287.

Cerastes, Gesner, de Serpentum natura, fol. 38.

Cerastes, Essay Touwards a natural History of Serpents, by
Charl. Owen. London, 1742, p. 54, pl. 1.

minés à faire placer de préférence son image parmi leurs diverses figures hiéroglyphiques. On le trouve gravé sur les monuments de la plus haute antiquité, que le temps laisse encore subsister sur cette fameuse terre d'Égypte. On le voit représenté sur les obélisques, sur les colonnes des temples, au pied des statues, sur les murs des palais, et jusque sur les momies (1). Un double intérêt anime donc la curiosité, relativement au céraste; une connaissance exacte de ses propriétés et de ses mœurs, non seulement doit être recherchée par le naturaliste, mais servirait peut-être à découvrir en partie le sens de cette langue religieuse et politique, qui nous transmettrait les antiques événements et les antiques opinions des célèbres et belles contrées de l'Orient. Si l'on ne peut pas encore exposer toutes les habitudes naturelles du céraste, faisons donc connaître exactement sa forme, et décrivons-le avec soin d'après les individus que nous avons examinés.

Les opinions des naturalistes, anciens et modernes, ont fort varié sur la nature ainsi que sur le nombre des cornes qui distinguent le céraste; les uns ont dit qu'il en avait deux, d'autres quatre, et d'autres huit, qu'ils ont comparées aux espèces de petites cornes, ou pour mieux dire, aux *ten-*

---

(1) Deux très-grandes pierres apportées d'Alexandrie à Londres, placées dans la cour du Musæum, et qui paraissent avoir fait partie d'une grande corniche d'un magnifique palais, présentent plusieurs figures de cérastes très-bien gravées. Lettre de M. Ellis, Trans. phil., an. 1766.

tacules des limaçons et d'autres animaux de la classe des vers (1). Quelques auteurs les ont regardées comme des dents attachées à la mâchoire supérieure; quelques autres ont écrit que le céraste n'avait point de cornes, que celles qu'on avait vues sur la tête de quelques individus, n'étaient point naturelles, mais l'ouvrage des Arabes, qui plaçaient avec art des ergots sur le crâne du reptile, pour le rendre extraordinaire et le faire vendre plus cher. Il se peut que l'on ait quelquefois attaché, à de vrais cérastes, de petites cornes artificielles; il se peut aussi que ces serpents, ayant été fort recherchés, on ait vendu pour des cérastes des reptiles d'une autre espèce qui leur auront à-peu-près ressemblé par la couleur, et auxquels on aura appliqué de fausses cornes. Mais le vrai serpent céraste a réellement au-dessus de chaque œil, un petit corps pointu et allongé, auquel le nom de corne me paraît mieux convenir qu'aucun autre. M. Linnée a donné (2) le nom de dents molles à ces petits corps placés au-dessus des yeux du serpent que nous décrivons; mais ce nom de dent ne nous paraît pouvoir appartenir qu'à ce qui tient aux mâchoires supérieures ou inférieures des animaux; et après avoir examiné les cornes du céraste, en avoir coupé une en plusieurs parties, et en avoir ainsi suivi la prolon-

---

(1) Pline et Solin.
(2) Systema naturæ, editio XIII.

gation jusqu'à la tête, nous nous sommes assurés que, bien loin de tenir à la mâchoire supérieure, ces cornes ne sont attachées à aucun os; aussi sont-elles mobiles à la volonté de l'animal.

Chacune de ces cornes est placée précisément au-dessus de l'œil, et comme enchâssée parmi les petites écailles qui forment la partie supérieure de l'orbite; sa racine est entourée d'écailles plus petites que celles du dos, et elle représente une petite pyramide carrée dont chaque face serait sillonnée par une rainure longitudinale et très-sensible (1). Elle est composée de couches placées au-dessus les unes des autres, et qui se recouvrent entièrement. Nous avons enlevé facilement la couche extérieure, qui s'en est séparée en forme d'épiderme, en présentant toujours quatre côtés et quatre rainures, ainsi que la couche inférieure, que nous avons mise par-là à découvert. Cette manière de s'exfolier est semblable à celle des écailles, dont l'épiderme ou la couche supérieure se sépare également avec facilité après quelque altération. Aussi regardons-nous la matière de ces cornes comme de même nature que celle des écailles; et ce qui le confirme, c'est que nous avons vu ces petites éminences tenir à la peau de

---

(1) Belon a comparé la forme de ces éminences à celle d'un grain d'orge, et c'est apparemment cette ressemblance avec une graine dont se nourrissent quelques espèces d'oiseaux, qui a fait penser que le céraste se cachait sous des feuilles et ne laissait paraître que ses cornes, qui servaient d'appât pour les petits oiseaux qu'il dévorait. Voyez Pline et Solin.

la même manière que les écailles y sont attachées.
Au reste, ces cornes mobiles sont un peu courbées, et avaient à-peu-près deux lignes de longueur dans les individus que nous avons décrits.

La tête des cérastes est aplatie, le museau gros
et court, l'iris des yeux d'un vert-jaunâtre, et la
prunelle, lorsqu'elle est contractée, forme une
fente perpendiculaire à la longueur du corps; le
derrière de la tête est rétréci et moins large que
la partie du corps à laquelle elle tient; le dessus
en est garni d'écailles égales en grandeur à celles
du dos, ou même quelquefois plus petites que ces
dernières, qui sont ovales et relevées par une
arête saillante.

Nous avons compté, sur deux individus de cette
espèce, cent quarante-sept grandes plaques sous
le ventre, et soixante-trois paires de petites plaques sous la queue. Suivant M. Linnée, un serpent
de la même espèce avait cent cinquante grandes
plaques et vingt-cinq paires de petites. Hasselquist
a compté sur un autre individu cinquante paires
de petites plaques, et cent cinquante grandes.
Voilà donc une nouvelle preuve de ce que nous
avons dit touchant la variation du nombre des
grandes et des petites plaques dans la même espèce de serpent; mais comme il ne faut négliger
aucun caractère dans un ordre d'animaux dont les
espèces sont, en général, très-difficiles à distinguer les unes des autres, nous croyons toujours
nécessaire de joindre le nombre des grandes et

des petites plaques, aux autres signes de la différence des diverses espèces de reptiles.

La couleur générale du dos est jaunâtre et relevée par des taches irrégulières plus ou moins
foncées, qui représentent de petites bandes transversales; celle du dessous du corps est plus claire.

Les individus que nous avons mesurés avaient
plus de deux pieds de long; ils présentaient la
grandeur ordinaire de cette espèce de serpents.
La queue n'avait pas cinq pouces; elle est ordinairement très-courte en proportion du corps,
dans le céraste, ainsi que dans la vipère commune.

Le céraste supporte la faim et la soif pendant
beaucoup plus de temps que la plupart des autres serpents; mais il est si goulu, qu'il se jette
avec avidité sur les petits oiseaux et les autres
animaux dont il fait sa proie; et comme, suivant
Belon, sa peau peut se prêter à une très-grande
distension, et son volume augmenter par-là du
double, il n'est pas surprenant qu'il avale une
quantité d'aliments si considérable que, sa digestion devenant très-difficile, il tombe dans une sorte
de torpeur et dans un sommeil profond, pendant
lequel il est fort aisé de le tuer.

La plupart des auteurs anciens ou du moyen
âge, ont pensé qu'il était un des serpents qui
peuvent le plus aisément se retourner en divers
sens, et ils ont écrit qu'au lieu de s'avancer en
droite ligne, il n'allait jamais que par des circuits

plus ou moins tortueux, et toujours, ont-ils ajouté, en faisant entendre une sorte de petit bruit et de sifflement par le choc de ses dures écailles (1). Mais, de quelque manière et avec quelque vitesse qu'il rampe, il lui est difficile d'échapper aux aigles et aux grands oiseaux de proie qui fondent sur lui avec rapidité, et que les Égyptiens adoraient, suivant Diodore de Sicile, parce qu'ils les délivraient de plusieurs bêtes venimeuses, et particulièrement des cérastes. Ces serpents cependant ont toujours été regardés comme très-rusés, tant pour échapper à leurs ennemis, que pour se saisir de leur proie; on les a même nommés *insidieux*, et l'on a prétendu qu'ils se cachaient dans les trous voisins des grands chemins, et particulièrement dans les ornières, pour se jeter à l'improviste sur les voyageurs.

C'est principalement avec cette espèce de serpents que les Libyens, connus sous le nom de *Psylles*, prétendaient avoir le droit de jouer impunément, et dont ils assuraient qu'ils maîtrisaient, à leur volonté, et la force et le poison.

Les cérastes, ainsi que tous les reptiles, peuvent vivre très-long-temps sans manger; plusieurs auteurs l'ont écrit, et on a même beaucoup exagéré ce fait, puisqu'on a cru qu'ils pouvaient vivre cinq ans sans prendre aucune nourriture (2).

____

(1) Lucain, liv. IX. Nicandre, in Theriacis. Aëtius, Gyllius, Isidore, etc.

(2) « M. Gabrieli, apothicaire de Venise, qui avait demeuré long-

Belon assure que les petits cérastes éclosent dans le ventre de leur mère, ainsi que ceux de notre vipère commune (1); mais nous croyons devoir citer un fait qui paraît contredire cette assertion, et que Gesner rapporte dans son livre de la Nature des serpents, d'après un de ses correspondants qui en avait été témoin à Venise (2). Un noble Vénitien conserva pendant quelque temps, et auprès du feu, trois serpents qu'on lui avait apportés du pays où l'on trouve les cérastes; l'un femelle, et trois fois plus grand que les autres, avait trois pieds de long, presque la grosseur du bras, la tête comprimée et large de deux doigts, l'iris noir, les écailles du dos cendrées et noirâtres dans leur partie supérieure, la queue un peu rousse et terminée en pointe, et une corne de substance écailleuse au-dessus de chaque œil. Gesner le regarda comme de l'espèce des cérastes, dont il nous paraît, en effet, avoir eu les principaux caractères; il pondit dans le sable quatre ou cinq œufs à-peu-près de la grosseur de ceux de pigeon. Les rapports de conformation, de qualité vénéneuse et

---

« temps au Caire, me montra deux de ces vipères (deux cérastes), qu'il
« avait gardées cinq ans dans une bouteille bien bouchée, sans aucune
« nourriture ; il y avait seulement au fond de la bouteille un peu de sable
« fin, dans lequel elles se louvaient ; lorsque je les vis, elles venaient de
« changer de peau, et paraissaient aussi vigoureuses et aussi vives que si
« elles avaient été prises tout nouvellement. » Shaw. Voyage dans plusieurs provinces de la Barbarie et du Levant, tom. II, chap. 5.

(1) Voyez Bélon et Rai, à l'endroit déja cité.

(2) Gesner, fol. 38.

d'habitudes qui lient le céraste avec la vipère commune, ainsi qu'avec un grand nombre d'autres vipères dont la manière de venir au jour est bien connue, nous feraient adopter de préférence l'opinion fondée sur l'autorité de Belon, qui a beaucoup voyagé dans le pays habité par les cérastes; mais comme il pourrait se faire que les deux manières de venir à la lumière fussent réunies dans quelques espèces de serpents, ainsi qu'elles le sont dans quelques espèces de quadrupèdes ovipares, et qu'il serait bon de bien déterminer si tous les animaux armés de crochets venimeux, éclosent dans le ventre de leur mère, et même sont les seuls qui ne pondent pas, nous invitons les voyageurs qui pourront observer sans danger les cérastes, à s'assurer de la manière dont naissent leurs petits.

Hérodote a parlé de serpents consacrés par les habitants de Thèbes à Jupiter, ou pour mieux dire, à la divinité égyptienne qui répondait au Jupiter des Grecs; on les enterrait, après leur mort, dans le temple de ce dieu : et, suivant le père de l'Histoire, ils avaient deux cornes, mais ne faisaient aucun mal à personne. Si Hérodote n'a point été trompé, on devrait les regarder comme d'une espèce différente de celle du céraste; mais il est assez vraisemblable qu'on l'avait mieux informé de la conformation que des qualités de ces serpents, qu'ils étaient venimeux comme le céraste, qu'ils appartenaient à la même espèce, et que la force de leur poison, qui avait dû paraître aux anciens donner la mort presque aussi promptement que la foudre du maître des dieux, avait peut-être été un motif de plus pour les consacrer à la divinité que l'on croyait voir lancer le tonnerre.

LE SERPENT A LUNETTES[1]

DES INDES ORIENTALES,

ou

LE NAJA.

Naia tripudians, Merr.; *Coluber Naja*, Linn., Gmel.; *Naja lutescens, N. fasciata, N. brasiliensis, N. siamensis, N. maculata, N. non Naja*, Laur.; *Coluber Peruvii* et *C. Brasiliæ*, Lacep.; *Col. cæcus* et *C. rufus*, Gmel.; *Vipera Naja, Naja vera*, Fitz.

LA beauté des couleurs a été accordée à ce serpent, l'un des plus venimeux des contrées orien-

---

[1] *Cobra de Cabelo* ou *de Capello*, par les Portugais.

Le Serpent à Lunettes, M. Daubenton, Encyclopédie méthodique.

Coluber Naja, Linn., amphib. Serpent.

Naja, Kempfer. Amœnitatum exoticarum fasciculus 3, observ. 9, p. 565.

Naja lutescens, 197, Laurenti Specimen medicum.

Naja siamensis, 200, ibid.

Naja maculata, 201, ibid.

Séba, tom. I, pl. 44, fig. 1. Tom. II, pl. 89, fig. 1 et 2; pl. 90, fig. 1; pl. 94, fig. 1, et pl. 97, fig. 1.

Serpens indicus coronatus, Rai, Synopsis Serpentini generis, p. 330.

Le Serpent à lunettes, Serpent couronné. Dict. d'Histoire naturelle, par M. Valmont de Bomare.

Vipera indica vittata gesticularia. Catal. mus. ind.

Vipera pileata.

tales. Bien loin que sa vue inspire de l'effroi à ceux qui ne connaissent pas l'activité de son poison, on le contemple avec une sorte de plaisir, on l'admire ; et, pendant que le brillant de ses écailles, ainsi que la vivacité des couleurs dont elles sont parées, attachent les regards, la forme singulière du reptile attire l'attention : on a même cru voir sur sa tête une ressemblance grossière avec les traits de l'homme ; et voilà donc l'image la plus noble qui a pu paraître légèrement empreinte sur la face d'un reptile vénéneux. Ce contraste a dû plaire à l'imagination des Orientaux, toujours amie de l'extraordinaire ; il a peut-être séduit les premiers voyageurs qui ont vu le serpent à lunettes, et ils ont peut-être éprouvé une sorte de satisfaction à retrouver quelques traits de la figure humaine sur un être aussi malfaisant, de même que les anciens poètes se sont presque tous accordés à donner ces mêmes traits augustes aux monstres terribles et fabuleux, enfants de leur génie, et non de la Nature.

Mais sur quoi peut être fondée cette légère apparence ? Sur une raie d'une couleur différente de celle du corps de l'animal, et qui est placée sur le cou du serpent à lunettes, s'y replie en avant des deux côtés, et se termine par deux espèces de crochets tournés en dehors. Ces crochets colorés sont quelquefois prolongés de manière à former un cercle ; faisant ressortir la couleur du fond qu'ils renferment, ils ressemblent imparfaitement à deux

yeux, au-dessus desquels la ligne recourbée, semblable aux traits grossiers, aux premières ébau-
ches des jeunes dessinateurs, représente vague-
ment un nez; et ce qui a ajouté à ces legères
ressemblances, c'est qu'elles se montrent sur la
partie antérieure du tronc ou sur le cou du serpent, et que cette partie antérieure est tellement
élargie et aplatie, proportionnellement au reste
du corps, qu'elle paraît être la tête de l'animal.
L'on croit de loin voir les yeux du serpent au
milieu de ces crochets de couleurs vives dont nous
venons de parler, quoique cependant la véritable
tête où sont réellement les yeux et les narines,
soit placée au-devant de cette extension singulière
du cou.

La ligne recourbée et terminée par deux crochets, ressemble assez à des lunettes, et c'est ce
qui a fait donner depuis au serpent naja, le nom
de *Serpent à lunettes*, que nous lui conservons ici.
Mais pour mieux distinguer le reptile dont nous
traitons dans cet article, et qui habite les grandes
Indes, d'avec les serpents à lunettes d'Amérique,
dont il sera question dans l'article suivant, nous
avons cru devoir réunir au nom très-connu de
Serpent à lunettes, celui de Naja, dont se servent
les naturels du pays où on le rencontre, et qui a
été adopté par plusieurs auteurs, et particulièrement par M. Linnée.

On a écrit qu'il y avait un assez grand nombre
d'espèces de serpents à lunettes : des naturalistes

en ont compté jusqu'à six; mais, en examinant de près les différences sur lesquelles ils se sont fondés, il nous a paru qu'on ne devait en compter que deux ou trois; le Serpent à lunettes ou le Naja, dont il est ici question; le Serpent à lunettes du Pérou, et celui du Brésil, qui peut-être même ne diffère que très-légèrement de celui du Pérou. Toutes les variétés que nous rapportons au naja ne sont que des suites de la diversité d'âge, de sexe ou de climat; et, par exemple, on a représenté dans Séba (1), deux petits serpents à lunettes des Indes orientales, qui ne me paraissent que de jeunes naja de l'espèce ordinaire; ils ne différaient des naja adultes que par l'extension du cou, qui était peu sensible, ce qui n'annonçait qu'un âge peu avancé, et par la teinte ou la distribution de leurs couleurs; l'un était d'un cendré-jaunâtre, cerclé de bandes transversales pourpres, et arrangées de manière que, de quatre en quatre, il y en avait une plus large que les autres (2); le second avait des couleurs moins distinctes, et peut-être avait été pris dans un temps voisin de celui de sa mue.

Les naja adultes paraissent d'un jaune plus ou moins roux, ou plus ou moins cendré, suivant l'âge, la saison, et la force de l'individu. Ils n'ont pas plusieurs bandes transversales pourpres, mais

____

(1) Séba, tom. II, pl. 89, fig. 3, et pl. 97, fig. 3.

(2) M. Laurenti a cru en devoir faire une espèce distincte sous le nom de Naja à bandes (*Naja fasciata*).

au-dessus de la partie renflée de leur cou, on voit un collier assez large et d'un brun-sombre qui disparaît quelquefois presque en entier sur les naja conservés dans l'esprit-de-vin. Cette belle couleur jaune qui brille sur le dos du serpent à lunettes, s'éclaircit sous le ventre, où elle devient blanchâtre, mêlée quelquefois d'une teinte de rouge; les raies qui forment sur son cou un croissant dont les deux pointes se replient en dehors et en crochets, de manière à imiter des lunettes, sont blanchâtres, bordées des deux côtés, d'une couleur foncée. Quelquefois ces nuances s'altèrent après la mort de l'animal, ce qui a donné lieu à bien des fausses descriptions. Le sommet de la tête est couvert par neuf plaques ou grandes écailles, disposées sur quatre rangs, deux au premier, du côté du museau, deux au second, trois au troisième, et deux au quatrième (1). Les yeux sont vifs et pleins de feu; les écailles sont ovales, plates et très-allongées, elles ne tiennent à la peau que par une portion de leur contour, et il paraît que le serpent peut les redresser d'une manière très-sensible; elles ne se touchent pas au-dessus de la partie élargie du cou, elles y forment des rangs longitudinaux un peu séparés les uns des autres, et laissent voir la peau nue, qui est

---

(1) Voilà un nouvel exemple de ce que nous avons dit à l'article de la Nomenclature des Serpents; tous ceux qui ont des dents crochues, grandes et mobiles, et qui sont venimeux, n'ont pas le dessus de la tête garni d'écailles semblables à celles du dos.

d'un jaune blanchâtre ; et comme cette peau est moins brillante que les écailles qui, étant grandes et plates, réfléchissent vivement la lumière, ces écailles paraissent souvent comme autant de facettes resplendissantes disposées avec ordre, et qui présentent une couleur d'or très-éclatante, surtout lorsqu'elles sont éclairées par les rayons du soleil.

L'extension dont nous venons de parler est formée par les côtes, qui, à l'endroit de cet élargissement, sont plus longues que dans les autres parties du corps du serpent, et ne se courbent d'une manière sensible qu'à une plus grande distance de l'épine du dos ; mais d'ailleurs le naja peut gonfler et étendre à volonté une membrane assez lâche qui couvre ces côtes, et que Kempfer a comparée à des espèces d'ailes. C'est surtout lorsqu'il est irrité, qu'il l'enfle et en augmente le volume ; et lorsque alors il se redresse en tenant toujours horizontalement sa tête, qui est placée au-devant de cette extension membraneuse, on dirait qu'il est coiffé d'une sorte de chaperon que l'on a même comparé à une couronne, et voilà pourquoi on a donné à ce dangereux, mais cependant très-bel animal, le nom de *Serpent à chaperon*, ainsi que celui de *Serpent couronné*.

La femelle (1) est distinguée aisément du mâle, parce qu'elle n'a pas sur le cou la raie contour-

______

(1) Séba, tom. II, pl. 90, fig. 2, et pl. 97, fig. 2.

née et disposée en croissant, dont les pointes se terminent en crochets tournés en dehors, et d'après laquelle on a donné à l'espèce le nom de Serpent à lunettes; mais elle a de chaque côté du cou, comme le mâle, une extension membraneuse soutenue par de longues côtes; elle peut également en étendre le volume; elle brille des mêmes couleurs dorées, et elle a porté également le nom de Serpent à couronne (1).

Les naja ont ordinairement trois ou quatre pieds de longueur totale; celle de l'individu que nous avons décrit, et qui est au Cabinet du Roi, est de quatre pieds quatre pouces six lignes; l'extension membraneuse de son cou a plus de trois pouces de largeur. Il a cent quatre-vingt-dix-sept grandes plaques sous le corps, et cinquante-huit paires de petites plaques sous la queue, qui n'est longue que de sept pouces dix lignes. Celui que M. Linnée a décrit avait cent quatre-vingt-treize grandes plaques, et soixante paires de petites.

Le naja est féroce, et pour peu qu'on diffère de prendre l'antidote de son venin, sa morsure est mortelle; l'on expire dans des convulsions, ou la partie mordue contracte une gangrène qu'il est presque impossible de guérir; aussi de tous les serpents, est-ce celui que les Indiens, qui vont nu-pieds, redoutent le plus. Lorsque ce terrible

(1) M. Laurenti a fait de la femelle du Naja, une espèce distincte qu'il a nommée *Naja non Naja*.

reptile veut se jeter sur quelqu'un, il se redresse avec fierté, fait briller des yeux étincelants, étend ses membranes en signe de colère, ouvre la gueule, et s'élance avec rapidité en montrant la pointe acérée de ses crochets venimeux. Mais, malgré ses armes funestes, les jongleurs indiens sont parvenus à le dompter de manière à le faire servir de spectacle à un peuple crédule, de même que d'autres charlatans de l'Égypte moderne, à l'exemple de charlatans plus anciens de l'antique Égypte, des Psylles de Cyrène, et des Ophiogènes de Chypre, manient sans crainte, tourmentent impunément de grands serpents, peut-être même venimeux, les serrent fortement auprès du cou, évitent par-là leur morsure, déchirent avec leurs dents et dévorent tout vivants ces énormes reptiles, qui, sifflant de rage et se repliant autour de leur corps, font de vains efforts pour leur échapper (1).

---

(1) Lettres de M. Savary sur l'Égypte, vol. I, page 62.

Voyez aussi le passage suivant de Shaw, tom. II, chap. 5. « On m'a « assuré qu'il y avait plus de quarante mille personnes au grand Caire et « dans les villages des environs, qui ne mangeaient autre chose que des « lézards ou des serpents. Cette façon singulière de se nourrir leur vaut, « entre autres, le privilège et l'honneur insigne de marcher immédia- « tement auprès des tapisseries brodées de soie noire, qu'on fabrique « tous les ans au grand Caire pour le Kaaba de la Mecque, et qu'on va « prendre au château pour les promener en procession avec grande pompe « et cérémonie, dans les rues de la ville. Lorsque ces processions se font, « il y a toujours un grand nombre de ces gens qui l'accompagnent en « chantant et en dansant, et faisant, par intervalles réglés, toutes sortes « de contorsions et de gesticulations fanatiques. »

Ces Indiens qui ont pu réduire les naja et se garantir de leur morsure, courent de ville en ville pour montrer leurs serpents à lunettes, qu'ils forcent, disent-ils, à danser. Le jongleur prend dans sa main une racine dont il prétend que la vertu le préserve de la morsure venimeuse du serpent, et tirant l'animal du vase dans lequel il le tient ordinairement renfermé, il l'irrite en lui présentant un bâton, ou seulement le poing; le naja se dressant aussitôt contre la main qui l'attaque, s'appuyant sur sa queue, élevant son corps, enflant son cou, ouvrant sa gueule, allongeant sa langue fourchue, s'agitant avec vivacité, faisant briller ses yeux et entendre son sifflement, commence une sorte de combat contre son maître, qui, entonnant alors une chanson, lui oppose son poing tantôt à droite et tantôt à gauche; l'animal, les yeux toujours fixés sur la main qui le menace, en suit tous les mouvements, balance sa tête et son corps sur sa queue qui demeure immobile et offre ainsi l'image d'une sorte de danse. Le naja peut soutenir cet exercice pendant un demi-quart d'heure; mais au moment que l'Indien s'aperçoit que, fatigué par ses mouvements et par sa situation verticale, le serpent est près de prendre la fuite, il interrompt son chant, le naja cesse sa danse, s'étend à terre, et son maître le remet dans son vase. Kempfer dit que lorsqu'un Indien veut dompter un naja et l'accoutumer à ce manége, il renverse le vase dans lequel il l'a tenu renfermé, va à la couleuvre avec un bâton, l'arrête dans sa fuite, et la provoque à un combat qu'elle commence souvent la première; dans l'instant où elle veut s'élancer sur lui pour le mordre, il lui présente le vase et le lui oppose comme un bouclier contre lequel elle blesse ses narines, et qui la force à rejaillir en arrière; il continue cette lutte pendant un quart-d'heure ou demi-heure, suivant que l'éducation de l'animal est plus ou moins avancée; la couleuvre, trompée dans ses attaques, et blessée contre le vase, cesse de s'élancer, mais présentant toujours ses dents et enflant toujours son cou, elle ne détourne pas ses yeux ardents du bouclier qui lui nuit; le maître, qui a grand soin de ne pas trop la fatiguer par cet exercice, de peur que, devenant trop timide, elle ne se refuse ensuite au combat, l'accoutume insensiblement à se dresser contre le vase, et même contre le poing tout nu, à en suivre tous les mouvements avec sa tête superbement gonflée, mais sans jamais oser se jeter sur sa main, de peur de se blesser; accompagnant d'une chanson le mouvement de son bras, et par conséquent celui du reptile qui l'imite, il donne à ce combat l'apparence d'une danse; et il en est donc de ce serpent funeste comme de presque tous les êtres dangereux qui répandent la terreur, la crainte seule peut les dompter.

Mais il ne faut pas croire que les Indiens soient assez rassurés par les effets de cette crainte, pour ne pas chercher à désarmer, pour ainsi dire, le reptile contre lequel ils doivent lutter. Kempfer rapporte qu'ils ont grand soin, chaque jour ou tous les deux jours, d'épuiser le venin du naja, qui se forme dans des vésicules placées auprès de la mâchoire supérieure, et se répand ensuite par les dents canines; pour cela ils irritent la couleuvre et la forcent à mordre plusieurs fois un morceau d'étoffe ou quelque autre corps mou, et à l'imbiber de son poison. Pour l'exciter davantage à exprimer son venin, ils ont quelquefois assez d'adresse et de courage pour lui presser la tête sans en être mordus, et la mettre par-là dans une sorte de rage qui lui fait serrer avec plus de force et pénétrer d'une plus grande quantité de poison, le morceau d'étoffe ou le corps mou qu'on lui présente ensuite. Après avoir privé la couleuvre de son venin, ils veillent avec beaucoup d'atten-tion à ce qu'elle ne prenne aucune nourriture, et ils empêchent surtout qu'elle ne mange de l'herbe fraîche, de nouveaux aliments lui rendant bientôt de nouveaux sucs vénéneux et mortels.

Kempfer prétend que l'on a un remède assuré contre la morsure venimeuse de ce serpent, dans la plante que l'on nomme *Mungo* ainsi qu'*Ophior-riza*, qui croît abondamment dans les contrées chaudes de l'Inde, et que l'on a employée non seulement contre la morsure de plusieurs repti-les, ainsi que des scorpions, mais même contre celle des chiens enragés. L'on disait, suivant le même Kempfer, que l'on avait découvert ses vertus anti-vénéneuses en en voyant manger à des mangoustes ou ichneumons mordus par des naja, et que c'était ce qui avait fait appliquer à ce végétal le nom de *Mungo*, donné aussi par les Portugais aux mangoustes. Ces quadrupèdes sont, en effet, ennemis mortels du serpent à lunettes, qu'ils attaquent toujours avec acharnement, et auquel ils donnent aisément la mort sans la recevoir, leur manière de saisir le naja les garantissant apparemment de ses dents envenimées.

Non seulement les naja servent à amuser les loisirs des Indiens; ils ont encore été un objet de vénération pour plusieurs habitants des belles contrées orientales, et particulièrement de la côte de Malabar. La crainte d'expirer sous leur dent empoisonnée, et le desir de les écarter des habitations, avaient fait imaginer de leur apporter jusques auprès de leurs repaires, les aliments qui paraissaient leur convenir le mieux; les temples sacrés étaient ornés de leurs images, et si ces reptiles pénétraient dans les demeures des habitants, ou si on les rencontrait sous ses pas, bien loin de se défendre contre eux et de chercher à leur donner la mort, on leur adressait des prières, on leur offrait des présents, on suppliait les bramines de leur faire de pieuses exhortations, on se prosternait, on tâchait de les fléchir par des respects, tant la terreur et l'ignorance peuvent obscurcir le flambeau de la raison (1).

----

(1) « Une autre espèce que les Indiens nomment *Nalle Pambou*, c'est-
« à-dire bonne couleuvre, a reçu des Portugais le nom de *Cobra capel*,
« parce qu'elle a la tête environnée d'une peau large qui forme une
« espèce de chapeau. Son corps est émaillé de couleurs très-vives, qui
« en rendent la vue aussi agréable que ses blessures sont dangereuses;
« cependant elles ne sont mortelles que pour ceux qui négligent d'y re-
« médier. Les diverses représentations de ces cruels animaux font le plus
« bel ornement des pagodes ; on leur adresse des prières et des offrandes.
« Un Malabare qui trouve une couleuvre dans sa maison, la supplie
« d'abord de sortir ; si ses prières sont sans effet, il s'efforce de l'attirer
« dehors en lui présentant du lait, ou quelque autre aliment ; s'obstine-t-elle
« à demeurer? on appelle les bramines, qui lui présentent éloquemment
« les motifs dont elle doit être touchée, tels que le respect du Malabare et
« les adorations qu'il a rendues à toute l'espèce. Pendant le séjour que
« Dellon fit à Cananor, un secrétaire du prince-gouverneur fut mordu
« par un de ces serpents à chapeau qui était de la grosseur du bras, et
« d'environ huit pieds de longueur ; il négligea d'abord les remèdes ordi-
« naires, et ceux qui l'accompagnaient se contentèrent de le ramener à la
« ville, où le serpent fut apporté aussi dans un vase bien couvert. Le
« prince, touché de cet accident, fit appeler aussitôt les bramines, qui
« représentèrent à l'animal combien la vie d'un officier si fidèle était im-
« portante à l'État ; aux prières on joignit les menaces ; on lui déclara
« que, si le malade périssait, elle serait brûlée vive dans le même bûcher :
« mais elle fut inexorable, et le secrétaire mourut de la force du poison.
« Le prince fut extrêmement sensible à cette perte, cependant, ayant fait
« réflexion que le mort pouvait être coupable de quelque faute secrète
« qui lui avait peut-être attiré le courroux des dieux, il fit porter hors
« du palais le vase où la couleuvre était renfermée, avec ordre de lui rendre
« la liberté, après lui avoir fait beaucoup d'excuses et quantité de pro-
« fondes révérences.

« Une piété bizarre engage un grand nombre de Malabares à porter du
« lait et divers aliments dans les forêts ou sur les chemins, pour la subsi-
« stance de ces ridicules divinités. Quelques voyageurs, ne pouvant
« donner d'explication plus raisonnable à cet aveuglement, ont jugé
« qu'anciennement la vue des Malabares avait peut-être été de leur ôter

On a prétendu que l'on trouvait dans le corps des naja et auprès de leur tête, une pierre que l'on a nommée *pierre de Serpent*, *pierre de Serpent à chaperon*, *pierre de Cobra*, etc. et qu'on a regardée comme un remède assuré, non seulement contre le poison de ces mêmes serpents à lunettes, mais même contre les effets de la morsure de tous les animaux venimeux. On pourra voir dans la note suivante (1), combien peu on

---

« l'envie de venir chercher leur nourriture dans les maisons, en leur « fournissant de quoi se nourrir au milieu des champs et des bois.

« La loi que les idolâtres s'imposent de ne tuer aucune couleuvre, est « peu respectée des chrétiens et des mahométans : tous les étrangers qui « s'arrêtent au Malabar, font main-basse sur ces odieux reptiles; et c'est « rendre sans doute un important service aux habitants naturels. Il n'y a « point de jour où l'on ne fût en danger d'être mortellement blessé, jusque « dans les lits, si l'on négligeait de visiter toutes les parties de la maison « qu'on habite. » Description du Malabar. Hist. des Voy., édit. in-12, vol. XLIII, pag. 341 et suiv.

(1) Nous allons rapporter, à ce sujet, une partie des observations du célèbre Rédi. « Parmi les productions des Indes, dit ce physicien, « auxquelles l'opinion publique attribue des propriétés merveilleuses, sur « la foi des voyageurs, il y a certaines pierres qui se trouvent, dit-on, « dans la tête d'un serpent des Indes extrêmement venimeux. On prétend « que ces pierres sont très-bonnes contre tous les venins : cette opinion « s'est fortifiée par l'autorité de plusieurs savants qui l'ont adoptée, et « l'on annonce deux épreuves de ces pierres, faites à Rome avec beaucoup « de succès; l'une, par M. Carlo Magnini, sur un homme; et l'autre, par « le père Kircher, sur un chien. Je connais ces pierres depuis plusieurs « années, j'en ai quelques-unes chez moi, et je me suis convaincu, par « des expériences réitérées, et dont je vais rendre compte, qu'elles n'ont « point la vertu qu'on leur attribue contre les venins.

« Sur la fin de l'hiver 1662, trois religieux de l'ordre de saint François, « nouvellement arrivés des Indes orientales, vinrent à la cour de Toscane, « qui était alors à Pise, et firent voir au Grand-Duc Ferdinand II, plu-

doit compter sur la bonté de ce remède, qui n'a
jamais été trouvé dans le corps d'un naja, et n'est

« sieurs curiosités qu'ils avaient apportées de ce pays ; ils vantèrent sur-
« tout certaines pierres qui, comme celles dont on parle aujourd'hui, se
« trouvaient, disaient-ils, dans la tête d'un serpent décrit par Garcias da
« Orto, et nommé par les Portugais, *Cobra de cabelos*, serpent à cha-
« peron ; ils assuraient que, dans tout l'Indostan, dans les deux vastes
« péninsules de l'Inde, et particulièrement dans le royaume de Quam-sy,
« on appliquait ces pierres comme un antidote éprouvé sur les morsures
« des vipères, des aspics, des cérastes, et de tous les animaux venimeux,
« et même sur les blessures faites par des flèches ou autres armes empoi-
« sonnées : ils ajoutaient que la sympathie de ces pierres avec le venin
« était telle, qu'elles s'attachaient fortement à la blessure, comme de
« petites ventouses, et ne s'en séparaient qu'après avoir attiré tout le
« venin, qu'alors elles tombaient d'elles-mêmes, laissant l'animal tout-à-fait
« guéri ; que, pour les nétoyer, il fallait les plonger dans du lait frais, et
« les y laisser jusqu'à ce qu'elles eussent rejeté tout le venin dont elles
« s'étaient imbibées, ce qui donnait au lait une teinture d'un jaune ver-
« dâtre. Ces religieux offrirent de confirmer leur récit par l'expérience,
« et tandis qu'on cherchait pour cela des vipères, M. Vincenzio Sandrini,
« un des plus habiles artistes de la pharmacie du Grand-Duc, ayant exa-
« miné ces pierres, se souvint qu'il en conservait depuis long-temps de
« semblables, il les fit voir à ces religieux, qui convinrent qu'elles étaient
« de même nature que les leurs, et qu'elles devaient avoir les mêmes
« vertus.

« La couleur de ces pierres est un noir semblable à celui de la pierre
« de touche ; elles sont lisses et lustrées comme si elles étaient vernies ;
« quelques-unes ont une tache grise sur un côté seulement, d'autres l'ont
« sur les deux côtés ; il y en a qui sont toutes noires et sans aucune tache,
« et d'autres enfin, qui ont au milieu un peu de blanc sale, et tout
« autour une teinte bleuâtre ; la plupart sont d'une forme lenticulaire ; il y
« en a cependant qui sont oblongues : parmi les premières, les plus grandes
« que j'aie vues sont larges comme une de ces pièces de monnaie, appelées
« *grossi*, et les plus petites n'ont pas tout-à-fait la grandeur d'un *quat-
« trino*. Mais quelle que soit la différence de leur volume, elles varient
« peu entre elles pour le poids, car ordinairement les plus grandes ne
« pèsent guère au-delà d'un denier et dix-huit grains, et les plus petites
« sont du poids d'un denier et six grains. J'en ai cependant vu et essayé

qu'une production artificielle apportée de l'Inde, ou imitée en Europe.

« une qui pesait un quart d'once et six grains. » Rédi entre ensuite dans les détails des expériences qu'il a faites pour prouver le peu d'effet des *pierres de serpent* contre l'action des divers poisons, et il ajoute plus bas : « Pour moi, je crois, comme je viens de le dire, que ces pierres sont « artificielles, et mon opinion, est appuyée du témoignage de plusieurs « savants qui ont demeuré long-temps dans les Indes, en-deçà et au-delà « du Gange, et qui affirment que c'est une composition faite par certains « solitaires indiens, qu'on nomme Jogues, qui vont les vendre à Diu, à « Goa, à Salsette, et qui en font commerce dans toute la côte de Malabar, « dans celles du Golfe de Bengale, de Siam, de la Cochinchine, et dans « les principales îles de l'Océan oriental. Un jésuite, dans certaines re- « lations, parle de quelques autres pierres de serpent qui sont vertes.

« Je n'en ai jamais vu ni éprouvé de vertes, mais si leurs propriétés « sont, comme il le dit, les mêmes que celles des pierres artificielles, je « crois être bien fondé à douter de la vertu des unes et des autres, et à « mettre ces Jogues au rang des charlatans, car ils vont dans les villes « commerçantes des Indes, portant, autour de leur cou et de leurs bras, « des serpents à chaperon auxquels ils ont soin d'arracher auparavant « toutes les dents (comme l'assure Garcias da Orto), et d'ôter tout le « venin. Je n'ai pas de peine à croire qu'avec ces précautions, ils s'en « fassent mordre impunément, et encore moins qu'ils persuadent au peuple « que c'est à ces pierres appliquées sur leurs blessures, qu'ils doivent leur « guérison.

« On objectera peut-être comme une preuve de la sympathie de cette « pierre avec le venin, la vertu qu'elle a de s'attacher fortement aux bles- « sures empoisonnées ; mais elle s'attache aussi fortement aux plaies où « il n'y a point de venin, et a toutes les parties du corps qui sont « humectées de sang ou de quelque autre liqueur, par la même raison « que s'y attachent la terre sigillée et toute autre sorte de bol. » Rédi, observations sur diverses choses naturelles, etc. Collection académique, partie étrangère, tom. IV, pag. 541, 542 et 554.

Au reste, le sentiment de Rédi a été confirmé par M. l'abbé Fontana. Voyez son ouvrage sur les Poisons, vol. II, p. 68.

LE SERPENT A LUNETTES

DU PÉROU.

Naia tripudians, Merr.; *Col. Naja*, Linn., Gmel.; *Col. Peruvii*, Lacep.; *Vipera Naja*, Latr., Daud. (1).

Nous ne connaissons ce serpent que pour en
avoir vu la figure et la description dans Séba (2);
quelque rapport qu'il ait avec le naja des Indes
Orientales, nous avons cru devoir l'en séparer,
parce qu'il n'a pas autour du cou ces membranes
susceptibles d'être gonflées, cette extension considérable qui distingue le serpent à lunettes de
l'ancien continent; et l'on ne peut pas dire que
l'individu représenté dans Séba eût été pris dans
un âge trop peu avancé pour avoir autour du cou
cette extension membraneuse, puisqu'il était aussi
grand que plusieurs naja garnis de ces membranes, que l'on a comparées à une couronne ou à
un chaperon. Ce serpent à lunettes du Pérou ressemble d'ailleurs beaucoup au naja des grandes
Indes; il a la tête garnie de grandes écailles, une

---

(1) Ce serpent, indiqué à tort comme propre au Pérou, appartient à
l'espèce du Naja, des Indes orientales, ci-avant décrite, page 193. Desm.
1827.

(2) Séba, tom. II, pl. 85, fig. 1.

bande transversale d'un gris obscur, qui lui forme un collier, le dessus du corps roux, varié de blanc et de gris, et le dessous, d'une couleur plus claire. Peut-être faut-il rapporter à cette espèce un petit serpent à lunettes de la Nouvelle-Espagne, qui est également figuré et décrit dans Séba(1), et qui n'a pas autour du cou d'extension membraneuse. Ce reptile a de grandes écailles sur la tête, un collier noirâtre, et le corps jaunâtre, entouré de petites bandes brunes.

LE SERPENT A LUNETTES[2]
DU BRÉSIL.

Naia tripudians, Merr.; *Col. Naja*, Linn., Gmel.; *Col. Brasiliæ*, Lacep.; *Vipera Naja*, Latr., Daud.(3).

Nous séparons ce serpent du précédent, à cause d'une petite extension membraneuse que l'on voit des deux côtés de son cou; et il diffère d'ailleurs du naja par la figure singulière dessinée sur cette même partie susceptible de gonflement. Cette marque, d'un blanc assez éclatant, ne représente

---

(1) Séba, tom. II, pl. 97, fig. 4.

(2) Ibid., pl. 89, fig. 4.

Naja Brasiliensis. 199. Laurenti Specimen medicum.

(3) Autre variété du Naja de l'Inde, à tort indiquée comme particulière à l'Amérique méridionale. DESM. 1827.

pas une paire de lunettes, aussi exactement que dans le naja et le serpent précédent, mais elle ressemble plutôt à un cœur assez profondément découpé; sa pointe est tournée vers la queue, et elle est chargée, de chaque côté, de deux taches noires, dont la plus grande est la plus près de la tête. La couleur du dos est d'un roux-clair, avec quelques bandes transversales brunes; celle du ventre est plus blanchâtre. Nous ne savons rien des habitudes naturelles de ce serpent.

LE LÉBETIN.[1]

Cophias Hypnale, Merr.; *Coluber Lebetinus*, Linn.; *Vipera Lebetina*, Latr., Daud.

CE serpent est venimeux et a, par conséquent, sa mâchoire supérieure armée de crochets mobiles. C'est M. Linnée qui en a parlé le premier; ce grand naturaliste l'a décrit dans l'ouvrage où il a fait connaître les richesses renfermées dans le Muséum du prince Adolphe.

Cette couleuvre habite les contrées orientales;

---

(1) Κοῦφη, par les Grecs modernes.

Le Lébetin, M. Daubenton, Encyclopédie méthodique.

Col. Lebetinus, Linn., amphib. Serpent. col. 201.

Col. Lebetinus. Descriptiones animalium Petri Forskal.

la couleur de son dos est comme nuageuse, et le dessous de son corps est parsemé de points roux, suivant M. Linnée, et noirs suivant M. Forskal. Elle a cent cinquante-cinq grandes plaques sous le corps, et quarante-six paires de petites plaques sous la queue.

L'HÉBRAÏQUE.[1]

Vipera (Echidna) Arietans, Merr.; *Coluber dubius*, Gmel.; *Col. hebraicus*, Lacep.; *Col. Bitis*, Bonnat.; *Vipera severa*, Daud.; *Cobra Clitho* et *C. Lachesis*, Laur.; *Col. Clotho* et *Lachesis*, Gmel.? *Vip. Lachesis*, Cuv.; et la Vipère a courte queue, Cuv.; *Cobra Arietans*, Fitz.

Ce serpent venimeux, et dont, par conséquent, la mâchoire supérieure est garnie de crochets creux et mobiles, se trouve en Asie, et particulièrement au Japon, suivant Séba. La couleur du dessus du corps est ordinairement d'un roussâtre plus ou moins mêlé de cendré; c'est sur ce fond que l'on voit, depuis la tête jusqu'à l'extrémité de la queue, des taches d'un jaune-clair, bordées de rouge-brun, disposées de manière à représenter des ca-

---

(1) L'Hébraïque, M. Daubenton, Encyclopédie méthodique.

Col. Severus, Linn., amphib. Serp.

Cerastes Severus, Laurenti Specimen medicum, 167.

Vipère du Japon, Séba, mus. 2, pl. 54, fig. 4.

ractères hébraïques ; et c'est de-là que vient à ce serpent le nom que nous lui donnons ici, d'après M. Daubenton. Quelquefois on remarque une petite bande cendrée entre les yeux et près des narines. Les grandes plaques, qui revêtent le dessous du ventre, sont d'un jaune très-clair, avec des taches noirâtres le long des côtés du corps, et ordinairement au nombre de cent soixante-dix ; il y a sous la queue quarante-deux paires de petites plaques.

LE CHAYQUE.[1]

Coluber (*Natrix*) *stolatus*, Merr. ; *Col. stolatus*, Linn., Laur., Daud., Fitz. ; *Coronella cervina*, Laur. ; *Col. cervinus*, Gmel. ; *Col. Malpolon*, Lacep., Daud. ; *Vipera stolata* et *Col. sibilans*, Latr. ; *Col. mortuarius*, Daud. (2).

C'EST dans l'Asie que l'on trouve ce serpent venimeux, auquel nous conservons le nom de *Chayque*, que lui a donné M. Daubenton, et qui

(1) Le Chayque, M. Daubenton, Encyclopédie méthodique.
Colub. stolatus, Linn., amphib. Serpent.
Mus. Adolph. frid. tab. 22, fig. 1.
Coluber stolatus. 208, Laurenti Specimen medicum.
Séba, mus. vol. II, planche 9, fig. 1, *le mâle* ; et fig. 2, *la femelle*.
(2) M. Merrem réunit cette espèce à la Malpole, décrite ci-après, page 216, sous le nom commun de *Coluber* (*Natrix*) *stolatus*. DESM. 1827.

est une abréviation de *Chayquarona*, nom imposé à ce reptile par les Portugais. Deux bandes jaunes ou blanchâtres s'étendent au-dessus de son corps depuis le sommet de la tête, jusqu'à l'extrémité de la queue ; et, de chaque côté du cou, l'on voit neuf taches rondes et noirâtres, disposées comme les évents des lamproies ; le dessous du corps est recouvert de plaques bleuâtres dont chaque extrémité présente quelquefois un point noir. La femelle est distinguée du mâle, en ce qu'elle n'a pas, comme ce dernier, neuf taches noirâtres de chaque côté du cou. Le chayque a ordinairement cent quarante-trois grandes plaques, et soixante-seize paires de petites.

LE LACTÉ.[1]

Elaps lacteus, Schneid., Merr., Fitz.; *Coluber lacteus*, Linn., Lacep.; *Cerastes lacteus*, Laur.; *Vipera lactea*, Latr.

CE serpent ne présente que deux couleurs, le blanc et le noir ; mais elles sont placées avec tant de symétrie, et cependant distribuées, pour ainsi

---

(1) Le Lacté, M. Daubenton, Encyclopédie méthodique.
Colub. lacteus, Linn., amphib. Serpent.
Mus. Ad. fr. 1, p. 28, tab. 18, f. 1.
Cerastes lacteus, 173, Laurenti Specimen medicum.

dire, avec tant de goût, et contrastées avec tant
d'agrément, qu'elles pourraient servir de modèle
pour la parure la plus élégante, et qu'une jeune
beauté en demi-deuil, verrait avec plaisir, sur ses
ajustements, une image de leurs nuances et de
leur disposition. La couleur de cette couleuvre est
d'un blanc de lait, relevé par des taches d'un noir
très-foncé, arrangées deux à deux; et au contraire,
la tête est d'un noir très-obscur, qui rend plus
éclatante une petite bande blanche étendue sur
ce fond très-foncé, depuis le museau jusques vers
le cou. Mais, sous ces couleurs séduisantes, est
caché un venin très-actif, et le lacté est armé de
crochets qui distillent un poison mortel.

Ce serpent, qui se trouve dans les Indes, a
deux cent trois plaques au-dessous du corps, et
trente-deux paires de petites plaques au-dessous
de la queue. Pendant qu'on imprimait cet article,
nous avons reçu un individu de cette espèce; il
avait un pied et demi de longueur totale, les
écailles qui recouvraient son dos étaient hexagones et relevées par une arête; le sommet de sa
tête était garni de neuf grandes lames, disposées
sur quatre rangs, comme dans le naja; et voilà
donc encore un exemple de cet arrangement et
de ce nombre de grandes écailles, sur la tête d'un
serpent venimeux.

LE CORALLIN.[1]

Elaps triscalis, Merr.; *Col. corallinus*, Linn., Lacep.; Shaw.;
Col. triscalis, Linn., Lacep., Latr., Daud.; *Vipera coral-*
lina, Latr., Daud.; *Coronella triscalis*, Fitz. (2).

Il ne faut pas confondre cette couleuvre avec le
serpent *Corail*, qui appartient à un genre différent, et qui présente la couleur éclatante du corail
rouge, dont on fait usage dans les arts. Le corallin n'offre aucune couleur qui approche du
rouge : tout le dessus de son corps est d'un vert
de mer, relevé par trois raies étroites et rousses,
qui s'étendent depuis la tête jusqu'à l'extrémité de
la queue; le dessous est blanchâtre et pointillé de
blanc; ce serpent n'a été nommé *Corallin*, par
M. Linnée, qu'à cause de la disposition des écailles
qui garnissent son dos, et qui sont placées l'une
au-dessus de l'autre, de manière à représenter un
peu les petites pièces articulées des branches du
corail blanc, que l'on a appelé *articulé*. La forme
de ces écailles ajoute d'ailleurs à ce rapport; elles

---

(1) Le Corallin, M. Daubenton, Encyclopédie méthodique.
C. corallinus, Linn., amphib. Serpent.
Séba, mus. 2, tab. 17, fig. 1.
(2) M. Merrem réunit cette espèce à la Triscale, décrite ci-après.

DESM. 1827.

sont arrondies vers la tête, et pointues du côté de la queue; et comme elles sont disposées sur seize rangs longitudinaux et un peu séparés les uns des autres, elles n'en ressemblent que davantage à du corail articulé, dont on verrait seize tiges déliées s'étendre le long du dos du reptile.

Les écailles qui revêtent les deux côtés du corps, sont rhomboïdales, se touchent, et sont arrangées comme celles des couleuvres que nous avons déja décrites. On compte ordinairement cent quatre-vingt-treize grandes plaques, et quatre-vingt-deux paires de petites.

Le corallin est venimeux, et se trouve dans les grandes Indes; il a quelquefois plus de trois pieds de longueur.

L'ATROCE.[1]

Cophias atrox, Merr.; *Coluber atrox*, Linn., Gmel., Lacep.; *Vipera atrox*, Laur., Latr.; *Coluber ambiguus*, Weigel; *Vipera Wegelii*, Daud.; *Craspedocephalus atrox*, Fitz.

Nous conservons ce nom à un serpent venimeux

---

(1) L'Atroce, M. Daubenton, Encyclopédie méthodique.

C. atrox, Linn., amphib. Serp.

Amœn. acad. 1, p. 587, n° 35.

Mus. Adolph. fr. 1, p. 33, tab. 22, fig. 2.

Dipsas indica. 196. Laurenti Specimen medicum.

Séba, Mus. 1, tab. 43, fig. 5.

des grandes Indes, et particulièrement de l'île de Ceylan. Sa tête est aplatie par dessus, ainsi que par les côtés, et très-large en proportion de la grosseur du corps; elle est blanchâtre et couverte de petites écailles semblables à celles du dos, comme la tête de la vipère commune; et on voit au-dessus de chaque œil, comme dans cette même vipère d'Europe, une écaille un peu grande et bombée. Les crochets mobiles et attachés à la mâchoire supérieure, sont très-grands. Des écailles petites, ovales et relevées par une arête, garnissent le dos, dont la couleur est cendrée et variée par des taches blanchâtres. La queue est très-menue, et sa longueur n'est ordinairement que le cinquième de celle du corps. L'individu décrit par M. Linnée avait un pied de longueur totale, cent quatre-vingt-seize grandes plaques sous le ventre, et soixante-neuf paires de petites plaques sous la queue.

L'HÆMACHATE.

Sepedon Hœmachatus, Merr., Fitz.; *Vipera Hœmachates*, Latr., Daud.

ON trouve dans Séba (1), deux figures de ce serpent venimeux, que nous allons décrire d'a-

---

(1) Séba, Mus. 2, tab. 58, fig. 1 et 3.

près un individu conservé au Cabinet du Roi, et que l'on a nommé *Hœmachate*, à cause du rouge qui domine dans ses couleurs. Le dessus de la tête est garni de neuf grandes écailles disposées sur quatre rangs, comme dans le naja (1); le premier et le second rangs sont composés de deux pièces; le troisième l'est de trois, le quatrième de deux; et voilà une nouvelle exception dans la forme, la grandeur et l'arrangement des écailles qui revêtent le dessus de la tête des reptiles venimeux, et qui ordinairement présentent, à très-peu près, la même disposition, la même forme, et la même grandeur que celles du dos. La mâchoire supérieure est armée de deux crochets creux, mobiles, et renfermés dans une sorte de gaîne. Les écailles du dessus du corps sont unies et en losange; la couleur générale du dos est, dans l'hæmachate

(1) L'impression de ce volume était déja avancée, lorsqu'on nous a envoyé un Hæmachate, assez bien conservé pour que nous pussions bien reconnaître tous ses caractères. Ce n'est que d'après cet individu que nous nous sommes assurés que ce serpent n'avait pas le dessus de la tête couvert d'écailles semblables à celles du dos, comme la plupart des reptiles venimeux, mais garni de neuf grandes écailles disposées sur quatre rangs; et voilà pourquoi nous avons dit, dans l'article qui traite de la nomenclature des Serpents, que le naja était le seul serpent venimeux sur la tête duquel nous eussions vu neuf grandes écailles ainsi disposées. Nous avons donc une raison de plus d'inviter les naturalistes à rechercher des caractères extérieurs très-sensibles et constants, d'après lesquels on puisse, dans la suite, séparer les serpents venimeux de ceux qui ne le sont pas; et l'on doit maintenant voir évidemment combien il était nécessaire d'employer plusieurs caractères pour composer notre Table méthodique des Serpents, de manière qu'on pût aisément reconnaître les diverses espèces de ces reptiles.

vivant, d'un rouge plus ou moins éclatant, relevé par des taches blanches, dont la disposition varie suivant les individus, et qui le font paraître comme jaspé. Ce rouge devient une couleur sombre plus ou moins foncée, sur les individus conservés dans l'esprit-de-vin, qui altère de même la teinte du dessous du corps, dont la couleur est jaunâtre dans l'animal vivant. Nous avons compté cent trente-deux grandes plaques sous le ventre de l'hæmachate qui fait partie de la collection du Roi, et vingt-deux paires de petites plaques sous sa queue. La longueur totale de cet individu est d'un pied quatre pouces cinq lignes, et celle de la queue, d'un pouce dix lignes. Séba avait reçu du Japon un serpent de cette espèce, et un autre hæmachate lui avait été envoyé de Perse.

LA TRÈS-BLANCHE.[1]

Elaps melanurus, Merr.; *Col. niveus*, Linn.; *Cerastes candidus*, Laur.; *Col. candidissimus*, Lacep.; *Vipera nivea*, Latr., Daud.; *Vipera melanura*, Daud.

L E blanc le plus éclatant est la couleur de ce serpent, que l'on trouve en Afrique, et particu-

---

[1] Le Sans-tache, M. Daubenton, Encyclopédie méthodique.
C. niveus. Linn., amphib. Reptil.
Cerastes candidus, 175, Laurenti Specimen medicum.
Séba, mus. 2, tab. 15, fig. 1.

lièrement dans la Libye. Suivant Séba, l'extrémité de sa queue est noire, et on aperçoit sur son corps quelques taches très-petites et de la même couleur; mais M. Linnée dit qu'il est absolument sans taches, et il se pourrait que celles dont parle Séba, fussent une suite de l'altération produite par l'esprit-de-vin, dans lequel on avait conservé l'individu que Séba avait dans sa collection. Il parvient quelquefois à la longueur de cinq ou six pieds; il se nourrit d'oiseaux et d'autres petits animaux, auxquels il donne la mort d'autant plus facilement, qu'il est très-venimeux. Il a ordinairement deux cent neuf grandes plaques sous le corps, et soixante-deux paires de petites plaques sous la queue.

LA BRASILIENNE.

Vipera (*Echidna*) *Daboia*, Merr.; *Coluber brasiliensis*, Lacép.; *Vipera brasiliana*, Latr., Daud.; *Vipera Daboia*, Daud.; *Craspedocephalus Daboia*, Fitz. (1).

C'est une vipère du Brésil, envoyée et conservée sous ce nom au Cabinet du Roi. Sa tête est couverte par dessus d'écailles ovales, relevées par

______

(1) Cette espèce doit être réunie avec la Daboie, qui est décrite ci-après. Desm. 1827.

une arête, et semblables à celles du dos, tant par leur forme, que par leur grandeur. Le museau, qui est très-saillant, se termine par une grande écaille presque perpendiculaire à la direction des mâchoires, arrondie par le haut et échancrée par le bas, pour laisser passer la langue. Le dessus du corps présente de grandes taches ovales, rousses, bordées de noirâtre ; et dans les intervalles qu'elles laissent, on voit d'autres taches très-petites d'un brun plus ou moins foncé. L'individu que nous avons décrit, a cent quatre-vingts grandes plaques sous le corps, et quarante-six paires de petites plaques sous la queue ; sa longueur totale est de trois pieds, et celle de sa queue, de cinq pouces six lignes. Ses crochets mobiles ont près de huit lignes de longueur ; ils sont cependant moins longs de moitié que les crochets de deux mâchoires de serpent venimeux, envoyées du Brésil au Cabinet du Roi, et semblables en tout, excepté par la grandeur, à celles de la brasilienne : si ces grandes mâchoires ont appartenu à un individu de la même espèce, on pourrait croire qu'il avait six pieds de longueur. Je n'ai trouvé, dans aucun auteur, la figure ni la description de la brasilienne.

LA VIPÈRE[1]

FER-DE-LANCE.

Cophias lanceolatus, Merr.; *Coluber lanceolatus*, Lacep.; *Vipera lanceolata*, Latr., Daud.; *Coluber Megæra*, Shaw; TRIGONOCÉPHALE JAUNE, Cuv.; *Craspedocephalus lanceolatus*, Fitz.

LE fer-de-lance parvient ordinairement à la longueur de cinq ou six pieds; c'est un des plus grands serpents venimeux, et un de ceux dont le poison est le plus actif. Il n'est encore que très-peu connu des naturalistes; M. Linnée même n'en a point parlé : on ne l'a observé, jusqu'à présent, qu'à la Martinique, et peut-être à la Dominique et à Cayenne (2); et c'est de la première de ces îles qu'est arrivé l'individu conservé au Cabinet du Roi, et que nous allons décrire : aussi les voyageurs l'ont-ils appelé, jusqu'à présent, *Vipère jaune de la Martinique*. Nous n'avons pas cru devoir employer cette dénomination, parce que

---

(1) Vipère jaune de la Martinique.

Couleuvre jaune ou rousse. Rochefort, hist. natur. des Antilles, Lyon, 1667, tom. I, pag. 294.

(2) M. Badier, très-bon observateur, qui a passé plusieurs années à la Guadeloupe, m'a montré deux serpents de l'espèce de la vipère fer-de-lance, et qu'il croyait de Cayenne ou de la Dominique.

la couleur de cette espèce n'est pas constante, et que la moitié à-peu-près des individus qui la composent, présentent une couleur différente de la jaune. Nous avons préféré de tirer son nom de la conformation particulière et très-constante de sa tête.

La vipère fer-de-lance a cette partie plus grosse que le corps, et remarquable par un espace presque triangulaire, dont les trois angles sont occupés par le museau et les deux yeux. Cet espace, relevé par ses bords antérieurs, représente un fer de lance large à sa base et un peu arrondi à son sommet.

Les trous des narines sont très-près du bout du museau; les yeux sont gros, ovales, et placés obliquement. Lorsque le fer-de-lance a acquis une certaine grosseur, on remarque de chaque côté de sa tête, entre ses narines et ses yeux, une ouverture qui est très-sensible dans les individus conservés au Cabinet du Roi, et que l'on a regardée comme les trous auditifs de ce serpent (1). Chacun de ces trous est, en effet, l'extrémité d'un petit canal qui passe au-dessous de l'œil, et qui nous a paru aboutir à l'organe de l'ouïe. Comme nous n'avons examiné que des fers-de-lance conservés depuis long-temps dans l'esprit-de-vin, nous n'avons pu nous assurer de ce fait, qu'il serait

---

(1) Mémoires sur la Vipère jaune de la Martinique, publiés dans les Nouvelles de la République des Lettres et des Arts.

d'autant plus intéressant de vérifier, que l'on n'a encore observé, dans aucune autre espèce de serpent, des ouvertures extérieures pour les oreilles. S'il était bien constaté, on ne pourrait plus douter que le serpent fer-de-lance n'eût des ouvertures extérieures pour l'organe de l'ouïe, de même que les lézards, avec cette différence cependant que, dans ces derniers animaux, ces ouvertures sont situées derrière les yeux, ainsi que dans les oiseaux et les quadrupèdes vivipares, au lieu que le fer-de-lance les aurait entre les yeux et le museau.

De chaque côté de la mâchoire supérieure, on aperçoit un et quelquefois deux ou même trois crochets, dont l'animal se sert pour faire les blessures dans lesquelles il répand son venin. Ces crochets, d'une substance très-dure, de la forme d'un hameçon, et communément de la grosseur d'une forte alêne, sont mobiles, creux depuis leur racine jusqu'à leur bord convexe, qui présente une petite fente, et revêtus d'une membrane qui se retire et les laisse paraître lorsque l'animal ouvre la gueule et les redresse pour s'en servir. Leur racine est couverte par un petit sac d'une membrane très-forte qui renferme le venin de l'animal, et qui, suivant l'auteur d'un mémoire que nous venons de citer, peut contenir une demi-*cuillerée à café* de liqueur. Au reste, ce sac ne nous a pas paru le vrai réservoir du poison, que nous avons cru voir dans des vésicules placées de chaque côté à l'extrémité des mâchoires, comme dans la vipère commune d'Europe, et qui, par un conduit particulier, parviendrait à la cavité de la dent, pour sortir par la fente située dans la partie convexe de ce crochet (1).

Le venin de la vipère fer-de-lance est presque aussi liquide que de l'eau, et jaunâtre comme de l'huile d'olive qui commence à s'altérer. La douleur qu'excite ce venin dans les personnes blessées par la vipère, est semblable à celle qui provient d'une chaleur brûlante; elle est d'ailleurs accompagnée d'un grand accablement. Mais ce poison, qui n'a ni goût ni odeur, ne paraît agir que lorsqu'il est un peu abondant ou qu'il se mêle avec le sang, puisqu'on a quelquefois sucé impunément les plaies produites le plus récemment par la morsure du fer-de-lance; et il est aisé de voir, en comparant ces faits avec ceux que nous avons rapportés à l'article de la vipère commune d'Europe, que les organes relatifs au venin, la nature de ce suc funeste, et la forme des dents, sont à-peu-près les mêmes dans la vipère européenne et dans celle de la Martinique.

La langue est très-étroite, très-allongée, et se meut avec beaucoup de vîtesse; les écailles du dos sont ovales et relevées par une arête; la cou-

---

(1) Comme nous n'avons été à même de disséquer que des vipères fer-de-lance conservées depuis long-temps dans l'esprit-de-vin, et dont les parties molles ainsi que les humeurs étaient très-altérées, nous ne pouvons rien assurer à ce sujet.

leur générale du corps est jaune dans certains
individus, grisâtre dans d'autres (1); et ce qui
prouve qu'on ne peut pas regarder les individus
jaunes et les individus gris comme formant deux
espèces distinctes, ni même deux variétés constantes, c'est qu'on trouve souvent dans la même
portée, autant de vipereaux gris que de vipereaux
jaunes (2). Nous avons vu dans la collection de
M. Badier, très-bon observateur, que nous venons de citer dans une note de cet article, une
variété du fer-de-lance, qui, au lieu de présenter
la couleur jaune, avait le dos marbré de plusieurs
couleurs plus ou moins livides ou plus ou moins
brunes, et était d'ailleurs distinguée par une tache très-brune placée en long derrière les yeux et
de chaque côté de la tête.

Le fer-de-lance a communément deux cent vingt-
huit grandes plaques sous le corps, et soixante-
une paires de petites plaques sous la queue. Nous
avons trouvé ces deux nombres sur un individu
dont la longueur totale était d'un pied deux pouces deux lignes, et la longueur de la queue de
deux pouces une ligne. Nous n'avons compté que
deux cent vingt-cinq grandes plaques, et cinquante-
neuf paires de petites, sur un autre individu, qui
cependant était plus grand et avait deux pieds
six lignes de longueur totale.

---

(1) Rochefort, à l'endroit déja cité.
(2) Mémoire déja cité.

Lorsque le fer-de-lance se jette sur l'animal qu'il veut mordre, il se replie en spirale, et, se servant de sa queue comme d'un point d'appui, il s'élance avec la vîtesse d'une flèche; mais l'espace qu'il parcourt est ordinairement peu étendu. Ne jouissant pas de l'agilité des autres serpents, presque toujours assoupi, surtout lorsque la température devient un peu fraîche, il se tient caché sous des tas de feuilles, dans des troncs d'arbres pourris, et même dans des trous creusés en terre. Il est très-rare qu'il pénètre dans les maisons de la campagne, et on ne le trouve jamais dans celles des villes; mais il se retire souvent dans les plantations de cannes à sucre, où il est attiré par les rats, dont il se nourrit. Il ne blesse ordinairement que lorsqu'on le touche et qu'on l'irrite, mais il ne mord jamais qu'avec une sorte de rage. On peut être averti de son approche par l'odeur fétide qu'il répand, et par le cri de certains oiseaux, tels que la gorge-blanche, qui, troublés apparemment par sa ressemblance avec les serpents qui les poursuivent sur les arbres et les y dévorent, se rassemblent et voltigent sans cesse autour de lui. Lorsqu'on est surpris par ce serpent, on peut lui présenter une branche d'arbre, un paquet de feuilles, ou tout autre objet qui captive son attention et donne le temps de s'armer; un coup suffit quelquefois pour lui donner la mort. Quand on lui a coupé la tête, le corps conserve, pendant quelque temps, un mouvement vermiculaire.

C'est dans le mois de mars ou d'avril que ce dangereux reptile s'accouple avec sa femelle ; ils s'unissent si intimement, et se serrent dans un si grand nombre de contours, qu'ils représentent, suivant un bon observateur, deux grosses cordes tressées ensemble (1). Ils demeurent ainsi réunis pendant plusieurs jours, et on doit éviter avec un très-grand soin, de les troubler dans ce temps d'amour et de jouissance, où de nouvelles forces rendent leurs mouvements plus prompts et leur venin plus actif. La mère porte ses petits pendant plus de six mois, suivant l'auteur du mémoire déja cité, et ce temps, beaucoup plus long que celui de la gestation de la vipère commune, qui n'est que de deux ou trois mois, serait cependant proportionné à la différence de la longueur du corps de ces deux serpents, le fer-de-lance parvenant à une longueur double de celle de la vipère commune d'Europe.

Suivant certains voyageurs, ses petits sortent tout formés du ventre de leur mère, qui ne cesse de ramper pendant qu'ils viennent à la lumière ; mais, suivant un autre observateur (2), ils se débarrassent de leur enveloppe au moment même où la femelle les dépose à terre. Chaque portée comprend depuis vingt jusqu'à soixante petits, et

---

(1) Lettre sur la vipère jaune de la Martinique, par M. Bonodet de Foix, avocat au conseil supérieur de la Martinique, insérée dans les Nouvelles de la République des Lettres et des Arts, année 1786.

(2) Lettre déja citée.

il paraît que le nombre en est toujours pair. Ils ont, en naissant, la grosseur d'un ver de terre, et sept ou huit pouces de long; lorsqu'ils sont adultes, ils parviennent jusqu'à la longueur de six pieds, ainsi que nous l'avons dit, et ont alors, dans le milieu du corps, trois pouces de diamètre; on en voit de plus gros et de plus longs, mais ces individus sont rares.

Le fer-de-lance se nourrit de lézards améiva, et même de rats, de volaille, de gibier et de chats. Sa gueule peut s'ouvrir d'une manière démesurée, et se dilater si considérablement, qu'on lui a vu avaler un cochon de lait; mais un serpent de cette espèce ayant un jour dévoré un gros sarigue, enfla beaucoup et mourut. Lorsque la proie qu'il a saisie lui échappe, il en suit les traces en se traînant avec peine; cependant comme il a les yeux et l'odorat excellents, il parvient d'autant plus aisément à l'atteindre, qu'elle est bientôt abattue par la force du poison qu'il a distillé dans sa plaie. Il l'avale toujours en commençant par la tête, et lorsque cette proie est considérable, il reste souvent comme tendu et dans un état d'engourdissement qui le rend immobile jusqu'à ce que sa digestion soit avancée.

Il ne digère que lentement, et lorsqu'on a tué un fer-de-lance quelque temps après qu'il a pris de la nourriture, il s'exhale de son corps une odeur fétide et insupportable. Quelque dégoût que doive inspirer ce serpent, des nègres et même des blancs, ont osé en manger, et ont trouvé que sa chair était un mets agréable (1). Cependant la mauvaise odeur dont elle est imprégnée lorsque l'animal est vivant, doit se conserver après la mort de la vipère, de manière à rendre cette chair un aliment aussi rebutant que le venin du serpent est dangereux.

On a écrit que ce poison était si funeste, qu'on ne connaissait personne qui eût été guéri de la morsure du fer-de-lance; que ceux qui avaient été blessés par ses crochets envenimés, mouraient quelquefois dans l'espace de six heures, et toujours dans des douleurs aigües; que le venin des jeunes serpents de cette espèce donnait aussi la mort, mais que la partie mordue par ces jeunes reptiles n'enflait point; que le blessé n'éprouvait que des douleurs légères, ou même ne souffrait pas, et qu'il se déclarait souvent une paralysie sur des parties différentes de celle qui avait été mordue (2). Nous avons lu en frémissant qu'un grand nombre de remèdes ont été employés en vain pour sauver les jours des infortunés blessés par le fer-de-lance, et que l'on était seulement parvenu à diminuer les douleurs de ceux qui expirent quelques heures après par l'effet funeste de ce poison terrible (3). L'auteur de la lettre que

---

(1) Lettre déja citée.
(2) Mémoire déja cité.
(3) Ibid.

nous avons citée, croit devoir affirmer, au contraire, qu'excepté certaines circonstances particulières, où le remède est même toujours efficace, la guérison est aussi prompte qu'assurée; que les moyens de l'obtenir sont aussi simples que multipliés; que la manière de les employer est connue des nègres et des mulâtres; que plusieurs traitements ont été suivis du plus heureux succès, quoiqu'ils n'eussent été commencés que douze ou même quinze heures après l'accident; que la situation du malade n'est point douloureuse, et qu'il périssait sans sortir de l'assoupissement profond dans lequel il était toujours plongé dès le moment de sa blessure. L'activité du venin du fer-de-lance doit varier avec l'âge de l'animal, la saison et la température; mais, quoi qu'il en soit, pourquoi un être aussi funeste existe-t-il encore dans des îles, où il serait possible d'éteindre son odieuse race? Pourquoi laisser vivre une espèce que l'on ne doit voir qu'avec horreur? Et pourquoi chercher uniquement des remèdes trop souvent impuissants contre les maux qu'elle produit, lorsque, par une recherche obstinée et une guerre à toute outrance, l'on peut parvenir à purger de ce venimeux reptile, les diverses contrées où il a été observé?

LA TÊTE TRIANGULAIRE.

Cophias trigonocephalus, Merr.; *Coluber capite triangulatus*,
Lacep.; *Coluber trigonocephalus*, Donnd.; *Vipera trigono-
cephala*, Latr., Daud.

Nous donnons ce nom à une couleuvre envoyée
au Cabinet du Roi sous le nom de *Vipère de l'île
Saint-Eustache*; elle a beaucoup de rapport, par
la disposition de ses couleurs, avec la vipère commune; elle est verdâtre, avec des taches de diverses figures sur la tête et sur le corps, où elles se
réunissent pour former une bande irrégulière et
longitudinale. Les grandes plaques qui revêtent
son ventre, et qui sont au nombre de cent cinquante, sont d'une couleur foncée et bordée de
blanchâtre. Elle a soixante-une paires de petites
plaques sous la queue.

Nous avons tiré son nom de la forme de sa tête,
qui paraît d'autant plus triangulaire, que les deux
extrémités des mâchoires supérieures forment,
par derrière, deux pointes très-saillantes. Cette
vipère est armée de crochets creux et mobiles;
des écailles semblables à celles du dos garnissent
le sommet de la tête; elles sont en losange et
unies, au lieu d'être relevées par une arête,
comme celles qui recouvrent le dos de la vipère

commune; le corps est très-délié du côté de la tête. L'individu que nous avons décrit, avait deux pieds de longueur totale, et sa queue trois pouces neuf lignes.

LE DIPSE.[1]

Vipera Dipsas, Gmel., Daud., Latr. (2).

On rencontre en Amérique, et particulièrement à Surinam, suivant Séba, ce serpent venimeux, dont le dessus du corps est couvert d'écailles ovales, bleuâtres dans le centre, et blanchâtres sur les bords. Les grandes plaques qui revêtent le ventre de cette couleuvre, sont blanches et au nombre de cent cinquante-deux. La queue est longue, très-déliée, et garnie en dessous de cent trente-cinq paires de petites plaques, le long desquelles on voit s'étendre une raie bleuâtre. La mâchoire supérieure est armée de crochets mobiles, comme dans les autres espèces de serpents venimeux.

(1) Le Dipse, M. Daubenton, Encyclopédie méthodique.
Col. Dipsas, Linn., amphib. Serpent.
Amœnit. mus. Princ., tom. I, p. 583.
Grew. mus. 2, p. 64, n° 30.
Séba, mus. 2, tab. 24, fig. 3.
(2) Cette espèce n'a pas été admise, ni citée par MM. Cuvier et Merrem. DESM. 1827.

L'ATROPOS.[1]

Vipera (Echidna) Atropos, Merr.; *Coluber Atropos*, Linn.;
Cobra Atropos, Laur.; *Vipera Atropos*, Latr., Daud.; *Cobra Atropos*, Fitz.

Cᴇ serpent venimeux, qui se trouve en Amérique, mérite bien le nom que M. Linnée lui a donné, par la force du poison qu'il recèle; et c'est en effet à une parque qu'il convenait de consacrer un reptile aussi funeste. Sa tête a un peu la forme d'un cœur, elle présente plusieurs taches noires, ordinairement au nombre de quatre, et elle est garnie par dessus d'écailles ovales relevées par une arête, et semblables à celles du dos.

La couleur générale du dessus du corps est blanchâtre, et au-dessus de ce fond s'étendent quatre rangs de taches rousses, rondes, assez grandes, et chargées dans leur centre d'une petite tache blanche. L'Atropos a cent trente-une grandes plaques sous le ventre, et vingt-deux paires de petites plaques sous la queue.

---

(1) L'Atropos, M. Daubenton, Encyclopédie méthodique.
Col. Atropos, Linn., amphib. Serpent.
Mus. Ad. fr. 1, p. 22, tab. 13, fig. 1.
Cobra Atropos, 230, Laurenti Specimen medicum.

LE LÉBERIS.[1]

Vipera (Echidna) Leberis, Merr.; *Coluber Leberis*, Linn.;
Vipera Leberis, Latr., Daud.

CETTE couleuvre est venimeuse; le dessus de son corps est couvert de raies transversales, étroites et noires; elle a cent dix grandes plaques sous le corps, et cinquante paires de petites plaques sous la queue. On la trouve dans le Canada, et c'est M. Kalm qui l'a fait connaître.

LA TIGRÉE.

Cophias lanceolatus, var. β, Merr.; *Coluber tigrinus*, Lacep.;
Vipera tigrina, Daud. (2).

NOUS ignorons de quel pays a été envoyé au Cabinet du Roi ce serpent, dont la mâchoire supérieure est armée de crochets mobiles. Sa tête

---

(1) Le Léberis, M. Daubenton, Encyclopédie méthodique.
Col. Leberis, Linn., amphib. Serpent.
(2) Selon M. Merrem, ce serpent n'est qu'une simple variété de la vipère fer-de-lance, ou trigonocéphale jaune, dont la description se trouve page 223 et suivantes. DESM. 1827.

ressemble beaucoup à celle de la vipère commune; le sommet en est garni de petites écailles
ovales, relevées par une arête, et semblables à
celles du dos.

Le dessus du corps est d'un roux-blanchâtre,
il présente des taches foncées, bordées de noir,
semblables à celles que l'on voit sur les peaux de
panthère, ou d'autres animaux du même genre,
répandues dans le commerce sous le nom de
peaux de tigre; et voilà pourquoi nous avons désigné cette couleuvre par l'épithète de *Tigrée*.
L'individu que nous avons décrit avait deux cent
vingt-trois grandes plaques, et soixante-sept paires de petites; sa longueur totale était d'un pied
un pouce six lignes, et celle de sa queue de deux
pouces.

COULEUVRES OVIPARES.

LA COULEUVRE[1]
VERTE ET JAUNE,
ou
LA COULEUVRE COMMUNE.

Coluber (Nutrix) atro-virens, Merr.; *Coluber viridi-flavus,*
Lacep., Latr., Daud.; *Coluber luteo-striatus*, Gmel.; *Col.
atro-virens*, Shaw, Cuv.

Nous n'avons parlé, jusqu'à présent, que de
reptiles funestes, de poisons mortels, d'armes
dangereuses et cachées : nous ne nous sommes occupés que de récits effrayants et d'images sinistres. Non seulement les contrées brûlantes de
l'Asie, de l'Afrique et de l'Amérique nous ont
présenté un grand nombre de serpents venimeux;
mais nous avons vu ces espèces terribles braver
les rigueurs des climats septentrionaux, se répandre dans notre Europe, infester nos contrées,

____

(1) La Couleuvre commune, M. Daubenton, Encyclopédie méthodique.

pénétrer jusque auprès de nos demeures. Environnés, pour ainsi dire, de ces ministres de la mort, nous n'avons, en quelque sorte, considéré qu'avec effroi la surface de la terre; enveloppée dans un voile de deuil, la nature nous a paru multiplier, sur notre globe, les causes de destruction, au lieu d'y répandre les germes de la fécondité : cette seule pensée a changé pour nous la face de tous les objets. Notre imagination trompée a empoisonné d'avance nos jouissances les plus pures; la plus belle des saisons, celle où tout semble se ranimer pour s'aimer et se reproduire, n'aurait plus été pour nous que le moment du réveil d'un ennemi terrible armé contre nos jours: la verdure la plus fraîche, les fleurs les plus richement colorées, étalées avec magnificence par une main bienfaisante et conservatrice, dans la campagne la plus riante, n'auraient été à nos yeux qu'un tapis perfide étendu par le génie de la destruction, sur les affreux repaires de serpents venimeux ; et les rayons vivifiants du soleil le plus pur ne nous auraient paru inonder l'atmosphère que pour donner plus de force aux traits empoisonnés de funestes reptiles. Hâtons-nous de prévenir ces effets : faisons succéder à ces tableaux lugubres, des images gracieuses; que la nature reprenne, pour ainsi dire, à nos yeux, son éclat et sa pureté. Les couleuvres que nous avons à décrire, ne nous présenteront ni venin mortel, ni armes funestes; elles ne nous montreront que des mouvements agréables, des proportions légères, des couleurs douces ou brillantes; à mesure que nous nous familiariserons avec elles, nous aimerons à les rencontrer dans nos bois, dans nos champs, dans nos jardins; non seulement elles ne troubleront pas la paix de nos demeures champêtres, ni la pureté de nos jours les plus sereins, mais elles augmenteront nos plaisirs en réjouissant nos yeux par la beauté de leurs nuances et la vivacité de leurs évolutions : nous les verrons avec intérêt allier leurs mouvements à ceux des divers animaux qui peuplent nos campagnes, se retrouver sur les arbres jusqu'au milieu des jeux des oiseaux, et servir à animer, dans toutes ses parties, le vaste et magnifique théâtre de la nature printanière.

Commençons donc par celles que l'on rencontre en grand nombre dans les contrées que nous habitons. Parmi ces serpents, le plus souvent très-doux, et même quelquefois familiers, nous devons compter la verte et jaune, ou la couleuvre commune.

Ce serpent, dont M. Daubenton a parlé le premier, est très-commun dans plusieurs provinces de France, et surtout dans les méridionales; il en peuple les bois, les divers endroits retirés et humides; il paraît confiné dans les pays tempérés de l'ancien continent; on ne l'a point encore trouvé dans les contrées très-chaudes de l'ancien monde, non plus qu'en Amérique; et il ne doit point ha-

biter dans le nord, puisque le célèbre naturaliste
suédois n'en a point fait mention. Il est aussi innocent que la vipère est dangereuse : paré de
couleurs plus vives que ce reptile funeste, doué
d'une grandeur plus considérable, plus svelte dans
ses proportions, plus agile dans ses mouvements,
plus doux dans ses habitudes, n'ayant aucun venin à répandre, il devrait être vu avec autant de
plaisir que la vipère avec effroi. Il n'a pas comme
les vipères des dents crochues et mobiles; il ne
vient pas au jour tout formé, et ce n'est que
quelque temps après la ponte, que les petits éclosent. Malgré toutes ces dissemblances, qui le
distinguent des vipères, le grand nombre de rapports extérieurs qui l'en rapprochent, ont fait
croire pendant long-temps qu'il était venimeux.
Cette fausse idée a fait tourmenter cette innocente
couleuvre; on l'a poursuivie comme un animal
dangereux, et il n'est encore que peu de gens qui
puissent la toucher sans crainte, et même la regarder sans répugnance.

Cependant cet animal, aussi doux qu'agréable
à la vue, peut être aisément distingué de tous les
autres serpents, et particulièrement des dangereuses vipères, par les belles couleurs dont il est
revêtu. La distribution de ces diverses couleurs
est assez constante, et, pour commencer par celles
de la tête, dont le dessus est un peu aplati, les
yeux sont bordés d'écailles jaunâtres et presque
couleur d'or, qui ajoutent à leur vivacité. Les

mâchoires, dont le contour est arrondi, sont garnies de grandes écailles d'un jaune plus ou moins pâle, au nombre de dix-sept sur la mâchoire supérieure, et de vingt sur l'inférieure (1). Le dessus du corps, depuis le bout du museau jusqu'à l'extrémité de la queue, est noir ou d'une couleur verdâtre très-foncée, sur laquelle on voit s'étendre d'un bout à l'autre, un grand nombre de raies composées de petites taches jaunâtres de diverses figures, les unes allongées, les autres en losanges, etc. et un peu plus grandes vers les côtés que vers le milieu du dos. Le ventre est d'une couleur jaunâtre; chacune des grandes plaques qui le couvrent, présente un point noir à ses deux bouts, et y est bordée d'une très-petite ligne noire, ce qui produit, de chaque côté du dessous du corps, une rangée très-symétrique de points et de petites lignes noirâtres, placés alternativement.

Cette jolie couleuvre parvient ordinairement à la longueur de trois ou quatre pieds, et alors elle a deux ou trois pouces de circonférence dans l'endroit le plus gros du corps. On compte communément deux cent six grandes plaques sous son ventre, et cent sept paires de petites plaques sous sa queue, dont la longueur est égale, le plus

---

(1) Il y a communément treize dents de chaque côté au rang extérieur de la mâchoire supérieure et de la mâchoire inférieure ; il y en a ordinairement dix de chaque côté au rang intérieur des deux mâchoires; ainsi la Verte et jaune a, le plus souvent, quatre-vingt-douze dents crochues, mais immobiles, blanches et transparentes.

souvent, au quart de la longueur totale de l'animal.

Elle devient même beaucoup plus grande lorsqu'elle parvient à un âge avancé, et elle peut d'autant plus aisément échapper aux divers accidents auxquels elle est exposée, et par conséquent atteindre à son entier développement, que, non seulement elle peut recevoir des blessures considérables sans en périr, mais même vivre un très-long temps, ainsi que les autres reptiles, sans prendre aucune nourriture (1).

D'ailleurs la couleuvre verte et jaune se tient presque toujours cachée, comme si les mauvais traitements qu'elle a si souvent reçus, l'avaient rendue timide; elle cherche à fuir lorsqu'on la découvre, et non seulement on peut la saisir sans redouter un poison dont elle n'est jamais infectée, mais même sans éprouver d'autre résistance que quelques efforts qu'elle fait pour s'échapper. Bien plus, elle devient docile lorsqu'elle est prise; elle subit une sorte de domesticité; elle obéit aux divers mouvements qu'on veut lui faire suivre:

---

(1) On en a vu passer plusieurs mois sans manger.

Un de mes amis m'a écrit qu'il avait vu une jeune couleuvre (vraisemblablement de l'espèce dont il s'agit dans cet article), trouvée dans une vigne par des paysans, et attachée au bout d'un très-long échalas, y être encore en vie au bout de huit jours, quoiqu'elle n'eût pris aucun aliment. Lettre de M. l'abbé Carrière, curé de Roquefort, près d'Agen.

C'est avec bien du plaisir que je paie ici un tribut de tendresse et de reconnaissance à ce pasteur aussi éclairé que vertueux, et qui, dans le temps, voulut bien se charger d'élever ma jeunesse.

on voit souvent des enfants prendre deux serpents de cette espèce, les attacher par la queue et les contraindre aisément à ramper, ainsi attelés, du côté où ils veulent les conduire. Elle se laisse entortiller autour des bras ou du cou, rouler en divers contours de spirale, tourner et retourner en différents sens, suspendre en différentes positions, sans donner aucun signe de mécontentement; elle paraît même avoir du plaisir à jouer ainsi avec ses maîtres, et comme sa douceur et son défaut de venin ne sont pas aussi bien reconnus qu'ils devraient l'être pour la tranquillité de ceux qui habitent la campagne, des charlatans se servent encore de ce serpent pour amuser et pour tromper le peuple, qui leur croit le pouvoir particulier de se faire obéir au moindre geste par un animal qu'il ne peut quelquefois regarder qu'en tremblant.

Il y a cependant certains moments, et même certaines saisons de l'année, où la couleuvre verte et jaune, sans être dangereuse, montre ce désir de se défendre ou de sauver ce qui lui est cher, si naturel à tous les animaux; on a vu quelquefois ce serpent, surpris par l'aspect subit de quelqu'un, au moment où il s'avançait pour traverser une route, ou que, pressé par la faim, il se jetait sur une proie, se redresser avec fierté, et faire entendre son sifflement de colère. Mais dans ce moment même, qu'aurait-on eu à craindre d'un animal sans venin, dont tout le pouvoir n'aurait pu venir que de l'imagination frappée de celui qu'il aurait attaqué, et dont la force et les dents même ne sont dangereuses que pour de petits lézards et d'autres faibles animaux qui lui servent de nourriture?

Dans tous les endroits où le froid est rigoureux, la couleuvre commune s'enfonce, dès la fin de l'automne, dans des trous souterrains ou dans d'autres creux, où elle s'engourdit plus ou moins complètement pendant l'hiver. Lorsque les beaux jours du printemps paraissent, ce reptile sort de sa torpeur et se dépouille comme les autres serpents. Revêtu ensuite d'une peau nouvelle, pénétré d'une chaleur plus vive, et ayant réparé toutes les pertes qu'il avait éprouvées par le froid et la diète, il va chercher sa compagne et faire entendre, au milieu de l'herbe fraîche, son sifflement amoureux. Leur ardeur paraît très-vive; on les a vus souvent s'élancer contre ceux qui étaient venus troubler leurs amours dans la retraite qu'ils avaient choisie. Cette affection du mâle et de la femelle, ne doit pas étonner dans un animal capable d'éprouver, pour les personnes qui prennent soin de lui lorsqu'il est réduit à une sorte de domesticité, un attachement très-fort, et qu'on a voulu même comparer à celui des animaux auxquels nous accordons le plus d'instinct; et c'est peut-être à l'espèce de la couleuvre verte et jaune qu'il faut rapporter le fait suivant, attesté par un naturaliste très-digne de foi (1). Cet observateur a vu une couleuvre, qu'il a appelée *le Serpent ordinaire de France*, tellement affectionnée à la maîtresse qui la nourrissait, que ce serpent se glissait souvent le long de ses bras comme pour la caresser, se cachait sous ses vêtements ou allait se reposer sur son sein. Sensible à la voix de celle' qu'il paraissait chérir, il allait à elle lorsqu'elle l'appelait; il la suivait avec constance; il reconnaissait jusqu'à sa manière de rire; il se tournait vers elle lorsqu'elle marchait, comme pour attendre son ordre. Ce même naturaliste a vu un jour la maîtresse de ce doux et familier serpent, le jeter dans l'eau pendant qu'elle suivait dans un bateau le courant d'une grande rivière; le fidèle animal, toujours attentif à la voix de sa maîtresse chérie, nageait en suivant le bateau qui la portait; mais la marée étant remontée dans le fleuve, et les vagues contrariant les efforts du serpent, déja lassé par ceux qu'il avait faits pour ne pas quitter le bateau de sa maîtresse, le malheureux animal fut bientôt submergé.

Peut-être faut-il rapporter aussi à la couleuvre verte et jaune, un serpent de Sardaigne que M. Cetti a fait connaître, et que l'on nomme *Colubro uccellatore*, parce qu'il grimpe sur les arbres pour y chercher les œufs et même les petits oi-

______

(1) Dictionnaire d'Hist. natur. par M. Valmont de Bomare, article du *Serpent familier*.

seaux dont il se nourrit. Ce reptile est très-commun en Sardaigne ; sa longueur est ordinairement
de quarante pouces, et sa plus grande grosseur
de deux. La couleur de son dos est noire, variée
de jaune, et le jaune est aussi la couleur du dessous de son corps. Il a deux cent dix-neuf grandes
plaques, et cent deux paires de petites. Il n'est
point venimeux (1).

(1) Histoire Naturelle des Amphibies et des Poissons de la Sardaigne,
par M. François Cetti.

LA COULEUVRE[1]

A COLLIER.

Coluber (Natrix) torquatus, Merr.; *Col. Natrix*, Linn., Latr., Daud.; *Natrix vulgaris*, Laur.; *Col. torquatus* et *Col. helveticus*, Lacep., Daud.; *Col. bipes*, Gmel. (2).

C'EST encore dans nos contrées que se trouve en très-grand nombre ce serpent, aussi doux, aussi innocent, aussi familier que la couleuvre

(1) En Sardaigne, *Colubro nero.*
Serpe nero.
Carbon.
Carbonazzo.
Anguille de haie.
Le Serpent à collier, M. Daubenton, Encyclopédie méthodique.
Coluber Natrix, 230, Linn., amphib. Rept.
It. gotl. 146.
Rai, Synopsis anim. 334, *Natrix torquata.*
Gronov. mus. 2, p. 63, n° 27.
Natrix longissima, 145. *Natrix vulgaris*, 149, Laurenti Specimen medicum.
Séba, mus. 2, pl. 4, fig. 1, 2 et 3; pl. 10, fig. 1, 2 et 3.
Hydrus, seu Natrix, the Water Snake. Scotia illustrata seu prodromus Hist. naturalis. Autore Roberto Sibbaldo, Edimburgi, 1684.
Natrix torquata, Gesner. de Serpentum natura, fol. 63.
Serpens domesticus nigricans carbonarius, id., fol. 64.
Ringed Snake, Zoologie Britannique, vol. III, p. 32, pl. 25, n° 13.
Natrix, Wulf, Ichthyologia cum amphibiis regni Borussici.
(2) A cette espèce doit être réunie la couleuvre suisse, décrite ci-après. DESM. 1827.

verte et jaune. Ses habitudes ne diffèrent pas, à beaucoup d'égards, de celles de cette même couleuvre. Il paraît cependant qu'il se plaît davantage dans les lieux humides, ainsi qu'au milieu des eaux ; et c'est ce qui lui a fait donner, par plusieurs naturalistes, le nom de *Serpent d'eau*, de *Serpent nageur*, d'*Anguille de haies*, etc. (1). Il parvient quelquefois à la longueur de trois ou quatre pieds ; sa tête est un peu aplatie, comme celle de la couleuvre commune ; le sommet est recouvert par neuf grandes écailles disposées sur quatre rangs, dont le premier et le second, à compter du museau, sont composés de deux pièces ; le troisième l'est de trois, et le quatrième de deux. Cette disposition la distingue de la vipère commune, aussi bien que la forme de son museau, qui est arrondi, au lieu d'être terminé par une écaille presque verticale, comme dans cette même vipère. Sa gueule est très-ouverte ; les deux mâchoires présentent, au lieu de crochets mobiles, un double rang de dents crochues, mais immobiles, assez petites et tournées vers le gosier ; dix-sept écailles revêtent, à l'extérieur, chacune de ces mâchoires, et celles qui recouvrent la mâchoire supérieure, sont blanchâtres et marquées de cinq ou six petites raies d'une couleur très-foncée. On voit sur le cou deux taches d'un jaune-pâle ou blanchâtre, qui forment

------

(1) Ce nom, d'*Anguille de haies*, a été aussi donné, dans plusieurs provinces, à la Couleuvre verte et jaune.

comme un demi-collier, d'où est venu le nom que nous conservons à ce serpent, et ces deux taches, très-semblables, sont d'autant plus sensibles qu'elles sont placées au-devant de deux autres taches triangulaires et très-foncées.

Le dos est recouvert d'écailles ovales relevées par une arête, et plus grandes que celles qui garnissent les côtés, et qui sont unies. Tout le dessus du corps est d'un gris plus ou moins foncé, marqueté, de chaque côté, de taches noires irrégulières et plus ou moins grandes, qui aboutissent aux plaques du ventre; et au milieu des deux rangées formées par ces taches, s'étendent, depuis la tête jusqu'à la queue, deux autres rangées longitudinales de taches plus petites et moins sensibles. Le dessous du ventre est varié de noir, de blanc et de bleuâtre, mais de manière que les taches noires augmentent en nombre et en grandeur, à mesure qu'elles sont plus près de la queue, où les plaques sont presque entièrement noires. Il y a communément cent soixante-dix grandes plaques sous le ventre, et cinquante-trois paires de petites plaques sous la queue (1).

La couleuvre à collier ne renfermant aucun venin (2), on la manie sans danger; elle ne fait aucun effort pour mordre; elle se défend seulement en agitant rapidement sa queue, et elle ne

____

(1) Nous avons compté soixante paires de petites plaques dans quelques individus.

(2) Laurenti Specimen medicum, p. 183.

refuse pas plus que la couleuvre commune, de jouer avec les enfants. On la nourrit dans les maisons, où elle s'accoutume si bien à ceux qui la soignent, qu'au moindre signe, elle s'entortille autour de leurs doigts, de leurs bras, de leur cou, et les presse mollement comme pour leur témoigner une sorte de tendresse et de reconnaissance. Elle s'approche avec douceur de la bouche de ceux qui la caressent; elle suce leur salive et aime à se cacher sous leurs vêtements, comme pour s'approcher davantage de ceux qui la chérissent. En Sardaigne, les jeunes femmes élèvent les couleuvres à collier avec beaucoup d'empressement, leur donnent à manger elles-mêmes, prennent le soin de leur mettre dans la gueule la nourriture qu'elles leur ont préparée; et les habitants de la campagne les regardent comme des animaux du meilleur augure, les laissent entrer librement dans leurs maisons, et croiraient avoir chassé la fortune elle-même, s'ils avaient fait fuir ces innocentes petites bêtes (1).

Il arrive cependant quelquefois que lorsque la couleuvre à collier est devenue très-forte, et qu'au lieu d'avoir été élevée en domesticité, elle a vécu dans les champs et dans l'état sauvage, elle perd un peu de sa douceur, et que si on l'irrite en l'arrachant, par exemple, à ses jouissances, elle

---

(1) Histoire naturelle des Amphibies et des Poissons de Sardaigne, par M. François Cetti.

anime ses yeux, agite sa langue, se redresse avec vivacité, fait claquer ses mâchoires, et serre fortement avec ses dents, la main qui cherche à la saisir (1).

La couleuvre à collier dépose ses œufs dans des trous exposés au midi, sur le bord des eaux croupissantes, ou plus communément sur des couches de fumier. Ces œufs, qui sont gros à-peu-près comme des œufs de pies, sont collés ensemble par une matière gluante en forme de grappe; elle a par-là un nouveau rapport avec les poissons et certains quadrupèdes ovipares, tels que les crapauds, les grenouilles, etc. dont les œufs sont de même collés ensemble et réunis de diverses manières.

Les œufs de la couleuvre à collier, déposés dans des fumiers, ont donné lieu à une fable à laquelle on a cru pendant long-temps; on a prétendu qu'ils avaient été pondus par des coqs, et comme on en a vu sortir des petits serpenteaux, on a ajouté que les œufs de coq renfermaient toujours un serpent, que le coq ne les couvait point, mais que lorsqu'ils étaient placés dans un endroit chaud, comme parmi des végétaux en putréfaction, ils produisaient toujours des serpents.

---

(1) Lettre de M. de Sept-Fontaines, procureur-syndic de la noblesse en l'assemblée du département de Calais, Montreuil et Ardres. Nous aurons plusieurs fois occasion de citer, dans cet ouvrage, cet amateur très-éclairé de l'Histoire Naturelle, qui la cultive avec succès, et à qui nous devons particulièrement des observations très-intéressantes et très-bien faites, sur la Couleuvre à collier et sur l'Orvet.

On assure qu'il est aisé de distinguer les œufs qui ont été fécondés, d'avec ceux qui ne le sont pas, et qu'on appelle des œufs clairs, en les mettant sur l'eau; les œufs clairs sont les seuls qui surnagent.

La coque est composée d'une membrane mince, mais compacte et d'un tissu serré. Le petit serpent y est roulé sur lui-même au milieu d'une matière qui ressemble à du blanc d'œuf de poule; on y remarque un placenta; et le cordon ombilical est attaché au ventre un peu au-dessus de l'anus. La chaleur seule de l'atmosphère, et celle des matières végétales pourries, font éclore ces œufs. Peut-être dans des contrées plus voisines de la zone torride que celles où ils ont été observés, l'ardeur du soleil suffirait pour faire sortir les petits serpents de leur coque. Nous avons vu, en effet, dans l'Histoire des Quadrupèdes ovipares, les crocodiles déposer leurs œufs sur le sable dans les contrées brûlantes de l'Afrique; mais sur les plages plus humides et moins chaudes de l'Amérique méridionale, ils les placent au milieu d'un tas de matières végétales, dont la fermentation favorise l'accroissement du fœtus et la sortie de l'œuf.

Ces œufs de couleuvre à collier sont ordinairement au nombre de dix-huit ou vingt (1); aussi

---

(1) Quelquefois ce nombre n'est que de quatorze ou quinze. Gesner a écrit qu'on lui apporta, vers la fin du mois de juin, une femelle de l'es-

l'espèce du serpent à collier serait-elle beaucoup plus nombreuse qu'elle ne l'est, s'il ne devenait pas la proie de plusieurs ennemis même très-faibles, dans le temps qu'il est encore jeune et sans force pour se défendre ; les pies, les mésanges, les moineaux le dévorent, et les grenouilles mêmes s'en nourrissent lorsqu'elles peuvent le saisir sur le bord des marais qu'elles habitent (1).

Il rampe sur la terre avec une très-grande vîtesse ; il nage aussi, mais avec plus de difficulté qu'on ne l'a cru (2). Pendant que l'été règne, il vit souvent dans les endroits humides, ainsi que nous l'avons dit, mais on le trouve quelquefois dans les buissons ; d'autres fois il se place sur les branches sèches et élevées des chênes, des saules, des érables, sur les saillies des vieux bâtiments, sur tous les endroits exposés au midi, et où le soleil donne avec le plus de force ; il s'y replie en divers contours ou s'y allonge avec une sorte de volupté, toujours cherchant les rayons de l'astre de la lumière, toujours paraissant se pénétrer avec délices de sa chaleur bienfaisante (3). Mais, lorsque la fin de l'automne arrive, il se rappro-

---

pèce dont il est question dans cet article, et que, deux jours après, elle pondit quatorze œufs.

(1) Lettre déja citée de M. de Sept-Fontaines.

(2) « L'épithète de *Natrix* ou *Nageur*, donnée au Serpent à collier, ne « lui appartient pas plus qu'aux autres animaux de son ordre ; il nage « effectivement, mais dans les occasions forcées, et par une lutte pénible, « qui bientôt l'épuise et le noie. » Lettre de M. de Sept-Fontaines.

(3) Ibid.

che des lieux les moins froids, il vient auprès des
maisons et se retire enfin dans des trous souterrains à quinze ou vingt pouces de profondeur,
souvent au pied des haies, et presque toujours
dans un endroit élevé au-dessus des plus fortes
inondations; quelquefois il s'empare d'un trou de
belette ou de mulot, d'un conduit creusé par une
taupe (1), d'un terrier abandonné par un lapin, et
il passe dans l'engourdissement la saison du grand
froid (2). Lorsqu'il est adulte, l'ouverture de sa
gueule, son gosier et son estomac peuvent être
très-dilatés, ainsi que ceux des autres serpents,
et il se nourrit alors non seulement d'herbes, de
fourmis, et d'autres insectes, mais même de lézards, de grenouilles et de petites souris; il dévore
aussi quelquefois les jeunes oiseaux, qu'il surprend
dans leurs nids au milieu des buissons, des haies,
des branches de jeunes arbres, sur lesquels il
grimpe avec facilité (3). Non seulement il se suspend aux rameaux par le moyen des divers replis
de son corps, mais il s'accroche avec sa tête; et
comme elle est plus grosse que son cou, il la
place souvent entre les deux branches d'une tige
fourchue, pour qu'arrêtée par sa saillie, elle lui

---

(1) Lettre de M. de Sept-Fontaines.

(2) « J'ai vu différentes fois des Serpents à collier trouvés pendant les
« mois de janvier, de février ou de mars; ils ne pouvaient mouvoir que
« la tête et l'extrémité de la queue, le reste du corps était roide et dans
« une inertie absolue. » Ibid.

(3) Ibid.

serve comme d'une espèce de crochet et de point d'appui.

Son odeur est quelquefois assez sensible, sur-tout pour les chiens et les autres animaux, dont l'odorat est très-fin (1). Il aime beaucoup le lait; les gens de la campagne prétendent qu'il entre dans les laiteries, et qu'il va boire celui qu'on y conserve. On assure même qu'on l'a trouvé quelquefois replié autour des jambes des vaches, suçant leurs mamelles avec avidité, et les épuisant de lait au point d'en faire couler du sang (2). Pline a rapporté ce fait, qu'à la vérité il attribuait à une autre espèce de serpent que celle dont il est ici question. On a prétendu aussi que le serpent à collier entrait quelquefois par la bouche dans le corps de ceux qui dormaient étendus sur l'herbe fraîche, et qu'on l'en faisait sortir en profitant de ce même goût pour le lait, et en l'attirant par la vapeur du lait bouilli que l'on approchait de la bouche ou de l'anus de celui dans le corps duquel il s'était glissé (3).

---

(1) Lettre de M. de Sept-Fontaines.

(2) Gesner; à l'endroit déja cité.

(3) L'on peut voir particulièrement, à ce sujet, dans les Mémoires des Curieux de la Nature, une observation très-détaillée du docteur Fromman, médecin de Franconie, et d'après laquelle on pourrait penser que, dans certaines circonstances, il serait difficile de faire sortir le serpent par la bouche, sans risquer de faire étouffer celui qui l'aurait avalé. Mémoire des Curieux de la Nature, décade 1, observ. 190. Voyez aussi Gesner, à l'endroit déja cité; Taberna Montanus, livre I; Tragus, Olaus Magnus, Grégoire Horstius (Epist med., sect. 6), et même Hippocrate, le père de la médecine.

La couleuvre à collier se trouve dans presque toutes les contrées de l'Europe, et il paraît qu'elle peut supporter les climats très-froids, puisqu'elle vit en Écosse (1) et en Suède (2).

On a employé sa chair en médecine (3).

M. Cetti (4) a fait mention d'un serpent de Sardaigne qu'on y nomme *le Nageur* ou *Vipère d'eau :* la couleur de ce reptile est cendrée et variée par des taches blanches et noires ; il n'a point de venin, et sa longueur ordinaire est de deux pieds. Peut-être appartient-il à l'espèce de la couleuvre à collier, qui aurait subi, d'une manière plus ou moins marquée, l'influence du climat de la Sardaigne, plus chaud que celui de nos contrées.

---

(1) Sibbald, à l'endroit déja indiqué.

(2) Fauna suecica.

(3) Matthiole.

(4) Histoire Naturelle des Amphibies et des Poissons de la Sardaigne, par M. François Cetti.

LA LISSE.[1]

Coluber (Natrix) lœvis, Merr.; *Coluber lœvis*, Lacep., Latr.;
Col. austriacus, Gmel., Daud.; *Coronella austriaca*, Laur.

—⎯⎯◦⎯⎯—

CETTE couleuvre a beaucoup de rapports, par
sa conformation et par sa grandeur, avec le serpent à collier; elle est, comme ce dernier reptile,
très-commune dans plusieurs contrées de l'Europe, et particulièrement aux environs de Vienne
en Autriche, où elle a été très-bien décrite et
observée avec soin par M. Laurent. Elle se trouve
aussi dans quelques provinces septentrionales de
France, et nous en avons vu un individu dans la
collection de M. d'Antic; mais comme le commencement de notre article sur la nomenclature
des serpents était déja imprimé, lorsque nous
avons su que la lisse n'était pas étrangère à nos
contrées, nous ne l'avons pas comprise parmi les
serpents de France, dont nous avons rapporté les
noms dans ce même article relatif à la nomenclature des reptiles. Les habitants de la campagne
ont souvent confondu la lisse avec la couleuvre à
collier, ou ne l'ont regardée que comme une va-

---

(1) *Coronella austriaca*, 178, Laurenti Specimen medicum, tab. 5,
fig. 1. (Cette figure est très-exacte.)

riété de cette dernière; et leur opinion a pu être
fondée sur ce qu'on les a vues quelquefois accou-
plées ensemble. Elles forment cependant deux
différentes espèces, et il est aisé de distinguer
l'une de l'autre par la forme des écailles qu'elles
ont sur le dos. Celles du serpent à collier sont
relevées par une arête, ainsi que nous l'avons dit,
au lieu que celles de la couleuvre, dont il est ici
question, sont très-unies; et c'est de-là que nous
avons tiré le nom de *Lisse* que nous avons cru
devoir lui donner.

Le sommet de la tête de cette couleuvre est
garni de neuf grandes écailles très-luisantes et
très-polies, disposées sur quatre rangs, comme
celles que l'on voit sur la tête de la couleuvre à
collier et de la couleuvre verte et jaune. Ses yeux
sont couleur de feu, et placés au milieu d'une
bande très-brune qui s'étend depuis le coin de la
bouche jusqu'aux narines; les écailles qui couvrent les mâchoires sont bleuâtres; on voit sur le
derrière de la tête deux taches assez grandes d'un
jaune un peu foncé, et depuis cet endroit jusqu'à l'extrémité de la queue, règnent des taches
plus petites disposées sur deux rangs, et placées
de manière que celles d'une rangée correspondent
aux intervalles qui séparent les taches de l'autre
rang. Le fond de la couleur du dos est bleuâtre,
mêlé de roux vers les côtés du corps où l'on remarque aussi quelques taches. Les plaques qui
revêtent le dessous du corps et de la queue, sont

très-polies, très-luisantes, un peu transparentes, blanchâtres, et présentent des taches rousses, ordinairement d'autant plus grandes qu'elles sont plus près de l'anus (1); et les jeunes individus ont quelquefois le dessous du corps et la queue d'un roux très-vif qui approche du rouge.

La lisse paraît aimer les endroits humides; on la trouve communément dans les vallons ombragés. Il est quelquefois aisé de l'irriter, lorsqu'elle est dans l'état sauvage; mais en la prenant jeune, on parvient aisément à la rendre très-douce et très-familière, et on est d'autant moins fâché de la voir dans les maisons, qu'elle ne répand point de mauvaise odeur sensible, au moins dans les contrées un peu froides. Elle n'a point de crochets mobiles; elle ne contient aucun venin, et M. Laurenti s'en est assuré en éprouvant les effets de sa morsure, sur des chiens, des chats et des pigeons (2).

La lisse se trouve non seulement en Europe, mais dans les Indes occidentales et dans les grandes Indes, d'où un individu de cette espèce a été envoyé pour le Cabinet du Roi. M. Laurenti regarde, avec raison, comme une variété de cette espèce, une couleuvre dont Séba a donné la figure (*vol.* I, *pl.* 52, *fig.* 4), et qui en différait un peu par la

---

(1) Les grandes plaques sont communément au nombre de cent soixante-dix-huit, et les paires de petites plaques, au nombre de quarante-six.

(2) Laurenti Specimen medicum, p. 186.

couleur rouge du dos, en supposant que cette teinte ne fût pas un effet de l'esprit-de-vin sur l'individu décrit par Séba. Nous aurions regardé aussi comme une couleuvre lisse, le serpent dont Gronovius a parlé *n*° 22 (1), que Séba a fait représenter (*vol.* II, *pl.* 33, *fig.* 1), et qui a de très-grands rapports avec ce reptile, si M. Laurenti, qui a observé la lisse vivante, n'avait dit expressément qu'elle était très-différente de ce serpent de Gronovius.

M. Cetti a fait mention d'une couleuvre de Sardaigne, appelée *Vipera di Secco*, vipère de terre. Elle inspire une grande frayeur aux habitants de la campagne, quoiqu'elle ne soit pas venimeuse; elle n'a point de crochets mobiles; sa longueur est de plus de trente pouces; le dessous de son corps est noirâtre, et le dessus tacheté de noir, comme le dos de la vipère commune, dit M. Cetti (2): peut-être ce serpent est-il une variété de la couleuvre lisse.

---

(1) Ce serpent, décrit par Gronovius, avait cent soixante-quatorze grandes plaques, et soixante paires de petites.

(2) Histoire Naturelle de la Sardaigne, par M. François Cetti.

LA QUATRE-RAIES.

Coluber (Natrix) Elaphis, Merr.; *Col. Elaphis*, Shaw., Cuv.;
Col. quatuorlineatus, Lacep.; *Col. quaterradiatus*, Gmel.;
Col. quadrilineatus, Latr., Daud., Fitz.

Nous donnons ce nom à une couleuvre envoyée
de Provence au Cabinet du Roi, et dont le dessus
du corps, plus ou moins blanchâtre ou fauve,
présente quatre raies foncées qui en parcourent
toute la longueur. Les deux raies extérieures se
prolongent jusqu'au-dessus des yeux, derrière
lesquels elles forment une espèce de tache noire
très-allongée; elles s'étendent ensuite jusqu'au-
dessus du museau, où elles se réunissent. Le dessus
de la tête est recouvert de neuf grandes écailles
disposées sur quatre rangs, ainsi que dans la couleuvre à collier et dans la verte et jaune. Les
écailles du dos sont relevées par une arête; celles
qui garnissent les côtés du corps, sont unies. L'individu de cette espèce, envoyé au Cabinet du Roi,
avait deux cent dix-huit grandes plaques, et
soixante-treize paires de petites (1). Sa longueur
totale était de trois pieds neuf pouces, et celle de
sa queue de huit pouces six lignes.

---

(1) On voyait, entre l'anus et les grandes plaques, deux paires de
petites.

Nous ignorons quelles sont les habitudes de la quatre-raies, mais comme sa conformation ressemble beaucoup à celle de la couleuvre verte et jaune, et qu'elles habitent le même climat, leurs manières de vivre doivent être très-analogues.

LE SERPENT D'ESCULAPE.[1]

Coluber (Natrix) Æsculapii, Merr.; *Col. Æsculapii*, Lacep., Latr., Daud., Cuv., Fitz.

Ce nom a été donné à plusieurs espèces de serpents, tant par les voyageurs que par les naturalistes; il a été attribué à des serpents d'Europe et à des serpents d'Amérique; mais nous ne le conservons à aucune autre espèce qu'à celle qui se trouve aux environs de Rome, et qui paraît être en possession, depuis plus de dix-huit siècles, de cette dénomination de *Serpent d'Esculape*, comme si l'innocence des habitudes et la douceur de ce reptile, l'avaient fait choisir de préférence pour le symbole de la Divinité bienfaisante, très-souvent désignée, ainsi que nous l'avons dit, par l'emblème du serpent (2). Nous ne donnerons donc ce nom de serpent d'Esculape, ni à la couleuvre

---

(1) Παρεια.

Anguis Æsculapii. Rai, Synopsis Serpentini generis, p. 291.

(2) Discours sur la nature des Serpents.

que M. Linnée a appelée ainsi, ni à plusieurs autres espèces que Séba a nommées de même; et nous croyons d'autant plus que la description que nous allons faire concerne le serpent d'Esculape des anciens Romains, que l'individu qui en a été le sujet, a été envoyé des environs de Rome au Cabinet du Roi.

La tête de ce serpent est assez grosse à proportion du corps; le dessus en est garni de neuf grandes écailles disposées sur quatre rangs, comme dans la verte et jaune. Celles qui couvrent le dos sont ovales et relevées par une arête; mais celles qui revêtent les côtés sont unies. La couleur générale du dessus du corps est d'un roux plus ou moins clair; et l'on voit, de chaque côté du dos, une bande longitudinale obscure et presque noire, surtout vers le ventre. Les écailles qui touchent les grandes plaques du dessus du corps sont blanches, et la moitié de ces écailles, la plus voisine de ces grandes plaques, est bordée de noir, ce qui forme, de chaque côté du ventre, une rangée de petits triangles blanchâtres. Nous avons compté cent soixante-quinze grandes plaques et soixante-quatre paires de petites : les unes et les autres sont blanchâtres et tachetées d'une couleur foncée. La longueur de la queue était de neuf pouces trois lignes dans l'individu qui fait partie de la collection du Roi, et la longueur totale de trois pieds dix pouces.

Ce serpent, qui a de grands rapports, ainsi

qu'on peut le voir, avec la couleuvre verte et jaune, la couleuvre à collier, la lisse et la quatre-raies, est aussi doux et peut-être même naturellement plus familier que ces quatre couleuvres. Il se trouve dans presque toutes les régions chaudes ou tempérées de l'Europe, en Espagne, en Italie, et particulièrement aux environs de Rome. Non seulement il se laisse caresser par les enfants et manier par les charlatans qui s'en servent pour s'attribuer, aux yeux du peuple, un pouvoir merveilleux sur les animaux les plus funestes, mais il se plaît dans les lieux habités ; il s'introduit dans les maisons, et même quelquefois il se glisse innocemment jusques dans les lits. Ses autres habitudes doivent ressembler beaucoup à celles de la couleuvre commune et de la couleuvre à collier.

M. Faujas de Saint-Fond a eu la bonté de me donner une dépouille de serpent trouvée dans une de ses terres, auprès de Montelimart en Dauphiné ; comme elle est très-entière, et qu'il est extrêmement rare d'en avoir d'aussi bien conservées, je l'ai examinée avec soin, et avec d'autant plus d'attention, qu'elle démontre d'une manière incontestable, la manière dont se dépouille le serpent auquel elle a appartenu ; et qu'après avoir comparé les diverses observations recueillies au sujet du dépouillement des reptiles, on peut croire que tous les serpents se dépouillent à-peu-près de la même manière. J'ai d'abord cherché de quelle espèce était le serpent dont cette dépouille avait fait partie. Il était évidemment du genre des couleuvres ; j'ai compté les grandes et les petites plaques ; j'ai trouvé cent soixante-seize grandes plaques, et quatre-vingt-neuf paires de petites. La couleuvre verte et jaune ayant ordinairement deux cent six grandes plaques, et la couleuvre à quatre raies en ayant deux cent dix-huit, j'ai cru ne devoir pas leur rapporter le serpent dont j'avais la dépouille sous les yeux, d'autant plus que la quatre-raies a deux paires de petites plaques entre les grandes plaques et l'anus, et que sur la dépouille, on ne voit, dans cet endroit, qu'une paire de petites plaques. La lisse et la couleuvre à collier, m'ont paru aussi avoir trop peu de rapports de conformation et de grandeur avec le serpent dont j'examinais la dépouille, pour être de la même espèce (1). Ainsi, parmi les diverses couleuvres observées en France, ce n'est qu'à celle d'Esculape que j'ai cru devoir rapporter ce serpent. Il se rapproche en effet beaucoup de cette couleuvre d'Esculape, par le nombre des grandes et des petites plaques, par la forme des écailles qui garnissent le dos, les côtés du corps, le sommet de la tête et les mâchoires, par les proportions des diverses parties, et enfin par la grandeur, la dépouille que M. Faujas de Saint-

---

(1) Nous avons vu que la couleuvre à collier a ordinairement cent soixante-dix grandes plaques et soixante paires de petites, et que la lisse a quarante-six paires de petites plaques, et cent soixante-dix-huit grandes plaques ou écailles.

Fond m'a procurée, ayant quatre pieds cinq pouces de longueur totale, et un pied quatre lignes depuis l'anus jusqu'à l'extrémité de la queue. Je n'ai pu juger de la ressemblance ou de la différence des couleurs de ces deux serpents, la dépouille étant très-mince, sèche, transparente, et entièrement décolorée. Quoi qu'il en soit, l'objet intéressant n'est pas de savoir à quel reptile a appartenu la dépouille trouvée dans la terre de Saint-Fond, mais de prouver, par cette dépouille, la manière dont le serpent a dû quitter sa vieille peau.

Cette dépouille, quoique entière, est tournée à l'envers d'un bout à l'autre; elle présente le côté qui était l'intérieur lorsqu'elle faisait partie de l'animal. Le reptile a dû commencer de s'en débarrasser par la tête, n'y ayant pas d'autre ouverture que la gueule par où il ait pu sortir de cette espèce de sac. Lorsque le serpent exécute cette opération, les écailles qui recouvrent les mâchoires sont les premières qui se retournent en se détachant du palais et en demeurant toujours très-unies avec les écailles du dessus et du dessous de la tête. Ces dernières se retournent ensuite jusqu'aux coins de la gueule, et on pourrait voir alors la tête du serpent, depuis le museau jusques derrière les yeux, revêtue d'une peau nouvelle, et faisant effort pour continuer de se dégager de l'espèce de fourreau dans lequel elle est encore un peu renfermée. Ce fourreau continue de se

retourner comme un gant, de telle manière que,
pendant que la véritable tête de l'animal s'avance
dans un sens pour s'en débarrasser, le museau de
la vieille peau, qui est toujours bien entière,
s'avance, pour ainsi dire, vers la queue, pour que
cette vieille peau achève de se retourner. Les yeux
se dépouillent comme le reste du corps ; la cornée
se détache en entier, ainsi que les paupières de
nature écailleuse, qui l'entourent, et elle conserve
sa forme dans la dépouille desséchée, où elle présente, à l'extérieur, son côté concave, attendu
que cette dépouille n'est que la peau retournée.
Les écailles s'enlèvent en entier avec la partie de
l'épiderme à laquelle elles étaient attachées. Cet
épiderme forme une sorte de cadre autour de
chaque écaille, ainsi qu'autour de chaque plaque,
grande ou petite. Ce cadre ne suit pas précisément le contour de chaque écaille ou de chaque
plaque, mais il fait le tour de la partie de la
plaque ou de l'écaille qui tenait à la peau et qui
ne pouvait pas s'en séparer dans les divers mouvements de l'animal. Ces différents cadres, qui se
touchent, forment une sorte de réseau moins
transparent que les écailles, qui paraissent en
remplir les intervalles comme autant de facettes
et de lames presque diaphanes. Le serpent, en se
tournant en différents sens, et en se frottant
contre le terrain qu'il parcourt, ainsi que contre
les divers corps qu'il rencontre, achève de se débarrasser de sa vieille peau, qui continue de se

retourner. Le museau de cette vieille peau dé-
passe bientôt l'extrémité de la queue dans le sens
opposé à celui dans lequel s'avance le serpent, de
telle sorte que, pendant que le reptile, revêtu
d'une peau et d'écailles nouvelles, sort de son
fourreau qui se replie en arrière, ce fourreau paraît comme un autre reptile qui engloutirait le
serpent, et dans la gueule duquel on verrait dis-
paraître l'extrémité de sa queue. Vers la fin de
l'opération, le serpent et la dépouille, tournés en
sens contraire, ne tiennent plus l'un à l'autre que
par la dernière écaille du bout de la queue, qui
se détache aussi mais sans se retourner (1). On
verra aisément que cette manière de quitter la
vieille peau, a beaucoup de rapports avec celle
dont se dépouillent les salamandres à queue
plate (2).

____

(1) Nous avons déposé, au Cabinet du Roi, la dépouille trouvée dans
la terre de M. Faujas.

(2) Article des *Salamandres à queue plate.*

LA VIOLETTE.

Coluber (*Natrix*) *calamarius*, var. γ, Merr.; *C. calamarius*,
Linn., Lacep., Daud. (1).

Nous donnons ce nom à une espèce de couleuvre
dont un individu fait partie de la collection du
Roi. Ce serpent n'est point venimeux; ses mâchoires sont garnies d'un double rang de petites
dents immobiles, et ne présentent point de crochets mobiles et creux. Il a le sommet de la tête
garni de neuf grandes écailles placées sur quatre
rangs, comme dans la couleuvre verte et jaune;
son dos est revêtu d'écailles unies en losange, et
d'un violet plus ou moins foncé; et le dessous de
son corps est blanchâtre, avec des taches violettes
irrégulières, assez grandes et placées alternativement à droite et à gauche. Nous avons compté cent
quarante-trois grandes plaques, et vingt-cinq paires
de petites. L'individu que nous avons mesuré avait
deux pouces trois lignes depuis l'anus jusqu'à l'extrémité de la queue, et sa longueur totale était
d'un pied cinq pouces trois lignes.

---

(1) Selon M. Merrem, ce serpent ne diffère pas spécifiquement de la
symétrique et du calmar, décrits ci-après. Desm. 1827.

LE DEMI-COLLIER.[1]

Coluber (Natrix) monilis, Merr.; *Col. monilis*, Linn., Latr., Daud.; *Col. horridus*, Daud.; *Col. buccatus*, Linn., Lacep., Laur., Latr.; *Vipera buccata*, Daud. (2).

L'on conserve au Cabinet du Roi, un individu de cette espèce qui y a été envoyé du Japon sous le nom de *Kokura*. Il a un pied sept pouces de longueur totale, et quatre pouces dix lignes depuis l'anus jusqu'à l'extrémité de la queue. Il n'est point venimeux et n'a point de crochets mobiles. Le sommet de sa tête est garni de neuf grandes écailles qui forment quatre rangs : celles du dos sont en losange et relevées par une arête. Nous avons compté cent soixante-dix grandes plaques, et quatre-vingt-cinq paires de petites (3).

Les couleurs du serpent demi-collier sont très-agréables ; on voit sur son dos, dont la couleur générale est brune, de petites bandes transversales blanchâtres et bordées d'une petite raie plus foncée que le fond ; le dessus de sa tête est blanc,

---

(1) Le Collier. M. Daubenton, Encyclopédie méthodique.
Col. monilis. Linn. , amphib. Serpent.

(2) M. Merrem rapporte à cette espèce la jouflue, décrite ci-après, page 278. DESM. 1827.

(3) L'individu, décrit par M. Linnée, avait cent soixante-quatre grandes plaques, et quatre-vingt-deux paires de petites.

bordé de brun, et présente trois taches brunes et allongées; mais ce qui sert surtout à le faire distinguer, ce sont trois taches rondes et blanches placées sur son cou, et qui forment comme un demi-collier. Cette couleuvre se trouve non-seulement au Japon, mais encore en Amérique (1).

LE LUTRIX.[2]

Coluber (Natrix) arctiventris, Merr.; *Coluber Lutrix*, Linn.? Lacep.; *Col. arctiventris*, Daud.; *Duberria arctiventris*, Fitz.

Les couleurs de ce serpent sont peu nombreuses, mais forment un assortiment aussi agréable et aussi brillant que simple; le dessus et le dessous de son corps sont jaunes, et ses nuances ressortent d'autant mieux, qu'il a les côtés bleuâtres.

Cette couleuvre, que M. Linnée a fait connaître, se trouve dans les Indes; l'individu qu'il a décrit avait cent trente-quatre grandes plaques, et vingt-sept paires de petites. Nous ignorons quelles sont ses habitudes naturelles; M. Linnée ne l'a pas regardé comme venimeux.

---

(1) M. Linnée, à l'endroit cité.

(2) Le Lutrix. M. Daubenton, Encyclopédie méthodique. *Col. Lutrix*. Linn., amphib. Serpent.

LE BALI.[1]

Coluber (Natrix) plicatilis, Merr.; *Col. plicatilis*, Linn., Latr., Daud.; *Cerastes plicatilis*, Laur.; *Elaps plicatilis*, Schn.

Tout ce que l'on connaît des mœurs de ce beau serpent, auquel nous conservons, avec M. Daubenton, la première partie du nom, trop dur et composé (Bali-Salan-Boekit) qu'il porte dans son pays natal, c'est qu'il vit dans les contrées les plus chaudes de l'Asie, et particulièrement dans l'île de Ternate. Les écailles qui revêtent le dessus de son corps sont en losange, unies, d'un jaune très-pâle, et blanches à leur extrémité. Des deux côtés du corps règne une bande longitudinale dont on a comparé la couleur au rouge du corail (2). L'extrémité des écailles qui forment cette bande, est également bordée de blanc. Les grandes plaques qui garnissent le dessous du corps sont blanchâtres; les deux bouts de chacune présentent un

---

(1) Le Bali. M. Daubenton, Encyclopédie méthodique.
Coluber plicatilis. Linn., amphib. Serp.
Mus. Ad. fr. I, p. 23.
Séba, Mus. 1, tab. 57, fig. 5.
Cerastes plicatilis. 168, Laurenti Specimen medicum.
(2) Séba, à l'endroit déjà cité.

point jaune plus ou moins foncé. Et comme les écailles qui les touchent sont blanches et marquées chacune d'un point jaunâtre, tout le dessous du corps du serpent présente quatre cordons longitudinaux de points plus ou moins jaunes, qui se marient d'une manière très-agréable avec la blancheur du ventre, et servent à distinguer le bali d'avec les autres serpents. Les petites plaques, qui revêtent le dessous de la queue, sont blanches et ont chacune une tache jaune, ce qui forme deux files de points jaunâtres semblables à ceux que l'on voit sur le ventre.

Cette espèce devient assez grande, et l'individu conservé au Cabinet du Roi, et sur lequel nous avons fait notre description, avait six pieds six pouces de longueur.

Le bali a ordinairement cent trente-une grandes plaques sous le corps, et quarante-six paires de petites plaques sous la queue (1).

---

(1) Le sommet de la tête est garni de neuf écailles disposées snr quatre rangs.

LA COULEUVRE[1]
DES DAMES.

Coluber (Natrix) Domicella, Merr. ; *Col. Domicella*, Linn.,
Latr., Daud. ; *Col. domicellarum*, Lacep.

VOICI un des plus jolis et des plus doux serpents;
sa petitesse, ses proportions plus sveltes encore
que celles de la plupart des autres espèces, ses
mouvements agiles, quoique modérés, ajoutent
au plaisir avec lequel on considère le mélange de
ses belles teintes. Il ne présente cependant que
deux couleurs, un beau noir et un blanc assez
pur ; mais elles sont si agréablement contrastées
ou réunies, et si animées par le luisant des écailles,
que cette parure élégante et simple attire l'œil et
charme d'autant plus les regards, qu'elle n'éblouit
pas, comme des couleurs plus riches et plus éclatantes. Des anneaux noirs traversent le dessus du
corps et de la queue, et en interrompent la blancheur. Ces bandes transversales s'étendent jusqu'aux plaques blanches qui revêtent le dessous

---

[1] Le Serpent des Dames. M. Daubenton, Encyclopédie méthodique.

Coluber Domicella, 178, Linn., amphib. Serpentes.

Séba, mus. 2, tab. 54, fig. 1.

18.

du ventre; leur largeur diminue à mesure qu'elles sont plus près du dessous du corps, et la plupart vont se réunir sous le ventre à une raie noirâtre et longitudinale qui occupe le milieu des grandes plaques. Cette raie, ainsi que les bandes transversales, sont irrégulières et quelquefois un peu festonnées; mais cette irrégularité, bien loin de diminuer l'élégance de la parure de la couleuvre des dames, en augmente la variété. Le dessus de la petite tête de ce serpent présente un mélange gracieux de noir et de blanc, où cependant le noir domine; les yeux sont très-petits, mais animés par la couleur noirâtre qui les entoure.

Comme plusieurs autres serpents, celui des dames est très-familier; il ne s'enfuit pas, et même il n'éprouve aucune crainte lorsqu'on l'approche; bien plus, il semble que, très-sensible à la fraîcheur plus ou moins grande qu'il éprouve quelquefois, quoiqu'il habite des climats très-chauds, il recherche des secours qui l'en garantissent; et sa petitesse, son peu de force, l'agrément de ses couleurs, la douceur de ses mouvements, l'innocence de ses habitudes inspirent aux Indiens un tel intérêt pour ce délicat animal, que le sexe le plus timide, bien loin d'en avoir peur, le prend dans ses mains, le soigne, le caresse. Les dames de la côte de Malabar, où il est très-commun, ainsi que dans la plupart des autres contrées des grandes Indes, cherchent à réchauffer ce petit animal lorsqu'il paraît languir et qu'il est exposé à une trop grande fraîcheur, produite par la saison des pluies, les orages ou d'autres accidents de l'atmosphère. Elles le mettent dans leur sein, elles l'y conservent sans crainte et même avec plaisir, et le petit serpent, à qui tous ces soins paraissent plaire, ne leur rendant jamais que caresse pour caresse, justifie leur goût pour cet animal paisible. Elles le tournent et retournent également dans le temps des chaleurs, pour en recevoir, à leur tour, une sorte de service et être rafraîchies par le contact de ses écailles, trop polies pour n'être pas fraîches (1). Lorsque, dans nos climats tempérés, la beauté veut produire un effet contraire, et réchauffer ses membres délicats, elle a quelquefois recours à des animaux plus sensibles, et communément plus fidèles, qui, par une suite de leur conformation plus heureuse, expriment avec plus de vivacité un attachement qu'ils éprouvent avec plus de force; mais lorsqu'elle désire, comme dans l'Inde, de diminuer une chaleur incommode, par l'attouchement de quelque corps froid, bien loin de se servir d'êtres animés qui, par leurs caresses répétées, ajouteraient au plaisir qu'elle a de tempérer les effets d'une chaleur excessive, elle ne recherche que des matières brutes et insensibles; elle n'emploie que de petits blocs de marbre, des boules de cristal ou des plaques métalliques; elle ne peut voir

____

(1) Séba, à l'endroit déja cité.

qu'avec effroi nos doux et paisibles serpents, tandis que dans les contrées équatoriales des grandes Indes, où vivent des serpents énormes, terribles par leur force ou funestes par leur poison, la crainte qu'inspirent ces reptiles dangereux, n'est jamais produite par les serpents innocents et faibles, tels que la couleuvre des dames (1).

LA JOUFLUE.[2]

Coluber (Natrix) monilis, Merr.; *Col. monilis*, Linn., Latr., Daud.; *Col. buccatus*, Linn., Lacep., Laur., Latr.; *Vipera buccata*, Daud. (3).

M. Linnée a fait connaître cette couleuvre, qui se trouve dans les grandes Indes. Le dos de ce serpent est roux et présente des bandes blanches disposées transversalement. Sa tête est blanche comme les bandes transversales, mais on voit sur le sommet deux petites taches rousses, et sur le museau, une tache triangulaire et de la même couleur. Il a ordinairement cent sept grandes plaques et soixante-douze paires de petites.

---

(1) Cette dernière espèce a, suivant M. Linnée, cent dix-huit grandes plaques et soixante paires de petites.

(2) Le Triangle. M. Daubenton, Encyclopédie méthodique.

Col. buccatus. Linn., amphib. Serp.

Mus. Adolph. fr., p. 29, tab. 19, fig. 3.

(3) Celle-ci est rapportée, par M. Merrem, à l'espèce de la Couleuvre demi-collier, décrite page 271. DESM. 1827.

LA BLANCHE.[1]

Coluber (Natrix) albus, Linn., Lacep., Latr., Daud.; *Anguis alba*, Laur., Gmel.; *Coluber brachyurus*, Shaw.

On pourrait, au premier coup-d'œil, confondre cette couleuvre avec la très-blanche, dont nous avons déja parlé : toutes les deux sont ordinairement d'un très-beau blanc, qui n'est relevé par aucune tache; mais, pour peu qu'on les examine avec attention, on voit qu'elles diffèrent beaucoup l'une de l'autre. La blanche n'a que cent soixantedix grandes plaques et vingt paires de petites, au lieu que la très-blanche a ordinairement soixante paires de petites et deux cent neuf grandes plaques. Nous avons répété, à la vérité, très-souvent, que le nombre des plaques, grandes ou petites, n'était presque jamais constant; mais nous n'avons vu, dans aucune espèce de serpent, ce nombre varier de cent soixante-dix à deux cent neuf pour les grandes lames, et en même temps de vingt à soixante pour les petites. D'ailleurs la couleuvre blanche n'est pas venimeuse, et ses mâchoires ne sont pas garnies de crochets

---

(1) Le Blanc. M. Daubenton, Encyclopédie méthodique.
Col. albus. Linn., amphib. Serpent.
Mus. Ad. fr. 1, p. 24, tab. 14, fig. 2.

mobiles, comme celles de la très-blanche, qui contient un venin très-actif. Ainsi, leurs propriétés sont encore plus différentes que leur conformation; ces propriétés sont même trop dissemblables pour que leurs habitudes naturelles soient les mêmes; et en outre, c'est en Afrique qu'on trouve la très-blanche, et la couleuvre blanche habite les grandes Indes. On a donc été très-fondé à les regarder comme appartenant à deux espèces très-distinctes.

LE TYPHIE.[1]

Coluber (Natrix) Typhius, Linn.; *Col. Typhius*, Lacep., Latr., Daud., Fitz.

CE serpent se trouve dans les grandes Indes, et c'est M. Linnée qui l'a fait connaître. Suivant ce naturaliste, cette couleuvre est bleuâtre et a cent quarante grandes plaques et cinquante-trois paires de petites.

L'on conserve au Cabinet du Roi, un serpent dont le dessus du corps est d'un vert très-foncé et ne présente aucune tache, non plus que le dessus du corps du typhie. Comme il a cent quarante-une grandes plaques et cinquante paires de

______

(1) Le Typhie. M. Daubenton, Encyclopédie méthodique.
Col. Typhius. Linn., amphib. Serpent.

petites, et que par là il se rapproche beaucoup de cette dernière couleuvre, il se pourrait d'autant plus qu'il fût de la même espèce, que la couleur verte de l'individu de la collection du Roi, ou la couleur bleue de celui qu'a décrit M. Linnée, sont peut-être l'effet de l'esprit-de-vin dans lequel les deux serpents ont été conservés. Nous croyons donc ne pouvoir mieux placer que dans cet article, la description de cette couleuvre, d'un vert très-foncé, qui fait partie de la collection de Sa Majesté. Sa longueur totale est d'un pied sept pouces six lignes, et la longueur de sa queue de trois pouces dix lignes. Neuf écailles placées sur quatre rangs, garnissent le sommet de sa tête; elle n'a point de crochets mobiles; les écailles qui revêtent son dos sont ovales et relevées par une arête. Le dessous du corps est jaunâtre et chaque grande plaque présente deux taches noirâtres, ce qui forme deux espèces de raies longitudinales; la plaque la plus voisine du dessous du museau, n'offre point de tache, et on n'en voit qu'une sur les deux plaques qui la suivent. Il n'y a sous la queue qu'une rangée de ces taches noirâtres.

LE RÉGINE.[1]

Coluber (Natrix) Reginæ, Merr.; *Col. Reginæ*, Linn., Lacep., Latr., Daud., Fitz.

———

C'EST un serpent des grandes Indes, dont M. Linnée a donné la description. Le dessus du corps de cette couleuvre est d'un brun plus ou moins foncé, et le dessous est varié de blanc et de noir. Elle a cent trente-sept grandes plaques et soixante-dix paires de petites. On sait qu'elle ne contient pas de venin, mais on ignore quelles sont ses habitudes naturelles.

———

(1) Le Régine. M. Daubenton, Encyclopédie méthodique.
Col. Reginæ. Linn., amphib. Serp.
Mus. Ad. fr. p. 24, tab. 13, fig. 3.

LA BANDE-NOIRE.[1]

Coluber (Natrix) agilis, Merr.; *Col. Æsculapii* et *Col. agilis*,
Linn.; *Natrix Æsculapii*, Laur.; *C. nigro-fasciatus*, Lacep.;
C. atro-cinctus, Daud.; *Pseudelaps agilis*, Fitz (2).

C'EST une des couleuvres auxquelles plusieurs naturalistes ont donné le nom de *Serpent d'Esculape*,
que nous avons conservé uniquement à une espèce des environs de Rome. Elle n'est point venimeuse et ne fait aucun mal à ceux qui la manient.
On voit entre ses deux yeux, une bande noire
assez marquée, et placée au-dessus de neuf grandes
écailles qui revêtent le sommet de sa tête et y
sont disposées sur quatre rangs, comme dans la
couleuvre commune verte et jaune. Le dos est
garni d'écailles ovales et unies; le fond de sa couleur est pâle, et il présente plusieurs bandes trans-

---

(1) La Bande-noire. M. Daubenton, Encyclopédie méthodique.
Col. Æsculapii. Linn., amphib. Serpent.
Mus. Ad. fr. 1, tab. 11, fig. 2.
Gronov. mus. 2, p. 59, n° 18.
Natrix Æsculapii, 151, Laurenti Specimen medicum.
Séba, mus. 2, tab. 18, fig. 4.
Col. Æsculapii. Hist. natur. du Chili, par M. l'abbé Molina, traduite
de l'italien en français, par M. Gruvel, p. 197.
(2) Ce reptile et le suivant sont de la même espèce, selon M. Mer-
rem. DESM. 1827.

versales noires, assez larges, et dont quelques-unes s'étendent sur le ventre et font le tour du corps. La bande-noire a ordinairement cent quatre-vingts grandes plaques et quarante-trois paires de petites; sa longueur totale est de dix-huit pouces, et celle de sa queue, de trois. On trouve ce serpent dans les Indes, et, suivant M. l'Abbé Molina, il est très-commun dans le Chili, où il n'a quelquefois que cent soixante-seize grandes plaques et qua-rante-deux paires de petites, et où il parvient à la longueur de trois pieds (1)

L'AGILE. [2]

Coluber (Natrix) agilis, Merr.; *Col. agilis*, Linn., Lacep., Latr., Daud.; *Col. Æsculapii*, Linn. (Mus. Ad Fridir.); *Cerastes agilis*, Laur.; *C. atro-cinctus*, Daud.; *Pseudelaps agilis*, Fitz. (3).

O_N n'a qu'à jeter les yeux sur cette couleuvre, dont le corps est très-menu relativement à sa lon-gueur, pour voir qu'elle doit mériter le nom

---

(1) Voyez l'endroit déja cité.

(2) L'Agile. M. Daubenton, Encyclopédie méthodique.

Col. Agilis. Linn., amphib. Serpent.

Amœn. mus. princ. p. 585, n° 33.

Mus. Ad. fr. 1, p. 27, tab. 21, fig. 2.

Cerastes agilis, 171, Laurenti Specimen medicum.

(3) M. Merrem pense que ce serpent ne diffère pas spécifiquement de la bande-noire, décrite ci-avant. D_{ESM}. 1827.

d'*Agile* ; ses proportions très-déliées, annoncent, en effet, la vîtesse et la légèreté de ses mouvements. L'individu que nous avons décrit, et qui fait partie de la collection de Sa Majesté, a un pied huit pouces de longueur depuis le bout du museau jusqu'à l'extrémité de la queue, qui est longue de quatre pouces trois lignes. Sa tête est couverte de neuf grandes écailles disposées sur quatre rangs. Ses mâchoires ne sont point armées de crochets mobiles. Les yeux sont gros, et d'un œil à l'autre s'étend une petite bande brune d'autant plus aisée à distinguer, que le reste du dessus de la tête est d'un blanc assez éclatant. Les écailles qui revêtent le dos de cette couleuvre, sont en losange et unies. Tout le dessus du corps présente des bandes transversales irrégulières, alternativement blanches et brunes, et le dessous du corps est blanchâtre (1).

Suivant M. Laurenti, les bandes brunes que l'on voit sur le dos de la couleuvre agile, sont pointillées de noir.

Ce serpent doit se nourrir principalement de chenilles, car c'est sous le nom de *Mangeur de chenilles*, qu'il a été envoyé au Cabinet du Roi. On le trouve dans l'île de Ceylan.

---

(1) Nous avons compté, dans un individu, cent soixante-quatorze grandes plaques et soixante paires de petites, mais ordinairement l'agile n'a que cinquante paires de petites plaques, et cent quatre-vingt-quatre grandes plaques ou lames.

LE PADÈRE.[1]

Coluber (Natrix) Padera, Merr.; *Col. Padera*, Linn., Lacep.,
Latr., Daud.

LES couleurs de ce serpent présentent une distribution assez remarquable ; le dessus de son
corps est blanc, et sur ce fond éclatant l'on voit
plusieurs taches brunes disposées le long du dos,
placées par paires, et réunies par une petite ligne.
Les côtés du corps offrent un égal nombre de
taches isolées. On trouve cette couleuvre dans les
grandes Indes, et elle a cent quatre-vingt-dix-
huit grandes plaques et cinquante-six paires de
petites.

LE GRISON.[2]

Coluber (Natrix) canus, Merr.; *Coluber canus*, Linn., Latr.,
Daud.; *Coluber cinerascens*, Lacep.

CETTE couleuvre est blanche, mais son dos pré-

---

(1) Le Padère, M. Daubenton, Encyclopédie méthodique.
Col. Padera. Linn., amphib. Serp.
Mus. Ad. fr. 2, p. 44.
(2) Le Grison. M. Daubenton, Encyclopédie méthodique.
Col. canus. Linn., amphib. Serpent.
Mus. Ad. fr. 1, p. 31, tab. 11, fig. 1.

sente des bandes transversales roussâtres, ce qui,
à une petite distance, doit la faire paraître d'un
gris plus ou moins foncé ; aussi avons-nous adopté
le nom de *Grison*, qui lui a été donné par
M. Daubenton. On voit sur les côtés de ce serpent, deux points d'un blanc de neige : il a cent
quatre-vingt-huit grandes plaques et soixante-dix
paires de petites, et n'a encore été observé que
dans les Indes.

LA QUEUE-PLATE.[1]

Platurus fasciatus, Latr., Merr., Daud. ; *Coluber laticaudatus*,
Linn., Lacep. ; *Laticauda scutata*, Laur. ; *Hydrus colubrinus*, Schn.

IL est très-aisé de distinguer cette couleuvre
d'avec les autres serpents du même genre, que
l'on a observés jusqu'à présent. Sa queue, au lieu
d'être ronde, comme celle de la plupart des autres
couleuvres, est comprimée par les côtés, et tellement aplatie, surtout vers son extrémité, que l'on
pourrait la comparer à une lame verticale ; et le
bout de cette queue si comprimée, est terminé

---

(1) Le Serpent Large-queue. M. Daubenton, Encyclopédie méthodique.

Col. laticaudatus. Linn., amphib. Serp.

Mus. Ad. fr. 1, p. 31, tab. 16, fig. 1.

Laticauda scutata. 241, Laurenti Specimen medicum.

par deux grandes écailles arrondies et appliquées l'une contre l'autre dans le sens de l'aplatissement. Lorsque la couleuvre se meut, sa queue ne touche à terre que par une espèce de tranchant occupé par les paires de petites plaques, qui sont très-peu sensibles et ne diffèrent guère en grandeur des écailles du dos. Cette conformation doit faire présumer que la couleuvre se sert peu de sa queue pour ramper, et cette partie paraît lui être bien plus utile pour frapper à droite ou à gauche, ou pour se diriger en nageant et agir sur l'eau comme par une espèce d'aviron. On pourrait donc croire que ce serpent vit beaucoup plus au milieu des eaux que dans les endroits secs; mais l'on ne connaît point ses habitudes naturelles, et l'on sait seulement qu'il se trouve dans les grandes Indes.

Il a quarante-deux paires de petites plaques, placées sur l'espèce de tranchant que présente sa queue, ainsi que nous venons de le dire; et deux cent vingt-six grandes plaques garnissent le dessous de son ventre. Sa tête est couverte de neuf grandes écailles, disposées sur quatre rangs. Nous avons cru apercevoir deux crochets mobiles à la mâchoire supérieure, et dès lors nous aurions placé la queue-plate parmi les couleuvres vénéneuses; mais l'individu, que nous avons décrit, n'était pas assez bien conservé dans toutes ses parties, pour que nous n'ayons pas préféré de suivre l'opinion de M. Linnée, qui a très-bien connu la couleuvre dont il s'agit dans cet article. Nous laisserons donc la queue-plate parmi les couleuvres qui n'ont pas de venin, jusqu'à ce que de nouvelles observations aient confirmé nos doutes relativement à la forme de ses dents et à la nature de ses humeurs.

Les écailles du dos de la queue-plate sont rhomboïdales et unies ; le dessous du corps est presque blanc, le dessus est d'un cendré bleuâtre et présente de larges bandes, d'une couleur très-foncée, qui s'étendent jusque sur le ventre et font le tour du corps.

L'individu que nous avons décrit avait deux pieds de longueur totale, et sa queue était longue de deux pouces neuf lignes.

LA BLANCHATRE.[1]

Coluber (Natrix) annulatus, Merr. ; *Col. annulatus*, Linn., Latr., Daud. ; *Col. candidus* et *C. albo-fuscus*, Lacep., Latr. ; *Col. ignobilis*, Laur. ; *Col. orientalis*, Gmel. ; *Col. Epidaurius*, Herm. (2).

CETTE couleuvre est blanchâtre et présente des bandes transversales brunes. Elle a deux cent

---

(1) Le Blanchâtre, M. Daubenton, Encyclopédie méthodique.

Col. candidus. Linn., amphib. Serp.

Mus. Ad. fr. 1, p. 33, tab. 7, fig. 1.

(2) Cette espèce ne diffère pas de la blanche et brune décrite ci-après, suivant M. Merrem. DESM. 1827.

vingt grandes plaques et cinquante paires de petites : elle se trouve dans les Indes.

On conserve au Cabinet du Roi, une couleuvre qui a de très-grands rapports avec la blanchâtre, mais qui cependant a un trop petit nombre de grandes plaques pour que nous puissions assurer qu'elle soit de la même espèce ; elle n'a, en effet, que cent quatre-vingt-trois grandes plaques ; le dessous de sa queue est couvert de quatre-vingt-sept paires de petites, sa tête est garnie de neuf grandes écailles, son dos couvert d'écailles en losange et unies, sa mâchoire supérieure sans crochets mobiles, et ses couleurs ressemblent à celles de la blanchâtre (1).

LA RUDE.[2]

Coluber (Natrix) scaber, Merr. ; *Col. scaber*, Linn., Lacep., Latr., Daud.

LES écailles, qui revêtent le dos de cette couleuvre, sont relevées par une arête, de manière à être un peu rudes au toucher, et delà viennent les divers noms qui lui ont été donnés par les na-

---

(1) Sa longueur totale est d'un pied huit pouces neuf lignes, et celle de sa queue, de cinq pouces neuf lignes.

(2) L'Apre. M. Daubenton, Encyclopédie méthodique.

Col. scaber. Linn., amphib. Serpent.

Mus. Ad. fr. 1, p. 36, tab. 10, fig. 1.

turalistes. Le dessus de sa tête présente une tache noire qui se sépare en deux dans la partie opposée au museau ; et le dessus du corps est comme ondé de noir et de brun. On la trouve dans les Indes, et elle a ordinairement deux cent vingt-huit grandes plaques et quarante-quatre paires de petites.

LE TRISCALE. [1]

Elaps triscalis, Merr.; *Col. corallinus*, Linn., Lacep.; *Col. triscalis*, Linn., Lacep., Latr., Daud.; *Vipera corallina*, Latr., Daud. (2).

Les couleurs dont brillent à nos yeux les belles fleurs qui décorent nos parterres, ne sont peut-être ni plus vives ni plus variées que celles qui parent la robe d'un grand nombre de serpents : voici une de ces couleuvres dont les teintes sont distribuées de la manière la plus agréable. Il paraît qu'elle se trouve dans les Indes orientales et occidentales, et nous allons décrire un individu de cette espèce conservé au Cabinet du Roi, et qui y a été envoyé d'Amérique. On voit s'étendre sur son dos, dont la couleur est d'un vert de mer,

(1) Le Triscale. M. Daubenton, Encyclopédie méthodique.
Col. Triscalis. Linn., amphib. Serp.
(2) Ce reptile appartient à la même espèce que le Corallin, décrit ci-avant, page 216. Desm. 1827.

quatre raies rousses qui doivent paraître comme dorées lorsque l'animal est en vie, et qu'il est exposé aux rayons du soleil. Les quatre raies se réunissent en trois, ensuite en deux, et enfin forment une seule raie qui se prolonge au-dessus de la queue. Cette couleuvre a un pied quatre pouces six lignes de longueur totale, sa queue est longue de trois pouces dix lignes; le sommet de sa tête est couvert de neuf grandes écailles; et celles du dos sont ovales et unies, ce qui ajoute à la beauté des couleurs que présente cette couleuvre (1).

LA GALONNÉE.[2]

Elaps lemniscatus, Schn., Merr.; *Col. lemniscatus*, Linn., Lac., Latr.; *Natrix lemniscata*, Laur.; *Vipera lemniscata*, Daud.

Pʌʀᴍɪ les serpents aussi agréables à voir qu'innocents et même familiers, la Galonnée doit occuper une place distinguée. Son museau est

---

(1) Le triscale a ordinairement cent quatre-vingt-quinze grandes plaques, et quatre-vingt-six paires de petites.

(2) Le Lemnisque. M. Daubenton, Encyclopédie méthodique.

Col. lemniscatus. Linn., amphib. Serpent.

Amœnit. Surinam. grill. 1.

Mus. Ad. fr. 1, p. 34, tab. 14, fig. 1.

Natrix lemniscata. Laurenti Specimen medicum.

Séba, mus. 1, tab. 10, fig. ultimâ, et 2, tab. 76, fig. 3.

noirâtre, et au-dessus de sa tête qui est blanche, on voit une bande noire transversale. Le dessus du corps est noir, mais il présente un très-grand nombre de bandes transversales blanches, dont les largeurs sont inégales et combinées avec symétrie : de trois en trois bandes, il y en a une quatre fois aussi large que les deux qui la précèdent, à compter du museau ; et de toute cette disposition, il résulte un mélange de blanc et de noir d'autant plus agréable, que les écailles du dos étant très-unies, rendent plus vives les couleurs de la galonnée. Ces mêmes écailles du dos sont rhomboïdales ; la tête n'est pas plus grosse que le corps ; son sommet est garni de neuf grandes lames placées sur quatre rangs. La galonnée a deux cent cinquante grandes plaques, et trente-cinq paires de petites.

Il paraît que cette couleuvre ne parvient qu'à une longueur très-peu considérable, et tout au plus d'un ou deux pieds. Elle habite en Asie, et comme elle est très-douce on la voit sans peine dans les maisons où elle peut plaire par l'agilité de ses mouvements, ainsi que par l'assortiment de ses couleurs, et où elle doit détruire beaucoup d'insectes toujours très-incommodes dans les pays chauds.

L'ALIDRE.[1]

Coluber (Natrix) Alidras, Merr.; *Col. Alidras*, Linn., Lacep., Latr., Daud.

Voici encore une preuve bien sensible de ce que nous avons dit relativement à l'insuffisance d'un seul caractère, pour distinguer les diverses espèces de serpents. L'Alidre ressemble, par sa couleur, à la couleuvre blanche; elle est, comme cette dernière, d'un blanc très-éclatant, presque toujours sans tache; mais elle en diffère par le nombre de ses grandes plaques beaucoup moins considérable que le nombre des grandes plaques de la couleuvre blanche, et par celui des petites plaques qui est au contraire plus grand dans la blanche que dans l'alidre (2) (3).

Ce dernier serpent se trouve dans les Indes, ainsi que la couleuvre blanche.

____

(1) L'Alidre. M. Daubenton, Encyclopédie méthodique.
Col. Alidras. Linn., amphib. Serp.

(2) Grandes plaques.   Paires de petites plaques.

121	58	de l'alidre.
170	20	de la blanche.

(3) Il y a ici contradiction entre le texte et la note, quant au nombre des grandes et des petites plaques; mais nous n'avons aucun moyen d'établir la vérité à cet égard.   Desm. 1827.

L'ANGULEUSE.[1]

Coluber (Natrix) angulatus, Merr.; *Col. angulatus*, Linn.,
Lacep., Latr., Daud.

C'EST de l'Asie que cette couleuvre a été apportée
en Europe. Elle n'est point venimeuse et n'a point
de crochets mobiles. Le dessus de sa tête est couvert de neuf grandes écailles disposées sur quatre
rangs; celles que l'on voit sur le dos sont ovales,
un peu échancrées et relevées par une arête; mais
on ne remarque aucune ligne saillante sur celles
qui bordent les côtés. La couleur du dessus du
corps est blanchâtre, avec des bandes brunes,
noirâtres dans leurs bords, anguleuses et plus
larges vers le milieu de la longueur du corps que
vers la queue ou vers la tête. Les grandes plaques
présentent des taches carrées et disposées alternativement d'un côté et de l'autre; elles sont communément au nombre de cent dix-sept, et les
paires de petites plaques au nombre de soixante-
dix. Les individus de cette espèce, que l'on a
observés, n'avaient guère plus d'un pied de longueur.

---

(1) L'Anguleux. M. Daubenton, Encyclopédie méthodique.
Col. angulatus. Linn., amphib. Serp.
Amœnit. amphib. Gillenb. p. 533, n° 7.
Séba, mus. 2, tab. 73, fig. 1.

LA COULEUVRE[1]

DE MINERVE.

Coluber (Natrix) Minervæ, Merr.; *Col. Minervæ*, Linn., Lacep., Latr., Daud.

———

Le serpent étant pour les anciens Grecs un des emblêmes de la prudence, avait été consacré à Minerve, qu'ils regardaient comme la déesse de la sagesse. Les Athéniens avaient gravé son image autour des autels et des statues de cette divinité qu'ils avaient choisie pour la protectrice de leur ville; ils regardèrent la fuite d'un serpent, qui s'échappa de leur citadelle, comme la marque du courroux de la déesse; et c'est peut-être pour rappeler cette opinion religieuse, que M. Linnée a donné le nom de *Serpent de Minerve* à la couleuvre dont il est question dans cet article. Nous croyons devoir d'autant plus le lui conserver, qu'un des souvenirs les plus agréables et les plus touchants est celui des siècles fameux de la Grèce, où la belle nature et la liberté ont produit tant

———

(1) Le Serpent de Minerve. M. Daubenton, Encyclopédie méthodique.

Col. Minervæ. Linn., amphib. Serpent.

Mus. Ad. fr. t, p. 36.

de grands hommes, et les arts qui les ont immortalisés. Il est heureux qu'un petit objet, revêtu d'un grand nom, puisse quelquefois éveiller de grandes idées ; et que la vue d'une simple couleuvre, puisse retracer quelque image de l'ancienne Grèce, à ceux qui rencontreront ce faible serpent sur les lointains rivages de l'Inde où il habite.

La couleuvre de Minerve est d'une couleur agréable ; le dessus de son corps est d'un vert de mer plus ou moins foncé, et le long de son dos règne une bande brune. On voit, sur la tête de serpent, trois autres bandes de la même couleur ; il a deux cent trente-huit grandes plaques, et quatre-vingt-dix paires de petites.

LA PÉTALAIRE.[1]

Coluber (Natrix) Pethola, var. β? Merr.; *Col. petalarius*, Linn., Lacep., Latr., Daud.(2).

Un individu de cette espèce fait partie de la

(1) *Apachycoatl*, par les Mexicains.

Le Pétalaire, M. Daubenton, Encyclopédie méthodique.

Col. petalarius. Linn., amphib. Serp.

Mus. Ad. fr. 1, p. 35, tab. 9, fig. 2.

Cerastes mexicanus. 176, Laurenti Specimen medicum.

Séba, mus. 2, tab. 20, fig. 1.

Nieremberg, liv. XII, chap. 45.

Jonston, pag. 28.

(2) Ce reptile, suivant M. Merrem, ne serait qu'une simple variété de la couleuvre Péthole, qui sera décrite plus tard. DESM. 1827.

collection du Roi; il a un pied neuf pouces de longueur totale, et sa queue, quatre pouces neuf lignes : il n'a point de crochets mobiles. Neuf grandes écailles couvrent le dessus de sa tête et sont disposées sur quatre rangs; celles que l'on voit sur le dos sont presque ovales et unies. La couleur du dessus du corps est noirâtre, avec des bandes très-irrégulières transversales et blanches. On remarque d'autres bandes blanches et transversales sur les paires de petites plaques, qui sont d'un gris foncé, et au nombre de cent cinq. Il y a deux cent onze grandes plaques blanches et bordées de gris, ce qui forme sous le ventre, de petites bandes transversales.

Le blanc et le noir, qui composent les couleurs principales de la pétalaire, sont contrastés et nuancés de manière à rendre sa parure très-agréable. Ce serpent est très-doux, et même familier; il s'introduit sans crainte dans les maisons, y passe sa vie sous les toits, et y devient très-utile, en y faisant la guerre aux insectes et même aux rats, dont il détruit un grand nombre : il se nourrit aussi de petits oiseaux. On le trouve non seulement en Asie, et particulièrement dans l'île d'Amboine, mais encore en Amérique, et surtout au Mexique où on le nomme *Apachycoatl* (1).

____

(1) Cette espèce est très-sujette à varier, tant par la distribution de ses couleurs, que par le nombre de ses plaques. M. Linnée a compté, sur l'individu qu'il a décrit, deux cent douze grandes plaques sous le ventre, et cent deux paires de petites plaques sous la queue; et nous

LA MINIME.[1]

Coluber pullatus, Linn., Gmel., Latr.; *Tyria pullata*, Fitz.

CETTE couleuvre d'Asie a quelquefois le dessus du corps d'une seule teinte, et d'une couleur tannée ou minime, plus ou moins foncée; d'autres fois elle présente, sur ce fond, des bandes transversales noires : mais un de ses caractères distinctifs est d'avoir chacune des écailles qui revêtent le dessus de son corps, à demi bordée de blanc, ce qui fait paraître son dos pointillé de la même couleur. Les côtés de la tête sont d'un blanc très-éclatant, avec des taches noires, et le dessous du corps est d'une teinte plus claire que le dessus, et quelquefois tacheté de brun. Telles sont les couleurs que présente la minime, qui parvient quelquefois à une longueur assez considérable; un individu de cette espèce, conservé au Cabinet du Roi, a trois pieds deux pouces six lignes de

---

avons vu dans la collection de M. d'Antic, une couleuvre Pétalaire qui avait deux cent seize grandes plaques et cent six paires de petites.

(1) Le Minime. M. Daubenton, Encyclopédie méthodique.

Col. pullatus. Linn., amphib. Serp.

Mus. Ad. fr. 1, p. 35, tab. 20, fig. 3.

Amœn. 1, p. 581, n° 25.

Gronovius, mus. 2, p. 56, n° 12.

longueur totale, et sa queue un pied. Ses mâchoires ne sont point armées de crochets mobiles; de grandes écailles couvrent ses lèvres; sa tête est allongée, et le sommet en est garni d'autres écailles plus grandes que celles des lèvres, au nombre de neuf, et disposées sur quatre rangs (1).

LA MILIAIRE.[2]

Coluber (Natrix) miliaris, Merr.; *Col. miliaris*, Linn., Lacep., Latr., Daud.

La parure de cette couleuvre est élégante; le dessus et les côtés du corps sont bruns, mais leur couleur sombre est relevée par une tache blanche que présente chaque écaille; le dessous du corps est blanc comme les taches. On trouve cette couleuvre dans les Indes. Elle a ordinairement cent soixante-deux grandes plaques et cinquante-neuf paires de petites.

---

(1) Cette espèce a , suivant M. Linnée, deux cent dix-sept grandes plaques, et cent huit paires de petites; mais ce nombre est assez souvent moins considérable.

(2) Le Miliaire. M. Daubenton, Encyclopédie méthodique.
Col. miliaris. Linn. amphib. Serpent.
Mus. Ad. fr. p. 27.

LA RHOMBOÏDALE.[1]

Coluber (Natrix) rhombeatus, Merr.; *Col. rhombeatus*,
Linn., Lacep., Latr., Daud.

C'est dans les Indes que se trouve cette couleuvre; et qu'on ne soit pas étonné du grand nombre de serpents que l'on a observés dans les pays voisins des tropiques. Non seulement ils y éprouvent le degré de chaleur qui paraît convenir le mieux à leur nature, mais les petites espèces y trouvent en abondance les insectes dont elles se nourrissent. L'on dirait que c'est précisément dans ces contrées brûlantes, où pullulent des légions innombrables d'insectes et de vers, que la nature a placé le plus grand nombre de serpents, comme si elle avait voulu y réunir tout ce qui détruit ces vers et ces insectes nuisibles ou incommodes, qui, par leur excessive multiplication, couvriraient bientôt ces terres équatoriales, en interdiraient l'entrée à l'homme et aux animaux, en dépouilleraient les arbres, en feraient périr les végétaux jusques dans leurs racines, et rendraient ces terres

---

(1) Le Rhomboïdal. M. Daubenton, Encyclopédie méthodique.
Col. rhombeatus. Linn., amphib. Serpent.
Mus. Ad. fr. p. 27, tab. 24, fig. 2.
Cerastes rhombeatus. 170, Laurenti Specimen medicum.

fertiles des déserts stériles, où, réduits à se dévorer mutuellement, ils ne laisseraient bientôt
que leurs propres débris. Un grand motif se réunit donc à tous ceux dont nous avons déja parlé,
pour que les habitants de ces contrées voisines
des tropiques soient bien aises de voir leurs demeures entourées de serpents qui ne sont pas
venimeux. Parmi ces innocentes couleuvres, la
rhomboïdale est une de celles que l'on doit rencontrer avec le plus de plaisir; l'assortiment de
ses couleurs la rend, en effet, très-agréable à la
vue; le dessus de son corps est d'un bleu plus ou
moins clair, et présente des taches noires percées
dans leur milieu, où l'on voit la couleur bleue du
fond, et qui a un peu la forme d'une losange. Ces
taches noires se marient très-bien avec le bleu
qui les fait ressortir.

La rhomboïdale a communément cent cinquante-
sept grandes plaques et soixante-dix paires de
petites.

LA PALE.⁽ⁱ⁾

Coluber (*Natrix*) *pallidus*, Merr.; *Col. pallidus*, Linn.,
Lacep., Latr., Daud.

———

La couleur de ce serpent est d'un gris-pâle avec un grand nombre de points bruns et de taches grises répandues sans ordre: on voit, de chaque côté du corps, une ligne noirâtre plus ou moins étendue. En tout, les couleurs de la couleuvre pâle sont très-peu brillantes. Elle n'a point de crochets mobiles; le dessus de sa tête est recouvert par neuf grandes écailles; celles du dos sont ovales et unies. Le corps est ordinairement très-menu en comparaison de sa longueur; et la queue est si déliée, qu'on a peine à compter les petites plaques qui en garnissent le dessous. L'individu, décrit par M. Linnée, avait à-peu-près un pied et demi de longueur; cent cinquante-cinq grandes plaques, et quatre-vingt-seize paires de petites. C'est dans les Indes qu'on trouve la couleuvre pâle.

---

(1) Le Pâle. M. Daubenton, Encyclopédie méthodique.
Col. pallidus. Linn . amphib. Serpent.
Amœnit. Surin. grill. p. 5o3, n° 11.
Mus. Ad. fr. 1, p. 31, tab. 7, fig. 2.

LA RAYÉE.[1]

Coluber (Natrix) lineatus, Merr.; *Col. lineatus*, Linn., Lacep., Latr., Daud.; *Col. jaculatrix*, Linn., Latr., Daud.; *C. Jaculus*, Lacep.; *Col. atratus*, Gmel., Daud. (2).

QUATRE raies brunes s'étendent sur le dos de cette couleuvre, se prolongent jusqu'à l'extrémité de la queue, et se détachent d'une manière très-agréable sur le fond de la couleur qui est bleuâtre. Le ventre est blanchâtre et recouvert de cent soixante-neuf grandes plaques; on compte quatre-vingt-quatre paires de petites plaques sous la queue de ce serpent, qui ne parvient jamais à une longueur considérable, et qui se trouve en Asie.

(1) Le Rayé. M. Daubenton, Encyclopédie méthodique.
Col. lineatus Linn., amphib. Serp.
Mus. Ad. fr. 1, p. 80, tab. 12, fig. 1, et tab. 20, fig. 1.
Séba, mus. 2, tab. 12, fig. 3.
(2) Selon M. Merrem, cette espèce doit être réunie à celle du dard, décrite ci-après. DESM. 1827.

LE MALPOLE.[1]

Coluber (Natrix) stolatus, Merr.; *Coluber Malpolon*, Lacep.,
Daud.; *Col. stolatus*, Linn., Laur., Daud.; *Coronella cervina*, Laur.; *Vipera stolata* et *Coluber sibilans*, Latr.; *Col.
mortuarius*, Daud. (2).

Cette espèce varie beaucoup suivant les pays
qu'elle habite : nous allons la décrire d'après un
individu conservé au Cabinet du Roi. Le dessus de
la tête du malpole est couvert de neuf grandes
écailles, et le dos est garni d'écailles ovales et relevées par une arête. Il a la langue très-longue et
très-déliée, ce qui doit lui donner beaucoup de
facilité pour saisir et retenir les insectes dont il se
nourrit. Ses couleurs sont très-belles, et distribuées
d'une manière très-agréable; mais, comme elles
sont aisément altérées par l'esprit-de-vin dans lequel on conserve l'animal, il est très-difficile
d'avoir des dessins exacts du malpole, d'après les
individus qui font partie des collections d'Histoire

---

(1) Le Malpole. M. Daubenton, Encyclopédie méthodique.

Col. sibilans. Linn., amphib. Serpent.

Amœnit. mus. princ. p. 584, 3o.

Malpolon. Séba, mus. 2, tab. 52, fig. 4, tab. 56, fig. 4, et tab. 107,
fig. 4.

(2) Cette espèce est réunie, par M. Merrem, à celle de la couleuvre
Chayque (voyez page 213, sous le nom de *Coluber (Natrix) stolatus.*

DESM. 1827.

naturelle. Il est bleu, et présente un grand nombre de taches noires très-petites, et disposées de manière à former des raies longitudinales; au-dessus des deux dernières plaques qui garnissent le sommet de la tête à compter du museau, on voit une tache très-blanche, bordée de noir, et placée la moitié sur une de ces deux plaques, et la moitié sur l'autre. Le corps du malpole est très-mince en proportion de sa longueur. Ce serpent doit donc pouvoir se tenir avec facilité au plus haut des arbres, s'y entortiller autour des branches, s'y suspendre et y poursuivre les petits animaux dont il fait sa proie. Il habite l'Asie, et peut-être l'Afrique et l'Amérique (1).

LE MOLURE.[2]

Coluber (Natrix) Molurus, Merr.; *Col. Molurus*, Lacep., Daud., Linn.?

C'est une des plus grandes couleuvres qu'on ait encore observées, et non seulement le molure se rapproche, par sa longueur, de quelques espèces du genre des *Boa*, dont nous traiterons

(1) Le Malpole a ordinairement cent soixante grandes plaques et cent paires de petites. La longueur totale de l'individu que nous avons décrit, était d'un pied dix pouces, et celle de sa queue de cinq pouces six lignes.

(2) Le Molure. M. Daubenton, Encyclopédie méthodique.

Col. Molurus. Linn., amphib. Serpent.

dans cet ouvrage, mais il a beaucoup de rapports avec ces grandes et remarquables espèces par sa conformation, et particulièrement par celle de sa tête. Cette partie du corps du molure est très-large par derrière, moins large vers les yeux, très-allongée, très-arrondie à l'endroit du museau, et peut être comparée, pour sa forme, à la tête d'un chien, ainsi que l'a été celle de plusieurs boa, par un grand nombre de naturalistes. Le dessus de cette même partie est garni de neuf grandes écailles, comme dans la couleuvre verte et jaune. Le molure n'a point de crochets mobiles et ne contient pas de venin; les écailles qui revêtent son dos, sont grandes, ovales et unies. Il n'a ordinairement que deux cent quarante-huit grandes plaques et cinquante-neuf paires de petites; mais nous avons compté deux cent cinquante-cinq grandes plaques et soixante-cinq paires de petites, au-dessous du corps ou de la queue d'un individu de cette espèce, conservé au Cabinet du Roi. Cet individu a six pieds de longueur totale et neuf pouces depuis l'anus jusqu'à l'extrémité de la queue, dont, par conséquent, la longueur n'est qu'un huitième de celle de l'animal entier.

Le molure est d'un roux-blanchâtre, et présente une rangée longitudinale de grandes taches rousses bordées de brun; on voit le long des côtés du corps, d'autres taches qui ressemblent plus ou moins à celles de cette rangée longitudinale.

Cette couleuvre se trouve dans les Indes, et sa

conformation peut faire présumer que ses habitudes ont beaucoup de rapports avec celles des
Boa.

LA DOUBLE-RAIE.

Coluber (Natrix) bilineatus, Merr. ; *Col. bilineatus*, Lacep.

Nous ignorons dans quel pays on trouve cette
couleuvre, que nous allons décrire d'après un individu qui fait partie de la collection de Sa Majesté ; mais comme cet individu a été envoyé au
Cabinet du Roi avec un molure, il se pourrait que
la double-raie se trouvât dans les Indes, comme
ce dernier serpent. La double-raie n'a point de
crochets mobiles ; le dessus de sa tête présente
neuf grandes écailles ; celles que l'on voit sur le
dos sont unies et en losange : elle a ordinairement
deux cent cinq grandes plaques et quatre-vingt-
dix-neuf paires de petites.

Ses couleurs sont très-brillantes, et elle peut
être comptée parmi les serpents que l'on doit
voir avec le plus de plaisir. Deux bandes longitudinales, d'un jaune qui, dans l'animal vivant, doit
approcher de la couleur de l'or, règnent depuis
le derrière de la tête jusqu'au-dessus de la queue ;
le fond sur lequel elles s'étendent, est d'un roux
plus ou moins foncé ; et comme chaque écaille est

bordée de jaune, toute la partie du dessus du corps qui n'est pas occupée par les deux bandes jaunes, paraît présenter un très-grand nombre de petites raies longitudinales de la même couleur (1).

LA DOUBLE-TACHE.

Coluber (Natrix) bimaculatus, Merr.; *Col. bimaculatus*, Lacep., Daud.

LES couleurs de cette couleuvre sont aussi agréables que ses proportions sont légères; le dessus de son corps est roux; sur ce fond on voit de petites taches blanches irrégulières, bordées de noir, assez éloignées l'une de l'autre, disposées le long du dos; et deux taches blanches, plus grandes que les autres, paraissent derrière la tête. Cette dernière partie est un peu conformée comme dans le molure; le sommet en est garni de neuf grandes écailles; les mâchoires ne présentent pas de crochets mobiles, et les écailles du dos sont unies et en losange. L'individu que nous avons décrit, et qui a été envoyé au Cabinet du Roi avec la double-raie et le molure, a deux cent quatre-vingt-dix-sept grandes plaques, et

____

(1) L'individu que nous avons décrit avait deux pieds un pouce de longueur totale, et sa queue était longue de six pouces six lignes.

soixante-douze paires de petites; sa longueur totale est d'un pied huit pouces deux lignes, et celle de la queue, de trois pouces dix lignes.

<hr>

LE BOIGA.[1]

Coluber (Natrix) Ahœtulla, Merr.; *Col. Ahœtulla*, Linn., Latr., Daud.; *Natrix Ahœtulla*, Laur.

QUE l'on se représente les couleurs les plus riches et les plus agréablement variées dont la nature ait décoré ses ouvrages, et l'on n'aura peutêtre pas une idée exagérée de la beauté du serpent dont nous nous occupons. Le boiga doit, en effet, par la richesse de sa parure, tenir, dans son ordre, le même rang que l'oiseau-mouche dans celui des oiseaux : même éclat, même variété de nuances, même réunion de reflets agréables dans ces deux animaux, d'ailleurs si différents l'un de l'autre. Les couleurs vives des pierreries et l'éclat brillant de l'or resplendissent sur les écailles du

(1) Le Boiga. M. Daubenton , Encyclopédie méthodique.

Coluber Ahœtulla. 3ı3 , Linn., amphibia Serp.

Gron. mus. 2 , p. 6ı , nᵒ 24.

Séba, mus. 2, tab. 63 , fig. 3 , tab. 82, fig. ı.

Bradl. natur. , t. 9 , fig. 2.

Natrix Ahœtulla. ı6ı , Laurenti Specimen medicum.

Ahœtulla. Mus. Petiver.

Serpens indicus gracilis , viridis; Ahœtulla zeylonensibus. Rai, Synopsis, p. 33ı.

Boiga, ainsi que sur les plumes de l'oiseau-mouche; et comme si, en embellissant ces deux êtres, la nature avait voulu donner à l'art un modèle parfait du plus bel assortiment de couleurs, les teintes les plus brunes, répandues sur l'un et sur l'autre, au milieu des nuances les plus claires, sont ménagées de manière à faire ressortir, par un heureux contraste, les couleurs éclatantes dont ils brillent.

La tête du boiga, assez grosse à proportion de son corps, est recouverte de neuf grandes écailles disposées sur quatre rangs. Ces neuf plaques, ainsi que les autres écailles qui garnissent le dessus de la tête de ce serpent, sont d'un bleu-foncé et comme soyeux; une bande blanche qui règne le long de la mâchoire supérieure, relève cet espace azuré, au milieu duquel on voit briller les yeux du boiga, et qui ressort d'autant plus, qu'une petite bande noire s'étend entre le bleu et la bordure blanche. Tout le dessus du corps, jusqu'à l'extrémité de la queue, est également d'un bleu variant par reflets, et présentant même, à certaines expositions, le vert de l'émeraude. Sur ce beau fond de saphir règne une espèce de raie ou de chaînette que l'on croirait dorée par l'art, et qui s'étend jusqu'au bout de la queue; et non seulement cette espèce de riche broderie présente l'éclat métallique de l'or, lorsque l'animal est encore en vie, mais même lorsqu'il a été conservé pendant long-temps dans l'esprit-de-vin, on croirait que les écailles, qui composent cette petite chaîne, sont autant de feuilles d'or appliquées sur la peau du serpent. Tout le dessous du corps et de la tête est d'un blanc-argentin, séparé des couleurs bleues du dos par deux autres petites chaînes dorées qui, de chaque côté, parcourent toute la longueur du corps.

Mais l'on n'aurait encore qu'une idée imparfaite de la beauté du boiga, si l'on se représentait uniquement cet azur et ce blanc agréablement contrastés et relevés par ces trois broderies dorées; il faut se peindre tous les reflets du dessus et du dessous du corps, et les différentes teintes de couleur d'argent, de jaune, de rouge et de noir, qu'ils produisent. Le bleu et le blanc, au travers desquels il semble qu'on aperçoit ces teintes merveilleusement fondues, mêlent encore la douceur de leurs nuances à la vivacité de ces divers reflets, de telle sorte que, lorsque le boiga se meut, l'on croirait voir briller au-dessous d'un crystal transparent et quelquefois bleuâtre, une longue chaîne de diamauts, d'émeraudes, de topazes, de saphirs et de rubis. Et il est à remarquer que c'est dans les belles et brûlantes campagnes de l'Inde, où les cristaux et les pierres dures présentent les nuances les plus vives, que la nature s'est plu, pour ainsi dire, à réunir ainsi sur la robe du boiga, une image fidèle de ces riches ornements.

Le boiga est un des serpents les plus menus, relativement à sa longueur; à peine les individus

de cette espèce que l'on conserve au Cabinet du
Roi, et dont la longueur est de plus de trois pieds,
ont-ils quelques lignes de diamètre; leur queue
est presque aussi longue que leur corps, et va
toujours en diminuant, de manière à représenter
une aiguille très-déliée, quelquefois cependant un
peu aplatie par dessus, par dessous et par les
côtés. Les boiga joignent donc des proportions
très-sveltes à la richesse de leur parure; aussi
leurs mouvements sont-ils très-agiles, et peuvent-
ils, en se repliant plusieurs fois sur eux-mêmes,
s'élancer avec rapidité, s'entortiller aisément autour de divers corps, monter, descendre, se suspendre, et faire briller en un clin-d'œil, sur les
rameaux des arbres qu'ils habitent, l'azur et l'or
de leurs écailles luisantes et unies.

Ils se nourrissent de petits oiseaux qu'ils avalent avec assez de facilité, malgré la petitesse de
leur corps, et par une suite de la faculté qu'ils
ont d'élargir leur gosier, ainsi que leur estomac.
D'ailleurs l'on doit présumer qu'ils ne cherchent
à dévorer leur proie qu'après l'avoir comprimée,
ainsi que les grands serpents écrasent et compri-
ment la leur. Le boiga se tient caché sous les
feuilles pour surprendre les oiseaux; il les attire,
dit-on, par une espèce de sifflement qu'il fait entendre, et qui, imitant apparemment certains sons
qui leur sont familiers ou agréables, les trompe
et les fait avancer vers le serpent qui les attend
pour les dévorer. On a même voulu distinguer

par le beau nom de *chant,* le sifflement du boiga (1); mais la forme de sa langue allongée et divisée en deux, ainsi que la conformation des autres organes qui lui servent à rendre des sons, ne peuvent produire qu'un vrai sifflement, au lieu de faire entendre une douce mélodie. Le boiga, non plus que les autres serpents prétendus chanteurs, ne mérite donc que le nom de siffleur. Mais si la nature n'en a pas fait un des chantres des campagnes, il paraît qu'il réunit un instinct plus marqué que celui de beaucoup d'autres serpents, à des mouvements plus prompts et à une parure plus magnifique. Dans l'île de Bornéo, les enfants jouent avec lui; on les voit manier sans crainte ce joli serpent, l'entortiller autour de leur corps, le porter dans leurs mains innocentes, et nous rappeler cet emblême ingénieux imaginé par la spirituelle antiquité, cette image touchante de la candeur et de la confiance, qu'elle représentait sous la forme d'un enfant souriant à un serpent qui le serrait dans ses contours. Mais, dans cette charmante allégorie, le serpent recélait un poison mortel, au lieu que le boiga ne rend que des caresses aux jeunes Indiens, et paraît se plaire beaucoup à être tourné et retourné par leurs mains délicates.

Comme c'est un spectacle assez agréable que de voir, dans les vertes forêts, des animaux aussi

------

(1) Voyez la description du Cabinet de Séba.

innocents qu'agiles, faire briller les couleurs les
plus vives et s'élancer de branche en branche,
sans être dangereux ni par leurs morsures ni par
leur venin, on doit regretter que l'espèce du
boiga ait besoin, pour subsister, d'une chaleur
plus forte que celle de nos contrées, et qu'elle
ne se trouve que vers l'équateur, tant dans l'ancien que dans le nouveau continent (1).

LA SOMBRE.[2]

Coluber (Natrix) carinatus, Merr.; *Col. fuscus*, var. β, Linn.,
Latr., Daud.; *Col. subfuscus*, Lacep.; *Col. carinatus*, Linn.,
Lac., Latr., Daud. (3).

Suivant M. Linnée cette couleuvre a beaucoup
de rapports, par sa conformation, avec le boiga;
mais ses couleurs sont aussi sombres et aussi mo-
notones que celles du boiga sont brillantes et
variées. Elle est d'un cendré mêlé de brun, et derrière chaque œil, on aperçoit une tache brune et
allongée. Elle a ordinairement cent quarante-neuf
grandes plaques et cent dix-sept paires de petites.

---

(1) Le boiga a communément cent soixante-six grandes plaques, et
cent vingt-huit rangées de petites; mais ce nombre varie très-souvent,
ainsi que dans les autres espèces de serpents.

(2) Le Sombre. M. Daubenton, Encyclopédie méthodique.

Col. fuscus. Linn., amphib. Serpent.

Mus. Ad. fr. 1, p. 32, tab. 17, fig. 1.

(3) Celle-ci, selon M. Merrem, ne diffère pas spécifiquement de la
carénée et de la décolorée, qui sont décrites ci-après, p. 316 et 317.

DESM. 1827.

LA SATURNINE.[1]

Coluber (Natrix) saturninus, Merr.; *Col. saturninus*, Linn., Lacep., Daud.; *Natrix saturnina*, Laur.

LA couleur de cette couleuvre est comme nuageuse et mêlée de livide et de cendré; sa tête est couleur de plomb, ses yeux sont grands, et elle a ordinairement cent quarante-sept grandes plaques et cent-vingt paires de petites.

Nous ne pouvons rien dire des habitudes naturelles de ce serpent; nous savons seulement qu'il habite dans les Indes.

LA CARENÉE.[2]

Coluber (Natrix) carinatus, var. β, Merr.; *Col. carinatus*, Linn., Lacep., Latr., Daud.; *Col. fuscus*, Linn., Latr., Daud.; *Col. subfuscus*, Lacep. (3).

CETTE couleuvre ressemble beaucoup à la sa-

---

(1) Le Saturnin. M. Daubenton, Encyclopédie méthodique.

Col. saturninus. Linn., amphibia Serp.

Mus. Ad. fr. 1, p. 32, tab. 9, fig. 1.

Natrix saturnina. 154, Laurenti Specimen medicum.

(2) Le Carené. M. Daubenton, Encyclopédie méthodique.

Col. carinatus. Linn., amphib. Serp.

Mus. Ad. fr., p. 31.

(3) La couleuvre sombre et la décolorée décrite ci-après, page 317, sont rapportées à cette espèce, par M. Merrem. DESM. 1827.

turnine, par les diverses nuances qu'elle présente. Chacune des écailles qui garnissent le dessus de son corps est couleur de plomb et bordée de blanc; le dessous de son corps est blanchâtre. Elle habite dans les Indes, comme la saturnine; mais un de ses caractères distinctifs est d'avoir le dos relevé en carène; et de-là vient le nom que lui a donné M. Linnée. Elle a communément cent cinquante-sept grandes plaques et cent quinze paires de petites.

LA DÉCOLORÉE.[1]

Coluber (Natrix) carinatus, var. γ, Merr.; *Col. exoletus,* Linn., Lacep., Latr., Daud.; *Col. carinatus,* Linn., Lacep., Daud., *Col. fuscus,* Linn.; *Col. subfuscus,* Lacep. (2).

Cette couleuvre ressemble beaucoup au boiga par sa conformation, ainsi que la sombre; mais elle n'a point, non plus que cette dernière, les couleurs éclatantes ni la riche parure du boiga. Ses nuances sont cependant agréables; elle est d'un bleu-clair mêlé de cendré, et les écailles qui

(1) Le Décoloré. M. Daubenton, Encyclopédie méthodique.
Col. exoletus. Linn., amphib. Serpent.
Mus. Ad. fr. 1, p. 34, tab. 10, fig. 2.
Natrix exoleta, 160. Laurenti Specimen medicum.
(2) La Décolorée, la Sombre et la Carénée ne forment, pour M. Mer-rem, qu'une seule espèce, à laquelle il conserve le nom de *Coluber carinatus.* DESM. 1827.

recouvrent ses mâchoires sont blanches. On la trouve dans les Indes, de même que le boiga et la sombre. Elle a ordinairement cent quarante-sept grandes plaques et cent trente-deux paires de petites.

LE PÉLIE.[1]

Coluber (Natrix) Pelias, Merr.; *Col. Pelias*, Linn., Lacep., Latr., Daud.

M. Linnée a fait connaître cette espèce de couleuvre, dont un individu faisait partie de la Collection de M. le baron de Géer. Elle est brune derrière le sommet de la tête et les yeux, et noire dans le reste du dessus du corps; le dessous du ventre est vert et bordé de chaque côté d'une ligne jaune. Ce serpent présente donc une distribution de couleurs différente de celle que l'on remarque dans la plupart des autres couleuvres, dont les nuances les plus brillantes parent la partie supérieure de leur corps. Le pélie se trouve dans les Indes; il a ordinairement cent quatre-vingt-sept grandes plaques, et cent trois paires de petites.

(1) Le Pélie. M. Daubenton, Encyclopédie méthodique.
Col. Pelias. Linn., amphib. Serp.

LE FIL.[1]

Coluber (Natrix) Cepedii, Merr.; *Coluber filiformis*, Lacep.

Ce serpent est un de ceux dont le corps est le plus délié; aussi se roule-t-il avec facilité autour des divers arbres, et parcourt-il avec vîtesse les branches les plus élevées; on le trouve dans les Indes, tant orientales qu'occidentales, et on l'y voit souvent dans les bois de palmier, se suspendre aux rameaux, en différents sens, s'étendre d'un arbre à l'autre, ou se coller, pour ainsi dire, si intimement contre le tronc qu'il entoure, qu'on l'a comparé aux lianes qui s'attachent ainsi aux arbres et aux arbrisseaux, et qu'un individu de cette espèce a été envoyé au Cabinet du Roi, sous le nom de serpent à liane, d'Amérique. Ses yeux sont gros; il n'a point de crochets mobiles, et n'est dangereux en aucune manière; le dessus de sa tête qui est très-grosse, à proportion du corps, est garni de neuf grandes écailles, et celles de son dos sont en losange, et relevées par une arête.

Si la forme de cette couleuvre est svelte et

---

(1) Le Fil. M. Daubenton, Encyclopédie méthodique.
Col. filiformis. Linn., amphib. Serpent.
Mus. Ad. fr., p. 36, tab. 17, fig. 2.
Natrix filiformis, 159, Laurenti Specimen medicum.

agréable, ses couleurs ne sont pas brillantes; le dessus de son corps est noir, ou d'un livide plus ou moins foncé, et le dessous blanc ou blanchâtre. Il a ordinairement cent soixante-cinq grandes plaques, et cent cinquante-huit paires de petites. L'individu que nous avons décrit, a un pied six lignes de longueur totale, et quatre pouces six lignes, depuis l'anus jusqu'à l'extrémité de la queue.

M. Laurenti a vu une couleuvre qu'il a regardée, avec raison, comme une variété de cette espèce, et qui n'en différait que par deux raies brunes qui partaient des yeux, et s'étendaient sur le dos, où elles devenaient deux rangées de petites taches obliques.

C'est peut-être aussi à la couleuvre *le Fil*, qu'il faut rapporter le serpent de la Caroline, figuré dans Catesby (*vol.* 2, *pl.* 54). Ce reptile (1) est d'une couleur brune, parvient quelquefois à la longueur de plusieurs pieds, ressemble beaucoup au fil, par sa conformation, a de même le corps très-menu, et a été comparé à un fouet, à cause de sa forme très-déliée, et de la vîtesse de ses mouvements.

______

(1) *Anguis flagelliformis.* Catesby, vol. II, pag. 54. *The Coach-Whip Snake.*

LA CENDRÉE.[1]

Coluber (Natrix) cinereus, Merr.; *Col. cinereus*, Linn., Lacep., Daud.

O_N peut se représenter bien aisément les couleurs de cette couleuvre; elle est grise, avec le ventre blanc, et les écailles de la queue sont bordées d'une couleur qui approche de celle du fer. C'est M. Linnée qui l'a fait connaître; elle habite dans les Indes, et elle a communément deux cents grandes plaques, et cent trente-sept paires de petites.

LA MUQUEUSE.[2]

Coluber (Natrix) mucosus, Merr.; *Col. mucosus*, Linn., Lacep., Latr., Daud.; *Natrix mucosa*, Laur.

C_{ETTE} couleuvre est du grand nombre de celles que M. Linnée a fait connaître; et, suivant ce grand

---

(1) Le Cendré. M. Daubenton, Encyclopédie méthodique.
Col. cinereus. Linn., amphib. Serpent.
Mus. Ad. fr., 1, p. 37.
(2) Le Muqueux. M. Daubenton, Encyclopédie méthodique.
Col. mucosus. Linn., amphib. Serp.
Mus. Ad. fr. 1, pag. 37, tab. 23, fig. 1.
Natrix mucosa, 156, Laurenti Specimen medicum.

naturaliste, elle se trouve dans les Indes. Sa tête est bleuâtre, et les angles en sont très-marqués. Elle a de grands yeux; l'on voit de petites raies noires sur les écailles qui couvrent ses mâchoires, et le dessus de son corps présente des raies transversales, placées obliquement, et comme nuageuses. Elle a ordinairement deux cents grandes plaques, et cent quarante paires de petites.

LA BLEUATRE.[1]

Coluber (*Natrix*) *cærulescens*, Linn., Latr., Daud.; *Natrix cærulescens*, Laur.; *Coluber subcyaneus*, Lacep.

CETTE couleuvre a deux cent quinze grandes plaques, et cent soixante-dix paires de petites; c'est une de celles qui en a le plus grand nombre, et cependant il s'en faut de beaucoup que ce soit une des plus grandes. C'est que la largeur des grandes et des petites plaques varie beaucoup, dans les reptiles, non seulement suivant les espèces, mais même suivant l'âge ou le sexe des individus; et voilà pourquoi deux serpents peuvent avoir le même nombre de grandes et de petites plaques, non seulement sans présenter la

---

(1) Le Bleuâtre. M. Daubenton, Encyclopédie méthodique.

Col. cærulescens. Linn., amphib. Serpent.

Natrix cærulescens. 157. Laurenti. Specimen medicum.

même longueur totale, mais même sans que la même proportion se trouve entre la longueur du corps et celle de la queue.

Le nom de la bleuâtre désigne la couleur du dessus de son corps, qui ordinairement ne présente pas de tache, et qui est garni d'écailles unies; sa tête est couleur de plomb; c'est des Indes que cette couleuvre a été apportée.

L'HYDRE.[1]

Coluber (Natrix) Hydrus, Merr.; *Col. Hydrus*, Pall., Gmel., Lacep., Latr., Daud.; *Hydrus caspius*, Schneid.

C'EST à M. Pallas que nous devons la description de cette couleuvre, dont les habitudes rapprochent, pour ainsi dire, l'ordre des serpents de celui des poissons. L'hydre n'a jamais été vue, en effet, que dans l'eau, suivant le savant naturaliste de Pétersbourg, et l'on doit présumer, d'après cela, qu'elle ne va à terre que très-rarement, ou pendant la nuit pour s'accoupler, pondre ses œufs, ou mettre bas ses petits, et chercher la nourriture qu'elle ne trouve pas dans les fleuves. C'est aux environs de la mer Caspienne qu'elle a

---

(1) *Col. Hydrus.* Voyage de M. Pallas en différentes provinces de l'empire de Russie, vol. 1, appendix.

été observée, et elle habite non seulement les rivières qui s'y jettent, mais les eaux mêmes de cette méditerranée. Elle ne doit pas beaucoup s'éloigner des rivages de cette mer, quelquefois très-orageuse, non seulement parce qu'elle ne pourrait pas résister aux efforts d'une violente tempête, mais encore, parce que ne pouvant pas se passer de respirer assez fréquemment l'air de l'atmosphère, et par conséquent, étant presque toujours obligée de nager à la surface de l'eau, elle a souvent besoin de se reposer sur les divers endroits élevés au-dessus des flots.

Elle parvient ordinairement à la longueur de deux ou trois pieds; sa tête est petite; elle n'a point de crochets mobiles; sa langue est noire et très-longue, et l'iris de ses yeux jaune; le dessus de son corps est d'une couleur olivâtre, mêlée de cendré, et présente quatre rangs longitudinaux de taches noirâtres, disposées en quinconce : on voit aussi, sur le derrière de la tête, quatre taches noirâtres, allongées, et dont deux se réunissent, en formant un angle plus ou moins ouvert. Le dessous du corps est tacheté de jaunâtre et de noirâtre qui domine vers l'anus, et surtout au-dessous de la queue. Elle a cent quatre-vingts grandes plaques (sans compter quatre écailles qui garnissent le bord antérieur de l'anus) et soixante-six paires de petites.

LA CUIRASSÉE. [1]

Coluber (*Natrix*) *scutatus*, Merr.; *Col. scutatus*, Pall., Gmel., Lacep., Latr., Daud.

CETTE couleuvre, que M. Pallas a décrite, a beaucoup de rapports avec la couleuvre à collier, non seulement par sa conformation, mais encore par ses habitudes. Elle passe souvent un temps très-long dans l'eau, ou sur le bord des rivières, mais elle se tient aussi très-souvent sur les terres sèches et élevées. C'est sur les bords du Jaik, fleuve qui sépare la Tartarie du Turkestan, et qui se jette dans la mer Caspienne, qu'elle a été observée. Elle parvient quelquefois à la longueur de quatre pieds; elle n'a point de crochets mobiles; l'iris de ses yeux paraît brun; tout le dessus de son corps est noir; et le dessous, qui est de la même couleur, présente des taches d'un jaune blanchâtre, presque carrées, placées alternativement à droite et à gauche, et en très-petit nombre sous la queue. Les grandes plaques qui recouvrent son ventre sont au nombre de cent quatre-vingt-dix; leur longueur est assez considérable pour qu'elles embrassent presque les deux tiers de la circonférence du corps, et voilà pour-

---

[1] *Col. scutatus*. Voyage déja cité de M. Pallas, vol. I, appendix.

quoi M. Pallas a donné à cette couleuvre l'épi-thète de *scutata*, que nous avons cru devoir remplacer par celle de *cuirassée*, les grandes plaques formant en effet comme les lames d'une longue cuirasse qui revêtirait le ventre du ser-pent.

La queue présente la forme d'une pyramide triangulaire très-allongée, et le dessous en est garni ordinairement de cinquante paires de petites plaques.

LA DIONE.[1]

Coluber (Natrix) Dione, Merr. ; *Col. Dione*, Pall., Gmel., Lacep., Latr., Daud.

Il semble que c'est à la déesse de la beauté que M. Pallas a voulu, pour ainsi dire, consacrer cette couleuvre, dont il a le premier publié la descrip-tion ; il lui a donné, en effet, un des noms de cette déesse, et cette dénomination était due, en quelque sorte, à l'élégance de la parure de ce serpent, à la légèreté de ses mouvements, et à la douceur de ses habitudes. La couleur du dessus du corps de la dione est d'un gris très-agréable à

______

(1) *Col. Dione.* Voyage de M. Pallas, vol. I, appendix.
Ak-Dshilan, par plusieurs peuples de l'empire de Russie.

la vue, dit M. Pallas, et qui souvent approche du
bleu; elle est relevée par trois raies longitudinales
d'un blanc très-éclatant, que font ressortir des
raies brunes placées alternativement entre les raies
blanches; et les diverses teintes de ces couleurs
doivent être bien assorties, puisque M. Pallas, en
faisant allusion à ses nuances, donne à la dione
l'épithète de très-élégante (*elegantissima*). Le
dessous de son corps est blanchâtre avec de petites raies d'un brun-clair, et souvent de petits
points rougeâtres.

La dione parvient à la longueur totale de trois
pieds, et alors sa queue a communément six pouces de longueur. Son corps est délié; le dessus
de sa tête est couvert de grandes écailles; elle ne
contient aucun venin, et elle est aussi douce et
aussi peu dangereuse que ses couleurs sont belles
à voir. Elle habite les environs de la mer Caspienne; on la trouve dans les déserts qui environnent cette mer, et dont la terre est, pour ainsi
dire, imprégnée de sel. Elle se plaît aussi sur les
collines arides et salées qui sont près de l'Ir-
tish (1).

---

(1) La Dione a ordinairement depuis cent quatre-vingt-dix jusqu'à deux
cent six grandes plaques, et depuis cinquante-huit jusqu'à soixante-six
paires de petites.

LE CHAPELET.[1]

Coluber (Natrix) sibilans, Merr.; *Col. sibilans*, Linn.; *Col. moniliger*, Latr.; *Col. tæniolatus*, Daud.; *Col. gemmatus*, Shaw.

Non seulement les couleurs du chapelet sont très-agréables à voir et présentent les nuances les plus douces, mais elles offrent encore un arrangement et une symétrie que l'on est tenté de prendre pour un ouvrage de l'art, et qui suffiraient seuls pour faire reconnaître cette couleuvre. Le dessus de son corps est bleu et présente trois raies longitudinales; les deux raies des côtés sont blanches; celle du milieu est noire et chargée de petites taches blanches parfaitement ovales, et alternativement mêlées avec des points blancs. De chaque côté de la tête on voit trois et quelquefois quatre taches à-peu-près de la grandeur des yeux, et formant une ligne longitudinale dont le prolongement passe par l'endroit de ces organes. Le dessus de la tête offre aussi des taches d'un bleu-clair bordées de noir et très-symétriquement placées. Le dessous du corps est blanc, et à l'extrémité de chaque grande plaque on voit un très-

---

(1) Il ne faut pas confondre ce serpent avec une couleuvre de la Caroline, à laquelle Catesby a donné le nom de *Chapelet*, et dont nous parlerons, dans cet ouvrage, sous le nom de *Couleuvre mouchetée*.

petit point noir, ce qui forme deux rangées de points noirs sous le ventre.

Telles sont les couleurs de la couleuvre à chapelet; son corps est d'ailleurs très-délié : les écailles qui garnissent son dos sont unies et en losange; neuf grandes écailles couvrent le sommet de sa tête, qui est grande à proportion du corps, et aplatie par dessus ainsi que par les côtés. Le chapelet n'a point de crochets mobiles. Nous avons décrit cette espèce, sur laquelle nous n'avons trouvé aucune observation dans les naturalistes, d'après un individu conservé au Cabinet du Roi. Ce serpent a cent soixante-six grandes plaques, cent trois paires de petites, un pied cinq pouces six lignes de longueur totale, et cinq pouces six lignes depuis l'anus jusqu'à l'extrémité de la queue.

LE CENCHRUS.

Coluber (Natrix) Cenchrus, Merr.; *Col. Cenchrus,* Lac., Daud.

C'est sous ce nom que cette couleuvre a été envoyée au Cabinet du Roi; elle se trouve en Asie; elle n'a point de crochets mobiles; le dessus de sa tête est couvert de neuf grandes écailles placées sur quatre rangs; le dos l'est de petites écailles unies et hexagones; le dessus du corps, marbré de brun et de blanchâtre, présente des bandes transversales irrégulières, étroites et blanchâtres; et le dessous est varié de blanchâtre et de brun. L'individu que nous avons décrit a deux pieds de longueur totale, trois pouces sept lignes depuis l'anus jusqu'à l'extrémité de la queue, cent cinquante-trois grandes plaques et quarante-sept paires de petites.

L'ASIATIQUE.

Coluber (Natrix) asiaticus, Merr.; *Col. asiaticus*, Lac., Daud.

C'EST de l'Asie, et peut-être de l'île de Ceylan, que l'on a envoyé cette couleuvre au Cabinet du Roi. Des raies, dont la couleur a été altérée par l'esprit-de-vin, dans lequel on a conservé l'animal, s'étendent le long du dos de ce serpent; les écailles qui garnissent le dessus de son corps, sont bordées de blanchâtre, rhomboïdales et unies. Le sommet de sa tête est couvert de neuf grandes écailles; il n'a point de crochets mobiles; sa longueur totale est d'un pied, et celle de sa queue de deux pouces trois lignes; il a cent quatre-vingt-sept grandes plaques, et soixante-seize paires de petites. Il paraît, par des notes manuscrites envoyées avec ce reptile, qu'il a reçu dans plusieurs contrées de l'Inde, le nom de *Malpolon*, qui y a été donné à plusieurs espèces de serpents, et que nous avons conservé, avec M. Daubenton, à une couleuvre dont nous avons déja parlé.

LA SYMÉTRIQUE.

Coluber (Natrix) calamarius, var. δ, Merr.; *Col. symetricus*, Lacep., Daud. (1).

Le nom de cette couleuvre désigne l'arrangement très-régulier de ses couleurs. Le dessus de son corps est brun, et de chaque côté du dos, l'on voit une rangée de petites taches noirâtres, qui s'étend jusqu'au tiers de la longueur du corps. Le dessous de la queue est blanc; le dessous du ventre est de la même couleur, mais présente des bandes et des demi-bandes transversales et brunes, placées avec beaucoup de symétrie.

Cette couleuvre n'est pas venimeuse; elle a neuf grandes écailles sur la tête; et des écailles plus petites, unies et ovales, garnissent son dos; l'individu que nous avons décrit, et qui fait partie de la collection du Roi, a cent quarante-deux grandes plaques, et vingt-six paires de petites (2).

On trouve la symétrique dans l'île de Ceylan.

---

(1) M. Merrem regarde ce reptile comme n'étant qu'une variété de la violette déja décrite, page 270, et du calmar, décrit ci-après. Desm. 1827.

(2) La longueur totale de cet individu est d'un pied cinq pouces six lignes, et celle de la queue de deux pouces trois lignes.

LA JAUNE ET BLEUE.[1]

Python amethystinus, Daud., Merr.; *Coluber flavo-cœruleus*,
Lacep., Latr.; *Boa amethystina*, Schneid.

C'EST une très-belle, et en même temps très-grande couleuvre de l'île de Java; les habitants de cette île la nomment *Oularsawa*, *Serpent des champs de riz*, apparemment parce qu'elle se plaît dans ces champs. Elle y parvient jusqu'à la longueur de neuf pieds; mais les individus de cette espèce, qui, au lieu d'habiter dans les basses plantations, préfèrent de demeurer dans les bois touffus, et sur les terrains élevés, ont une grandeur bien plus considérable, et leur longueur a été comparée à la hauteur d'un arbre. Lorsque la jaune et bleue a atteint ainsi tout son développement, elle est dangereuse par sa force, quoiqu'elle ne contienne aucun poison; et non seulement elle se nourrit d'oiseaux, ou de rats et de souris, mais des animaux même assez gros ne peuvent quelquefois échapper à sa poursuite, et deviennent sa proie. Sa tête est plate et large; le sommet en est garni de grandes écailles, et il pa-

---

(1) *Oular-Sawa*, par les habitants de l'île de Java.

Grande Couleuvre de l'île de Java. Mémoire de M. le baron de Wurmb, dans ceux de la Société de Batavia, 1787.

raît par là description qui en a été donnée dans les Mémoires de la Société de Batavia, que ces écailles sont au nombre de neuf, et disposées sur quatre rangs, comme dans la verte et jaune. Les mâchoires ne sont pas armées de crochets mobiles, mais de deux rangs de dents pointues, recourbées en arrière, et dont les plus grandes sont le plus près du museau. Ce très-grand serpent a l'iris jaune; le dessus de sa tête est d'un gris mêlé de bleu; l'on voit deux raies d'un bleu foncé commencer derrière les yeux, s'étendre au-dessus du cou, et s'y réunir en arc, à un pouce de distance de la tête. Une troisième raie de la même couleur règne depuis le museau jusqu'à l'occiput, où elle se divise en deux pour embrasser une tache jaune, chargée de quelques points bleus.

Le dessus du corps présente des espèces de compartiments très-agréables; il paraît comme divisé en un très-grand nombre de carreaux, et représente un treillis formé par plusieurs raies qui se croisent. Ces raies sont d'un bleu éclatant, et bordées d'un jaune couleur d'or. Le milieu des carreaux est, sur le dos, d'un gris changeant en jaune, en bleu et en vert, suivant la manière dont il réfléchit la lumière; il est d'un gris plus clair sur les côtés du corps, ainsi que sur la queue, où les carreaux sont plus petits que sur le dos; et chaque côté du corps présente une rangée longitudinale de taches blanches, placées aux endroits où les raies bleues se croisent.

Il est aisé de voir, d'après cette description, que les couleurs qui dominent dans ce beau serpent, sont le bleu et le jaune; et c'est ce qui nous a fait préférer le nom que nous avons cru devoir lui donner. Il a quelquefois trois cent douze plaques, et quatre-vingt-treize paires de petites.

LA TROIS-RAIES.

Coluber (Natrix) Seetzenii, Merr.; *Col. terlineatus,* Lacep.; *C. trilineatus ,* Latr., Daud.

Nous donnons ce nom à une couleuvre d'Afrique, dont le dessus du corps présente, en effet, trois raies longitudinales; elles partent du museau, et s'étendent jusqu'au-dessus de la queue; la couleur du fond, qu'elles parcourent, est d'un roux plus ou moins clair. Neuf grandes écailles garnissent le sommet de la tête; les mâchoires ne sont pas armées de crochets mobiles, et les écailles du dos sont en losange et unies. Un individu de cette espèce, conservé au Cabinet du Roi, a un pied cinq pouces six lignes de longueur totale, deux pouces huit lignes depuis l'anus jusqu'à l'extrémité de la queue, cent soixante-neuf grandes plaques, et trente-quatre paires de petites.

LE DABOIE. [1]

Vipera (Echidna) Daboia, Merr.; *Coluber brasiliensis*, Lacep.;
Vipera Daboia, Daud.; *Vip. brasiliana*, Latr. (2).

Voici une de ces espèces remarquables de serpent, que la superstition a divinisées. C'est dans le royaume de Juida, sur les côtes occidentales d'Afrique, où elle est répandue en très-grand nombre, qu'on lui a érigé des autels; et il semble que ce n'est pas la terreur qui courbe la tête du nègre devant ce reptile, puisqu'il n'est redoutable, ni par sa force, ni par aucune humeur venimeuse. Selon plusieurs voyageurs, le daboie est remarquable par la vivacité de ses couleurs et par l'éclat de ses écailles. Le dessus du corps est blanchâtre, et couvert de grandes taches ovales, plus ou moins rousses, bordées de noir ou de brun, et qui s'étendent sur trois rangs, depuis la tête jusqu'au-dessus de la queue. Suivant le voyageur Bosman, le daboie est rayé de blanc, de jaune et de brun; et suivant Des Marchais, le dos de ce serpent présente un mélange agréable de blan-

---

(1) Le Serpent Idole. Description du Cabinet de Dresde, par Lilenburg, 1755.

(2) Selon M. Merrem, ce serpent ne diffère pas spécifiquement de la brasilienne, décrite page 221. DESM. 1827.

châtre qui en fait le fond, et de *taches* ou de *raies* jaunes, brunes et bleues, ce qui se rapproche beaucoup des teintes indiquées par Bosman, et ce qui pourrait bien n'être qu'une mauvaise expression d'une distribution et de nuances de couleurs très-peu différentes de celles que nous venons d'indiquer.

La tête du daboie est couverte d'écailles ovales, relevées par une arête, et semblables à celles du dos (1); il parvient quelquefois à la longueur de plusieurs pieds (2); l'individu que nous avons décrit, et qui est conservé au Cabinet du Roi, a trois pieds cinq pouces de longueur totale, et la queue, cinq pouces neuf lignes (3).

Les habitudes du daboie sont d'autant plus douces, qu'il n'est presque jamais obligé de se défendre. Il a peu d'ennemis à craindre dans un pays où il est servi avec un respect religieux, et d'où l'on tâche d'écarter tous ceux qui pourraient

---

(1) Nous avons déja remarqué dans d'autres articles, que le daboie, quoique dépourvu de crochets mobiles, avait, comme le plus grand nombre de serpents venimeux, le sommet de la tête couvert d'écailles semblables à celles du dos.

(2) Description du Cabinet royal de Dresde, par Lilenburg, 1755. Au reste, il a dû être assez difficile, pendant long-temps, d'avoir des daboies en Europe; les rois nègres, par respect pour ces reptiles, ayant défendu, sous peine de mort, à leurs sujets, de transporter ces serpents hors de l'Afrique, ou de livrer leur dépouille aux étrangers.

(3) Nous avons compté cent soixante-neuf grandes plaques sous le ventre de cet individu, et quarante-six paires de petites plaques sous sa queue.

lui nuire. Les animaux même qui seraient les plus
utiles, sont exclus des contrées où l'on adore le
serpent daboie, à cause de la guerre qu'ils lui
feraient; le cochon particulièrement, qui fait sa
proie de plusieurs espèces de reptiles, et qui attaque impunément, suivant quelques voyageurs,
les serpents les plus venimeux, est poursuivi,
dans le royaume de Juida, comme un ennemi
public; et, malgré tous les avantages que les
nègres pourraient en retirer, ils ne voient, dans
cet animal, que celui qui dévore leur Dieu.

Bien loin de chercher à nuire à l'homme, le
daboie est si familier, qu'il se laisse aisément
prendre et manier, et qu'on peut jouer avec lui,
sans courir aucun danger. On dirait qu'il réserve
toute sa force pour le bien de la contrée qui le
révère. Il n'attaque que les serpents venimeux,
dont le royaume de Juida est infesté; il ne détruit
que ces reptiles funestes, et les insectes ou les
vers qui dévastent les campagnes. C'est sans doute
ce service qui l'a rendu cher aux premiers habitants du pays où on l'adore; on n'aura rien né-
gligé pour multiplier, ou du moins conserver une
espèce aussi précieuse; on aura attaché la plus
grande importance aux soins qu'on aura pris de
cet animal utile; on l'aura regardé comme le sau-
veur de ces contrées, si souvent ravagées par des
légions d'insectes, ou des troupes de reptiles venimeux; et bientôt la superstition, aidée du temps

et de l'ignorance, aura altéré l'ouvrage de la reconnaissance, et celui du besoin (1).

Le culte des animaux qui ont inspiré une vive
terreur, n'a été que trop souvent sanguinaire; on
n'a sacrifié que trop souvent des hommes dans
leurs temples; le serpent-dieu des nègres, n'ayant

---

(1) On pourrait croire aussi que quelque événement extraordinaire
aura séduit l'imagination des nègres et enchaîné leur raison, et voici
ce que rapporte à ce sujet le voyageur Des Marchais. « L'armée de Juida
« étant prête à livrer bataille à celle d'Ardra, il sortit de celle-ci un gros
« serpent qui se retira dans l'autre; non seulement sa forme n'avait rien
« d'effrayant, mais il parut si doux et si privé, que tout le monde fut
« porté à le caresser. Le grand sacrificateur le prit dans ses bras et le
« leva pour le faire voir à toute l'armée. La vue de ce prodige fit tomber
« tous les nègres à genoux; ils adorèrent leur nouvelle divinité, et
« fondant sur leurs ennemis avec un redoublement de courage, ils rem-
« portèrent une victoire complète. Toute la nation ne manqua point
« d'attribuer un succès si mémorable à la vertu du serpent : il fut rap-
« porté avec toutes sortes d'honneurs; on lui bâtit un temple, on assigna
« un fonds pour sa subsistance, et bientôt ce nouveau fétiche prit
« l'ascendant sur toutes les anciennes divinités : son culte ne fit ensuite
« qu'augmenter à proportion des faveurs dont on se crut redevable à sa
« protection. Les trois anciens fétiches avaient leur département séparé;
« on s'adressait à la mer pour obtenir une heureuse pêche, aux arbres
« pour la santé, et à l'agoye pour les conseils; mais le serpent préside
« au commerce, à la guerre, à l'agriculture, aux maladies, à la sté-
« rilité, etc. Le premier édifice qu'on avait bâti pour le recevoir parut
« bientôt trop petit; on prit le parti de lui élever un nouveau temple,
« avec de grandes cours et des appartements spacieux; on établit un
« grand pontife et des prêtres pour le servir. Tous les ans, on choisit
« quelques belles filles qui lui sont consacrées. Ce qu'il y a de plus re-
« marquable, c'est que les nègres de Juida sont persuadés que le serpent
« qu'ils adorent aujourd'hui, est le même qui fut apporté par leurs an-
« cêtres, et qui leur fit gagner une glorieuse victoire. » Histoire générale
des Voyages, livre 10, édit. in-12, tom. XIV, pag. 369 et suiv.

jamais fait éprouver une grande crainte, n'a obtenu que des sacrifices plus doux, mais que ses prêtres ne cessent de commander avec une autorité despotique. L'on n'immole point des hommes devant le serpent-daboie, mais on livre à ses ministres les plus belles des jeunes filles du royaume de Juida. Le prétendu dieu, que l'on nomme *le Serpent Fétiche*, ce qui signifie *l'Être conservateur*, a un temple aussi magnifique que le peut être un bâtiment élevé par l'art grossier des nègres (1). Il y reçoit de riches offrandes; on lui présente des étoffes de soie, des bijoux, les mets les plus délicats du pays, et même des troupeaux; aussi les prêtres qui le servent, jouissent-ils d'un revenu considérable, possèdent-ils des terres immenses, et commandent-ils à un grand nombre d'esclaves.

Afin que rien ne manque à leurs plaisirs, ils forcent les prêtresses à parcourir, chaque année, et vers le temps où le maïs commence à verdir, la ville de Juida, et les bourgades voisines. Armées d'une grosse massue, et secondées par les prêtres, elles assommeraient sans pitié ceux qui oseraient leur résister; elles forcent les négresses les plus jolies à les suivre dans le temple; et le poids de la crédulité superstitieuse pèse si fort sur la tête des nègres, qu'ils croient qu'elles vont être honorées des approches du serpent protecteur, et que

____

(1) Histoire générale des Voyages, livre 10, édit. in-12, tom. XIV, p. 370 et suiv.

c'est à son amour qu'elles vont être livrées. Ils reçoivent avec respect cette faveur signalée et divine. On commence par instruire les jeunes filles à chanter des hymnes, et à danser en l'honneur du serpent ; et lorsqu'elles sont près du temps où elles doivent être admises auprès de la prétendue divinité, on les soumet à une cérémonie douloureuse et barbare, car la cruauté naît presque toujours de la superstition. On leur imprime sur la peau, dans toutes les parties du corps, et avec des poinçons de fer, des figures de fleurs, d'animaux, et surtout de serpents ; les prêtresses les consacrent ainsi au service de leur dieu ; et c'est en vain que leurs malheureuses victimes jettent les cris les plus plaintifs que leur arrache le tourment qu'elles éprouvent ; rien n'arrête leur zèle inhumain. Lorsque la peau de ces infortunées est guérie, elle ressemble, dit-on, à un satin noir à fleurs, et elle les rend à jamais l'objet de la vénération des nègres.

Le moment où le serpent doit recevoir la négresse favorite arrive enfin ; on la fait descendre dans un souterrain obscur, pendant que les prêtresses et les autres jeunes filles célèbrent sa destinée par des danses et des chants qu'elles accompagnent du bruit de plusieurs instruments retentissants. Lorsque la jeune négresse sort de l'antre sacré, elle reçoit le titre de *Femme du Serpent* ; elle ne devient pas moins la femme du nègre qui parvient à lui plaire, mais auquel elle inspire à jamais la soumission la plus aveugle, ainsi que le plus grand respect.

Si quelqu'une des femmes du serpent trahit le secret des plaisirs des prêtres, en révélant les mystères du souterrain, elle est aussitôt enlevée et mise à mort, et l'on croit que le grand serpent est venu lui-même exercer sa vengeance, en l'emportant pour la faire brûler. Mais, arrêtons-nous; l'histoire de la superstition n'est point celle de la nature. Elle est trop liée cependant avec les phénomènes que produit cette nature puissante et merveilleuse, pour être tout-à-fait étrangère à l'histoire des animaux qui en ont été l'objet.

LE SITULE.[1]

Coluber (Natrix) Situla, Merr.; *Col. Situla*, Linn., Lacep., Latr., Daud.

Ce serpent se trouve en Égypte, où il a été observé par M. Hasselquist; sa couleur est grise, et il présente une bande longitudinale, bordée de noir. Il a communément deux cent trente-six grandes plaques, et quarante-cinq paires de petites.

---

(1) Le Situle. M. Daubenton, Encyclopédie méthodique.
Col. Situla. Linn., amphib. Serp.
Mus. Ad. fr. 2, p. 44.

LE TYRIE. [1]

Coluber (Natrix) Tyria, Merr.; *Col. Tyria*, Linn., Lacep., Latr., Daud.

LES terres de l'Égypte, périodiquement arrosées par les eaux d'un grand fleuve, et échauffées par les rayons d'un soleil très-ardent, présentent aux diverses espèces de serpents, au moins pendant une grande partie de l'année, cette humidité chaude, qui convient si bien à la nature de ces reptiles. Nous ne devons donc pas être étonnés qu'on y en ait observé un grand nombre. Parmi ces serpents d'Égypte, nous devons compter le tyrie, que M. Hasselquist a fait connaître; il a ordinairement deux cent dix grandes plaques et quatre-vingt-trois paires de petites; il n'est point venimeux, et le dessus de son corps, qui est blanchâtre, présente trois rangs longitudinaux de taches rhomboïdales et brunes.

Il paraît que c'est au tyrie qu'il faut rapporter le serpent que M. Forskal a décrit sous le nom de Couleuvre mouchetée (*Col. guttatus*) (2), qu'il a vu en Égypte, et que les Arabes nomment *Tæ Æbén.*

---

(1) Le Tyrie. M. Daubenton, Encyclopédie méthodique.
Col. Tyria. Linn., amphib. Serpent.
Mus. Ad. fr. 2 , pag. 45.
(2) *Col. guttatus*. 7, Descript. animal. Petri Forskal. Amphibia.

L'ARGUS.[1]

Coluber (Natrix) Argus, Merr.; *Col. Argus*, Linn., Lacep.,
Latr., Daud.

Ce serpent d'Afrique est remarquable par la forme
de sa tête ; le derrière de cette partie est relevé
par deux espèces de bosses ou d'éminences très-
sensibles. Les écailles, qui garnissent le dos de ce
sérpent, présentent chacune une tache blanche ;
mais d'ailleurs on voit sur son corps plusieurs
rangs de taches blanches, rondes, rouges dans
leur centre, bordées de rouge, ressemblant à des
yeux, et c'est ce qui lui a fait donner le nom
d'Argus, par les naturalistes (2).

(1) L'Argus. M. Daubenton, Encyclopédie méthodique.
Col. Argus. Linn., amphib. Serp
Séba, mus. 2, tab. 103, fig. 1.
(2) On ne connaît point le nombre des grandes ni des petites plaques
de cette couleuvre.

LE PÉTOLE.[1]

Coluber (Natrix) Pethola, var. α, Merr.; *Col. Pethola*, Linn.,
Lacep., Latr., Daud.; *Coronella Pethola*, Laur. (2).

C'EST au milieu des contrées ardentes de l'Afrique,
que l'on trouve cette couleuvre; la couleur du
dessus de son corps est ordinairement d'un gris
livide relevé par des bandes transversales rougeâtres ; le dessous du corps est d'un blanc mêlé
de jaune, et présente quelquefois des bandes transversales d'une couleur rougeâtre ou très-brune.
Le sommet de la tête est garni de neuf grandes
écailles, et le dos d'écailles ovales et unies. Cette

---

(1) Le Pétole. M. Daubenton, Encyclopédie méthodique.
Col. Pethola. Linn., amphib. Serpent.
Coluber scutis abdominalibus, 208; *squamis caudalibus*, 90. Linn.,
Amœnit. Surin. grill., p. 505, 13.
Coluber scutis abdominalibus, 207; *caudalibus*, 85. Id., amphib.
Gyllenb. p. 534, 8.
Anguis scutis abdominalibus, 209; *Squamis caudalibus*, 90. Idem,
Mus. Princ., p. 587, 36.
Coronella Pethola, 189, Laurenti Specimen medicum.
Séba, mus. 1, tab. 54, fig. 4.
(2) M. Merrem ne considère ce reptile que comme une variété du
Coluber Pethola, auquel il rapporte encore la couleuvre pétalaire, dé-
crite ci-avant, page 297, ainsi que le *Coluber caspius* de Pallas et de
Gmelin. DESM. 1827.

couleuvre n'a point de crochets mobiles : on ignore quelles sont ses habitudes ; elle a le plus souvent deux cent neuf grandes plaques, et quatre-vingt-dix paires de petites.

LA DOMESTIQUE.[1]

Coluber (Natrix) hippocrepis, var. β, Merr. ; *Col. domesticus*, Linn., Lacep., Daud. (2).

LE nom de cette couleuvre annonce la douceur de ses habitudes ; c'est en Barbarie qu'on la trouve, et c'est dans les maisons qu'elle habite ; elle y est dans une espèce d'état de domesticité volontaire, puisqu'elle n'y a point été amenée par la force, et qu'elle n'y est retenue par aucune contrainte ; c'est d'elle-même qu'elle a choisi la demeure de l'homme pour son asile. L'on voudrait qu'une sorte d'affection l'eût ainsi conduite sous le toit qu'elle partage ; qu'une sorte de sentiment l'empêchât de s'en éloigner, et qu'elle montrât sur ces côtes de Barbarie, si souvent arrosées de sang, le contraste singulier d'un serpent aussi affectionné, aussi fidèle, que doux et familier, avec le spectacle

---

(1) Le Serpent domestique. M. Daubenton, Encyclopédie méthodique. *Col. domesticus.* Linn., amphib. Serpent.

(2) Selon M. Merrem, cette espèce doit être réunie à celle du Fer-à-cheval. Voyez ci-après. DESM. 1827.

cruel de l'homme gémissant sous les chaînes dont l'accable son semblable. Mais le besoin seul attire la couleuvre domestique dans les maisons, et elle n'y demeure, que parce qu'elle y trouve, avec plus de facilité, les petits rats et les insectes dont elle se nourrit. Sa couleur est souvent d'un gris pâle, avec des taches brunes; elle a entre les deux yeux une bande qui se divise en deux, et présente deux taches noires. Ses grandes plaques sont ordinairement au nombre de deux cent quarante-cinq; et elle a quatre-vingt-quatorze paires de petites plaques.

L'HAJE.[1]

Naja Haje, Cuv.; *Coluber Haje*, Hasselq., Linn., Forsk., Geoff.-S.-Hil.; *Vipera Haje*, Daud.

CETTE couleuvre devient très-grande, suivant M. Linnée; elle se trouve en Égypte, où elle a été observée par M. Hasselquist. Ses couleurs sont le noir et le blanc; la moitié de chaque écaille est blanche; il y a d'ailleurs, sur le dos, des bandes

(1) L'Haje. M. Daubenton, Encyclopédie méthodique.

Col. Haje. Linn., amphib. Serpent.

Coluber scutis abdominalibus, 206, *squamis caudalibus*, 60. Hasselquist, it. 312, n° 62.

blanches, placées obliquement; tout le reste du dessus du corps est noir (1).

Ce serpent n'étant pas venimeux, selon M. Linnée, ne doit pas être confondu avec une couleuvre d'Égypte, qui porte aussi le nom d'Haje, et qui contient un poison très-actif. La force de ce venin a été reconnue par M. Forskal; mais ce naturaliste n'a point donné la description de l'haje, dont il a parlé (2).

LA MAURE.[3]

Coluber (Natrix) Maurus, Merr.; *Col. Maurus*, Linn., Lacep., Latr.

Elle a été ainsi appelée, à cause de ses couleurs, et parce qu'elle se trouve aux environs d'Alger. M. Brander envoya à M. Linnée un individu de cette espèce. Le dessus de son corps est brun, avec deux raies longitudinales; plusieurs bandes transversales et noires s'étendent depuis ces raies, jusqu'au-dessous du corps, qui est noir.

La maure n'a point de crochets mobiles; on

---

(1) M. Linnée a écrit que l'haje avait deux cent sept grandes plaques, et cent neuf paires de petites.

(2) *Coluber Haje-Nascher*, par les Arabes. Descriptiones animalium, P. Forskal., amphib. 8.

(3) Le Maure. M. Daubenton, Encyclopédie méthodique.
Col. Maurus. Linn., amphib. Serpent.

voit sur sa tête neuf grandes écailles, et sur son dos des écailles plus petites et ovales : ces écailles du dos sont relevées par une arête, dans un individu de cette espèce, qui fait partie de la collection de Sa Majesté (1).

LE SIBON.[2]

Coluber (Natrix) Sibon, Merr.; *Col. Sibon*, Linn., Lacep., Latr., Daud.

LES Hottentots ont nommé ainsi un serpent qui se trouve dans le pays qu'ils habitent, ainsi que dans plusieurs autres contrées d'Afrique. Le dessus du corps de cette couleuvre est d'une couleur brune, mêlée de bleu; et le dessous est blanc, tacheté de brun. Des écailles rhomboïdales garnissent son dos; sa queue est courte et menue. Cette couleuvre a ordinairement cent quatre-vingts grandes plaques, et quatre-vingt-cinq paires de petites.

---

(1) Cette couleuvre a communément cent cinquante-deux grandes plaques et soixante-six paires de petites.

(2) Le Sibon. M. Daubenton, Encyclopédie méthodique.

Col. Sibon. Linn., amphib. Serp.

Lin. Amœnit. Mus. Princip., p. 585, 32.

Coluber Sibon, 210. Laurenti Specimen medicum.

Le Sibon. Dictionnaire d'hist. natur., par M. Valmont de Bomare.

Séba, mus. 1, tab. 14, fig. 4.

LA DHARA.[1]

Coluber (Natrix) Dhara, Merr.; *Col. Dhara*, Forsk., Gmel.,
Daud.

C'EST dans la partie de l'Arabie, qu'on a nommée heureuse, c'est dans les fertiles contrées de
l'Yémen, que se trouve cette couleuvre. Sa tête
est couverte de neuf grandes écailles, disposées
sur quatre rangs; son museau est arrondi; son
corps est menu; et toutes ses proportions paraissent aussi sveltes qu'elle est innocente et douce.
Elle n'a point de couleurs brillantes, mais celles
qu'elle présente, sont agréables. Le dessus de son
corps est d'un gris un peu cuivré; toutes les
écailles sont bordées de blanc; et c'est aussi le
blanc qui est la couleur du dessous de son corps.
M. Forskal l'a fait connaître : l'individu qu'il avait
observé, n'avait pas deux pieds de longueur; mais
le voyageur danois soupçonna que la queue de
cet animal avait été tronquée; il compta deux cent
trente-cinq grandes plaques, et quarante-huit
paires de petites sous le corps de cette couleuvre.

(1) *Dhara*, par les Arabes.
Coluber Dhara. Descriptiones animalium Petri Forskal. Amphibia.

LA SCHOKARI.[1]

Coluber (Natrix) Schokari, Merr.; *Col. Schokari*, Forsk.,
Gmel., Lacep., Latr., Daud.

CETTE couleuvre se trouve dans l'Yémen, ainsi
que la dhara; elle se plaît dans les bois qui
croissent sur les lieux élevés. Sa morsure n'est
point dangereuse, et M. Forskal, qui l'a décrite,
n'a vu ses mâchoires garnies d'aucun crochet mobile. Son corps est menu; elle parvient ordinairement à la longueur d'un ou deux pieds, et sa
queue n'a guère alors que la longueur de cinq ou
six pouces; sa tête est couverte de neuf grandes
écailles, disposées sur quatre rangs. Le dessus de son
corps est d'un cendré brun, et présente de chaque
côté deux raies longitudinales blanches, dont une
est bordée de noir. On voit quelquefois sur le milieu du dos des grands individus, une espèce de
petite raie, composée de très-petites taches blanches. Le dessous du corps est blanchâtre, mêlé
de jaune, et pointillé de brun vers le gosier. La
schokari a cent quatre-vingt-trois grandes plaques, et cent quarante-quatre paires de petites.

Nous joignons ici la notice de trois couleuvres

---

(1) *Schokari*, par les Arabes.
Col. Schokari. Descriptiones animalium Petri Forskal. Amphibia.

dont il est fait mention dans l'ouvrage de M. Forskal, à la suite de la schokari, mais dont la description est trop peu détaillée pour que nous puissions décider à quelle espèce elles appartiennent.

La première se nomme *Bætæn* ; elle est tachetée
de blanc et de noir ; elle a un pied de longueur,
et près d'un demi-pouce d'épaisseur ; elle est ovipare, et cependant, dit M. Forskal, sa morsure
donne la mort dans un instant.

La seconde, appelée *Hosleik*, est toute rouge ;
sa longueur est d'un pied ; elle pond des œufs plus
ou moins gros ; sa morsure ne donne pas la mort,
mais cause une enflure accompagnée de beaucoup
de chaleur ; les Arabes ont cru que son haleine
seule pouvait faire pourrir les chairs sur lesquelles
cette vapeur s'étendait.

La troisième, nommée *Hànnarch Æsuæd* (1),
est toute noire, ovipare, et de la longueur d'un
pied, ou environ. Sa morsure n'est pas dangereuse,
mais produit un peu d'enflure ; on arrête, par des
ligatures, la propagation du venin ; on suce la
plaie ; on emploie diverses plantes comme spéci-
fiques, et les Arabes racontent gravement que ce
serpent entre quelquefois, par un côté, dans le
corps des chameaux, qu'il en sort par l'autre côté,

---

(1) M. Merrem admet le nom de ce serpent parmi les synonymes da la
variété de la vipère ordinaire *(Pelias Berus)*, qui a été considérée par
Linnée, comme formant une espèce distincte à laquelle il a donné le
nom de *Coluber Prester*; voyez l'article de la Vipère noire, page 170.

DESM. 1827.

et que le chameau en meurt, si on ne brûle pas la blessure avec un fer rouge.

Nous invitons les voyageurs qui iront en Arabie, non seulement à décrire ces trois couleuvres, mais même à rechercher l'origine des contes d'Arabes, auxquels elles ont donné lieu, car il y a bien peu de fables qui n'aient pour fondement quelque vérité.

LA ROUGE-GORGE.[1]

Coluber (Natrix) jugularis, Merr.; *Col. jugularis*, Linn., Latr., Daud.; *Col. collo-ruber*, Lacep.

ON peut reconnaître aisément cette couleuvre, qui se trouve en Égypte. Elle est toute noire, excepté la gorge qui est couleur de sang ; elle a communément cent quatre-vingt-quinze grandes plaques, et cent deux paires de petites. M. Hasselquist l'a observée.

---

(1) Le Rouge-gorge. M. Daubenton, Encyclopédie méthodique. *Col. jugularis*. Linn., amphib. Serp. Mus. Ad. fr. 2, p. 45.

L'AZURÉE.

Coluber (Natrix) azureus, Merr.; *Col. azureus*, Lacep., Daud.

On trouve cette couleuvre aux environs du cap Vert. Son nom indique sa couleur; elle est d'un très-beau bleu, quelquefois foncé sur le dos, très-clair, et presque blanchâtre sous le ventre et sous la queue. Elle n'a point de crochets mobiles; le sommet de sa tête est garni de neuf grandes écailles, disposées sur quatre rangs; et celles que l'on voit sur le dos, sont ovales et unies. Un individu de cette espèce, conservé au Cabinet du Roi, a deux pieds de longueur totale, cinq pouces trois lignes, depuis l'anus jusqu'à l'extrémité de la queue, cent soixante-onze grandes plaques, et soixante-quatre paires de petites.

LA NASIQUE.[1]

Coluber (Dryinus) nasutus, Merr.; *Col. nasutus*, Lacep.; *Col. mycterizans*, Daud. (2).

Nous donnons ce nom à une couleuvre, dont le museau est en effet très-allongé, et qu'il est très-facile de distinguer par là des serpents de son genre, connus jusqu'à présent. Elle a le devant de la tête très-allongé, très-étroit, très-aplati, par dessus et par dessous, ainsi que des deux côtés, et terminé en pointe de manière à représenter une petite pyramide à quatre faces, dont les arêtes seraient très-marquées. Le dessus de la tête est recouvert de neuf grandes écailles, placées sur quatre rangs. La mâchoire inférieure est arrondie, plus large et plus courte que la supérieure ; les yeux sont gros, ronds, et placés sur les côtés de

---

(1) Le Nez-retroussé. M. Daubenton, Encyclopédie méthodique.

Col. mycterizans. Linn., amphib. Serp.

Mus. Ad. fr. 1, p. 28, tab. 5, fig. 1, et tab. 19, fig. 1.

Séba, mus. 2, tab. 23, fig. 2.

Gronovius, mus. 2, p. 59, n° 19.

Catesby, Carol. 2, p. 47, tab. 47.

Natrix mycterizans, 162 ; *Natrix flagelliformis*. 163. Laurenti Specimen medicum.

(2) Et non le *mycterizans* de Linnée, qui constitue une espèce du même genre *Coluber (Dryinus)*. Desm. 1827.

la tête ; et l'on voit, à l'extrémité du museau, un petit prolongement écailleux, un peu relevé, et composé d'une seule pièce qui paraît comme plissée. C'est apparemment de ce prolongement, que Catesby a voulu parler, lorsqu'il a dit que le serpent dont il est ici question, avait le nez retroussé ; et c'est peut-être en faisant allusion à l'air singulier, que cette conformation donne à ce reptile, que M. Linnée l'a désigné par le nom de *mycterisans*, qui signifie *moqueur*.

Les deux mâchoires sont garnies de fortes dents, qui ne distillent aucun poison, suivant Gronovius ; Catesby dit aussi que la nasique n'est point dangereuse, et nous n'avons trouvé de crochets mobiles, dans aucun des individus de cette espèce que nous avons examinés. Cependant nous devons prévenir que M. Linnée a écrit qu'elle était venimeuse. Le dessous de la tête est blanchâtre, et toutes les autres parties de ce serpent, présentent communément une couleur verdâtre, relevée par quatre raies blanchâtres, qui s'étendent de chaque côté du corps, presque jusqu'à l'extrémité de la queue, et par deux autres raies longitudinales placées sur le ventre (1). Les écailles du dos sont rhomboïdales et unies ; ordinairement la queue n'est pas aussi longue que la moitié du corps, qui est très-mince en proportion de sa longueur. L'individu que nous

______

(1) Il paraît que la distribution des couleurs de la nasique varie assez souvent.

23.

avons décrit, et qui est conservé au Cabinet du Roi, n'avait, en quelques endroits de son corps, que cinq ou six lignes de diamètre, et cependant il avait quatre pieds neuf pouces de longueur (1). Nous avons compté cent soixante-treize grandes plaques sous son corps, et cent cinquante-sept paires de petites plaques sous sa queue.

On a écrit que, malgré sa petitesse, la nasique se nourrissait de rats (2); mais quoique son gosier et son estomac puissent s'étendre aisément, ainsi que ceux des autres serpents, nous avons peine à croire qu'elle puisse dévorer des rats, même les plus petits; elle doit vivre de scarabées ou d'autres insectes, dont on a dit en effet qu'elle faisait sa proie; et elle les saisit avec d'autant plus de facilité, que, suivant Catesby, elle passe sa vie sur les arbres, cachée sous les feuilles et entortillée autour des rameaux, qu'elle peut parcourir avec rapidité. Elle n'attaque point l'homme, et on la trouve dans l'île de Ceylan, en Guinée, ainsi que dans la Caroline, et plusieurs autres contrées chaudes du Nouveau-Monde.

---

(1) La queue était longue d'un pied onze pouces.
(2) Séba, vol. II, pl. 24.

LA GROSSE-TÊTE.

Coluber (*Natrix*) *capitatus*, Merr.; *Col. capitatus*, Lacep., Daud.

Nous donnons ce nom à une couleuvre d'Amérique qui, en effet, a la tête beaucoup plus grosse que la partie antérieure du corps. Elle n'a point de crochets mobiles; neuf grandes écailles, disposées sur quatre rangs, couvrent le sommet de sa tête, et celles qui garnissent son dos sont ovales et unies.

Un individu de cette espèce, conservé au Cabinet du Roi, a deux pieds cinq pouces six lignes de longueur totale, et six pouces trois lignes depuis l'anus jusqu'à l'extrémité de la queue, qui se termine par une pointe très-déliée.

Nous avons compté cent quatre-vingt-treize grandes plaques, et soixante-dix-sept paires de petites.

Le dessus du corps de la grosse-tête est d'une couleur foncée, relevée par des bandes transversales et irrégulières d'une couleur plus claire; mais l'individu que nous avons décrit était trop altéré par l'esprit-de-vin, dans lequel il avait été conservé, pour que nous puissions rien dire de plus relativement aux couleurs de cette espèce.

LA COURESSE.

Coluber (*Natrix*) *cursor*, Merr.; *Col. cursor*, Lacep., Latr., Daud.

C'est de la Martinique que cette couleuvre a été envoyée au Cabinet du Roi, par feu M. de Chanvalon. Ses couleurs sont belles; le dessus de son corps est verdâtre, et présente deux rangées longitudinales de petites taches blanches et allongées; le dessous et les côtés du corps sont blanchâtres.

Cette couleuvre n'a point de crochets mobiles. Le sommet de sa tête est garni de grandes écailles, et le dos l'est d'écailles ovales et unies. L'individu que nous avons décrit, avait deux pieds dix pouces sept lignes de longueur totale, neuf pouces sept lignes, depuis l'anus jusqu'à l'extrémité de la queue, cent quatre-vingt-cinq grandes plaques, et cent cinq paires de petites.

La couresse est aussi timide que peu dangereuse; elle se cache ordinairement lorsqu'elle aperçoit quelqu'un, ou s'enfuit avec tant de précipitation, que c'est de-là que vient son nom de *Couresse*, ou *Coureresse* (1).

---

(1) Rochefort, hist. des Antilles. Lyon, 1667, vol. I, p. 294.

LA MOUCHETÉE.[1]

Coluber (Natrix) guttatus, Merr.; *Col. guttatus*, Linn., Lacep., Daud. (2).

C'EST un très-beau serpent, et dont les habitudes diffèrent beaucoup de celles de la nasique, du boiga, et d'autres couleuvres qui se tiennent sur les arbres : il passe sa vie dans des trous souterrains, où il trouve apparemment, avec plus de facilité qu'ailleurs, les vers et les insectes dont il se nourrit. C'est dans la Caroline qu'il a été observé par MM. Catesby et Garden, et lorsque dans les mois de septembre et d'octobre, on fait, dans cette contrée, la récolte des patates, on le trouve souvent dans des cavités auprès des racines de ces plantes qui, peut-être, servent de nourriture à sa petite proie (3). Son corps est cependant très-menu en proportion de sa longueur, et il est

---

(1) Le moucheté. M. Daubenton, Encyclopédie méthodique.
Col. guttatus. Linn., Amphib. Serpent.
Le Serpent à chapelet. Catesby, hist. natur. de la Caroline, vol. II, planche 60. Nous avons déja prévenu qu'il ne fallait pas confondre cette espèce avec celle à laquelle nous avons donné le nom de *Chapelet.*
(2) Daudin a décrit sous le nom de Couleuvre Molosse, *Coluber Molossus*, un serpent de la Caroline, que M. Merrem rapporte à l'espèce de la couleuvre mouchetée de Lacépède. DESM. 1827.
(3) Catesby, vol. II, pag. 60.

en tout conformé, de manière à pouvoir parcourir les rameaux des arbres les plus élevés, avec autant de rapidité, que la plupart des couleuvres qui vivent dans les forêts et sur les plus hautes branches, tant il est vrai que les habitudes des animaux sont le résultat, non seulement de leur conformation, mais de plusieurs circonstances qu'il est souvent très-difficile de deviner.

Le dessus du corps de la mouchetée, est d'un gris-livide, et présente de grandes taches d'un rouge très-vif, arrangées longitudinalement; on voit de chaque côté un rang de taches jaunes, qui correspondent aux intervalles des taches rouges, et souvent une bande longitudinale noire. Le dessous du corps présente des taches noires, carrées, et placées alternativement à droite et à gauche.

Cette espèce n'est pas venimeuse; elle a ordinairement deux cent vingt-sept grandes plaques, et soixante paires de petites.

LA CAMUSE.[1]

Coluber (Natrix) simus, Merr.; *Col. simus*, Linn., Lacep., Daud.

M. le docteur Garden a fait connaître cette espèce, qu'il a observée dans la Caroline, et dont

(1) Le Camus. M. Daubenton, Encyclopédie méthodique. *Col. simus.* Linn., amphib. Serpentes.

il a envoyé un individu à M. Linnée. Elle a la tête arrondie, relevée en bosse, et le museau court, ce qui l'a fait nommer par M. Linnée, *Coluber simus*, *Couleuvre camuse*. On voit, entre les yeux de ce serpent, une petite bande noire et courbée; et sur le sommet de sa tête, paraît une croix blanche, marquée au milieu d'un point noir. Le dessus du corps est varié de noir et de blanc, avec des bandes transversales de cette dernière couleur, et le dessous du corps est noir.

Cette espèce a cent vingt-quatre grandes plaques, et quarante-six paires de petites.

LA STRIÉE.[1]

Coluber (Natrix) striatulus, Merr., *Col. striatulus*, Linn., Lacep., Daud., Latr.

Nous ne connaissons cette couleuvre que par ce qu'en a dit M. Linnée; le nom qu'elle porte lui a été donné à cause des diverses stries que présente son dos, et qui doivent être produites par la forme des écailles, relevées vraisemblablement par une arête longitudinale. Ce serpent ne parvient point à une grandeur considérable; le

---

(1) Le Strié. M. Daubenton, Encyclopédie méthodique.
Col. Striatulus. Linn., amphib. Serp.

dessus de son corps est brun, et le dessous d'une
couleur pâle; sa tête est couverte d'écailles lisses.
On le trouve à la Caroline, et c'est M. le docteur
Garden qui a envoyé à M. Linnée des individus
de cette espèce (1).

Il se pourrait qu'on dût regarder comme une
couleuvre striée, un serpent de la Caroline figuré
dans Catesby (*vol.* 2, *pl.* 46) (2); ce serpent a,
en effet, les écailles du dos relevées par une arête,
le sommet de sa tête garni de neuf grandes écailles
lisses, le dessus de son corps brun, et le dessous
d'un rouge de cuivre qui, altéré par l'esprit-de-
vin ou par quelque autre cause, peut aisément devenir, après la mort de l'animal, la couleur pâle
indiquée par M. Linnée pour le dessous du corps
de la striée. Ce serpent figuré dans Catesby, se
tient souvent dans l'eau, et, suivant ce naturaliste, doit se nourrir de poissons; il dévore aussi
les oiseaux et les autres petits animaux dont il
peut se rendre maître; sa hardiesse est aussi grande
que ses mouvements sont agiles; il entre dans les
basses-cours, y mange la jeune volaille, et y suce
les œufs, mais il n'est point venimeux (3).

---

(1) La striée a cent vingt-six grandes plaques et quarante-cinq paires
de petites.

(2) *The Copper-belly Snake.* Serpent à ventre couleur de cuivre.
Catesby, hist. natur. de la Caroline, vol. II, pag. 46.

(3) Daudin pense que cette couleuvre de Catesby doit être rapportée
à l'espèce nouvelle qu'il nomme, d'après M. Bosc, *Coluber porcatus*, et
non à celle du *Coluber striatulus* de Linnée. DESM. 1827.

LA PONCTUÉE.[1]

Coluber (Natrix) punctatus, Merr.; *Col. punctatus*, Linn., Lacep., Latr., Daud.

CETTE couleuvre présente ordinairement trois couleurs; le dessus de son corps est d'un gris-cendré, le dessous jaune, et, sous le ventre, on voit neuf petites taches ou points noirs, disposés sur trois rangs de trois points chacun. Cette espèce habite la Caroline, où elle a été observée par M. le docteur Garden.

La ponctuée a cent trente-six grandes plaques, et quarante-trois paires de petites.

LE BLUET.[2]

Coluber (Natrix) cæruleus, var. β, Merr.; *Col. cæruleus*, Linn., Latr., Daud.; *Col. subcæruleus*, Lacep.

C'EST en Amérique qu'on trouve ce serpent,

---

(1) Le Ponctué. M. Daubenton, Encyclopédie méthodique.
Col. punctatus. Linn., amphibia Serp.
(2) Le Bluet. M. Daubenton, Encyclopédie méthodique.
Col. cæruleus. Linn., amphib. Serpent.
Amœn. acad., p. 585, 31.
Séba, mus. 2, tab. 13, fig. 3.

dont les couleurs présentent un assortiment agréable et, pour ainsi dire, élégant. Le dessus de son corps est blanc, et les écailles qui garnissent le dos de cette couleuvre, sont ovales et presque mi-parties de blanc et de bleu; le sommet de la tête est bleuâtre; la queue, très-déliée, surtout vers son extrémité, d'une couleur bleue, plus foncée que celle du corps, et sans aucune tache (1).

LE VAMPUM.[2]

Coluber (Natrix) fasciatus, Merr.; *Col. fasciatus*, Linn., Lacep., Daud., Latr.

Tel est le nom que ce serpent porte dans la Caroline et dans la Virginie, suivant Catesby, et il a été donné à cette couleuvre, à cause du rapport que les nuances et la disposition de ses couleurs ont avec une monnaie des Indiens, nommée *Wampum*. Cette monnaie est composée de petites coquilles taillées d'une manière régulière, et enfilées avec un cordon bleu et blanc. Le dessus du

---

(1) Le Bluet a cent soixante-cinq grandes plaques et vingt-quatre paires de petites.

(2) Le Vampum. M. Daubenton, Encyclopédie méthodique.

Col. fasciatus. Linn., amphib. Serpent.

Catesby, vol. II, planche 58.

corps du serpent est d'un bleu plus ou moins foncé, et quelquefois presque noir sur le dos, avec des bandes blanches transversales, et partagées en deux sur les côtés; le dessous du corps est d'un bleu plus clair, avec une petite bande transversale brune sur chaque grande plaque; et de toute cette disposition de couleurs, il résulte des espèces de taches, dont la forme approche de celle des coquilles taillées, qui servent de monnaie aux Indiens.

Le Vampum parvient jusqu'à cinq pieds de longueur; il n'est point venimeux, mais vorace, et il devore tous les petits animaux, trop faibles pour lui résister. Sa tête est petite, en proportion de son corps; elle est couverte de neuf grandes écailles, et celles du dos sont ovales et relevées par une arête (1).

___

(1) Le vampum a cent vingt-huit grandes plaques et soixante-sept paires de petites. Un jeune individu de cette espèce, conservé au Cabinet du Roi, a un pied dix pouces de longueur totale, et sa queue est longue de six pouces.

LE COBEL. [1]

Coluber (Natrix) Cobella, Merr.; *Col. Cobella*, Linn., Lacep., Latr., Daud.; *Cerastes Cobella*, Laur.; *Elaps Cobella*, Schneid.; *Coluber serpentinus*, Daud.

CETTE couleuvre se trouve en très-grand nombre en Amérique. Elle est d'un gris-cendré, et présente un grand nombre de petites raies blanches, et placées obliquement, relativement à l'épine du dos. Quelquefois elle présente aussi des bandes transversales et blanchâtres. Le dessous du corps est blanc; le ventre traversé par un grand nombre de bandes noirâtres, et inégales, quant à leur largeur; et l'on voit derrière chaque œil, une tache d'une couleur un peu livide, et placée obliquement comme les petites raies du dos.

Le sommet de la tête est couvert de neuf grandes écailles disposées sur quatre rangs, et cette couleuvre a cent cinquante grandes plaques, et cinquante-quatre paires de petites. Un individu de

---

(1) Le Cobel. M. Daubenton, Encyclopédie méthodique.
Col. Cobella. Linn., amphib. Serpent.
Amœnit. acad., p. 5o5, 14 ; p. 531, 4, et p. 583, 28.
Cerastes Cobella, 172, Laurenti specimen medicum.
Gronov. mus. 2, p. 65, n° 32.
Séba, Mus. 2, tab. 2, fig. 6.

cette espèce, que nous avons décrit, avait un pied quatre pouces neuf lignes de longueur totale, et sa queue était longue de trois pouces dix lignes.

LA TÊTE-NOIRE.[1]

Coluber (Natrix) melanocephalus, Merr.; *Col. melanocephalus*, Linn., Daud.; *Col. capite niger*, Lacep.

Ce serpent a, en effet, la tête noire, et le dessus du corps brun; il présente quelquefois des taches blanchâtres, et placées transversalement. Le dessous du corps est varié de blanchâtre, et d'une couleur très-foncée, par taches, dont la plupart sont placées transversalement, et ont la forme d'un parallélogramme. Les écailles qui couvrent la tête, sont grandes, au nombre de neuf, et disposées sur quatre rangs. Celles qui garnissent le dos, sont ovales et unies. La tête-noire se trouve en Amérique, et elle a ordinairement cent quarante grandes plaques, et soixante-deux paires de petites (2).

----

(1) La Tête-noire. M. Daubenton, Encyclopédie méthodique.
Col. melanocephalus. Linn., amphib. Serp.
Mus. Ad. fr. 1, p. 24, tab. 15, fig. 2.
(2) Un individu de cette espèce, conservé au Cabinet du Roi, a deux pieds un pouce sept lignes de longueur totale, et quatre pouces six lignes depuis l'anus jusqu'à l'extrémité de la queue.

L'ANNELÉE.[1]

Col. (Natrix) doliatus, Merr.; *Col. doliatus*, Linn., Lacep.,
Latr., Daud.

Cette couleuvre habite la Caroline, ainsi que Saint-Domingue, d'où un individu de cette espèce a été envoyé au Cabinet du Roi. Ces noms de diverses parties de l'Amérique, voisines des tropiques, retracent toujours l'image de terres fécondes, qu'une humidité abondante, et les rayons vivifiants du soleil couvrent sans cesse de nouvelles productions bien plus précieuses et moins funestes, que les métaux trop recherchés qu'elles cachent dans leur sein. L'art de l'homme ne doit, pour ainsi dire, dans ces terres fertiles, que modérer les forces de la nature. Ce qui appartient à ces climats favorisés, attirera donc toujours l'attention; nous n'avons pas besoin de chercher à l'environner d'ornements étrangers, pour faire désirer de le connaître; et les personnes même qui n'auront pas résolu de suivre l'Histoire naturelle jusque dans ses petits rameaux, seront toujours bien aises d'observer, en quelque sorte, de

---

(1) L'Annelée. M. Daubenton, Encyclopédie méthodique.
Col. doliatus. Linn. , amphib. Serp.

près, tous les objets que l'on rencontre dans ces belles et lointaines contrées.

L'annelée est d'un blanc ordinairement assez éclatant, et présente des bandes transversales noires, ou presque noires, qui s'étendent sur le ventre, et forment des anneaux autour du corps; mais la partie supérieure et la partie inférieure de ces anneaux ne se correspondent pas exactement. Quelquefois une petite bande longitudinale, d'une couleur très-foncée, règne le long du dos; le cou est blanc, le dessus de la tête, presque noir, et garni de neuf grandes écailles, et le dos est couvert d'écailles unies et en losange. Un individu de cette espèce, qui fait partie de la collection du Roi, a sept pouces quatre lignes de longueur totale, et un pouce cinq lignes, depuis l'anus jusqu'à l'extrémité de la queue.

L'annelée n'a point de crochets mobiles (1).

---

(1) Elle a le plus souvent cent soixante-quatre grandes plaques, et quarante-trois paires de petites.

L'AURORE.[1]

Coluber (Natrix) aurora, Merr.; *Col. aurora*, Linn., Lacep., Daud.; *Cerastes aurora*, Laur.

LES couleurs de cette couleuvre peuvent la faire distinguer de loin; une bande longitudinale, d'un beau jaune, règne au-dessus de son corps, et paraît d'autant plus vive, que le fond de la couleur du dos est d'un gris-pâle, et que souvent chaque écaille comprise dans la bande, est bordée d'orangé. Le dessus de la tête est jaune, avec des points rouges, et c'est ce mélange d'orangé, de rouge et de jaune, qui a fait donner à la couleuvre aurore le nom qu'elle porte. Ce serpent se trouve en Amérique, et a cent soixante-dix-neuf grandes plaques, et trente-sept paires de petites.

---

(1) L'Aurore. M. Daubenton, Encyclopédie méthodique.
Col. aurora. Linn., amphib. Serpent.
Mus. Ad. fr. p. 25, tab. 19, fig. 1.
Cerastes aurora. 169, Laurenti Specimen medicum.
Jaculus. Séba, mus. 2, tab. 78, fig. 3.

LE DARD.[1]

Coluber (*Natrix*) *lineatus*, Merr.; *Col. jaculatrix*, Linn., Lac., Latr., Daud.; *Col. lineatus*, Linn., Lacep., Daud.; *Col. atratus*, Gmel., Daud. (2).

Cette couleuvre a beaucoup de rapports, suivant M. Linnée, avec la rayée. Elle est d'un gris-cendré, avec une bande noirâtre, dont les bords sont d'un noir foncé, et qui s'étend au-dessus du dos, depuis le museau jusqu'à l'extrémité de la queue. Une bande semblable, mais plus étroite, règne de chaque côté du corps, dont le dessous est blanchâtre. Ce serpent a été vu à Surinam (3). Il est bon d'observer que ce nom de *Dard* (*Jaculus*) a été donné à plusieurs serpents, tant de l'Ancien que du Nouveau-Monde, à cause de la faculté qu'ils ont de s'élancer, pour ainsi dire, avec la rapidité d'une flèche.

---

(1) Le Dard. M. Daubenton, Encyclopédie méthodique.

Col. jaculatrix. Linn., amphib. Serp.

Gronov. mus. 63, n° 26.

Xcquipiles. Séba, mus. 2, tab. 1, fig. 9.

(2) M. Merrem considère cette couleuvre comme appartenant à la même espèce que la rayée. Voyez page 304. Desm. 1827.

(3) Le dard a cent soixante-trois grandes plaques et soixante-dix-sept paires de petites.

LA LAPHIATI.[1]

Coluber (Natrix) aulicus, Merr.; *Col. aulicus*, Linn., Lacep.,
Latr., Daud.; *Natrix aulica*, Laur.

Tel est le nom que l'on a donné, dans l'Amérique méridionale, à cette couleuvre du Brésil, dont les couleurs sont très-belles, suivant Séba. M. Linnée qui l'a décrite, lui en attribue de moins brillantes; mais peut-être les nuances de l'individu qu'il a observé, avaient-elles été altérées. Selon ce naturaliste, la laphiati est grise, avec des bandes transversales blanches, qui se divisent en deux de chaque côté. Si les quatre extrémités de ces bandes se réunissent avec celles des bandes voisines, la distribution de couleurs indiquée par M. Linnée, sera à-peu-près semblable à celle dont parle Séba : mais ce dernier auteur suppose du roux à la place du gris, et du jaunâtre à la place du blanc.

Le sommet de la tête de la laphiati est blanc. Cette couleuvre a cent quatre-vingt-quatre grandes plaques, et soixante paires de petites.

---

(1) La Losange. M. Daubenton, Encyclopédie méthodique.
Col. aulicus. Linn., amphib. Serp.
Mus. Ad. fr. 1, p. 29, tab. 12, fig. 2.
Natrix aulica, 148, Laurenti Specimen medicum.
Séba, mus. 1, tab. 91, fig. 5.

LA NOIRE ET FAUVE.[1]

Elaps corallinus, Merr.; *Coluber fulvus?* Linn., Daud., Herm., Latr.; *Col. nigrorufus*, Lacep.

Lᴇ nom de cette couleuvre désigne ses couleurs; son corps est entouré, en effet, de bandes transversales noires, ordinairement au nombre de vingt-deux, et d'autant de bandes fauves, bordées de blanc, et tachetées de brun, placées alternativement. Le museau, et la partie supérieure de la tête, sont quelquefois noirâtres. La queue de ce serpent est très-courte, et n'a guères de longueur que le douzième de la longueur du corps. On trouve la noire et fauve à la Caroline, où elle a été observée par M. Garden. Elle a deux cent dix-huit grandes plaques, et trente-une paires de petites (2).

---

(1) Le Noir et Fauve. M. Daubenton, Encyclopédie méthodique. *Col. fulvus.* Linn., amphib. Serpent.

(2) Le sommet de sa tête est garni de neuf grandes écailles, son dos l'est d'écailles hexagones et unies. Une noire et fauve conservée au Cabinet du Roi, a un pied onze pouces de longueur totale, et sa queue est longue de deux pouces.

LA CHAINE.[1]

Coluber (Natrix) Getulus, Merr.; *Col. Getulus*, Linn., Latr.

Catesby a donné la figure de ce serpent qu'il a vu dans la Caroline, et qui y a été ensuite observé par M. le docteur Garden. Le dessus du corps de cette couleuvre est d'un bleu presque noir, avec des bandes jaunes transversales très-étroites, et composées de petites taches, qui leur donnent l'apparence d'une petite chaîne. Le dessous du corps est de la même couleur bleue, avec de petites taches jaunes, presque carrées.

La longueur de la queue de ce serpent n'est ordinairement qu'un cinquième de celle du corps; l'individu décrit par Catesby, avait à-peu-près deux pieds et demi de longueur totale (2).

---

(1) La Chaîne. M. Daubenton, Encyclopédie méthodique.
Col. Getulus. Linn , amphib. Serpent.
The Chain Snake, Serpent à chaîne. Catesby, vol. II, planche 52.
(2) La chaîne a deux cent quinze grandes plaques et quarante-quatre paires de petites.

LA RUBANNÉE.[1]

Coluber (Natrix) vittatus, Merr.; *Col. vittatus*, Linn., Lacep., Latr., Daud.

PLUSIEURS raies en forme de rubans, et d'une couleur noire, ou très-foncée, s'étendent au-dessus du corps de cette couleuvre, sur un fond blanchâtre; les grandes plaques qui revêtent le dessous du ventre, sont bordées de brun; et l'on voit, sous la queue, une petite bande longitudinale blanche et dentelée. La tête est noire, avec de petites lignes blanches et tortueuses; elle est d'ailleurs très-allongée, large par derrière, et semblable, en petit, à la tête d'un chien, de même que celle du molure, de la couleuvre double-tache, et de plusieurs boa. Les écailles qui recouvrent le dos, sont ovales et petites (2).

La rubannée fait entendre un sifflement plus fort que celui de plusieurs autres couleuvres,

---

(1) Le Moqueur. M. Daubenton, Encyclopédie méthodique.

Col. vittatus. Linn., amphib. Serpent.

Mus. Ad. fr. p. 26, tab. 18, fig. 2.

Gronovius, mus. 2, n° 31.

Natrix vittata. 147. Laurenti, Specimen medicum.

Séba, mus. 2, tab. 45, fig. 5, et tab. 60, fig. 2 et 3.

(2) Cette Couleuvre a ordinairement cent quarante-deux grandes plaques et soixante-dix-huit paires de petites.

lorsqu'elle est effrayée par la présence soudaine de quelque objet ; c'est ce sifflement que quelques voyageurs ont appelé une sorte de rire moqueur, ou l'expression d'un désir assez vif d'être regardée et admirée pour ses couleurs(1) ; et c'est pour indiquer quelle espèce avait donné lieu à cette erreur, que M. Daubenton a appliqué à la rubannée, le nom de Serpent moqueur, dont on s'était déja servi pour désigner plusieurs serpents. La rubannée se trouve en Amérique, et peut-être aussi en Asie.

LA MEXICAINE.(2)

Coluber (Natrix) mexicanus, Merr. ; *Col. mexicanus*, Linn., Lacep. ; Latr., Daud.

M. Linnée a nommé ainsi une couleuvre dont il a parlé le premier. Elle se trouve en Amérique, et vraisemblablement au Mexique. Elle doit, comme les autres petits serpents, y servir de proie, à l'hoazin, espèce de faisan, qui habite les contrées de l'Amérique septentrionale, voisines des tropiques, et qui fait la guerre aux serpents, de même que les aigles, les ibis, les cigognes, et plusieurs

(1) Séba, 2, pag. 47.
(2) Le Mexicain. M. Daubenton, Encyclopédie méthodique. *Col. mexicanus.* Linn., amphib. Serp.

autres oiseaux. Dans les pays encore très-peu habités, où une chaleur très-forte, et des eaux stag-
nantes, sources de beaucoup d'humidité, favo-
risent la multiplication des divers reptiles, il est
avantageux, sans doute, que les serpents venimeux,
et dont la morsure peut donner la mort, soient
détruits en très-grand nombre; on devrait désirer
de voir anéantir ces espèces funestes, et il n'est
point surprenant que les oiseaux qui en font leur
pâture, que les ibis, en Égypte, les cigognes, dans
presque toutes les contrées, et particulièrement
en Thessalie (1), aient été regardés comme des
animaux tutélaires, et que la religion et les lois
se soient réunies pour les rendre, en quelque
sorte, sacrés. Mais pourquoi ne pas laisser subsister les espèces, qui, ne contenant aucun poison,
et ne jouissant pas d'une grande force, ne peuvent être dangereuses? Pourquoi ne pas les laisser
multiplier, surtout auprès des campagnes culti-
vées, qu'elles délivreraient d'un grand nombre
d'insectes nuisibles, et où elles ne pourraient faire
aucun dégât, puisqu'elles ne se nourrissent pas
des plantes qui sont l'espoir des cultivateurs?

Parmi ces espèces, plus utiles qu'on ne l'a cru
jusqu'à présent, l'on doit compter la mexicaine,
puisque, suivant M. Linnée, elle n'est point venimeuse, et qu'elle ne parvient pas à une grandeur considérable. Elle a cent trente-quatre grandes

***

(1) Pline, liv. 10 , chap. 23.

plaques, et soixante-dix-sept paires de petites. C'est tout ce que M. Linnée a publié de la conformation de ce serpent.

LE SIPÈDE.[1]

Coluber (Natrix) Sipedon, Merr.; *Col. Sipedon*, Linn., Lacep., Latr., Daud.

Ce serpent a été observé par M. Kalm, dans l'Amérique septentrionale. Sa couleur est brune, et il a ordinairement cent quarante-quatre grandes plaques, et soixante-treize paires de petites.

LA VERTE ET BLEUE.[2]

Coluber (Natrix) cyaneus, Merr.; *Col. cyaneus*, Linn., Latr., Daud.; *Col. viridi-cœruleus*, Lacep.

Cette couleuvre ressemble beaucoup, par sa conformation, au boiga; elle en a les proportions légères; mais elle n'en présente pas les couleurs

---

(1) Le Sipède. M. Daubenton, Encyclopédie méthodique.
Col. Sipedon. Linn., amphib. Serp.
(2) Le Vert et Bleu. M. Daubenton, Encyclopédie méthodique.
Col. cyaneus. Linn., amphib. Serpent.
Linn., Amœnit. Surinam. grill. 10.
Séba, mus. 2, tab. 43, fig. 2.

brillantes. Celles qu'elle offre, sont cependant très-agréables. Le dessus de son corps est d'un bleu-foncé, sans aucune tache, et le dessous, d'un vert-pâle.

Ce serpent ne parvient pas ordinairement à une longueur considérable. Sa longueur totale est communément de deux pieds, et celle de sa queue, de six pouces. Il a le sommet de la tête garni de grandes écailles, le dos couvert d'écailles ovales et unies, cent dix-neuf grandes plaques, et cent dix paires de petites.

On trouve la verte et bleue en Amérique. M. Linnée l'a placée parmi les couleuvres qui n'ont pas de venin.

LA NÉBULEUSE.[1]

Coluber (Natrix) nebulatus, Merr.; *Coluber nebulatus*, Linn., Gmel., Lacep., Latr., Daud.; *Col. ccylonicus*, Gmel., Daud.

LES couleurs de cette couleuvre ne sont pas très-agréables, et c'est une de celles que l'on doit voir avec le moins de plaisir. Elle a le dessus du corps nué de brun et de cendré, le dessous varié de brun et de blanc. C'est donc le brun qui do-

---

(1) Le Nébuleux. M. Daubenton, Encyclopédie méthodique.
Col. nebulatus. Linn., amphib. Serpent.
Mus. Ad. fr., p. 32, tab. 24, fig. 1.
Cerastes nebulatus, 174, Laurenti, Specimen medicum.

mine dans les couleurs qu'elle présente, sans qu'aucune distribution symétrique, ou qu'aucun contraste de nuances, compense l'effet des teintes obscures que l'on voit sur ce serpent.

La nébuleuse habite l'Amérique, et elle a ordinairement cent quatre-vingt-cinq grandes plaques, et quatre-vingt-une paires de petites.

Elle n'est point venimeuse, suivant M. Linnée; mais il arrive quelquefois, que lorsqu'on passe trop près d'elle, et qu'on l'excite ou l'effraie, elle se dresse, s'entortille autour des jambes, et les serre assez fortement (1).

LE SAURITE.[2]

Coluber (Natrix) Saurita, Merr.; *Col. Saurita*, Linn., Lacep., Latr., Daud.

Ce serpent a beaucoup de rapports avec les lézards gris et les lézards verts, non seulement par les nuances de ses couleurs, mais encore par son agilité, et voilà pourquoi il a été nommé Saurite, qui vient du mot grec *Sauros* (lézard). Son corps est très-délié; ses proportions sont agréables, et

(1) Voyez, à ce sujet, M. Laurenti, à l'endroit déja cité.
(2) Le Saurite. M. Daubenton, Encyclopédie méthodique.
Col. Saurita. Linn., amphib. Serpent.
Catesby, vol. II, planche 52.

on doit le rencontrer avec d'autant plus de plaisir, qu'étant très-actif, il réjouit la vue par la rapidité et la fréquence de ses mouvements.

Le saurite est d'un brun-foncé avec trois raies longitudinales blanches ou vertes, qui s'étendent depuis la tête jusqu'au dessus de la queue; il a le ventre blanc, cent cinquante-six grandes plaques et cent vingt et une paires de petites.

On le trouve dans la Caroline; il n'est point venimeux.

LE LIEN.[1]

Coluber (Natrix) constrictor, Merr., Latr., Daud.; *Coluber Ligamen*, Lacep.

Cette espèce de serpent est très-répandue dans la Caroline et dans la Virginie, où elle a été observée par MM. Catesby et Smith. Elle a le dessus du corps d'un noir très-foncé et très-éclatant; le dessous d'une couleur bronzée ou bleuâtre; quelquefois la gorge blanche, et les yeux étincelants. Cette couleuvre parvient à la longueur de six ou sept pieds. Elle n'est point venimeuse, mais très-forte, se défend avec obstination lors-

---

(1) Le Serpent Lien. M. Daubenton, Encyclopédie méthodique.
Col. constrictor. Linn., amphib. Serpent.
Catesby, Carol. 2, planche 48.
Kalm. it. 3, p. 136.
Smith. Voyage dans les États-Unis de l'Amérique septentrionale.

qu'on l'attaque, saute même contre ceux qui l'irritent, s'entortille autour de leur corps ou de leurs jambes, et les mord avec acharnement; mais sa morsure n'est point dangereuse. Elle dévore des animaux assez gros, tels que des écureuils; elle avale même quelquefois les petites grenouilles tout entières, et comme elles sont très-vivaces, on l'a vue en rejeter en vie (1). Elle se bat avec avantage contre d'autres espèces de serpents assez grands, et particulièrement contre les serpents à sonnettes, auxquels elle donne la mort, en se pliant en spirale autour de leur corps, se contractant avec force, et les serrant jusqu'à les étouffer.

La couleuvre lien fait aussi la guerre aux rats et aux souris, dont elle paraît se nourrir avec beaucoup d'avidité, et qu'elle poursuit avec une très-grande vitesse, jusques sur les toits des maisons et des granges. Elle est par-là très-utile aux habitants de la Caroline et de la Virginie; elle sert même plus que les chats à délivrer leurs demeures des petits animaux destructeurs qui les dévasteraient, parce que sa forme très-allongée, et sa souplesse, lui permettent de pénétrer dans les petits trous qui servent d'asyle aux souris ou aux rats. Aussi plusieurs Américains cherchent-ils à conserver, et même à multiplier cette espèce (2).

---

(1) M. Smith, à l'endroit déja cité.

(2) Le lien a cent quatre-vingt-six grandes plaques, et quatre-vingt-deux paires de petites.

LE SIRTALE.[1]

Coluber (Natrix) Sirtalis, Merr.; *Col. Sirtalis*, Linn., Lacep.,
Latr., Daud.

M. Kalm a observé, dans le Canada, cette espèce de couleuvre, dont les couleurs, sans être très-brillantes, sont assez agréables, et ressemblent beaucoup à celles du saurite; elle a le dessus du corps brun, avec trois raies longitudinales, d'un vert changeant en bleu. Le dos paraît légèrement strié, suivant M. Linnée, ce qui suppose que les écailles qui le couvrent, sont relevées par une arête.

Le sirtale a cent cinquante grandes plaques, et cent quatorze paires de petites.

---

(1) Le Sirtale. M. Daubenton , Encyclopédie méthodique.
Col. Sirtalis. Linn., amphib. Serpent.

LA BLANCHE ET BRUNE.[1]

Coluber (Natrix) annulatus, Merr.; *C. annulatus*, Linn., Latr.,
Daud.; *C. albofuscus* et *C. candidus*, Lacep.; *C. ignobilis*,
Laur.; *C. orientalis*, Gmel.; *C. Epidauris*, Herm. (2).

CETTE couleuvre habite l'Amérique. Le dessus
de son corps est d'une couleur blanchâtre, avec
des taches brunes, arrondies, et réunies deux ou
trois ensemble, en plusieurs endroits; on en voit
deux derrière les yeux. Le dessous de son corps
est d'un blanc, tirant plus ou moins sur le roux.
Elle a le sommet de la tête garni de neuf grandes
écailles, disposées sur quatre rangs, le dos couvert d'écailles lisses et ovales, cent quatre-vingt-
dix grandes plaques, et quatre-vingt-seize paires
de petites.

La blanche et brune n'a point de crochets mobiles. Un individu de cette espèce, conservé au
Cabinet du Roi, a un pied six pouces de longueur
totale, et sa queue est longue de quatre pouces
six lignes.

---

(1) Le Bai-rouge. M. Daubenton, Encyclopédie méthodique.
Col. annulatus. Linn., amphib. Serpent.
Id. Amœnit. amphib. Gillenb., p. 534, 9; et mus. princ., p. 586, 34.
Séba, mus. 2, tab. 38, fig. 2.
(2) M. Merrem réunit cette espèce à celle qui est décrite, page 289,
sous le nom de Couleuvre blanchâtre.   DESM. 1827.

LA VERDATRE. [1]

Coluber (Natrix) œstivus, Merr.; *Col. œstivus*, Linn., Latr.,
Daud.; *Col. subviridis*, Lacep.

Les couleurs de cette couleuvre sont très-agréables, mais sa douceur est encore plus grande. Le dessous de son corps est d'un vert plus ou moins clair, ou plus ou moins mêlé de jaune; le dessus est bleu, suivant M. Linnée (2), et vert, suivant Catesby, qui l'a observée dans le pays qu'elle habite. C'est dans la Caroline qu'on la rencontre. Aussi déliée, aussi agile que le Boiga, elle peut, comme lui, parcourir les plus légers rameaux des arbres les plus élevés; et c'est sur les branches qu'elle passe sa vie, occupée à poursuivre les mouches et les petits insectes dont elle se nourrit. Elle est si familière, et l'on sait si bien, dans la Caroline, combien peu elle est dangereuse, que, suivant Catesby, on se plaît à la manier, et que plusieurs personnes la portent sans crainte dans leur sein. N'étant vue qu'avec plaisir, on ne cherche pas à la détruire; aussi est-elle très-commune

---

(1) Le Verdâtre. M. Daubenton, Encyclopédie méthodique.
Col. œstivus. Linn., amphib. Serpent.
The Green Snake, le Serpent vert. Catesby, Carol. 2, planche 57.
(2) M. Linnée cite, au sujet de cette couleuvre, M. le docteur Garden,
qui l'a vue dans la Caroline.

dans la plupart des endroits garnis d'arbres ou de buissons; et ce doit être un spectacle agréable, que de voir les innocents animaux qui composent cette espèce, entortillés autour des branches, suspendus aux rameaux, et formant, pour ainsi dire, des guirlandes animées au milieu de la verdure et des fleurs, dont l'éclat n'efface point celui de leurs belles écailles.

La verdâtre a cent cinquante-cinq grandes plaques, et cent quarante-quatre paires de petites. La longueur de la queue est ordinairement un tiers de la longueur du corps; et les écailles du dos ne sont point relevées par une arête.

LA VERTE.[1]

Coluber (Natrix) viridissimus ; Merr.; *Col. viridissimus,* Linn., Lacep., Latr., Daud. ; *Col. janthinus,* Daud.

C̲e nom désigne très-exactement la couleur de cette couleuvre, dont le dessus et le dessous du corps sont en effet d'un beau vert, plus clair sous le ventre que sur le dos. Ce serpent a le sommet de la tête couvert de neuf grandes écailles, dis-

______

(1) Le Vert. M. Daubenton, Encyclopédie méthodique.
Col. viridissimus. Linn., ampbib. Serp.
Mus. Ad. fr. 2 , p. 46.

posées sur quatre rangs; le dessus du corps garni d'écailles ovales et unies, deux cent dix-sept grandes plaques, et cent vingt-deux paires de petites. Ses mâchoires ne sont point armées de crochets mobiles, et un individu de cette espèce, conservé au Cabinet du Roi, a deux pieds deux pouces neuf lignes de longueur totale, et sept pouces une ligne depuis l'anus, jusqu'à l'extrémité de la queue.

LE CENCO. [1]

Coluber (Natrix) Cenchoa, Merr.; *Col. Cenchoa*, Linn., Latr., Daud.

CE serpent a la tête très-grosse à proportion du corps : elle est d'ailleurs presque globuleuse, ses angles étant peu marqués, et la couleur de cette partie est blanche, panachée de noir. Le cenco parvient quelquefois à la longueur de quatre pieds, sans que son corps, qui est très-délié, soit alors beaucoup plus gros qu'une plume de cygne. La longueur de la queue est ordinairement égale

---

(1) Le Cenco. M. Daubenton, Encyclopédie méthodique.
Col. Cenchoa. Linn., amphib. Serpent.
Id. Amœnit., p. 588, n° 37.
Cencoatl, seconde espèce. Dictionnaire d'hist. natur. par M. Valmont de Bomare.
Séba, mus. 2, tab. 16, fig. 2 et 3.

au tiers de celle du corps. Le cenco a le sommet de la tête couvert de neuf grandes écailles, le dos garni d'écailles ovales et unies, le dessus du corps brun, avec des taches blanchâtres, ou d'un brun ferrugineux, accompagnées, dans quelques individus, d'autres taches plus petites, mais de la même couleur, et quelquefois avec plusieurs bandes transversales et blanches. Il se trouve en Amérique, et il y vit de vers et de fourmis (1).

LE CALMAR.[2]

Coluber (Natrix) calamarius; var. α, Merr.; *Col. calamarius,* Linn., Lacep., Daud.; *Anguis calamaria,* Laur. (3).

Cette couleuvre est d'une couleur livide, avec des bandes transversales brunes, et des points de la même couleur, disposés de manière à former des lignes. Le dessous de son corps présente des taches brunes, comme les points et les bandes

(1) Il a deux cent vingt grandes plaques, et cent vingt-quatre paires de petites.

(2) Le Calemar. M. Daubenton, Encyclopédie méthodique.
Col. calamarius. Linn., amphib. Serpent.
Mus. Ad. fr. 1, p. 23, tab. 6, fig. 3.
Anguis calamaria, 127, Laurenti Specimen medicum.

(3) Le calmar, suivant M. Merrem, ne forme qu'une seule espèce avec la violette et la symétrique, décrites ci-avant, pages 270 et 331.

Desm. 1827.

transversales, presque carrées, et placées symétriquement. On voit sur la queue une raie longitudinale, et couleur de fer.

Ce serpent qui n'est remarquable ni par sa conformation, ni par ses couleurs, habite en Amérique, et a cent quarante grandes plaques, et vingt-deux paires de petites.

L'OVIVORE.[1]

Coluber (Natrix) ovivorus, Merr.; *Col. ovivorus*, Linn.

M. Linnée a donné ce nom à une couleuvre d'Amérique, dont il n'a fait connaître que le nombre des plaques; elle en a deux cent trois, et soixante-treize paires de petites. Il cite, au sujet de ce serpent, Kalm, sans indiquer aucun des ouvrages de ce naturaliste, et Pison, qui, selon lui, a nommé l'ovivore *Guinpuaguara*, dans son ouvrage, intitulé: *Medicina Brasiliensis*. Pison y dit, en effet, que l'on trouve, dans l'Amérique méridionale, un serpent qui se nomme *Guinpuaguara*; mais on ne voit dans Pison, ni dans Marcgrave, son continuateur, aucune description de ce reptile, ni aucun détail relatif à ses habi-

---

(1) Le Guimpe. M. Daubenton, Encyclopédie méthodique.
Col. ovivorus. Linn., amphib. Serp.

tudes. M. Linnée a vraisemblablement nommé cette couleuvre *ovivore*, pour montrer qu'elle se nourrit d'œufs, ainsi que plusieurs autres serpents, et qu'elle en est même plus avide.

LE FER-A-CHEVAL.[1]

Coluber (Natrix) Hippocrepis, var. α, Merr.; *Col. Hippocrepis*, Linn., Lacep., Latr., Daud.; *Natrix Hippocrepis*, Laur.(2).

On voit, sur le corps de cette couleuvre, un grand nombre de taches rousses, disposées sur un fond de couleur livide. Le dessus de la tête présente des taches en croissant, l'entre-deux des yeux une bande transversale et brune, et l'occiput une grande tache en forme d'arc ou de fer-à-cheval. Telles sont les couleurs de ce serpent d'Amérique, qui a deux cent trente-deux grandes plaques et quatre-vingts paires de petites.

L'on conserve, au Cabinet du Roi, une couleuvre qui a beaucoup de rapports avec le fer-à-cheval. Elle a le sommet de la tête garni de neuf

---

(1) Le Fer-à-cheval. M. Daubenton, Encyclopédie méthodique.
Col. Hippocrepis. Linn., amphib. Serpent.
Mus. Ad. fr. 1, p. 36, tab. 16, fig. 2.
Natrix Hippocrepis, 155. Laurenti, Specimen medicum.
(2) Selon M. Merrem, ce serpent ne diffère pas spécifiquement de la couleuvre domestique. décrite ci-avant, page 345.   DESM. 1827.

grandes écailles; le dos couvert d'écailles rhomboïdales et unies; le dessus du corps lividé avec des taches brunes; quatre taches noirâtres et allongées de chaque côté de la partie antérieure du corps; quatre autres taches noirâtres, également allongées, placées sur le cou, et dont les deux extérieures sont inclinées et se rapprochent vers l'occiput; un pied dix pouces de longueur totale; quatre pouces six lignes depuis l'anus jusqu'à l'extrémité de la queue, deux cent quarante-une grandes plaques, et soixante-dix-neuf paires de petites; elle n'est pas venimeuse non plus que le fer-à-cheval.

L'IBIBE.[1]

Coluber (Hurria) ordinatus, Merr.; *Col. ordinatus*, Linn.;
Col. Ibibe, Lacep., Daud.

Nous conservons à cette couleuvre le nom d'*Ibibe* qui lui a été donné par M. Daubenton, et qui est une abréviation du nom *Ibiboca*, sous lequel elle est décrite dans Séba. Ce serpent a été

---

(1) L'Ibibe. M. Daubenton, Encyclopédie méthodique.
Col. ordinatus. Linn., amphib. Serp.
Catesby, Carol. 2, p. 53, tab. 53.
Gronovius, mus. 37.
Séba, mus. 2, tab. 20, fig. 2.

observé, dans la Caroline, par MM. Catesby et
Garden; il est d'un vert tacheté, suivant Catesby,
et bleu, suivant M. Linnée, avec des taches noires
comme nuageuses. On voit, de chaque côté du
corps, une rangée de points noirs, placés ordinairement à l'extrémité des grandes plaques; et
quelquefois une raie d'un vert-foncé, ou, au contraire, d'une couleur assez claire, s'étend le long
du dos.

L'ibibe a le sommet de la tête garni de neuf
grandes écailles; le dessus du corps couvert d'é-
cailles ovales, et relevées par une arête; cent
trente-huit grandes plaques, et soixante-douze
paires de petites.

Un individu de cette espèce, qui fait partie de
la collection de Sa Majesté, a deux pieds de lon-.
gueur totale, et sa queue est longue de quatre
pouces dix lignes. La disposition des grandes
écailles, qui couvrent le dessous de sa queue,
n'est pas la même que dans les autres espèces de
couleuvres; il présente quatre grandes plaques
entre l'anus et les premières paires de petites.

L'ibibe n'est point venimeux; il se glisse quelquefois dans les basses-cours; il y casse et suce les
œufs, mais il n'est pas ordinairement assez grand
pour dévorer même la plus petite volaille.

LA CHATOYANTE.[1]

Coluber (Natrix) hybridus, Merr.; *Col. versicolor*, Rasoum.,
Lacep., Daud.

M. le comte de Rasoumowsky nomme ainsi une petite couleuvre, qui se trouve aux environs de Lausanne. Elle parvient à un pied et demi de longueur, et a la grosseur d'une plume d'oie ou de cygne ; elle est luisante comme si elle était enduite d'huile ; le dessus de son corps est d'un gris cendré, avec une bande longitudinale, brune, formée de petites raies transversales, et disposées en zig-zag ; les grandes et les petites plaques sont d'un rouge-brun, tachetées de blanc et bordées de bleuâtre du côté de l'extrémité de la queue. Ces plaques sont chatoyantes au grand jour, et produisent des reflets d'un beau bleu. Les écailles du dos le sont aussi, mais beaucoup moins. Une tache brune, un peu en forme de cœur, est placée sur le sommet de la tête, qui est couvert de neuf grandes écailles (2). Les yeux sont noirs, petits, animés, et l'iris est rouge.

---

(1) La chatoyante. Hist. natur. du Jorat et de ses environs, par M. le comte de Rasoumowsky. Lausanne , 1789, vol. I , pag. 122 , planche 6 , lettres *a* et *b*.

(2) La chatoyante a depuis cent cinquante-six jusqu'à cent soixante-une grandes plaques, et cent treize paires de petites.

On a rencontré la chatoyante auprès des eaux ou dans des fossés humides. M. le comte de Rasoumowsky ne la regarde pas comme venimeuse.

LA SUISSE.[1]

Coluber (Natrix) torquatus, Merr.; *Col. natrix*, Linn., Latr., Daud.; *Natrix vulgaris*, Laur. (2).

C'EST M. le comte de Rasoumowsky qui a fait connaître cette couleuvre; il l'a nommée *Couleuvre vulgaire;* mais, comme cette épithète de *vulgaire* a été donnée à plusieurs espèces de serpents, nous avons cru ne pouvoir éviter toute confusion, qu'en désignant, par un autre nom, le reptile dont nous traitons dans cet article. Nous l'indiquons par celui du pays où il a été observé. Il est d'un gris cendré, avec de petites raies noires sur les côtés; et l'on voit sur le dos une bande longitudinale, composée de petites raies transversales plus étroites et d'une couleur plus pâle; le dessous du corps est noir avec des taches d'un blanc bleuâtre, beaucoup plus grandes sous le ventre que sous la queue (3).

---

(1) La Couleuvre vulgaire. Hist. natur. du Mont-Jorat et de ses environs, par M. le comte de Rasoumowsky, tom. I, p. 121 et p. 288.

(2) Cette couleuvre ne diffère pas spécifiquement de la couleuvre à Collier ordinaire, décrite ci-avant page 248 et suivantes. DESM. 1827.

(3) Les écailles du dos de la couleuvre suisse sont ovales et relevées

La couleuvre suisse parvient jusqu'à trois pieds de longueur ; elle paraît aimer le voisinage des eaux et les ombres épaisses ; on la trouve dans les fossés et dans les buissons qui croissent sur un terrain humide ; et on la rencontre aussi dans les bois du Jorat. Elle dépose ses œufs, en été, dans des endroits chauds, et surtout dans du fumier où elle les abandonne ; on a assuré à M. de Rasoumowsky qu'ils étaient attachés ensemble, et au nombre de quarante-deux ou plus ; ils sont renfermés dans une membrane blanche, mince comme du papier, et qui se déchire facilement. Le serpenteau est plein de force et d'agilité en sortant de l'œuf ; il a quelquefois alors plus d'un demi-pied de longueur, et ses couleurs sont plus claires que celles des couleuvres suisses adultes. Le peuple regarde ces serpents comme venimeux (1) ; mais ils n'ont point de crochets mobiles, et leur mâchoire supérieure est garnie de chaque côté d'un double rang de petites dents aiguës et serrées (2).

---

par une arête ; elle a jusqu'à cent soixante-dix grandes plaques, et cent vingt-sept paires de petites.

(1) Hist. natur. du Mont-Jorat, p. 122.

(2) Idem, ibid.

L'IBIBOCA.[1]

Coluber (Natrix) Ibiboca, Merr.; *Col. Ibiboca*, Lacep., Daud.

Ce nom d'Ibiboca a été donné par les voyageurs et les naturalistes à plusieurs espèces de serpents, très-différentes l'une de l'autre ; nous le réservons à la couleuvre dont il est question dans cet article, et qui a été envoyée sous ce nom au Cabinet du Roi. C'est dans le Brésil qu'on la trouve ; elle n'est point venimeuse, et nous allons la décrire d'après l'individu qui fait partie de la collection de Sa Majesté.

Elle a le dessus de la tête garni de neuf grandes écailles ; le dos couvert d'écailles rhomboïdales, unies, grisâtres et bordées de blanc (2) ; cinq pieds cinq pouces six lignes de longueur totale ; un pied sept pouces une ligne depuis l'anus jusqu'à l'extrémité de la queue ; cent soixante-seize grandes plaques, et cent vingt-une paires de petites (3).

---

(1) Cobra de Corais , au Brésil.

(2) Les écailles du dos sont , en plusieurs endroits , un peu séparées les unes des autres.

(3) L'individu du Cabinet du Roi était mâle ; il avait été mis dans l'esprit-de-vin pendant que ses deux verges sortaient par son anus : chacune est longue de six lignes et a six lignes de diamètre ; lorsqu'elle s'épanouit, l'extrémité, qu'on pourrait comparer à une fleur radiée,

LA TACHETÉE.

Coluber (Natrix) maculatus, Merr.; *Col. maculatus*, Lacep.,
Daud., Latr.; *Col. carolinianus?* Shaw.

Nous donnons ce nom à une couleuvre de la
Louisiane dont le dessus du corps est blanchâtre,
avec de grandes taches en forme de losange, quelquefois irrégulières, d'un roux plus ou moins
rougeâtre, et bordées de noir ou d'une couleur
très-foncée. On voit souvent, depuis le cou jusqu'au quart de la longueur du corps, une double
rangée de ces taches, disposées de manière à former une raie en zig-zag; le ventre est blanchâtre
et quelquefois tacheté.

Cette couleuvre n'est point venimeuse; elle a
neuf grandes écailles sur le sommet de la tête;
des écailles hexagones, et relevées par une arête
sur le dos; cent dix-neuf grandes plaques et
soixante-dix paires de petites (1).

Il paraît qu'elle est de la même espèce que le

présente cinq cercles concentriques de membranes plissées et frangées,
autour desquels on voit quatre autres cercles de piquants de nature un
peu écailleuse et longs de deux lignes : la surface extérieure est hérissée
de petits piquants presque imperceptibles.

(1) Une couleuvre Tachetée, conservée au Cabinet du Roi, a deux
pieds de longueur totale, et sa queue est longue de cinq pouces quatre
lignes.

serpent figuré dans Catesby (*tom.* 2, *pl.* 55). Ce reptile se trouve dans la Virginie et dans la Caroline, où on l'appelle *Serpent de bled*, à cause de la ressemblance de ses couleurs avec celles d'une espèce de maïs ou de bled d'Inde, et où il pénètre quelquefois dans les basses-cours pour sucer les œufs.

LE TRIANGLE.

Coluber (Natrix) Triangulum, Merr.; *Col. Triangulum*, Lacep., Latr., Daud.

Nous nommons ainsi cette espèce de couleuvre parce qu'on voit sur le sommet de sa tête, qui est garni de neuf grandes écailles, une tache triangulaire, chargée, dans le milieu, d'une autre tache triangulaire plus petite, et d'une couleur beaucoup plus claire ou quelquefois plus foncée. Des écailles unies et en losange couvrent le dessus du corps qui est blanchâtre, avec des taches rousses, irrégulières, et bordées de noir. On voit un rang de petites taches de chaque côté du dos, et une tache noire, allongée, et placée obliquement derrière chaque œil.

Le triangle se trouve en Amérique, et n'est point venimeux. Un individu de cette espèce, envoyé au Cabinet du Roi, a deux pieds sept pouces deux lignes de longueur totale, trois pouces depuis l'anus jusqu'à l'extrémité de la queue, deux cent treize grandes plaques, et quarante-huit paires de petites.

LE TRIPLE-RANG.

Coluber (*Natrix*) *triseriatus*, Merr.; *Col. ruber*, Gmel.; *Col. ter-ordinatus*, Lacep., Latr.; *Col. triseriatus*, Daud.

LE nom que nous avons cru devoir donner à cette couleuvre désigne la disposition de ses couleurs. Le dessus de son corps est blanchâtre, avec trois rangées longitudinales de taches d'une couleur foncée; et le dessous est varié de blanchâtre et de brun. Elle n'est point venimeuse; elle a neuf grandes écailles sur le sommet de la tête, des écailles ovales, et relevées par une arête sur le dos, cent cinquante grandes plaques, et cinquante-deux paires de petites (1); elle habite en Amérique.

---

(1) Un individu de cette espèce envoyé au Cabinet du Roi, a un pied dix pouces de longueur totale, et sa queue est longue de quatre pouces.

LA RÉTICULAIRE.

Coluber (Natrix) reticulatus, Merr.; *Col. reticulatus*, Lacep.;
Col. reticularis, Daud.

CETTE couleuvre de la Louisiane ressemble beaucoup par ses couleurs à l'ibiboca; les écailles que l'on voit sur la partie supérieure de son corps, sont blanchâtres, et bordées de blanc; comme ces bordures se touchent, elles forment une sorte de réseau blanc au travers duquel on verrait le corps de l'animal; et voilà pourquoi nous l'avons nommée la Réticulaire. Elle est distinguée de l'ibiboca par plusieurs caractères, et surtout par le nombre de ses plaques, trop différent de celui des plaques de ce dernier serpent, pour que ces deux couleuvres appartiennent à la même espèce. Parmi les réticulaires que nous avons décrites, nous en avons vu une qui est conservée au Cabinet du Roi, et qui a trois pieds onze pouces de longueur totale, et dix pouces depuis l'anus jusqu'à l'extrémité de la queue (1).

(1) Les mâchoires de la réticulaire ne sont point armées de crochets mobiles ; elle a la tête couverte de neuf grandes écailles; le dos garni d'écailles unies et en losange; deux cent dix-huit grandes plaques, et quatre-vingt paires de petites.

LA COULEUVRE A ZONES.

Coluber (Natrix) cinctus, Merr.; *Col. cinctus*, Lacep., Daud.

Ce serpent est blanc par dessus et par dessous, avec des bandes transversales plus ou moins larges, d'une couleur très-foncée qui, comme autant de zones, le ceignent et font tout le tour de son corps. On voit, dans les intervalles blancs, quelques écailles tachetées de roussâtre à leur extrémité; et toutes celles qui garnissent les lèvres ou le dessus de la tête, sont blanchâtres, et bordées de roux ou de brun.

La couleuvre à zones a beaucoup de rapports avec l'annelée, et avec la noire et fauve; mais, indépendamment d'autres différences, elle est séparée de la première par la disposition de ses couleurs, et de la seconde par le nombre de ses plaques.

Elle n'est pas venimeuse (1).

---

(1) Une Couleuvre à Zones, qui fait partie de la collection du Roi, a neuf grandes écailles sur le sommet de la tête, des écailles rhomboïdales et unies sur le dos, un pied de longueur totale, un pouce six lignes depuis l'anus jusqu'à l'extrémité de la queue, cent soixante-cinq grandes plaques, et trente-cinq paires de petites.

LA ROUSSE.

Coluber (Natrix) rufus, Merr.; *Col. rufus*, Lacep., Daud.

Cette couleuvre a le dessus du corps d'un roux plus ou moins foncé, et le dessous blanchâtre; c'est de la couleur de son dos que vient le nom que nous avons cru devoir lui donner; elle n'est point venimeuse, mais nous ignorons quelles sont ses habitudes naturelles. Nous avons décrit cette espèce d'après un individu conservé au Cabinet du Roi, et qui a un pied cinq pouces quatre lignes de longueur totale, et trois pouces depuis l'anus jusqu'à l'extrémité de la queue.

La rousse a neuf grandes écailles sur la partie supérieure de la tête, le dos couvert d'écailles rhomboïdales et unies, deux cent vingt-quatre grandes plaques et soixante-huit paires de petites. Nous ne savons pas quel est le pays où on la trouve.

LA LARGE-TÊTE.

Coluber (Natrix) laticapitatus, Merr.; *Col. laticapitatus*,
Lacep., Daud.

Nous nommons ainsi cette couleuvre parce que
sa tête, un peu aplatie par dessus et par dessous,
est très-large à proportion du corps. C'est M. Dom-
bey qui l'a apportée de l'Amérique méridionale
au Cabinet du Roi. La couleur du dessus du corps
de ce serpent est blanchâtre, avec de grandes taches irrégulières, d'une couleur très-foncée, et
qui se réunissent en plusieurs endroits le long du
dos, et surtout vers la tête ainsi que vers la queue;
le dessous du corps est également blanchâtre,
mais avec des taches plus petites, plus éloignées
l'une de l'autre, et disposées longitudinalement
de chaque côté du ventre.

Le museau de cette couleuvre est terminé comme
celui de plusieurs vipères venimeuses, par une
grande écaille relevée, presque verticale, pointue
par le haut, et échancrée par le bas; cependant
elle n'a point de crochets mobiles, et le sommet
de sa tête est garni de neuf grandes écailles; celles
qui revêtent le dos sont ovales, unies, et un peu
séparées l'une de l'autre vers la tête comme sur le
naja.

L'individu que nous avons décrit avait quatre pieds neuf pouces de longueur totale, sept pouces depuis l'anus jusqu'à l'extrémité de la queue, deux cent dix-huit grandes plaques, et cinquante-deux paires de petites.

Avant de passer au genre des *Boa*, il nous resterait à parler de quinze couleuvres dont Gronovius a fait mention (1); mais, comme il n'est entré dans presque aucun détail relativement à ces reptiles, et que nous ne les avons pas vus, nous avons cru ne devoir pas en traiter dans des articles particuliers, et ne pouvoir même rien décider relativement à l'identité ou à la différence de leurs espèces avec celles que nous avons décrites. Nous nous sommes contentés de les placer à leur rang dans notre table méthodique, en y rapportant le petit nombre de caractères indiqués par Gronovius, en renvoyant aux planches qu'il a citées, en désignant uniquement ces couleuvres par le numéro des articles de Gronovius où il en est question, et en ne leur donnant aucun nom jusqu'à ce qu'elles soient mieux connues.

---

(1) Gronov. mus.

SECOND GENRE.

SERPENTS

QUI ONT DE GRANDES PLAQUES SOUS LE CORPS ET SOUS
LA QUEUE.

BOA.

LE DEVIN.[1]

Boa constrictor, Linn., Cuv., Latr., Daud.; *Constrictor formosissimus*, *C. Rex serpentum* et *auspex*; Laur.; *Boa cons-
trictrix*, Schneid.

Nous avons considéré à la tête du genre des

(1) Le Devin, au Mexique.
Xaxathua, *Xalxalhua*, *l'Empereur*, dans le même pays.
Tamacuilla huilia, dans d'autres contrées de l'Amérique.
Caçadora ou Couleuvre chasseuse, aux environs de l'Orénoque.
Jurucucu, dans le Brésil.
Boiguacu, *Giboya* ou *Jiboya*, et la Reine des Serpents, ainsi que
Jauca Acanga, au Brésil.
La Manda, qui veut dire Roi des Serpents, à Java.
Mamballa et *Polonga*, à Ceylan.
Giarende.
Gerende.
Gorende.

Couleuvres, les diverses espèces de vipères, ces animaux funestes et d'autant plus dangereux que, distillant sans cesse le venin le plus subtil, ils masquent leur approche, déguisent leurs attaques, se replient en cercle, se cachent pour ainsi dire en eux-mêmes, comme pour dérober leur présence à leurs victimes, s'élancent sur elles par des sauts aussi rapides qu'inattendus, ne parviennent à les vaincre que par leurs poisons mortels, et n'emploient que cette arme traîtresse qui pénètre comme un trait invisible, et dont la valeur ni la puissance ne peuvent se garantir. Nous allons

---

Fedagoso et *Cobra de Veado*, par les Portugais.

Serpent Impérial.

Dépone, dans plusieurs contrées.

Le Devin. M. Daubenton, Encyclopédie méthodique.

Boa constrictor. Linn., amphib. Serpent.

Cenchris. Gronov. mus. 2, p. 69, n. 43.

L'Empereur. Séba, mus. 1, tab. 36, fig. 5, tab. 53, fig. 1, tab. 62, fig. 1, 2; et mus. 2, tab. 77, fig. 4 et 5, tab. 98, fig. 1, tab. 99, fig. 1, 2, tab. 100, fig. 1, tab. 104, fig. 1.

Constrictor formosissimus, 235. *Constrictor Rex Serpentum*, 236. *Constrictor auspex*, 237. *Constrictor diviniloquus*, 238. Laurenti Specimen medicum.

Job. Ludolph. Commentar. ad historiam Æthiopicam, fol. 166.

Draco. Divus Hyeronimus in vità sancti Hilarionis.

Boiguacu, Rai, Synopsis serpentini generis, p. 325.

Xaxathua et *Boiguacu*. M. Valmont de Bomare.

Serpens peregrinus. Car. Clusius, exoticorum, lib. 5, p. 113, ed. 1605.

Amphitheatrum Zootomicum Mich. Bern. Valentin. tab. 85, fig. 8.

Boiguacu. Pison, de Medicina brasiliensi, lib. 3, fol. 41.

Boiguacu. Georg. Marcgravi, hist. rerum naturalium Brasiliæ, lib. 6, cap. 13, fol. 219.

parler maintenant d'un genre plus noble; nous allons traiter des *Boa*, des plus grands et des plus forts des serpents, de ceux qui, ne contenant aucun venin, n'attaquent que par besoin, ne combattent qu'avec audace, ne domptent que par leur puissance; et contre lesquels on peut opposer les armes aux armes, le courage au courage, la force à la force, sans craindre de recevoir, par une piqûre insensible, une mort aussi cruelle qu'imprévue.

Parmi ces premières espèces, parmi ce genre distingué dans l'ordre des serpents, le devin occupe la première place. La nature l'en a fait roi par la supériorité des dons qu'elle lui a prodigués. Elle lui a accordé la beauté, la grandeur, l'agilité, la force, l'industrie; elle lui a en quelque sorte tout donné, hors ce funeste poison départi à certaines espèces de serpents, presque toujours aux plus petites, et qui a fait regarder l'ordre entier de ces animaux comme des objets d'une grande terreur.

Le devin est donc parmi les serpents, comme l'éléphant ou le lion parmi les quadrupèdes. Il surpasse les animaux de son ordre, par sa grandeur comme le premier, et par sa force comme le second; il parvient communément à la longueur de plus de vingt pieds; et, en réunissant les témoignages des voyageurs, il paraît que c'est à cette espèce qu'il faut rapporter les individus de quarante ou cinquante pieds de long, qui habitent, suivant ces mêmes voyageurs, les déserts brûlants où l'homme ne pénètre qu'avec peine (1).

---

(1) Gronovius avait, dans son cabinet, une dépouille d'un serpent Devin qui avait six pieds de longueur; et il a écrit en avoir vu dans plusieurs cabinets, dont la longueur était de vingt pieds. P. 70, Musæum Gronovii, Leyde, 1754, in-folio. Sans parler du fameux serpent de Norvège, qui, suivant Olaüs Magnus (liv. 21, chap. 43), avait plus de deux cents pieds de longueur avec une épaisseur de vingt pieds, et dont il faut ranger l'histoire parmi les fables, l'on peut citer, entre plusieurs témoignages, celui de George Anderson, qui, dans le sixième chapitre de son Voyage en Orient, dit que, dans l'île de Java, il y a des serpents assez grands pour avaler des hommes entiers. Le voyageur Iversen tua lui-même un serpent de vingt-trois pieds de longueur; voyez son Voyage dans les contrées orientales, chapitre 4. Baldæus, dans sa description de l'île de Ceylan, chap. 22, dit qu'on y trouve des serpents de huit, neuf et dix aunes de long, mais qu'il y en a de plus grands dans l'île de Java, ainsi que dans celle de Banda; qu'on y en avait pris un qui avait dévoré un cerf, et un second qui avait englouti une femme tout entière.

« Nous lisons qu'auprès de Batavia, établissement hollandais dans les « Indes orientales, il y a des serpents de cinquante pieds de longueur. » Essai sur l'histoire naturelle des Serpents, par Charles Owen. Londres, 1742, pag. 15.

Dans l'île de Carajan on voit, suivant Marc Paul, liv. 2, ch. 40, de très-grands serpents qui ont dix pas de longueur et une épaisseur de dix palmes.

Nous croyons devoir rapporter aussi le passage suivant, extrait de la Description du Museum du P. Kircher, dans laquelle il est question de Devins de quarante palmes de longueur.

« Illum (serpentem) in paludibus Brasiliæ incolæ venantur ad vescen- « dum, sicuti itali anguillas. Palmorum duodecim longitudinem æquat, « sed ad *palmos quadraginta* hujusmodi serpentem extendi aliquando « significavit nostræ societatis missionarius in Brasiliâ, et in spiras « contortum vitulum devincire, quem suctu paulatim devorat, ut bu- « fones aliqui serpentes deglutiunt. Cæterum veneno caret, et dentibus « minutissimis ejus os munitur. Collum angustum est, et caudam versus

C'est aussi à cette espèce qu'appartenait ce ser-

« paulatim in angustum contrahitur. Tota pellis squamis tecta serie
« pulchrâ dispositis, pronâ parte minoribus, supinâ majoribus, colorum
« varietate eleganti; nam dorsum à capite ad extremam caudam continuo
« ordine secundùm longitudinem nigricantibus, quasi clypeiformibus
« maculis ornatur; extrema vero cauda ovalis formæ maculis nigricantibus
« distincta; latera alterius formæ maculis, instar foliorum mali, depicta
« sunt specie venustâ, colore subfusco. Talem serpentem sub nomine
« Serpentis Americani retulit Wormius, pag. 263. Illius etiam mentionem
« fecit Andreas Cleyerus, in observ. 7, decuriæ 2, tom. II, Ephemerid.
« Germanicarum, pag. 18. (Voyez les notes suivantes.) Qui illum ait
« degere in Ambona Molucarum insula. In Brasilia *Boiguacu* vocari
« aiunt, atque imprimis in eo regno nascuntur similes serpentes. »

Hujus, vel similis serpentis mentionem fecit in suo Commentario ad
historiam Æthyopicam Jobus Ludolphus, pag. 166, aitque illum in
Italia quoque olim notum, scribente Plinio, lib. 8, cap. 14. Aluntur
primo *bubuli lactis suctu, undè nomen traxere.* D. tamen Hyeronimus
in vitâ sancti Hilarionis : *Draco*, inquit, miræ magnitudinis (quos Gentili
sermone *Boas* vocant), ab eo, quod tam grandes sint, ut boves glutire
soleant, omnem late vastabat provinciam, etc. Musœum Kircherianum,
Romæ 1773, classis secunda, fol. 33.

« Les couleuvres qu'on appelle *Caçadoras* ou chasseuses, sont de la
« grosseur des Bujos (auxquels l'auteur attribue une longueur de huit
« aunes ou environ); mais elles sont plus longues de plusieurs aunes; et
« l'on ne peut voir, sans étonnement, la légèreté avec laquelle elles courent
« après la proie qu'elles ont aperçue, et qu'elles attrapent sans qu'elle
« puisse leur échapper. » Histoire naturelle de l'Orenoque, par le P. Joseph
Gumilla, traduite de l'espagnol par M. Eidous. Avignon, 1758, vol. III,
pag. 75.

« Dans le royaume de Congo, il y a des serpents de vingt-cinq pieds
« de long qui avalent une brebis; ils s'étendent ordinairement au soleil
« pour digérer ce qu'ils ont mangé : lorsque les nègres s'en aperçoivent,
« ils les tuent, leur coupent la tête et la queue, les éventrent et les
« mangent; on les trouve ordinairement gras comme des cochons. »
Collect. académ., partie étrang., vol. III, p. 485.

« Suivant le voyageur Artus, les serpents de la Côte-d'Or ont commu-
« nément vingt pieds de longueur, et cinq ou six de *largeur* (apparem-

pent énorme dont Pline a parlé, et qui arrêta pour

« ment de circonférence), mais il s'en trouve de beaucoup plus grands.
« Il en vit un qui , sans avoir plus de trois pieds de longueur, était assez
« gros pour faire la charge de six hommes. » Hist. génér. des Voy.
édit. in-12 , vol. XIV, p. 213. « Bosman s'étend comme Artus , sur le
« nombre et la grandeur des serpents de la Côte d'Or : le plus monstrueux
« qu'il ait vu n'avait pas moins de vingt pieds de longueur ; mais il ajoute
« qu'il s'en trouve de beaucoup plus grands dans l'intérieur des terres.
« Les Hollandais , dit-il , ont souvent trouvé , dans leurs entrailles , non
« seulement des animaux , mais des hommes entiers. » Idem , pag. 214.
« Les nègres d'Axim tuèrent un serpent long de vingt-deux pieds , dans
« le ventre duquel on trouva un daim entier. Vers le même temps on
« trouva dans un autre , à Boutri , les restes d'un nègre qu'il avait dé-
« voré. » Idem , pag. 216.

« Plusieurs serpents du royaume de Kayor ont jusqu'à vingt-cinq pieds
« de long sur un pied et demi de diamètre. » Voyage du sieur Bruc.
Hist. génér. des Voyages , édit. in-12 , vol. VII , p. 460.

« Sur la rivière de Kurbali , auprès des côtes occidentales de l'Afrique ,
« on voit des serpents de trente pieds qui seraient capables d'avaler un
« bœuf. » Voy. de Labat , vol. V , p. 249.

« On trouve , aux Moluques , de grandes couleuvres qui ont plus de
« trente pieds de long , et qui sont d'une grosseur proportionnée ; elles
« rampent pesamment ; on n'a jamais reconnu qu'elles soient venimeuses.
« Ceux qui les ont vues assurent que , lorsqu'elles manquent de nourriture,
« elles mâchent d'une certaine herbe dont elles doivent la connaissance
« à l'instinct de la nature : après quoi , elles montent sur les arbres au
« bord de la mer , où elles dégorgent ce qu'elles ont mâché ; aussitôt
« divers poissons l'avalent , et tombant dans une sorte d'ivresse qui les
« fait demeurer sans mouvement sur la surface de l'eau , ils deviennent
« la proie des couleuvres. » Histoire natur. des Moluques , Histoire des
Voyages , édit. in-12 , liv. 1 , tome XXXI , pag. 199.

« L'animal le plus rare et le plus singulier du genre des reptiles , est
« un grand serpent amphibie de vingt-cinq ou trente pieds de long , et
« de plus d'un pied de grosseur , que les Indiens nomment *Yacu-Mama*,
« c'est-à-dire *Mère de l'eau*, et qui habite ordinairement , dit-on , les
« grands lacs formés par l'épanchement des eaux du fleuve au-dedans des
« terres. » Hist. naturelle des environs de l'Amazone , Hist. génér. des
Voyages , tome LIII , p. 445.

ainsi dire, l'armée romaine auprès des côtes septentrionales de l'Afrique (1). Sans doute il y a de l'exagération dans la longueur attribuée à ce monstrueux animal; sans doute il n'avait point cent vingt pieds de long comme le rapporte le naturaliste romain; mais Pline ajoute que la dépouille de ce serpent demeura long-temps suspendue dans un temple de Rome, à une époque assez peu éloignée de celle où il écrivait; et à moins de renoncer à tous les témoignages de l'histoire, on est obligé d'admettre l'existence d'un énorme serpent, qui, pressé par la faim, se jetait sur les soldats romains lorsqu'ils s'écartaient de leur camp, et qu'on ne put mettre à mort qu'en employant contre lui un corps de troupes, et en l'écrasant sous les mêmes machines militaires qui servaient à ces vainqueurs du monde à renverser les murs ennemis. C'était auprès des plaines sablonneuses d'Afrique qu'eut lieu ce combat remarquable; le serpent devin se trouve aussi dans cette partie du monde; et comme c'est le plus grand des serpents, c'est un individu de son espèce, qui doit avoir lutté contre les armées romaines. Ce mot de Rome antique, désigne toujours la puissance et la victoire; c'est donc la plus grande preuve que l'on puisse rapporter en faveur de la force du serpent

---

(1) « Nota est in punicis bellis, ad flumen Bagradam, a Regulo imperatore ballistis, tormentisque, ut oppidum aliquod, expugnata serpens 120 pedum longitudinis. Pellis ejus maxillæque usque ad bellum Numantinum duravere in templo. » Pline, liv. 28, chap. 14.

dont nous écrivons l'histoire, que d'exposer les moyens employés par les conquérants de la terre, pour le soumettre et lui donner la mort.

Le devin est remarquable par la forme de sa tête, qui annonce, pour ainsi dire, la supériorité de sa force, et que l'on a comparée, avec assez de raison, à celle des chiens de chasse, appelés chiens couchants (1). Le sommet en est élargi; le front élevé et divisé par un sillon longitudinal; les orbites sont saillantes, et les yeux très-gros; le museau est allongé, et terminé par une grande écaille blanchâtre, tachetée de jaune, placée presque verticalement, et échancrée par le bas pour laisser passer la langue; l'ouverture de la gueule très-grande; les dents sont très-longues (2), mais

______

(1) Séba, M. Laurent, etc.

(2) « J'ai vu des couleuvres chasseuses (des Devins) vivantes, et « d'autres mortes, et leur ai trouvé des dents aussi grosses que celles du « meilleur levrier.... Quelles armes plus redoutables que leur vîtesse, « jointe à l'opiniâtreté avec laquelle elles mordent! Dans le temps que « j'étais en Amérique, une de ces couleuvres saisit un laboureur par le « talon et la cheville du pied; comme il était homme de courage, il se « saisit du premier arbre qui se présenta, et l'embrassa du mieux qu'il « put en jetant des cris horribles; on accourut pour le secourir, et le « serpent se voyant pressé, serra les dents, lui coupa le talon, et s'enfuit « avec la vitesse d'un trait. » Hist. de l'Orenoque, déja citée, vol. III, pag. 76.

Cleyerus (lettre déja citée), rapporte que, cherchant à avoir le squelette d'un de ces grands serpents, ses domestiques en firent cuire les chairs dans de l'eau où l'on avait mis de la chaux vive. Un d'eux voulant nettoyer la tête du serpent dont la cuisson avait détaché les chairs, se blessa au doigt contre les grosses dents de l'animal. Cet accident fut suivi d'une enflure avec inflammation dans la partie affectée, d'une fièvre coule devin n'a point de crochets mobiles; quarante-quatre grandes écailles couvrent ordinairement la lèvre supérieure et cinquante-trois la lèvre inférieure; la queue est très-courte en proportion du corps qui est ordinairement neuf fois aussi long que cette partie; mais elle est très-dure et très-forte (1).

Ce serpent énorme est d'ailleurs aussi distingué par la beauté des écailles qui le couvrent et la vivacité des couleurs dont il est peint, que par sa longueur prodigieuse. Les nuances de ces couleurs s'effacent bientôt lorsqu'il est mort. Elles disparaissent plus ou moins, suivant la manière dont il est conservé, et le degré d'altération qu'il peut subir. Il n'est pas surprenant d'après cela qu'elles aient été décrites si diversement par les auteurs, et qu'il ait été représenté dans des planches, de

---

tinue et de délire, qui ne cessèrent qu'après qu'on eut employé les remèdes convenables, et particulièrement une composition appelée *Lapis serpentinus*, et que les jésuites faisaient alors dans l'Inde. *Toute vésicule et toute chair* avaient été emportées par la chaux vive, observe l'auteur; par conséquent on ne doit attribuer à aucune sorte de venin les accidents dont il parle; et ce fait ne peut pas détruire les observations plusieurs fois répétées, qui prouvent que le devin n'est point venimeux : d'ailleurs nous venons de voir que sa gueule ne renferme point de crochets mobiles, ainsi que nous nous en sommes assurés nous-mêmes.

(1) Le sommet de la tête du devin est couvert d'écailles hexagones, petites, unies et semblables à celles du dos; deux rangées longitudinales de grandes écailles s'étendent de chaque côté des grandes plaques, qui sont moins longues que dans la plupart des couleuvres, et dont on compte deux cent quarante-six sous le corps et cinquante-quatre sous la queue.

manière que les différents individus de cette espèce aient paru former jusqu'à neuf espèces différentes(1). Mais il y a plus : les couleurs du serpent devin varient beaucoup suivant le climat qu'il habite, et apparemment suivant l'âge, le sexe, etc. Aussi, croyons-nous très-inutile de décrire, dans les plus petits détails, celles dont il est paré. Nous pensons devoir nous contenter de dire qu'il a communément sur la tête une grande tache, d'une couleur noire ou rousse très-foncée, qui représente une sorte de croix dont la traverse est quelquefois supprimée. Tout le dessus de son dos est parsemé de belles et grandes taches ovales qui ont ordinairement deux ou trois pouces de longueur, qui sont très-souvent échancrées à chaque bout en forme de demi-cercle, et autour desquelles l'on voit d'autres taches plus petites de différentes formes. Toutes sont placées avec tant de symétrie, et la plupart sont si distinguées du fond par des bordures sombres qui; en imitant des ombres, les détachent et les font ressortir que, lorsqu'on voit la dépouille d'un de ces serpents, on croit moins avoir sous les yeux un ouvrage de la nature qu'une production de l'art compassée avec le plus de soin.

Toutes ces belles taches, tant celles qui sont ovales que les taches plus petites qui les environnent présentent les couleurs les plus agréablement

---

(1) Séba, à l'endroit déjà cité.

mariées et quelquefois les plus vives. Les taches ovales sont ordinairement d'un fauve-doré, quelquefois noires ou rouges et bordées de blanc; et les autres taches, d'un châtain plus ou moins clair, ou d'un rouge très-vif, semé de points noirs ou roux, offrent souvent, d'espace en espace, ces marques brillantes que l'on voit resplendir sur la queue du paon ou sur les ailes des beaux papillons, et qu'on a nommées des yeux, parce qu'elles sont composées d'un point entouré d'un cercle plus clair ou plus obscur.

Le dessous du corps du devin est d'un cendré-jaunâtre, marbré ou tacheté de noir.

On a assez rarement l'animal entier dans les collections d'histoire naturelle; mais il n'est guère aucun cabinet où la peau de ce serpent, séparée des plaques du dessous de son corps, ne soit étendue en forme de larges bandes. On leur a donné divers noms suivant la grandeur des individus, les pays d'où on les a reçus, les variétés de leurs couleurs, et les différences qui peuvent se trouver dans les petites taches placées autour des taches ovales. Mais quelles que soient ces variétés d'âge, de sexe ou de pays, c'est toujours au serpent devin qu'il faudra rapporter ces belles peaux; et jusqu'à présent on ne connaît point d'autre serpent que ce dernier qui soit doué d'une taille très-considérable, et qui ait en même temps sur le dos des taches ovales semblables à celles que nous venons d'indiquer.

Lorsque l'on considère la taille démesurée du serpent devin, l'on ne doit pas être étonné de la force prodigieuse dont il jouit. Indépendamment de la roideur de ses muscles, il est aisé de concevoir comment un animal qui a quelquefois trente pieds de long, peut, avec facilité, étouffer et écraser de très-gros animaux dans les replis multipliés de son corps dont tous les points agissent, et dont tous les contours saisissent la proie, s'appliquent intimement à sa surface, et en suivent toutes les irrégularités.

Cette grande puissance, cette force redoutable, sa longueur gigantesque, l'éclat de ses écailles, la beauté de ses couleurs ont inspiré une sorte d'admiration, mêlée d'effroi, à plusieurs peuples encore peu éloignés de l'état sauvage; et, comme tout ce qui produit la terreur et l'admiration, tout ce qui paraît avoir une grande supériorité sur les autres êtres est bien près de faire naître, dans des têtes peu éclairées, l'idée d'un agent surnaturel, ce n'est qu'avec une crainte religieuse que les anciens habitants du Mexique ont vu le serpent devin. Soit qu'ils aient pensé qu'une masse considérable, exécutant des mouvements aussi rapides, ne pouvait être mue que par un souffle divin, ou qu'ils n'aient regardé ce serpent que comme un ministre de la toute puissance céleste, il est devenu l'objet de leur culte. Ils l'ont surnommé *Empereur*, pour désigner la prééminence de ses qualités. Objet de leur adoration, il a dû être celui de leur attention particulière ; aucun de ses mouvements ne leur a, pour ainsi dire, échappé ; aucune de ses actions ne pouvait leur être indifférente ; ils n'ont écouté qu'avec un frémissement religieux les sifflements longs et aigus qu'il fait entendre ; ils ont cru que ces sifflements, que ces signes des diverses affections d'un être qu'ils ne voyaient que comme merveilleux et divin devaient être liés avec leur destinée. Le hasard a fait que ces sifflements ont été souvent beaucoup plus forts ou plus fréquents dans les temps qui ont précédé les grandes tempêtes, les maladies pestilentielles, les guerres cruelles ou les autres calamités publiques ; d'ailleurs les grands maux physiques sont souvent précédés par une chaleur violente, une sécheresse extrême, un état particulier de l'atmosphère, une électricité abondante dans l'air qui doivent agiter les serpents, et leur faire pousser des sifflements plus forts qu'à l'ordinaire ; aussi les Mexicains n'ont regardé ceux du serpent devin que comme l'annonce des plus grands malheurs, et ce n'est qu'avec consternation qu'ils les ont entendus.

Mais ce n'est pas seulement un culte doux et pacifique qu'il a obtenu chez les plus anciens habitants du Nouveau-Monde. Son image y a été vénérée, non seulement au milieu des nuages d'encens, mais même de flots de sang humain, versé pour honorer le dieu auquel ils l'avaient consacré, et qu'ils avaient fait cruel (1). Nous ne rappelons qu'en frémissant le nombre immense de victimes humaines que la hache sanglante d'un fanatisme aveugle et barbare a immolées sur les autels de la divinité qu'il avait inventée. Nous ne pensons qu'avec horreur aux monceaux de têtes et de tristes ossements, trouvés par les Européens autour des temples où le serpent semblait partager les hommages de la crainte (2); et tant il faut de temps dans tous les pays pour que la raison brille de tout son éclat, la superstition qui a, pour ainsi dire, divinisé le devin, n'a pas seulement régné en Amérique. Aussi grand, aussi puissant, aussi redoutable dans les contrées ardentes de l'Afrique, il y a inspiré la même terreur, y a paru aussi merveilleux, y a été également regardé par des esprits encore trop peu élevés au-dessus de la brute, comme le souverain dispensateur des biens et des maux. On l'y a également adoré; on en a fait un dieu sur les côtes brûlantes du Mozambique, comme auprès du lac de Mexico, et il paraît même que le Japonais s'est prosterné devant lui (3).

---

(1) La divinité suprême des Mexicains, nommée *Vitzilipuztli*, était représentée tenant dans sa main droite un serpent, par lequel nous devons croire, d'après tout ce que nous venons de dire, qu'ils voulaient désigner l'espèce du serpent devin. Les temples et les autels de cette divinité, à laquelle ils faisaient des sacrifices barbares, offraient l'image du serpent. Hist. génér. des Voyages, édit. in-12, tom. XLVIII.

(2) Ibid.

(3) Simon de Vries, cité dans Séba.

Mais si l'opinion religieuse ne l'a pas fait régner sur l'homme dans toutes les contrées équatoriales, tant de l'ancien que du nouveau continent, il n'en est presque aucune où il n'ait exercé sur les animaux l'empire de sa force. Il habite en effet presque tous les pays où il a trouvé assez de chaleur pour ne rien perdre de son activité, assez de proie pour se nourrir, et assez d'espace pour n'être pas trop souvent tourmenté par ses ennemis; il vit dans les Indes orientales et dans les grandes îles de l'Asie, ainsi que dans les parties de l'Amérique voisines des deux tropiques (1); il paraît même qu'autrefois il habitait à des latitudes plus éloignées de la ligne, et qu'il vivait dans le Pont, lorsque cette contrée, plus remplie de bois, de marais et moins peuplée, lui présentait une surface plus libre ou plus analogue à ses habitudes et à ses appétits. Les relations des anciens doivent donner une bien grande idée de l'haleine empestée qui s'exhalait de sa gueule, puisque Métrodore a écrit que l'immense serpent qu'il a placé dans cette contrée du Pont, et qui devait être le devin, avait le pouvoir d'attirer dans sa gueule béante,

---

(1) Il se pourrait que le serpent de la Jamaïque désigné dans Browne, par la phrase suivante, *Cenchris tardigrada major lutea, maculis nigris notata ; caudâ breviori et crassiori*, appelé en anglais *the Yellow Snake*, et qui parvient ordinairement à la longueur de seize ou vingt pieds, fût de l'espèce du devin, et qu'on ne lui eût donné l'épithète de *lent* (*tardigrada*), que parce qu'on l'aurait vu dans le temps de sa digestion, ou dans un commencement d'engourdissement. Browne, Hist. natur. de la Jamaïque, p. 461.

les oiseaux qui volaient au-dessus de sa tête, même à une assez grande hauteur (1). Ce pouvoir n'a consisté sans doute que dans la corruption de l'haleine du serpent qui, viciant l'air à une très-petite distance, et l'imprégnant de miasmes putrides et délétères, a pu, dans certaines circonstances, étourdir des oiseaux, leur ôter leurs forces, les plonger dans une sorte d'asphixie, et les contraindre à tomber dans la gueule énorme, ouverte pour les recevoir ; mais quelque exagéré que soit le fait rapporté par Métrodore, il prouve la grandeur du serpent auquel il l'a attribué, et confirme notre conjecture au sujet de l'identité de son espèce avec celle du devin.

D'un autre côté, peu de temps avant celui où Pline a écrit, et sous l'empire de Claude, on tua, auprès de Rome, suivant ce naturaliste, un très-grand serpent du genre des Boa, dans le ventre duquel on trouva le corps entier d'un petit enfant, et qui pouvait bien être de l'espèce du devin (2). J'ai souvent ouï dire aussi à plusieurs habitants des provinces méridionales de France, que dans quelques parties de ces provinces, moins peuplées, plus couvertes de bois, plus entrecoupées par des

---

(1) « Metrodorus.... circa rhyndacum amnem in Ponto, ut super « volantes quamvis alte perniciterque alites hausta raptas absorbeant. » Pline, liv. 28, chap. 14.

(2) « Faciunt his fidem in Italia appellatæ Boæ ; in tantam amplitu- « dinem exeuntes ut divo Claudio principe, occisæ in Vaticano solidus « in alvo spectatus sit infans. » Pline, liv. 28, chap. 14.

collines, d'un accès plus difficile, et présentant plus de cavernes et d'anfractuosités, on avait vu des serpents d'une longueur très-considérable, qu'on aurait dû peut-être rapporter à l'espèce ou du moins au genre du devin (1).

Mais c'est surtout dans les déserts brûlants de l'Afrique, qu'exerçant une domination moins troublée, il parvient à la longueur la plus considérable. On frémit lorsqu'on lit, dans les relations des voyageurs qui ont pénétré dans l'intérieur de cette partie du monde, la manière dont l'énorme serpent devin s'avance au milieu des herbes hautes et des broussailles, ayant quelquefois plus de dix-huit pouces de diamètre, et semblable à une longue et grosse poutre qu'on remuerait avec vîtesse. On aperçoit de loin, par le mouvement des plantes qui s'inclinent sous son passage, l'espèce

---

(1) Schwenckfeld dit, dans son histoire des Reptiles de la Silésie, qu'un homme digne de foi lui avait assuré qu'on trouvait, dans cette province, des serpents longs de huit coudées, et de la grosseur du bras; il les appelle *Boa, Natrix domestica, Serpens palustris, Serpens aquatilis, Anguis Boa, Draco Serpens*. Il est dit dans les Mémoires des Curieux de la Nature, pour l'année 1682, que peu de temps auparavant on avait pris, auprès de Lausanne en Suisse, un si grand serpent, que sa circonférence égalait celle *de deux cuisses très-grosses*. La relation ajoutait que ce serpent était monstrueux, et qu'il avait des oreilles; et il est à remarquer que, dans presque tous les récits vagues et peu circonstanciés que l'on a faits concernant les énormes serpents des provinces méridionales de France, on leur a toujours supposé des oreilles, quoique aucune espèce de serpent n'ait même d'ouverture apparente pour l'organe de l'ouïe. Voyez les Mélanges des Curieux de la Nature de Vienne, Décur. 2, an. 1682, observ. de Charl. Offredi, p. 317.

de sillon que tracent les diverses ondulations de son corps ; on voit fuir devant lui les troupeaux de gazelles et d'autres animaux dont il fait sa proie ; et le seul parti qui reste à prendre dans ces solitudes immenses pour se garantir de sa dent meurtrière et de sa force funeste, est de mettre le feu aux herbes déja à demi-brûlées par l'ardeur du soleil. Le fer ne suffit pas contre ce dangereux serpent, lorsqu'il est parvenu à toute sa longueur, et surtout lorsqu'il est irrité par la faim. L'on ne peut éviter la mort qu'en couvrant un pays immense de flammes qui se propagent avec vîtesse au milieu de végétaux presque entièrement desséchés, en excitant ainsi un vaste incendie, et en élevant, pour ainsi dire, un rempart de feu contre la poursuite de cet énorme animal. Il ne peut être, en effet, arrêté ni par les fleuves qu'il rencontre, ni par les bras de mer dont il fréquente souvent les bords, car il nage avec facilité, même au milieu des ondes agitées (1) ; et c'est en vain,

---

(1) « Le Paraguay a des serpents qu'on nomme *Chasseurs* (c'est l'espèce
« du devin, à laquelle on a donné ce nom en plusieurs contrées), qui
« montent sur les arbres pour découvrir leur proie, et qui s'élançant
« dessus quand elle s'approche, la serrent avec tant de force, qu'elle ne
« peut se remuer, et la dévorent toute vivante : mais lorsqu'ils ont avalé
« des bêtes entières, ils deviennent si pesants, qu'ils ne peuvent plus se
« traîner.... Plusieurs de ces monstrueux reptiles vivent de poisson, et
« le père de Montoya raconte qu'il vit un jour une couleuvre dont la
« tête était de la grosseur d'un veau, et qui péchait sur le bord d'une
« rivière ; elle commençait par jeter de sa gueule beaucoup d'écume dans

d'un autre côté, qu'on voudrait chercher un abri
sur de grands arbres; il se roule, avec promptitude, jusqu'à l'extrémité des cimes les plus hautes (1); aussi vit-il souvent dans les forêts. Enveloppant les tiges dans les divers replis de son corps, il se fixe sur les arbres à différentes hauteurs, et y demeure souvent long-temps en embuscade, attendant patiemment le passage de sa proie. Lorsque, pour l'atteindre ou pour sauter sur un arbre voisin, il a une trop grande distance à franchir, il entortille sa queue autour d'une branche, et suspendant son corps allongé à cette espèce d'anneau, se balançant et tout d'un coup, s'élançant avec force, il se jette comme un trait

---

« l'eau, ensuite y plongeant la tête, et demeurant quelque temps immo-
« bile, elle ouvrait tout-d'un-coup la gueule pour avaler quantité de
« poissons que l'écume semblait attirer. Une autre fois le même mission-
« naire vit un Indien de la plus grande taille, qui, étant dans l'eau
« jusqu'à la ceinture, occupé de la pêche, fut englouti par une cou-
« leuvre qui, le lendemain, le rejeta tout entier. » Histoire générale des
Voyages, édit. in-12, tom. LV, pag. 420 et suiv.

(1) «M. Salmon nous apprend que, dans l'île de Macassar, il y a des
« singes aussi féroces que les chats sauvages, qui attaquent les voyageurs,
« surtout les femmes, et les mangent après les avoir mis en pièces; de
« sorte qu'on est obligé, pour s'en défendre, d'aller toujours armé. Il
« ajoute que ces singes ne craignent d'autres bêtes que les serpents, qui
« les poursuivent avec une vitesse extraordinaire, et vont les chercher
« jusques sur les arbres, ce qui les oblige d'aller en troupes pour s'en
« garantir, ce qui n'empêche pas qu'ils ne les attaquent et ne les avalent
« tout en vie, lorsqu'ils peuvent les attraper. » Hist. natur. de l'Orenoque,
vol. III, pag. 78. Les récits des autres voyageurs nous portent à croire que
l'espèce de serpent dont a parlé M. Salmon est celle du Devin.

sur sa victime, ou contre l'arbre auquel il veut s'attacher.

Il se retire aussi quelquefois dans les cavernes des montagnes, et dans d'autres antres profonds où il a moins à craindre les attaques de ses ennemis, et où il cherche un asyle contre les températures froides, les pluies trop abondantes, et les autres accidents de l'atmosphère qui lui sont contraires.

Il est connu sous le nom trivial de *grande Couleuvre*, sur les rivages noyés de la Guyane : il y parvient communément à la grandeur de trente pieds, et même, dans certains endroits, à celle de quarante. Comme le nom qu'il y porte y est donné à presque tous les serpents qui joignent une grande force à une longueur considérable, et qui, en même temps, n'ont point de venin, et sont dépourvus des crochets mobiles qu'on remarque dans les vipères, on est assez embarrassé pour distinguer, parmi les divers faits rapportés par les voyageurs, touchant les serpents, ceux qui conviennent au devin. Il paraît bien constaté cependant qu'il y jouit d'une force assez grande, pour qu'un seul coup de sa queue renverse un animal assez gros, et même l'homme le plus vigoureux. Il y attaque le gibier le plus difficile à vaincre ; on l'y a vu avaler des chèvres et étouffer des couguars, ces représentants du tigre dans le Nouveau-Monde. Il dévore quelquefois, dans les

Indes orientales, des animaux encore plus considérables, ou mieux défendus, tels que des porc-épics, des cerfs et des taureaux (1); et ce fait effrayant était déja connu des anciens (2).

Lorsqu'il aperçoit un ennemi dangereux, ce n'est point avec ses dents qu'il commence un combat qui alors serait trop désavantageux pour lui; mais il se précipite avec tant de rapidité sur sa malheureuse victime, l'enveloppe dans tant de contours, la serre avec tant de force, fait craquer ses os avec tant de violence, que, ne pouvant ni s'échapper, ni user de ses armes, et réduite à pousser de vains mais affreux hurlements, elle est bientôt étouffée sous les efforts multipliés du monstrueux reptile.

Si le volume de l'animal expiré est trop considérable pour que le devin puisse l'avaler, malgré la grande ouverture de sa gueule, la facilité qu'il

---

(1) « Ces serpents (ceux dont parle ici l'auteur sont évidemment des « serpents devins) ont plus de vingt-cinq pieds de longueur, et quoiqu'ils « ne paraissent pas pouvoir avaler de gros animaux, l'expérience prouve « le contraire. J'achetai d'un chasseur un de ces serpents, que je dissé-« quai, et dans le ventre duquel je trouvai un cerf entier de moyen âge « et revêtu encore de sa peau; j'en achetai un autre qui avait dévoré un « bouc sauvage, malgré les grandes cornes dont il était armé; et je tirai « du ventre d'un troisième, un porc-épic entier et garni de ses piquants. « Dans l'île d'Amboine, une femme grosse fut un jour avalée toute en-« tière par un de ces serpents. » Extrait d'une lettre d'André Cleyerus, écrite de Batavia à Mentzélius, Éphémérides des Curieux de la Nature. Nuremberg, 1684, Décade 2, an. 2, 1683, p. 18.

(2) Megasthenes scribit, in India serpentes in tantam magnitudinem adolescere, ut solidos hauriant cervos taurosque. Pline, liv. 28, chap. 14.

a de l'agrandir, et l'extension dont presque tout son corps est susceptible, il continue de presser sa proie mise à mort; il en écrase les parties les plus compactes; et, lorsqu'il ne peut point les briser ainsi avec facilité, il l'entraîne en se roulant avec elle auprès d'un gros arbre, dont il renferme le tronc dans ses replis; il place sa proie entre l'arbre et son corps; il les environne l'un et l'autre de ses nœuds vigoureux, et, se servant de la tige noueuse comme d'une sorte de levier, il redouble ses efforts, et parvient bientôt à comprimer en tout sens, et à moudre, pour ainsi dire, le corps de l'animal qu'il a immolé (1).

Lorsqu'il a donné ainsi à sa proie toute la souplesse qui lui est nécessaire, il l'allonge en continuant de la presser, et diminue d'autant sa grosseur; il l'imbibe de sa salive où d'une sorte d'humeur analogue qu'il répand en abondance; il pétrit, pour ainsi dire, à l'aide de ses replis, cette masse devenue informe, ce corps qui n'est plus qu'un composé confus de chairs ramollies et d'os concassés (2). C'est alors qu'il l'avale, en la pre-

---

(1) Lettre d'André Cléyerus, déja citée. L'auteur ajoute : « Dans le « royaume d'Aracan, sur les confins de celui de Bengale , on a vu un « serpent (un devin) démesuré se jeter, auprès des bords d'un fleuve , sur « un très-grand urus (bœuf sauvage), et donner un spectacle affreux par « son combat avec ce terrible animal; on pouvait entendre , à la distance « d'une portée de canon d'un très-grand calibre , le craquement des os « de l'urus , brisés par les efforts de son ennemi. »

(2) Notes communiquées par M. de la Borde , correspondant du Cabinet du Roi.

Lettre d'André Cléyerus.

nant par la tête, en l'attirant à lui, et en l'entraînant dans son ventre par de fortes aspirations plusieurs fois répétées; mais, malgré cette préparation, sa proie est quelquefois si volumineuse qu'il ne peut l'engloutir qu'à demi; il faut qu'il ait digéré au moins en partie la portion qu'il a déja fait entrer dans son corps, pour pouvoir y faire pénétrer l'autre; et l'on a souvent vu le serpent devin la gueule horriblement ouverte, et remplie d'une proie à demi dévorée, étendu à terre, et dans une sorte d'inertie qui accompagne presque toujours sa digestion (1).

Lorsqu'en effet il a assouvi son appétit violent, et rempli son ventre de la nourriture nécessaire à l'entretien de sa grande masse, il perd, pour un temps, son agilité et sa force; il est plongé dans une espèce de sommeil; il gît sans mouvement, comme un lourd fardeau, le corps prodigieusement enflé; et cet engourdissement, qui dure quelquefois cinq ou six jours, doit être assez profond; car, malgré tout ce qu'il faut retrancher des divers récits publiés, touchant ce serpent, il paraît que, dans différents pays, particulièrement aux environs de l'isthme de Panama en Amérique, des voyageurs, rencontrant le devin à demi caché sous l'herbe épaisse des forêts qu'ils traversaient, ont plusieurs fois marché sur lui dans le temps où sa digestion le tenait dans une espèce de tor-

---

(1) Laurenti Specimen medicum.

peur. Ils se sont même reposés, a-t-on écrit, sur son corps gisant à terre, et qu'ils prenaient, à cause des feuillages dont il était couvert, pour un tronc d'arbre renversé, sans faire faire aucun mouvement au serpent, assoupi par les aliments qu'il avait avalés, ou peut-être engourdi par la fraîcheur de la saison. Ce n'est que, lorsque allumant du feu trop près de l'énorme animal, ils lui ont redonné, par cette chaleur, assez d'activité, pour qu'il recommençât à se mouvoir, qu'ils se sont aperçus de la présence du grand reptile, qui les a glacés d'effroi, et loin duquel ils se sont précipités (1).

____

(1) « On ne sera pas surpris que ces sortes de couleuvres (les cou-« leuvres Chasseuses ou les Devins) parviennent à une grosseur si déme-« surée, si l'on se rappelle que ces pays sont déserts et couverts de forêts « immenses.... Le père Simon rapporte que dix-huit Espagnols étant « arrivés dans les bois de Coro, dans la province de Venezuela, et se « trouvant fatigués de la marche qu'ils avaient faite, ils s'assirent sur une « de ces couleuvres, croyant que ce fût un vieux tronc d'arbre abattu, « et que lorsqu'ils s'y attendaient le moins, l'animal commença à marcher; « ce qui leur causa une surprise extrême. » Hist. natur. de l'Orenoque, par le P. Gumilla, vol. III, pag. 77.

« On trouve encore une espèce de serpents fort extraordinaires, longs « de quinze à vingt pieds, et si gros, qu'ils peuvent avaler un homme. « Ils ne passent pas cependant pour les plus dangereux, parce que leur « monstrueuse grosseur les fait découvrir de loin, et donne plus de faci-« lité à les éviter. On n'en rencontre guère que dans les lieux inhabités. « Dellon en vit plusieurs fois de morts, après de grandes inondations qui « les avaient fait périr, et qui les avaient entraînés dans les campagnes « ou sur le rivage de la mer; à quelque distance on les aurait pris pour « des troncs d'arbres abattus ou desséchés. Mais il les peint beaucoup « mieux dans le récit d'un accident dont on ne peut douter sur son té-

Ce long état de torpeur a fait croire à quelques voyageurs que le serpent devin avalait quelquefois des animaux d'un volume si considérable qu'il était étouffé en les dévorant; et c'est ce temps d'engourdissement que choisissent les ha-

« moignage, et qui confirme ce qu'on a lu dans d'autres relations sur la « voracité de quelques serpents des Indes.

« Pendant la récolte du riz, quelques chrétiens qui avaient été gentils, « étant allés travailler à la terre, un jeune enfant qu'ils avaient laissé seul « et malade à la maison, en sortit pour s'aller coucher à quelques pas de « la porte, sur des feuilles de palmier, où il s'endormit jusqu'au soir. Ses « parents, qui revinrent fatigués du travail, le virent dans cet état; mais, « ne pensant qu'à préparer leur nourriture, ils attendirent qu'elle fût prête « pour l'aller éveiller. Bientôt ils lui entendirent pousser des cris à demi-« étouffés qu'ils attribuèrent à son indisposition; cependant comme il « continuait de se plaindre, quelqu'un sortit et vit, en s'approchant, « qu'une de ces grosses couleuvres avait commencé à l'avaler. L'embarras « du père et de la mère fut aussi grand que leur douleur; on n'osait irriter « la couleuvre, de peur qu'avec ses dents elle ne coupât l'enfant en deux, « ou qu'elle n'achevât de l'engloutir; enfin, de plusieurs expédients, on « préféra celui de la couper par le milieu du corps, ce que le plus adroit « et le plus hardi exécuta fort heureusement d'un seul coup de sabre; « mais comme elle ne mourut pas d'abord, quoique séparée en deux, « elle serra de ses dents le corps tendre de l'enfant.... et il expira peu « de moments après.

« Schouten donne à ces monstres affamés le nom de Polpogs. Ils ont, « dit-il, la tête affreuse et presque semblable à celle du sanglier; leur « gueule et leur gosier s'ouvrent jusqu'à l'estomac, lorsqu'ils voient une « grosse pièce à dévorer; leur avidité doit être extrême, car ils s'étran-« glent ordinairement lorsqu'ils dévorent un homme ou quelque animal. « On prétend d'ailleurs que l'espèce n'est pas venimeuse. Il est vrai que « nos soldats, pressés de la faim, en ayant quelquefois trouvé qui ve-« naient de crever pour avoir avalé une trop grosse pièce, telle qu'un « veau, les ont ouverts, en ont tiré la bête qu'ils avaient dévorée, sans « qu'il leur en soit arrivé le moindre mal. » Description du Malabar, Hist. génér. des Voyages, édit. in-12, vol. XLIII, pag. 345.

bitants des pays qu'il fréquente, pour lui faire la guerre, et lui donner la mort. Car, quoique le devin ne contienne aucun poison, il a besoin de tant consommer, que son voisinage est dangereux pour l'homme, et surtout pour la plupart des animaux domestiques et utiles. Les habitants de l'Inde, les nègres de l'Afrique, les sauvages du Nouveau-Monde se réunissent plusieurs autour de l'habitation du serpent devin. Ils attendent le moment où il a dévoré sa proie, et hâtent même quelquefois cet instant, en attachant auprès de l'antre du serpent quelque gros animal qu'ils sacrifient, et sur lequel le devin ne manque pas de s'élancer. Lorsqu'il est repu il tombe dans cet affaissement et cette insensibilité dont nous venons de parler; et c'est alors qu'ils se jettent sur lui, et lui donnent la mort sans crainte comme sans danger. Ils osent, armés d'un simple lacs, s'approcher de lui et l'étrangler, ou ils l'assomment à coups de branches d'arbres (1). Le désir

(1) Lettre d'André Cléyerus.

Nous croyons qu'on verra ici avec plaisir le récit de la manière dont, suivant Diodore de Sicile, on prit, en Égypte, et sous un Ptolomée, un serpent énorme qui, à cause de sa grandeur, ne peut être rapporté qu'à l'espèce du devin. « Plusieurs chasseurs, encouragés par la muni-« ficence de Ptolomée, résolurent de lui amener à Alexandrie un des « plus grands serpents. Cet énorme reptile, long de *trente coudées*, vivait « sur le bord des eaux, il y demeurait immobile, couché à terre, et son « corps replié en cercle; mais lorsqu'il voyait quelque animal approcher « du rivage qu'il habitait, il se jetait sur lui avec impétuosité, le saisissait « avec sa gueule, ou l'enveloppait dans les replis de sa queue. Les chas-« seurs l'ayant aperçu de loin, imaginèrent qu'ils pourraient aisément le

de se délivrer d'un animal destructeur, n'est pas le seul motif qu'on ait pour en faire la chasse. Les habitants de l'île de Java, les nègres de la Côte-d'Or et plusieurs autres peuples mangent sa chair, qui est pour eux un mets agréable (1);

« prendre dans des lacs et l'entourer de chaînes; ils s'avancèrent avec
« courage, mais lorsqu'ils furent plus près de ce serpent démesuré, l'éclat
« de ses yeux étincelants, son dos hérissé d'écailles, le bruit qu'il faisait
« en s'agitant, sa gueule ouverte et armée de dents longues et crochues,
« son regard horrible et féroce, les glacèrent d'effroi : ils osèrent cependant
« s'avancer pas à pas, et jeter de forts liens sur sa queue; mais à peine ces
« liens eurent-ils touché le monstrueux animal, que se retournant avec
« vivacité, et faisant entendre des sifflements aigus, il dévora le chasseur
« qui se trouva le plus près de lui, et en tua un second d'un coup de sa
« queue, et mit les autres en fuite. Ces derniers ne voulant cependant pas
« renoncer à la récompense qui les attendait, et imaginant un nouveau
« moyen, firent faire un rêt composé de cordes très-grosses, et propor-
« tionné à la grandeur de l'animal : ils le placèrent auprès de la caverne du
« serpent, et ayant bien observé le temps de sa sortie et de sa rentrée, ils
« profitèrent de celui où l'énorme reptile était allé chercher sa proie, pour
« boucher avec des pierres l'entrée de son repaire. Lorsque le serpent
« revint, ils se montrèrent tous à-la-fois avec plusieurs hommes armés
« d'arcs et de frondes, plusieurs autres à cheval, et d'autres qui faisaient
« résonner à grand bruit des trompettes et des instruments retentissants;
« le serpent se voyant entouré de cette multitude, se redressait et jetait
« l'effroi, par ses horribles sifflements, parmi ceux qui l'environnaient;
« mais effrayé lui-même par les dards qu'on lui lançait, la vue des che-
« vaux, le grand nombre de chiens qui aboyaient, et le bruit aigu des
« trompettes, il se précipita vers l'entrée ordinaire de sa caverne; la
« trouvant fermée, et toujours troublé de plus en plus par le bruit des
« trompettes, des chiens et des chasseurs, il se jeta dans le rêt, où il fit
« entendre des sifflements de rage; mais tous ses efforts furent vains, et sa
« force cédant à tous les coups dont on l'assaillit, et à toutes les chaînes
« dont on le lia, on le conduisit à Alexandrie, où une longue diète ap-
« paisa sa férocité. »

(1) « Les nègres de la Côte-d'Or mangent la chair de ces grands ser-

dans d'autres ,pays, sa peau sert de parure; les habitants du Mexique se revêtaient de sa belle

« pents, et la préfèrent à la meilleure volaille. » Hist. génér. des Voyages, édit. in-12 , vol. XIV, pag. 213. « Quelques domestiques nègres de « Bosman aperçurent, près de Mauri (sur la Côte-d'Or), un serpent de « dix-sept pieds de long et d'une grosseur proportionnée. Il était au bord « d'un trou rempli d'eau, entre deux porcs-épics , avec lesquels il s'en- « gagea dans un combat fort animé.... Les nègres terminèrent la bataille « en tuant les trois champions à coups de fusil ; ils les apportèrent à « Mauri, où, rassemblant leurs camarades, ils en firent ensemble un festin « délicieux. » Ibid. pag. 216.

« Lopez parle d'un serpent d'excessive grandeur qui a quelquefois , « dit-il , vingt-cinq empas de long sur cinq de large, et dont la gueule et « le ventre sont si vastes, qu'il est capable d'avaler un cerf entier. Les « nègres l'appellent, dans leur langue, le grand Serpent d'eau, ou le grand « Hydre. Il vit, en effet, dans les rivières, mais il cherche sa proie sur « terre, et monte sur quelque arbre, d'où il guette les bestiaux; s'il en « voit un qu'il puisse saisir, il se laisse tomber dessus, s'entortille autour « de lui, le serre de sa queue, et l'ayant mis hors d'état de se défendre, il « le tue par ses morsures , ensuite il le traîne dans quelque lieu écarté, où « il le dévore à son aise; peau, dit l'auteur, os et cornes. Lorsqu'il s'est « bien rempli, il tombe dans une espèce de stupidité ou de sommeil si « profond, qu'un enfant serait capable de le tuer. Il demeure dans cet état « l'espace de cinq à six jours, à la fin desquels il revient à lui-même. « Cette redoutable espèce de serpent change de peau dans la saison or- « dinaire, et quelquefois après s'être monstrueusement rassasiée. Ceux qui « la trouvent ne manquent pas de la montrer en spectacle. La chair de cet « animal passe, entre les nègres, pour un mets plus délicieux que la « volaille. Lorsqu'il leur arrive de mettre le feu à quelque bois épais, ils « y trouvent quantité de ces serpents tout rôtis, dont ils font un admi- « rable festin. Ce récit est confirmé par Carli; il raconte qu'un jour, étant « à se promener sous des arbres, près de Kolumgo, les nègres de sa « compagnie découvrirent un grand serpent qui traversait la rivière de « Quanza ; ils s'efforcèrent de le faire retourner sur ses traces en poussant « des cris et lui jetant des mottes de terre, car il ne se trouve point de « pierres dans le pays ; mais rien ne put l'empêcher de gagner le rivage et « de prendre poste dans un petit bois assez près de la maison. Il se trouve

dépouille; et, dans ces temps antiques où des monstres de toute espèce ravageaient des contrées de l'ancien continent, que l'art de l'homme commençait à peine d'arracher à la nature, combien de héros portèrent la peau de grands serpents qu'ils avaient mis à mort, et qui étaient vraisemblablement de l'espèce ou du genre du devin, comme des marques de leur valeur, et des trophées de leur victoire!

C'est lorsque la saison des pluies est passée dans les contrées équatoriales, que le devin se dépouille de sa peau altérée par la disette qu'il éprouve quelquefois, ou par l'action de l'atmosphère, par le frottement de divers corps, et par toutes les autres causes extérieures qui peuvent la dénaturer. Le plus souvent il se tient caché pendant que sa nouvelle peau n'est pas encore endurcie,

---

« de ces serpents, dit le même auteur, qui ont vingt-cinq pieds de long, « et qui sont de la grosseur d'un poulain. Ils ne font qu'un morceau d'une « brebis ; aussitôt qu'ils l'ont avalée, ils vont faire leur digestion au soleil; « les nègres, qui connaissent leurs usages, apportent beaucoup de soin « à les observer, et les tuent facilement dans cet état, pour le seul plaisir « d'en manger la chair. Ils les écorchent et ne jettent que la queue, la tête « et les entrailles. Ce serpent paraît être le même qui porte, suivant « Dapper, le nom d'*Embamma* dans le royaume d'Angola ; et celui de « *Minia* dans le pays des Quojas. Sa gueule, ajoute cet écrivain, est « d'une grandeur si extraordinaire, qu'il peut avaler un bouc, ou même « un cerf entier. Il s'étend dans les chemins comme une pièce de bois « mort, et d'un mouvement fort léger, il se jette sur les passants, « hommes ou animaux. » Histoire naturelle de Congo, d'Angola et de Benguela. Histoire générale des Voyages, édit. in-12, liv. 13, tom. XVII, pag. 249 et suiv.

et qu'il n'opposerait à la poursuite de ses ennemis qu'un corps faible et dépourvu de son armure. Il doit demeurer alors renfermé ou dans le plus épais des forêts, ou dans les antres profonds qui lui servent de retraite. Nous pensons, au reste, qu'ordinairement il ne s'engourdit complètement dans aucune saison de l'année. Il ne se trouve, en effet, que dans les contrées très-voisines des tropiques où la saison des pluies n'amène jamais une température assez froide pour suspendre ses mouvements vitaux. Et comme cette saison des pluies varie beaucoup dans les différentes contrées équatoriales de l'ancien et du nouveau continent, et qu'elle dépend de la hauteur des montagnes, de leur situation, des vents, de la position des lieux, en deçà ou au-delà de la ligne, etc., le temps du renouvellement de la peau et des forces du serpent, doit varier quelquefois de plusieurs mois et même d'une demi-année. Mais c'est toujours lorsque le soleil du printemps redonne l'activité à la nature, que le serpent devin rajeuni, pour ainsi dire, plus fort, plus agile, plus ardent que jamais, revêtu d'une peau nouvelle, sort des retraites cachées où il a dépouillé sa vieillesse, et s'avance l'œil en feu sur une terre embrasée des nouveaux rayons d'un soleil plus actif. Il agite sa grande masse en ondes sinueuses au milieu des bois parés d'une verdure plus fraîche; faisant entendre au loin son sifflement d'amour, redressant avec fierté sa tête, impatient de la nouvelle flamme

qu'il éprouve, s'élançant avec impétuosité, il appelle, pour ainsi dire, la compagne à laquelle il
s'unit par des liens si étroits, que leurs deux corps
ne paraissent plus en former qu'un seul. La fureur
avec laquelle le devin se jette alors sur ceux qui
l'approchent et le troublent dans ses plaisirs, ou
le courage avec lequel il demeure uni à sa femelle
malgré la poursuite de ses ennemis et les blessures
qu'il peut recevoir, paraissent être les effets d'une
union aussi vivement sentie qu'elle est ardemment
recherchée : point de constance cependant dans
leur affection; lorsque leurs désirs sont satisfaits,
le mâle et la femelle se séparent; bientôt ils ne se
connaissent plus, et la femelle va seule au bout
d'un temps dont on ignore la durée, déposer ses
œufs sur le sable ou sous des feuillages.

C'est ici l'exemple le plus frappant d'une grande
différence entre la grosseur de l'œuf et la grandeur à laquelle parvient l'animal qui en sort. Les
œufs du devin n'ont en effet que deux ou trois
pouces dans leur plus grand diamètre. Toute la
matière dans laquelle le fœtus est renfermé n'est
donc que de quelques pouces cubes; et cependant
le serpent lorsqu'il a atteint tout son développement, ne contient-il pas quarante ou cinquante
pieds cubes de matière?

Ces œufs ne sont point couvés par la femelle;
la chaleur de l'atmosphère les fait seule éclore;
ou tout au plus dans certaines contrées comme
celles, par exemple, où l'humidité domine trop

sur la chaleur, la femelle a le soin de pondre dans quelques endroits plus abrités, et où des substances fermentatives et ramassées augmentent, par la chaleur qu'elles produisent, l'effet de celle de l'atmosphère. On ignore combien de jours les œufs demeurent exposés à cette chaleur, avant que les petits serpents éclosent.

La grande différence qu'il y a entre la petitesse du serpent contenu dans son œuf, et la grandeur démesurée du serpent adulte, doit faire présumer que ce n'est qu'au bout d'un temps très-long, que le devin est entièrement développé; et n'est-ce pas une preuve que ce serpent vit un assez grand nombre d'années? Le nombre de ces années doit en effet être d'autant plus considérable que le devin est aussi vivace que la plupart des autres serpents. Ses différentes parties jouissent de quelques mouvements vitaux, même après qu'elles ont été entièrement séparées du reste du corps (1). On a vu, par exemple, la tête d'un devin coupée dans le moment où le serpent mordait avec fureur, continuer de mordre pendant quelques instants, et serrer même alors avec plus de force, la proie qu'il avait saisie, les deux mâchoires se rapprochant par un effet de la contraction que les muscles éprouvaient encore. Lorsque cette contraction eut entièrement cessé, on eut de la peine à desserrer les mâchoires, tant les parties

---

(1) Voyez, à ce sujet, Marcgrave, à l'endroit déja cité.

de la tête étaient devenues roides ; ce qui fit croire qu'elle conservait quelque action, lorsque cependant il ne lui en restait plus aucune (1).

L'HIPNALE. [2]

Boa canina, Merr., Linn., Schn., Latr., Daud. ; *Boa Hipnale*, Lacep.

C'EST un assez beau serpent qui, ainsi que le devin, appartient au genre des Boa, et a de grandes plaques sous la queue ainsi que sous le corps, mais qui lui est bien inférieur par sa longueur et par sa force. On le trouve dans le royaume de Siam. Le plus grand nombre des individus de cette espèce, qui ont été conservés dans les cabinets, n'avaient guère qu'un pouce et demi de circonférence et deux ou trois pieds de longueur, et telles étaient à-peu-près les dimensions de ceux

(1) Ce fait m'a été confirmé, relativement au devin ou à d'autres grands serpents, par plusieurs voyageurs qui étaient allés dans l'Amérique méridionale, et particulièrement par M. le baron de Widerspach, correspondant du Cabinet du Roi.

(2) L'Hipnale. M. Daubenton, Encyclopédie méthodique.

Boa Hipnale. Linn., amphib. Serpent.*

Séba, mus. 2, tab. 34, fig. 1 et 2.

Boa exigua, 195. Laurenti Specimen medicum.

* Le *Boa Hypnale* de Linnée appartient, selon M. Merrem, à une espèce différente de celle-ci. Cet auteur lui conserve le nom que Linnée lui a donné. DESM. 1827.

qui sont décrits dans Séba (1). Ce serpent est d'un blanc-jaunâtre tirant plus ou moins sur le roux; le dessous du corps est d'une couleur plus claire, et Séba dit qu'on y remarque des taches noirâtres; mais nous n'en avons vu aucun vestige sur l'individu qui est conservé dans l'esprit-de-vin au Cabinet du Roi. Le dos est parsemé de taches blanchâtres bordées d'un brun presque noir. Malgré leur irrégularité, ces taches sont répandues sur le corps de l'Hipnale de manière à le varier de couleurs agréables à la vue, et à représenter assez bien une riche étoffe brodée. Suivant Séba la femelle ne diffère du mâle que par sa tête qui est plus large. L'un et l'autre l'ont assez grande sans que cependant elle paraisse disproportionnée. Le tour de la gueule présente une sorte de bordure remarquable que l'on observe dans plusieurs boa, mais qui est ordinairement plus sensible dans l'hipnale à proportion de sa grandeur; elle est composée de grandes écailles très-courbées, concaves à l'extérieur et qui étant ainsi comme creusées, forment une sorte de petit canal qui borde les deux mâchoires. On a mis ce serpent au nombre des cérastes (2) ou serpents cornus; il leur ressemble, en effet, par ses proportions; mais les cérastes ont deux rangées de petites plaques sous la queue, et d'ailleurs il n'a aucune ap-

(1) Un hipnale qui fait partie de la collection du Roi, a un pied onze pouces de longueur totale, et sa queue est longue de trois pouces.

(2) Séba, à l'endroit déjà cité.

parence de corne. Il se nourrit de chenilles, d'araignées, et d'autres petits insectes; et comme il est très-agréable par ses couleurs sans être dangereux, on doit le voir avec plaisir venir dans les environs des habitations, les délivrer d'une vermine toujours trop abondante dans les pays trèschauds. Il a ordinairement cent soixante-dix-neuf grandes plaques sous le corps, et cent vingt sous la queue. Les écailles qui recouvrent sa tête sont semblables à celles du dos; mais le dessus du museau présente quatorze écailles un peu plus grandes.

LE BOJOBI.[1]

Boa canina, Merr., Linn., Schneid., Latr., Daud.; *Boa aurantiaca*, *B. thalassina* et *B. exigua*, Laur.; *Boa Hypnale*, Lacep., Schn, Daud.(2).

Quoique le bojobi n'égale point le serpent devin par sa force, sa grandeur ni la magnificence de sa parure, quoiqu'il cède en tout à ce roi des

(1) *Tetrauchoalt Tleoa.*
Le Bojobi. M. Daubenton, Encyclopédie méthodique.
Boa canina. Linn., amphib. Serpent.
Séba, mus. 2, tab 81, fig. 1, et tab. 96, fig. 2.
Boa aurantiaca, 194. *Boa thalassina*, 193. Laurenti Specimen medicum.
(2) M. Merrem rapporte ce reptile à l'espèce précédente. Desm. 1827.

serpents, il n'en occupe pas moins une place distinguée parmi ces animaux ; et peut-être le premier rang lui appartiendrait, si l'espèce du devin
était détruite. La longueur à laquelle il peut parvenir est assez considérable ; et il ne faut pas en
fixer les limites d'après celles que présentent les
individus de cette espèce, conservés dans les cabinets (1). Il doit être bien plus grand lorsqu'il a
acquis tout son développement : et s'il faut s'en
rapporter à ce qu'on a écrit de ce boa, sa longueur
ne doit pas être très-inférieure à celle du serpent
devin. L'on a dit qu'il se jetait sur des chiens et
d'autres gros animaux, et qu'il les dévorait (2) ; et
à moins qu'on ne lui ait attribué des faits qui
appartiennent au devin, le bojobi doit avoir une
longueur et une force considérables pour pouvoir
mettre à mort, et avaler des chiens et d'autres
animaux assez gros.

Ce serpent, qui ne se trouve que dans les contrées équatoriales, habite également l'ancien et le
Nouveau-Monde ; mais il offre, dans les grandes
Indes et en Amérique, le signe de la différence
du climat, dans les diverses nuances qu'il présente,
quoique d'ailleurs le bojobi de l'Amérique et ce-

---

(1) L'individu que nous avons décrit, et qui fait partie de la collection
de Sa Majesté, a deux pieds onze pouces de longueur totale, et à-peu-
près sept pouces depuis l'anus jusqu'à l'extrémité de la queue.

(2) M. Linnée paraît avoir adopté cette opinion en donnant au Bojobi
l'épithète de *canina* ; de même qu'il a donné celle de *murina* à un boa
qui se nourrit de rats.

lui des Indes se ressemblent par la place des taches, la proportion du corps, la forme de la tête,
des dents, des écailles, par tout ce qui peut constituer l'identité d'espèce. Le bojobi du Brésil est
d'un beau vert de mer plus ou moins foncé, qui
s'étend depuis le sommet de la tête jusqu'à l'extrémité de la queue, et sur lequel sont placées,
d'espace en espace, des taches blanches irrégulières, dont quelques-unes approchent un peu d'une
lozange et qui sont toutes assez clair-semées et
distribuées avec assez d'élégance pour former sur
le corps du bojobi un des plus beaux assortiments
de couleurs. Ses écailles sont d'ailleurs extrêmement polies et luisantes (1); elles réfléchissent si
vivement la lumière qu'on lui a donné, ainsi
qu'au serpent devin, le nom indien de *Tleoa*,
qui veut dire serpent de feu : aussi, lorsque le
bojobi brille aux rayons du soleil, et qu'il étale
sa croupe resplendissante d'un beau vert et d'un
blanc éclatant, on croirait voir une longue chaîne
d'émeraudes, au milieu de laquelle on aurait distribué des diamants; et ces nuances sont relevées
par la couleur jaune du dessous de son ventre,
qui, à certains aspects, encadre, pour ainsi dire,
dans de l'or, le vert et le blanc du dos.

Le bojobi des grandes Indes ne présente pas
cet assemblage de vert et de blanc; mais il réunit
l'éclat de l'or à celui des rubis. Le vert est rem-

---

(1) Elles sont rhomboïdales.

placé par de l'orangé ; et les taches du dos sont jaunâtres et bordées d'un rouge très-vif. Voilà donc les deux variétés du bojobi qui ont reçu l'une et l'autre une parure éclatante d'autant plus agréable à l'œil, que le dessin en est simple et par conséquent facilement saisi.

On doit considérer ces serpents avec d'autant plus de plaisir, qu'il paraît qu'ils ne sont point venimeux, qu'ils ne craignent pas l'homme, et qu'ils ne cherchent pas à lui nuire ; s'ils n'ont pas une sorte de familiarité avec lui comme plusieurs couleuvres, s'ils ne souffrent pas ses caresses, ils ne fuient pas sa demeure ; ils vont souvent dans les habitations ; ils ne font de mal à personne si on ne les attaque point, mais on ne les irrite pas en vain ; ils mordent alors avec force et même leur morsure est quelquefois suivie d'une inflammation considérable qui, augmentée par la crainte du blessé, peut, dit-on, donner la mort, si on n'y apporte point un prompt remède, en nétoyant la plaie, en coupant la partie mordue, etc. Néanmoins, suivant les voyageurs qui attribuent des suites funestes à la morsure du bojobi, ces accidents ne doivent pas dépendre d'un venin qu'il ne paraît pas contenir ; et ce n'est que parce que ses dents sont très-acérées (1), qu'elles font des

----

(1) Il y a deux rangs de dents à la mâchoire supérieure ; les plus voisines du museau sont longues et recourbées comme les crochets à venin de la vipère, mais elles ne sont ni mobiles ni creuses.

blessures dangereuses, de même que toutes les espèces de pointes ou d'armes trop effilées (1).

LE RATIVORE.[2]

Boa murina, Merr., Linn., Lacep., Latr.; *Boa Scytale*, Linn., Schn.; *Boa Anaconda*, Daud., Cuv.; *Boa Gigas*, Latr. (3).

On trouve en Amérique, ainsi qu'aux grandes Indes, ce boa, dont la tête est conformée à-peu-près comme celle du devin, et couverte d'écailles rhomboïdales, unies ainsi que celles du dos, et à-peu-près de la même grandeur. Il n'a point de crochets à venin, et ses lèvres sont bordées de grandes écailles.

Le dessus du corps de ce boa est blanchâtre,

(1) Le bojobi a ordinairement deux cent trois grandes plaques sous le corps, et soixante-dix-sept sous la queue. Le dessus de sa tête est garni d'écailles semblables à celles du dos. Les deux os, qui composent chaque mâchoire, sont très-séparés l'un de l'autre dans la partie du museau, et ainsi qu'on le voit dans la vipère commune. Les lèvres sont couvertes de grandes écailles, sur lesquelles on observe un sillon assez profond, et qui sont communément au nombre de vingt-trois sur la mâchoire supérieure, et de vingt-cinq sur l'inférieure.

(2) Le Mangeur de rats. M. Daubenton, Encyclopédie méthodique. *Boa murina*. Linn., amphib. Serpent.

Gronovius, mus. 2, p. 70, n° 44.

Séba, mus. 2, tab. 29, fig. 1.

(3) Ce boa ne diffère pas du scytale, aussi MM. Merrem et Cuvier les considèrent-ils tous deux comme appartenant à une seule espèce.

DESM. 1827.

ou d'un vert de mer, avec cinq rangées longitudinales de taches; la rangée du milieu est composée de taches rousses, irrégulières, blanches
dans leur centre, placées très-près l'une de l'autre,
et se touchant en plusieurs endroits; les deux
raies suivantes sont formées de taches roussâtres,
chargées d'un demi-cercle blanchâtre, du côté de
l'intérieur, ce qui leur donne l'apparence des taches appelées yeux sur les ailes des papillons; les
deux rangées extérieures présentent enfin des taches rousses qui correspondent aux intervalles
des rangées dont les taches ressemblent à des
yeux. On voit sur le derrière de la tête, cinq autres taches rousses et allongées, dont les deux
extérieures s'étendent jusqu'aux yeux du serpent.

Le rativore a ordinairement deux cent cinquante-quatre grandes plaques sous le corps, et
soixante-cinq sous la queue. Un individu de cette
espèce, apporté de Ternate au Cabinet du Roi, a
deux pieds six pouces de longueur, et sa queue
est longue de quatre pouces deux lignes.

Il se nourrit de rats et d'autres petits animaux,
ainsi que plusieurs autres serpents.

LA BRODERIE.[1]

Boa hortulana, Linn., Merr., Gmel., Latr., Daud.; *Coluber hortulanus*, Linn.; *Vipera maderensis* et *V. Bitis*, Laur.; *Col. maderensis* et *Col. Bitis*, Gmel.; *Boa elegans*, Daud.

Nous nommons ainsi le boa dont il est question dans cet article, parce qu'en effet on voit régner au-dessus de son corps et de sa queue, une chaîne de taches de différentes formes, et de différentes grandeurs, nuées de bai-brun, de châtain-pourpre, et de cendré-blanchâtre, qui représentent une broderie d'autant plus riche que lorsque le soleil darde ses rayons sur les écailles luisantes du serpent, elles réfléchissent un éclat très-vif. Voilà pourquoi apparemment ce boa a été appelé dans la Nouvelle-Espagne, ainsi que le devin, le bojobi, et plusieurs autres reptiles, *Tlehua* ou *Tleoa*, c'est-à-dire, *Serpent de Feu* : mais c'est sur sa tête, que cette brillante broderie composée de taches et de raies plus petites, et souvent plus entrelacées, présente un dessin plus varié. M. Linnée, comparant ce riche assortiment et cette disposition agréable de couleurs à la distribution de celles

---

[1] Le Parterre. M. Daubenton, Encyclopédie méthodique.
Boa hortulana. Linn., amphib. serp.
Séba, mus. 2, tab. 74, fig. 1, et tab. 84, fig. 1.

qui décorent un parterre, a donné l'épithète de *hortulana*, au boa dont nous parlons (1); mais nous avons préféré le nom de *Broderie*, comme désignant d'une manière plus exacte, l'arrangement et l'éclat des belles couleurs de ce serpent.

Il se trouve au Paraguay dans l'Amérique méridionale, ainsi que dans la Nouvelle-Espagne. Comme il n'a encore été décrit que dans les Cabinets, et que ses couleurs ont dû être plus ou moins altérées par les moyens employés pour l'y conserver, on ne peut point déterminer la vraie nuance du fond sur lequel s'étend la broderie remarquable qui le distingue; il paraît seulement que le dos est bleuâtre: le ventre est blanchâtre et tacheté d'un roux plus ou moins foncé; l'individu qui fait partie de la collection du Roi, a deux pieds trois pouces six lignes de longueur totale, et sa queue est longue de sept pouces (2).

---

(1) M. Linnée, à l'endroit déjà cité.

(2) Le Boa broderie a le dessus de la tête couvert d'écailles rhomboïdales, unies et semblables à celles du dos, deux cent quatre-vingt-dix grandes plaques sous le corps, et cent vingt-huit sous la queue. Il n'a point de crochets à venin.

LE GROIN.[1]

Coluber (Natrix) heterodon, Merr.; *Heterodon platyrhinus*, Latr.; *Cenchris Mokesa*, Daud.; *Boa porcaria*, Lacep. (2).

La forme de la tête de ce boa, lui a fait donner par M. Daubenton, le nom que nous lui conservons ici; le museau est en effet terminé par une grande écaille relevée; la tête est d'ailleurs très-large, très-convexe et couverte d'écailles semblables à celles du dos, ainsi que dans le plus grand nombre de boa.

Le groin se trouve dans la Caroline, où il a été observé par MM. Catesby et Garden. Ni M. Catesby, ni M. Linnée, à qui M. Garden avait en-

---

(1) Le Groin. M. Daubenton, Encyclopédie méthodique.

Boa contortrix. Linn., amphib. Serp.

The Hog-Nose Snake.

Catesby, Carol. 2, tab. 56.

(2) M. Cuvier, dans une note du *Règne animal*, tom. II, p. 80, fait remarquer que le genre Cenchris de Daudin, dont ce reptile est le type, doit être supprimé. « En effet, ce naturaliste avait cru que le « serpent à groin de cochon de Catesby était venimeux; ce qu'il n'est « sûrement pas, et il avait jugé que les plaques simples qu'un individu « a pu avoir à la base de la queue, donnaient un caractère constant, « tandis que ce n'était qu'un accident fort rare. Ce serpent est une cou- « leuvre, et n'est point, comme le croit Daudin, synonyme du *Mokeson* « ou Mokasin des Américains, lequel devient beaucoup plus grand. »

DESM. 1827.

voyé des individus de cette espèce, n'ont vu les mâchoires du boa groin, garnies de crochets mobiles et à venin, mais cependant M. Linnée dit positivement qu'en disséquant ce serpent, il a trouvé les vésicules qui contiennent la liqueur vénéneuse.

Le dessus du corps du groin est cendré ou brun avec des taches noires disposées régulièrement, et des taches transversales jaunes vers la queue. Le dessous présente des taches noires, plus petites, sur un fond blanchâtre.

Ce boa ne parvient ordinairement qu'à la longueur d'un ou deux pieds, suivant Catesby; et celle de la queue égale le plus souvent le tiers de la longueur du corps (1).

LE CENCHRIS.[2]

Boa Cenchria, Merr., Linn.; *Boa Cenchris*, Gmel., Schneid., Latr.; *Boa murina*, Schn.; *Boa Aboma* et *B. annulifer*, Daud.

Ce boa se trouve à Surinam : il est d'un jaune-clair, avec des taches blanchâtres, grises dans leur centre, et qui imitent des yeux, comme celles que

---

(1) Le groin a cent cinquante grandes plaques sous le corps et quarante sous la queue.

(2) Le Cenchris. M. Daubenton, Encyclopédie méthodique.
Boa Cenchria. Linn., amphib. Serpent.

l'on voit sur les plumes de plusieurs oiseaux, ou sur les ailes de plusieurs papillons. Il a, suivant M. Linnée, qui en a parlé le premier, deux cent soixante-cinq grandes plaques sous le corps, et cinquante-sept sous la queue.

LE SCYTALE.[1]

Boa murina, Cuv., Merr.; *Boa Anaconda*, Daud.; *Boa Scytale*, Linn., Schn., Shaw; *Boa Gigus*, Latr. (2).

Ce boa doit parvenir à une grandeur très-considérable, et jouir de beaucoup de force, puisque, selon M. Linnée, il écrase et engloutit, dans sa gueule, des brebis et des chèvres. Le dessus de son corps est d'un gris mêlé de vert; on voit des taches noires et arrondies le long du dos, d'autres taches noires vers leurs bords, blanches dans leur centre, et disposées des deux côtés du corps; le ventre en présente d'autres de la même couleur, mais allongées, et comme composées de plusieurs points noirs réunis ensemble.

(1) Le Scytale. M. Daubenton, Encyclopédie méthodique.
Boa Scytale. Linn., amphib. Serpent.
Scheuch. Sacr. tab. 737, fig. 1.
Gronov. mus. 2, pag. 55, n° 10.
(2) MM. Cuvier et Merrem réunissent cette espèce à celle du Boa rativore, décrit ci-avant, page 443. Desm. 1827.

On le trouve en Amérique. Il a deux cent cinquante grandes plaques sous le corps, et soixante-dix sous la queue.

L'OPHRIE.[1]

Boa Orophias, Merr.; *Boa Ophrias*, Linn., Lacep., Daud.

Un individu de cette espèce faisait partie de la collection de M. le baron de Géer, et a été décrit pour la première fois par M. Linnée. L'ophrie a beaucoup de rapports, par sa conformation, avec le devin, mais il en diffère par sa couleur, qui est brune, et par le nombre de ses grandes plaques; il en a deux cent quatre-vingt-une sous le ventre, et soixante-quatre sous la queue.

____

(1) L'Ophrie. M. Daubenton, Encyclopédie méthodique.
Boa Ophrias. Linn., amphib. Serp.

L'ENHYDRE.[1]

Boa Enhydris, Linn., Lacep., Latr., Daud.; *Boa Merremii*,
Schn., Merr.? *Corallus obtusirostris*, Daud.

L'on connaît peu de choses relativement à cette
espèce de Boa, que M. Linnée a décrite le premier, et dont un individu faisait partie de la collection de M. le baron de Géer.

L'enhydre est d'une couleur grise, mais qui présente plusieurs nuances assez différentes l'une de
l'autre. Il paraît, par ce qu'en dit M. Linnée, que
les dents de la mâchoire inférieure de ce serpent,
sont plus longues, en proportion de la grandeur de l'animal, que dans la plupart des autres
boa.

On trouve l'enhydre en Amérique; il a deux cent
soixante-dix grandes plaques sous le corps, et cent
quinze sous la queue.

---

(1) L'Enhydre. M. Daubenton, Encyclopédie méthodique.
Boa Enhydris. Linn., amphib. Serpent.

LE MUET.[1]

Cophias crotalinus, Merr.; *Crotalus mutus*, Linn.; *Boa muta*, Lacep.; *Scytale catenata*, Latr.; *Scytale Ammodytes*, Latr., Daud.; *Lachesis muta* et *L. atra*, Daud.

M. Linnée a donné ce nom à un grand serpent de Surinam, qu'il a placé dans le genre des serpents à sonnette, à cause des grands rapports de conformation qui le rapprochent de ces reptiles, mais que nous comprenons dans le genre des Boa, parce qu'il a de grandes plaques sous le corps et sous la queue, comme ces derniers, et qu'il n'a point la queue terminée par une ou plusieurs grandes pièces, de nature écailleuse, comme les serpents à sonnette. C'est à cause de ce défaut de pièces mobiles et sonores, que M. Linnée l'a nommé le *Muet*. Ce reptile a l'extrémité de la queue garnie par dessous de quatre rangs de petites écailles dont les angles sont très-aigus. Les crochets à venin que l'on voit à sa mâchoire supérieure, sont effrayants par leur grandeur, selon M. Linnée; son dos présente des taches noires rhomboïdales et réunies les unes aux autres; il a deux cent dix-sept grandes plaques sous le ventre, et trente-quatre sous la queue.

---

(1) Le Muet. M. Daubenton, Encyclopédie méthodique. *Crotal. mutus.* Linn., amphib. Serp.

TROISIÈME GENRE.

—

SERPENTS

QUI ONT LE VENTRE COUVERT DE GRANDES PLAQUES, ET LA QUEUE
TERMINÉE PAR UNE GRANDE PIÈCE DE NATURE ÉCAILLEUSE, OU PAR
PLUSIEURS GRANDES PIÈCES ARTICULÉES LES UNES DANS LES AUTRES,
MOBILES ET BRUYANTES.

SERPENTS A SONNETTE.

—

LE BOIQUIRA.[1]

Crotalus atricaudatus, Merr.; *Crotalus Boiquira* et *C. Durissus,*
Lacep.; *C. atricaudus,* Daud. (2).

———

Un voyageur égaré au milieu des solitudes brû-

———

(1) *Boicininga* et *Boicinininga.*
Ecacoatl.
Casca vela ou *Cascavel,* par les Portugais.
Tangcdor, par les Espagnols.
The Rattle Snake, par les Anglais.
Le Boiquira. M. Daubenton, Encyclopédie méthodique.
Crotal. horridus. Linn., amphib. Serp.
Bradl. natur. tab. 9, fig. 1.

(2) Ce serpent dangereux est le même que celui qui est décrit plus loin
dans cet ouvrage, sous le nom de Durissus. DESM. 1827.

lantes de l'Afrique, accablé sous la chaleur du midi, entendant de loin le rugissement du tigre en fureur qui cherche une proie, et ne sachant comment éviter sa dent meurtrière, ne doit pas éprouver un frémissement plus grand que ceux qui parcourant les immenses forêts des contrées chaudes et humides du Nouveau-Monde, séduits par la beauté des feuillages et des fleurs, entraînés, comme par une espèce d'enchantement, au milieu de ces retraites riantes, mais perfides, sentent, tout-à-coup, l'odeur fétide qu'exhale le boiquira (1), reconnaissent le bruit de la sonnette qui termine sa queue, et le voient prêt à s'élancer sur eux.

Ce terrible reptile renferme en effet un poison mortel; et, sans excepter le naja, il n'est peut-

---

Séba, mus. 2, tab. 95, fig. 1.

Caudisona terrifica, 203. Laurenti Specimen medicum.

Teuhtlacot Zuuhqui, i. e. *Regina Serpentum*, Hernandez.

Vipera caudisona, et *Anguis crotalophorus*. Rai, Synopsis, pag. 291.

Vipera Brasiliæ caudisona. Musæum Kircherianum, rom. 1773, classis 2, fol. 35, tab. 9, n° 43.

Boicininga. Pison, de Medicina Brasiliensi, lib. 3, p. 41.

Boicininga, *Boiquira*, *Ayug*. Georg. Marcgravi, hist. rerum naturalium Brasiliæ, lib. 6, p. 240.

(1) « L'odeur des serpents à sonnette est très-mauvaise, surtout « lorsqu'ils se chauffent au soleil ou qu'ils sont en colère; on les sent « quelquefois avant de les voir et de les entendre : les chevaux et les « bœufs les découvrent par l'odorat, et s'enfuient très-loin : mais lorsque « le vent emporte l'exhalaison du serpent vers le côté opposé à la route « que tient le cheval ou le bœuf, celui-ci va quelquefois jusque sur le « serpent même, sans en avoir connaissance. » Kalm. Mém. de Suède, Collect. académ. part. étrangère, tom. XI, pag. 94.

être aucune espèce de serpent, qui contienne un venin plus actif.

Le boiquira parvient quelquefois à la longueur de six pieds, et sa circonférence est alors de dix-huit pouces (1). L'individu que nous avons décrit, et qui est conservé au Cabinet du Roi, a quatre pieds dix lignes de long, en y comprenant la queue qui a quatre pouces, et qui, dans cette espèce, ainsi que dans les autres serpents à sonnette déja connus, est très-courte à proportion du corps.

Sa tête aplatie est couverte, auprès du museau, de six écailles plus grandes que leurs voisines, et disposées sur trois rangs transversaux, chacun de deux écailles.

Les yeux paraissent étincelants, et luisent même dans les ténèbres comme ceux de plusieurs autres reptiles, en laissant échapper la lumière dont ils ont été pénétrés pendant le jour; et ils sont garnis d'une membrane clignotante, suivant le savant anatomiste Tyson, qui a donné une description très-étendue, tant des parties extérieures que des parties intérieures du boiquira (2).

La gueule présente une grande ouverture, et

---

(1) Hernandez ne lui donne que quatre pieds de longueur; Marcgrave un peu plus de quatre pieds, et Pison cinq; mais Kalm a écrit que les plus gros boiquira qu'on ait vus dans l'Amérique septentrionale étaient longs de six pieds. Mémoires de l'Académie de Stockholm. Suivant Catesby, les plus grands serpents à sonnette ont près de neuf pieds de longueur. Hist. natur. de la Caroline, vol. II, p. 41.

(2) Transactions philosophiques, n° 144.

le contour en est de quatre pouces, dans l'individu de la collection du Roi. La langue est noire, déliée, partagée en deux, renfermée en partie dans une gaîne, et presque toujours l'animal l'étend et l'agite avec vitesse. Les deux os qui forment les deux côtés de la mâchoire inférieure ne sont pas réunis par devant, mais séparés par un intervalle assez considérable que le serpent peut agrandir, lorsqu'il étend la peau de sa bouche pour avaler une proie volumineuse. Chacun de ces os est garni de plusieurs dents crochues, tournées en arrière, d'autant plus grandes qu'elles sont plus près du museau, et qui, par une suite de cette disposition, ne peuvent point lâcher la proie qu'elles ont saisie, et la retiennent dans la gueule du boiquira, pendant qu'il l'infecte du venin qui tombe de sa mâchoire supérieure. C'est, en effet, sous la peau qui recouvre cette mâchoire, et de chaque côté que nous avons vu les vésicules où le poison se ramasse. Lorsque le serpent comprime ces vésicules, le venin se porte à la base de deux crochets très-longs et très-apparents, attachés au-devant de la mâchoire supérieure; ces crochets, enveloppés en partie dans une espèce de gaîne, d'où ils sortent lorsque l'animal les redresse, sont creux dans presque toute leur longueur; le venin y pénètre par un trou dont ils sont percés à leur base, au-dessous de la gaîne, et en sort par une fente longitudinale que l'on voit vers leur pointe (1). Cette fente a plus d'une ligne de longueur dans l'individu conservé au Cabinet du Roi, et les crochets sont longs de six lignes. Indépendamment de ces crochets, qui paraissent appartenir à toutes les espèces de serpents venimeux, et que nous avons vus, en effet, dans les vipères, les cérastes, les naja, etc., la mâchoire supérieure est garnie d'autres dents plus petites et plus voisines du gosier vers lequel elles sont tournées, et qui servent, ainsi que celles de la mâchoire inférieure, à retenir la victime que les crochets percent et imbibent de venin.

Les écailles du dos sont ovales et relevées dans le milieu par une arête qui s'étend dans le sens de leur plus grand diamètre. On a écrit qu'elles sont articulées si librement, que l'animal, lorsqu'il est en colère, peut les redresser; mais le mouvement qu'il leur donne doit être peu considérable, puisque nous nous sommes assurés qu'elles tiennent à la peau dans presque toute leur longueur et toute leur largeur (2). Le dessous

----

(1) Lorsqu'on presse la racine de ces crochets, il coule abondamment de leur extrémité une matière verte, qui est le venin. Kalm. Mém. de l'Académie de Stockholm. Ce venin donne une couleur verte au linge sur lequel on le répand, et plus on lessive ce linge, et plus il devient vert. Manuscrit de M. Gauthier, 1749, que M. de Fougeroux de Bondaroy, de l'Académie royale des Sciences, a bien voulu me communiquer.

(2) Chacune de ces plaques est mue par un muscle particulier, dont une extrémité s'attache au bord supérieur de la plaque inférieure, et l'autre à-peu-près au milieu de la face interne de la plaque supérieure. D'ailleurs chaque plaque tient, par ses deux bouts, à l'extrémité des côtes, et cette extrémité est un ferme point d'appui sur lequel porte la

du corps, ainsi que le dessous de la queue, sont revêtus d'un seul rang de grandes plaques comme dans le genre des Boa; nous en avons compté vingt-sept sous la queue, et cent quatre-vingt-deux sous le ventre de l'individu qui fait partie de la collection du Roi. M. Linnée en a compté cent soixante-sept sous le corps, et vingt-trois sous la queue de celui qu'il a décrit (1).

La couleur du dos est d'un gris mêlé de jaunâtre, et, sur ce fond, on voit s'étendre une rangée longitudinale de taches noires, bordées de blanc (2).

Sa queue est terminée, comme dans presque tous les serpents de son genre, par un assemblage d'écailles sonores qui s'emboîtent les unes dans les autres, et que nous croyons d'autant plus devoir décrire ici en détail, que la considération attentive de leur forme et de leur position peut nous éclairer relativement à leur production ainsi qu'à leur accroissement.

Cette sonnette du boiquira est composée de plusieurs pièces dont le nombre varie depuis un

---

plaque, et qui sert à l'animal à élever ou à abaisser cette plaque avec force, par le moyen du muscle dont nous venons de parler. Observ. d'Edw. Tyson, Trans. philosoph., n° 144.

(1) Tyson en a trouvé cent soixante-huit sous le corps et dix-neuf sous la queue du boiquira qu'il a décrit. Transactions philosophiques, n° 144.

(2) Le docteur Tyson a très-bien fait connaître deux petites glandes, qui s'ouvrent dans le rectum du Boiquira auprès de l'anus, et qui contiennent une liqueur un peu épaisse et d'une odeur forte et très-désagréable

jusqu'à trente et même au-delà (1). Toutes ces pièces sont entièrement semblables les unes aux autres, non seulement par leur forme, mais souvent par leur grandeur; elles sont toutes d'une matière cassante, élastique, demi-transparente, et de la même nature que celle des écailles. La pièce la plus voisine du corps, et qui le touche immédiatement, forme, comme toutes les autres, une sorte de pyramide à quatre faces, dont deux faces opposées sont beaucoup plus larges que les deux autres; on peut la regarder comme une espèce de petit étui terminé en pointe, et qui enveloppe les dernières vertèbres de la queue. Elle est moulée sur ces dernières vertèbres, dont elle n'est séparée que par une membrane très-mince, et auxquelles elle est appliquée de manière qu'elle suit toutes les inégalités de leurs élévations. Elle présente trois bourlets circulaires qui répondent à trois de ces élévations; leur surface est raboteuse comme celle de ces éminences sur lesquelles ils se sont moulés; ils sont creux, ainsi que le reste de la pièce; le premier bourlet, c'est-à-dire, le plus proche de l'ouverture de la pièce, a le plus grand diamètre; et le plus petit diamètre est celui du troisième bourlet.

Toutes les pièces de la sonnette sont emboîtées l'une dans l'autre, de manière que les deux tiers

---

(1) Pour bien entendre ce que nous allons dire, on pourra jeter les yeux sur la planche où nous avons fait représenter une sonnette, sa coupe longitudinale, et une des pièces qui la composent vue séparément.

de chaque pièce sont renfermés dans la pièce qui la suit, à commencer du côté du corps. Des trois bourlets que présente chaque pièce, deux sont cachés par la pièce suivante; le premier bourlet est le seul qui paraisse. La pièce, située au bout de la sonnette, opposé au corps, est la seule dont les trois bourlets soient visibles, et qui montre sa vraie forme en son entier; et la sonnette n'est composée, à l'extérieur, que de cette pièce, et des premiers bourlets de toutes les autres.

Les deux derniers bourlets de chaque pièce, qui ne peuvent pas être vus, sont placés sous les deux premiers de la pièce suivante. Ils en occupent le creux; ils retiennent cette pièce, et l'empêchent de se séparer du reste de la sonnette; mais, comme leur diamètre est moins grand que celui des premiers bourlets de la pièce suivante, chaque pièce joue librement autour de celle qu'elle enveloppe, et qui la retient. Aucune pièce, excepté la plus voisine du corps, n'est liée avec la peau de l'animal, ne tient au corps du serpent par aucun muscle, par aucun nerf, par aucun vaisseau (1), ne peut recevoir par conséquent ni accroissement, ni nourriture, et n'est qu'une enveloppe extérieure qui se remue lorsque l'animal agite l'extrémité de sa queue, mais qui se meut uniquement, comme se mouvrait tout corps

---

(1) On a écrit le contraire (voyez Séba); mais nous nous sommes assurés de la conformation que nous décrivons ici.

.étranger qu'on aurait attaché à la queue du serpent (1).

Cette conformation de la sonnette semble très-
extraordinaire au premier coup-d'œil; cependant
elle cessera de le paraître, si l'on veut en déduire
avec nous la manière dont la sonnette a dû être
produite.

Les différentes pièces qui la composent, n'ont
été formées que successivement; lorsque chacune
de ces pièces a pris son accroissement, elle tenait
à la peau de la queue; elle n'aurait pas pu recevoir sans cela la matière nécessaire à son développement, et d'ailleurs on voit souvent, sur les
bords des pièces qui ne tiennent pas immédiatement au corps du serpent, des restes de la peau
de la queue, à laquelle elles étaient attachées.

Quand une pièce est formée, il se produit au-
dessous une nouvelle pièce entièrement semblable à l'ancienne, et qui tend à la détacher de
l'extrémité de la queue. L'ancienne pièce ne se
sépare pas cependant tout-à-fait du corps du serpent; elle est seulement repoussée en arrière; elle
laisse entre son bord et la peau de la queue, un

---

(1) La sonnette du boiquira est placée de manière que ses côtés les plus
larges sont élevés verticalement lorsque le serpent est sur son ventre; elle
ne touche pas immédiatement aux grandes plaques qui garnissent le
dessous de la queue, mais entre ces grandes plaques et le bord de la
première pièce, on voit une rangée de petites écailles semblables à celles
du dos. La sonnette de l'individu conservé au Cabinet du Roi, a neuf
lignes de hauteur, un pouce neuf lignes de longueur, et est composée
de six pièces.

intervalle occupé par le premier bourlet de la nouvelle pièce; mais elle enveloppe toujours le second et le troisième bourlet de cette nouvelle pièce, et elle joue librement autour de ces bourlets qui la retiennent.

Lorsqu'il se forme une troisième pièce, elle se produit au-dessous de la seconde, de la même manière que la seconde au-dessous de la première; elle détache également de l'extrémité de la queue la seconde pièce qu'elle fait reculer, mais qu'elle retient par ses bourlets.

Si les dernières vertèbres de la queue n'ont pas grossi pendant que la sonnette s'est formée, chaque pièce qui s'est moulée sur ces vertèbres, a le même diamètre, et la sonnette paraît d'une égale largeur jusqu'à la pièce qui la termine; si, au contraire, les vertèbres ont pris de l'accroissement pendant la formation de la sonnette, les bourlets de la nouvelle pièce sont plus grands que ceux de la pièce plus ancienne, et le diamètre de la sonnette diminue vers la pointe. Dans les divers serpents à sonnette qui sont conservés au Cabinet du Roi, la sonnette est d'un égal diamètre vers sa pointe et à son origine; mais, dans plusieurs sonnettes détachées du corps du serpent, et qui font aussi partie de la collection de Sa Majesté, nous avons vu les pièces diminuer de grandeur vers l'extrémité de la sonnette.

Il est évident, d'après ce que nous venons de dire, qu'il ne peut se former qu'une pièce à cha-

que mue particulière que le serpent éprouve vers
l'extrémité de sa queue. Le nombre des pièces est
donc égal à celui de ces mues particulières ; mais
comme l'on ignore si la mue particulière arrive
dans le même temps que la mue générale du corps
et de la queue, si elle a lieu une fois ou plusieurs
fois par an, le nombre des pièces, non seulement
ne prouve rien pour la ressemblance ou la différence des espèces, mais ne peut rien indiquer
relativement à l'âge du serpent, ainsi qu'on l'a
écrit (1). Une nourriture plus abondante, et une
température plus ou moins chaude, peuvent d'ailleurs augmenter ou diminuer le nombre des mues
dans la même année ; et voilà pourquoi, dans certains individus, la sonnette est partout d'un égal
diamètre, parce que, pendant le temps de sa
production, les dernières vertèbres n'ont pas grossi
d'une manière sensible, tandis que, dans d'autres
individus, les mues ont été assez éloignées pour
que les vertèbres aient eu le temps de croître
entre la formation d'une pièce et celle d'une autre.
Il pourrait donc se faire que la sonnette d'un individu qui, dans différentes années, aurait éprouvé
des accidents très-différents, fût d'un égal diamètre dans quelques-unes de ses portions, et
allât en diminuant dans d'autres. D'un autre
côté, on verrait de vieux serpents avoir des son-

______

(1) Voyez Séba, l'Histoire naturelle de l'Orenoque, traduct. franç.,
Lyon, 1758, tom. III, pag. 78, et Rai, Synopsis quadrupedum et
Serpentini generis, p. 291.

nettes d'une longueur prodigieuse, et presque égales à la longueur du corps (1), si les pièces qui les composent ne se desséchaient pas promptement; mais, comme elles ne tirent aucune nourriture de l'animal, et ne sont abreuvées par aucun suc, elles deviennent très-fragiles, se brisent et se séparent souvent par l'effet d'un frottement assez peu considérable. Voilà pourquoi le nombre des pièces n'indique jamais le nombre de toutes les mues particulières que l'animal peut avoir éprouvées à l'extrémité de sa queue. Si même, dans la mue générale des serpents à sonnette, qui doit s'opérer de la même manière que celle des couleuvres, et pendant laquelle la vieille peau de l'animal doit se retourner en entier comme un gant, et ainsi que nous l'avons vu (2); si, dans cette mue générale, le dépouillement s'étend jusqu'aux dernières vertèbres de la queue et emporte la première pièce de la sonnette, toutes les autres pièces doivent être avec elle séparées du corps du reptile; et dès-lors les sonnettes ne se-

---

(1) « On prétend que les anneaux qui se trouvent à la sonnette in- « diquent, par leur nombre, celui des années du serpent. Les plus jeunes « n'ont ordinairement qu'un seul anneau; ceux que l'on tue maintenant « dans les colonies anglaises en ont depuis un jusqu'à douze. Quelques « personnes âgées disent en avoir vu qui avaient depuis vingt jusqu'à « trente anneaux, et qu'on en a tué autrefois qui en avaient quarante-un « et plus. La destruction que l'on en fait les empêche de vieillir. » Kalm. Mém. de l'Acad. de Stockholm. Coll. Acad. part. étrangère, tom. XI, pag. 93.

(2) Article de la Couleuvre d'Esculape.

raient jamais composées que de pièces toutes produites dans l'intervalle d'une mue générale à la mue générale suivante.

Toutes les parties des sonnettes étant très-sèches, posées les unes au-dessus des autres, et ayant assez de jeu pour se frotter mutuellement lorsqu'elles sont secouées, il n'est pas surprenant qu'elles produisent un bruit assez sensible; nous avons éprouvé, avec plusieurs sonnettes à-peu-près de la grandeur de celle dont nous venons de rapporter les dimensions, que ce bruit qui ressemble à celui du parchemin qu'on froisse, peut être entendu à plus de soixante pieds de distance. Il serait bien à désirer qu'on pût l'entendre de plus loin encore, afin que l'approche du boiquira, étant moins imprévue, fût aussi moins dangereuse. Ce serpent est, en effet, d'autant plus à craindre, que ses mouvements sont souvent très-rapides. En un clin-d'œil, il se replie en cercle, s'appuie sur sa queue, se précipite comme un ressort qui se débande, tombe sur sa proie, la blesse et se retire pour échapper à la vengeance de son ennemi; aussi les Mexicains le désignent-ils par le nom d'*Ecacoatl*, qui signifie le *vent*.

Ce funeste reptile habite presque toutes les contrées du Nouveau-Monde, depuis la terre de Magellan jusqu'au lac Champlain, vers le quarante-cinquième degré de latitude septentrionale. Il régnait, pour ainsi dire, au milieu de ces vastes contrées, où presque aucun animal n'osait en faire sa proie, et où les anciens Américains, retenus par une crainte superstitieuse, redoutaient de lui donner la mort (1); mais, encouragés par l'exemple des Européens, ils ont bientôt cherché à se délivrer de cette espèce terrible. Chaque jour les arts et les travaux purifiant et fertilisant de plus en plus ces terres nouvelles, ont diminué le nombre des serpents à sonnette, et l'espace sur lequel ces reptiles exerçaient leur funeste domination se rétrécit à mesure que l'empire de l'homme s'étend par la culture.

Le boiquira se nourrit de vers (2), de grenouilles et même de lièvres; il fait aussi sa proie d'oiseaux et d'écureuils; car il monte avec facilité sur les arbres, et s'y élance avec vivacité de branche en branche, ainsi que sur les pointes des rochers qu'il habite, et ce n'est que dans la plaine qu'il court avec difficulté, et qu'il est plus aisé d'éviter sa poursuite.

Son haleine empestée, qui trouble quelquefois les petits animaux dont il veut se saisir, peut aussi empêcher qu'ils ne lui échappent. Les Indiens racontent qu'on voit souvent le serpent à sonnette entortillé à l'entour d'un arbre, lançant des regards terribles contre un écureuil qui, après

---

(1) Kalm, Mém. de l'Acad. de Stockholm.

(2) M. Tyson a trouvé un grand nombre de vers, du genre des lombrics, dans l'estomac et dans les intestins d'un boiquira. On en trouve aussi quelquefois dans ceux de la vipère commune. Trans. philosoph., n° 144.

avoir manifesté sa frayeur par ses cris et son agitation, tombe au pied de l'arbre où il est dévoré. M. Vosmaër, qui a fait à La Haye des expériences sur les effets de la morsure d'un boiquira qu'il avait en vie, dit que les oiseaux et les souris qu'on lui jetait dans la cage où il était renfermé, témoignaient une grande terreur; qu'ils cherchaient d'abord à se tapir dans un coin, et qu'ils couraient ensuite, comme saisis de douleurs mortelles, à la rencontre de leur ennemi qui ne cessait de sonner de sa queue (1); mais cet effet d'une vapeur méphitique et puante, a été exagéré et dénaturé au point de devenir merveilleux. On a dit que le boiquira avait, pour ainsi dire, la faculté d'enchanter l'animal qu'il voulait dévorer; que, par la puissance de son regard, il le contraignait à s'approcher peu à peu, et à se précipiter dans sa gueule; que l'homme même ne pouvait résister à la force magique de ses yeux étincelants, et que, plein de trouble, il se présentait à la dent envenimée du boiquira, au lieu de chercher à l'éviter. Pour peu que les serpents à sonnette eussent été plus connus, et qu'on se fût occupé de leur histoire, on aurait bientôt sans doute ajouté à ces faits merveilleux, de nouveaux faits plus merveil-

---

(1) « Lorsqu'il a été pris, et qu'il se voit enfermé, il refuse toute nourriture, et on dit qu'il peut vivre six mois de cette manière : il est alors « très-irrité; si on lui présente des animaux, il les tue, mais il ne les « mange pas. » Kalm, Mémoires de l'Acad. de Suède, Coll. académ., tom. XI, pag. 95.

leux encore. Et combien de fables n'aurait-on pas substituées au simple effet d'une haleine fétide, qui même n'a jamais été ni aussi fréquent, ni aussi fort que certains naturalistes l'ont pensé! L'on doit présumer, avec Kalm, que le plus souvent, lorsqu'on aura vu un oiseau, ou un écureuil ou tout autre animal se précipiter, pour ainsi dire, du haut d'un arbre dans la gueule du serpent à sonnette, il aura été déja mordu par le serpent; qu'il se sera enfui sur l'arbre; qu'il aura exprimé, par ses cris et son agitation, l'action violente du poison laissé dans son sang par la dent du reptile; que ses forces se seront insensiblement affaiblies; qu'il se sera laissé aller de branche en branche, et qu'il sera tombé enfin auprès du serpent, dont les yeux enflammés et le regard avide auront suivi tous ses mouvements, et qui se sera de nouveau élancé sur lui, lorsqu'il l'aura vu presque sans vie. Plusieurs observations rapportées par les voyageurs, et particulièrement un fait raconté par Kalm, paraissent le prouver (1).

On a écrit que la pluie augmentait la fureur du boiquira; mais il faut que ce soit une pluie d'orage, car il ne craint point d'aller à l'eau. C'est lorsque le tonnerre gronde qu'il est le plus redoutable; on frémit lorsqu'on pense à l'état affreux et aux angoisses mortelles qu'éprouve celui qui, poursuivi par un orage terrible, au milieu de té-

____

(1) Kalm, ouvrage déja cité.

nèbres épaisses qui lui dérobent sa route, cherche un asyle sous quelque roche avancée, contre les flots d'eau qui tombent des nues, aperçoit, au milieu de l'obscurité, les yeux étincelants du serpent à sonnette, et le découvre à la clarté des éclairs, agitant sa queue, et faisant entendre son sifflement funeste (1).

Un animal qui ne paraît né que pour détruire, devait-il donc aussi sentir les feux de l'amour? Mais la même chaleur qui anime tout son être, qui exalte son venin, qui ajoute à ses forces meurtrières, doit rendre aussi plus vif le sentiment qui le porte à se reproduire.

Il ne pond qu'un assez petit nombre d'œufs; mais, comme il vit plusieurs années, l'espèce n'en est que trop multipliée.

Pendant l'hiver des contrées un peu éloignées de la ligne, les boiquira se retirent en grand nombre dans des cavernes où ils sont presque engourdis et dépourvus de force. C'est alors que les nègres et les Indiens osent pénétrer dans leurs repaires pour les détruire, et même s'en nourrir; car, malgré le dégoût et l'horreur que ces reptiles inspirent, ils en mangent, dit-on, la chair (2),

---

(1) « C'est pendant le temps couvert et pluvieux qu'ils sont le plus à « craindre; alors il est rare que les Américains voyagent dans les bois : les « sonnettes qui font beaucoup de bruit lorsque le soleil luit, n'en font « pas pendant la pluie. C'est peut-être parce que les cartilages mouillés « sont plus mous et moins élastiques. » Kalm, Mém. de l'Acad. de Suède, Coll. académ., partie étrangère, tom. XI, p. 93 et suiv.

(2) Ils mangent aussi sa graisse, que l'on fait fondre au soleil, et dont

et elle ne les incommode pas, pourvu que le serpent ne se soit pas mordu lui-même. Voilà pourquoi, a-t-on ajouté, il faut tuer promptement le
boiquira, lorsqu'on veut le manger : il faut lui
donner la mort avant qu'il ne s'irrite, parce qu'a-
lors il se mordrait de rage. Mais, comment conci-
lier cette assertion avec le témoignage de ceux
qui prétendent qu'on peut manger impunément
les animaux que sa morsure fait périr, de même
que les sauvages se nourrissent, sans aucun inconvénient, du gibier qu'ils ont tué avec leurs
flèches empoisonnées? Cette dernière opinion paraît d'autant plus vraisemblable que le boiquira
semblerait devoir se donner la mort à lui-même,
si la chair des animaux, percés par ses crochets,
devenait venimeuse par une suite de sa morsure.

Les nègres saisissent le boiquira auprès de la
tête, et il ne lui reste pas assez de vigueur, dans
le temps du froid, pour se défendre ou pour leur
échapper. Il devient aussi la proie de couleuvres
assez fortes, qui doivent le saisir de manière à
n'en être pas mordues (1), et l'on doit supposer
la même adresse dans les *cochons marrons*, qui,
suivant Kalm, se nourrissent, sans inconvénient,

---

on tire une huile très-bonne, dit-on, contre les meurtrissures, et même
contre les effets de sa morsure. Kalm. On a aussi employé cette graisse
pour dissiper plusieurs douleurs, et particulièrement celles de sciatique,
ainsi que pour fondre les tumeurs. Hernandez, hist. naturelle du Mexique,
liv. 9, chap. 17.

(1) Voyez l'article de la couleuvre *Lien*.

du boiquira, dressent leurs soies dès qu'ils peuvent le sentir, se jettent sur lui avec avidité, et sont garantis, dans certaines parties de leur corps, du danger de sa morsure, par la rudesse de leur poil, la dureté de leur peau, et l'épaisseur de leur graisse (1).

Lorsque le printemps est arrivé dans les pays élevés en latitude, et habités par les boiquira, que les neiges sont fondues, et que l'air est réchauffé, ils sortent pendant le jour de leurs retraites, pour aller s'exposer aux rayons du soleil. Ils rentrent pendant la nuit dans leurs asyles, et ce n'est que lorsque les gelées ont entièrement cessé, qu'ils abandonnent leurs cavernes, se répandent dans les campagnes, et pénètrent quelquefois dans les maisons. On ose observer le temps où ces animaux viennent se chauffer au soleil, pour les attaquer et en tuer un grand nombre à la fois.

Pendant l'été, ils habitent au milieu des montagnes élevées, composées de pierres calcaires, incultes et couvertes de bois, telles que celles qui

---

(1) Le boiquira est très-vivace, ainsi que les autres serpents; M. Tyson rapporte que celui qu'il disséqua, vécut quelques jours après que sa peau eut été déchirée, et qu'on lui eut arraché la plupart de ses viscères. Pendant ce temps ses poumons qui, vers le devant du corps, étaient composés de petites cellules, comme ceux des grenouilles, se terminaient par une grande vessie transparente et forte, et avaient près de trois pieds de longueur, ne se dilatèrent et ne se contractèrent point alternativement, mais demeurèrent enflés et remplis d'air jusqu'au moment où l'animal expira. Trans. philos., n° 144.

sont voisines de la grande chute d'eau de Niagara. Ils y choisissent ordinairement les expositions les plus chaudes et les plus favorables à leurs chasses; ils préfèrent le côté méridional d'une montagne, et le bord d'une fontaine ou d'un ruisseau, habités par des grenouilles, et où viennent boire les petits animaux, dont ils font leur proie. Ils aiment aussi à se mettre de temps en temps à l'abri, sous un vieux arbre renversé, et voilà pourquoi, suivant Kalm, les Américains qui voyagent dans les forêts infestées de serpents à sonnette, ne franchissent point les troncs d'arbres couchés à terre, qui obstruent quelquefois le passage; ils aiment mieux en faire le tour, et s'ils sont obligés de les traverser, ils sautent sur le tronc du plus loin qu'ils peuvent, et s'élancent ensuite au-delà.

Le boiquira nage avec la plus grande agilité; il sillonne la surface des eaux avec la vitesse d'une flèche. Malheur à ceux qui naviguent sur de petits bâtiments, auprès des plages qu'il fréquente! Il s'élance sur les ponts peu élevés (1); et quel état affreux que celui où tout espoir de fuite est interdit, où la moindre morsure de l'ennemi que l'on doit combattre donne la mort la plus prompte, où il faut vaincre en un instant, ou périr dans des tourments horribles.

Le premier effet du poison est une enflure générale; bientôt la bouche s'enflamme, et ne peut

____

(1) Voyez, à ce sujet, Kalm, ouvrage déjà cité.

plus contenir la langue devenue trop gonflée ; une soif dévorante consume ; et si l'on cherche à l'étancher, on ne fait que redoubler les tourments de son agonie. Les crachats sont ensanglantés ; les chairs qui environnent la plaie se corrompent et se dissolvent en pourriture ; et surtout si c'est pendant l'ardeur de la canicule, on meurt quelquefois dans cinq ou dix minutes, suivant la partie où on a été mordu (1). On a écrit que les Américains se servaient, contre la morsure du boiquira, d'un emplâtre composé avec la tête même du serpent écrasé. On a prétendu aussi qu'il fuit les lieux où croît le dictame de Virginie, et l'on a essayé de se servir de ce dictame comme d'un remède contre son venin (2) ; mais il paraît que le véritable antidote, que les Américains ne vou-laient pas découvrir, et dont le secret leur a été arraché par M. Teinniut, médecin écossais, est le polygale de Virginie, *Sénéka* ou *Sénéga* (Polygala Senega) (3). Cependant il arrive quelquefois que ceux qui ont le bonheur de guérir, ressentent périodiquement, pendant une ou deux années, des douleurs très-vives, accompagnées d'enflure ;

---

(1) Voyez M. Laurenti.

(2) On lit, dans les Transactions philosophiques, année 1665, qu'en Virginie, en 1657, au mois de juillet, on attacha au bout d'une longue baguette des feuilles de dictame que l'on avait un peu broyées, et qu'on les approcha du museau d'un serpent à sonnette, qui se tourna et s'agita vivement comme pour les éviter, mais qui mourut avant une demi-heure, et parut n'expirer que par l'effet de l'odeur de ces feuilles.

(3) M. Linnée et M. Laurenti.

quelques-uns même portent toute leur vie des marques de leur cruel accident, et restent jaunes ou tachetés d'autres couleurs.

Le capitaine Hall (1) fit, dans la Caroline, plusieurs expériences touchant les effets de la morsure du boiquira sur divers animaux; il fit attacher à un piquet un serpent à sonnette, long d'environ quatre pieds. Trois chiens en furent mordus; le premier mourut en quinze secondes; le second, mordu peu de temps après, périt au bout de deux heures dans des convulsions; le troisième, mordu après une demi-heure, n'offrit d'effets visibles du venin, qu'au bout de trois heures.

Quatre jours après, un chien mourut en une demi-minute, et un autre ensuite en quatre minutes; un chat fut trouvé mort le lendemain de l'expérience; on laissa s'écouler trois jours; une grenouille mordue, mourut en deux minutes, et un poulet de trois mois, dans trois minutes. Quelque temps après, on mit auprès du boiquira un *Serpent blanc*, sain et vigoureux; ils se mordirent l'un l'autre; le serpent à sonnette répandit même quelques gouttes de sang; il ne donna cependant aucun signe de maladie, et le serpent blanc mourut en moins de huit minutes. On agita assez le boiquira pour le forcer à se mordre lui-même, et il mourut en douze minutes (2); ainsi ce furieux

____

(1) Transactions philosophiques.

(2) « La morsure de cet animal est très-dangereuse dans toutes les « parties du corps; les chevaux et les bœufs en meurent presque à l'instant :

reptile peut tourner contre lui ses armes dangereuses, et venger ses victimes.

Tranquilles habitants de nos contrées tempérées, que nous sommes plus heureux, loin de ces
plages où la chaleur et l'humidité règnent avec
tant de force! Nous ne voyons point un serpent
funeste infecter l'eau au milieu de laquelle il nage
avec facilité; les arbres dont il parcourt les ra-

« les chiens la soutiennent mieux; quelques-uns ont été guéris cinq fois:
« les hommes le sont aussi lorsqu'on y remédie à temps; mais quand la
« dent meurtrière a ouvert un gros vaisseau, on meurt en deux ou trois
« minutes. Les bottines de cuir ne sont pas un préservatif assuré; la dent
« est si aiguë, qu'elle les perce facilement, surtout quand la bottine est
« juste à la jambe : on prétend qu'il vaut mieux porter de grandes culottes
« de matelot, qui descendent jusqu'aux talons; lorsque le serpent y mord,
« il s'y fait des plis qui s'opposent à l'effort de la dent et des mâchoires;
« mais il peut être plus sûr de porter les unes et les autres. » Kalm,
Mém. de Suède, Collect. acad., tom. XI, pag. 95.

« Le serpent à sonnette n'est nulle part si commun qu'au Paraguay.
« On y observe que lorsque ses gencives sont trop pleines de venin, il
« souffre beaucoup; que, pour s'en décharger, il attaque tout ce qu'il
« rencontre; et que, par deux crochets creux assez larges à leur racine,
« et terminés en pointe, il insinue, dans la partie qu'il saisit, l'humeur
« qui l'incommodait. L'effet de sa morsure, et de celle de plusieurs autres
« serpents du même pays, est fort prompt; quelquefois le sang sort en
« abondance par les yeux, les narines, les oreilles, les gencives et les
« jointures des ongles; mais les antidotes ne manquent point contre ce
« poison. On y emploie surtout, avec succès, une pierre qu'on nomme
« Saint-Paul, le bézoard et l'ail, qu'on applique sur la plaie après l'avoir
« mâché; la tête de l'animal même et son foie, qu'on mange pour purifier
« le sang, ne sont pas un remède moins vanté; cependant le plus sûr est
« de commencer par faire sur-le-champ une incision à la partie piquée, et
« d'y appliquer du soufre; ce qui suffit même quelquefois pour la gué-
« rison. » Histoire naturelle du Pérou et des contrées voisines. Histoire
génér. des Voy., édit. in-12, tom. LIII, p. 419.

meaux avec vitesse; la terre dont il peuple les cavernes; les bois solitaires, où il exerce le même empire que le tigre dans ses déserts brûlants, et dont l'obscurité livre plus sûrement sa proie à sa morsure. Ne regrettons pas les beautés naturelles de ces climats plus chauds que le nôtre, leurs arbres plus touffus, leurs feuillages plus agréables, leurs fleurs plus suaves, plus belles : ces fleurs, ces feuillages, ces arbres cachent la demeure du serpent à sonnette.

LE MILLET.[1]

Crotalus miliarius, Linn., Gmel., Lacep., Merr.

CE serpent à sonnette a été observé dans la Caroline par MM. Garden et Catesby; nous allons le décrire d'après un individu conservé dans le Cabinet du Roi. Le dessus de son corps est gris, avec trois rangs longitudinaux de taches noires; celles de la rangée du milieu sont rouges dans leur centre, et séparées l'une de l'autre par une tache rouge. Le dessus de la tête est couvert de neuf écailles plus grandes que celles du dos, et

---

(1) Le Millet. M. Daubenton, Encyclopédie méthodique.
Crotalus miliarius. Linn., amphib. Serpent.
Catesby, Carol. 2, tab. 42.

disposées sur quatre rangs; la mâchoire supérieure est garnie de deux crochets mobiles et
très-allongés; les écailles qui revêtent le dos sont
ovales, et relevées par une arête. Le millet a ordinairement cent trente - deux grandes plaques
sous le corps, et trente-deux sous la queue. L'individu, qui fait partie de la collection du Roi, a
quinze pouces dix lignes de longueur totale, et sa
queue est longue de vingt-deux lignes; sa sonnette
est composée de onze pièces, a une ligne de largeur dans son plus grand diamètre, et est séparée des grandes plaques par un rang de petites
écailles.

LE DRYINAS.[1]

Crotalus Dryinas, Linn., Lacep., Merr.; *Crot. immaculatus*,
Latr.; *Crot. strepitans*, Daud.

Presque tous les serpents à sonnette ont les
mêmes habitudes naturelles; nous ne répéterons
pas ici ce que nous avons dit à l'article du boiquira, et nous nous contenterons de rappor-

---

[1] Le Serpent à sonnette. M. Daubenton, Encyclopédie méthodique.
Crotal. Dryinas. Linn., amphib. Serp.

Amœn. academ. mus. princ., p. 578, 24.

Candisona Dryinas, 206. *Caudisona orientalis*, 207. Laurenti Specimen medicum.

Séba, mus. 2, tab. 95, fig. 3, et tab. 96, fig. 1.

ter les traits principaux de la conformation du dryinas.

Ce dernier reptile est blanchâtre, avec quelques taches d'un jaune plus ou moins clair; il a ordinairement cent soixante-cinq grandes plaques sous le corps, et trente sous la queue; le dessus de sa tête présente deux grandes écailles, et celles qui garnissent son dos sont ovales, et relevées par une arête. On le trouve en Amérique.

LE DURISSUS.[1]

Crotalus atricaudatus, Merr.; *C. Durissus*, Lacep., Daud.; *C. Boiquira*, Lacep.; *C. atricaudus*, Daud.; *C. horridus*, Shaw. (2).

CE serpent a le dessus du corps varié de blanc et de jaune, avec des taches rhomboïdales, noires et blanches dans leur centre. Le sommet de sa tête est couvert de six grandes écailles placées sur trois rangs; le dos est garni d'écailles ovales et relevées par une arête. L'individu que nous avons décrit, et que nous avons vu au Cabinet du Roi,

(1) Le Teuthlaco. M. Daubenton, Encyclopédie méthodique.
Crotal. Durissus. Linn., amphibia Serp.
Caudisona Durissus. 204. Laurenti Specimen medicum.
Séba, mus. 2, tab. 95, fig. 2, *Teutlacotzouphi.*
(2) Cette espèce n'est pas différente de celle du Boiquira, décrite ci-avant, page 453. DESM. 1827.

n'avait qu'une pièce à sa sonnette; sa longueur totale était d'un pied cinq pouces six lignes, et celle de sa queue d'un pouce huit lignes. Il avait des crochets à venin, longs de quatre lignes, et dont l'extrémité était percée par une fente d'une ligne de longueur; il paraissait que lorsque l'animal était en vie, il pouvait faire avancer, au-delà des lèvres, les deux os de la mâchoire inférieure, qui n'étaient réunis que par des membranes, et que l'on voyait armés de dents tournées en arrière, et plus grandes vers le museau que vers le gosier (1).

LE PISCIVORE.[2]

Coluber (*Natrix*) *piscivorus*, Merr.; *Crotalus piscivorus*, Lac.; *Scytale piscivora*, Latr., Daud.; *Coluber aquaticus*, Shaw. (3).

C'est Catesby qui a parlé le premier de la conformation et des habitudes de ce serpent que l'on trouve dans la Caroline, où il porte le nom de

---

(1) Le durissus a ordinairement cent soixante-douze grandes plaques sous le corps, et vingt et une sous la queue.

(2) *The Water Viper*. Vipère d'eau. Catesby, Carol. 2, pag. 43, planche 43.

(3) M. Cuvier (*Règne animal*, tom. II, pag. 79, *note*), remarque que rien ne prouve que ce serpent soit un Crotale et même que ce soit un serpent venimeux. Les dents, que Catesby figure, sont semblables à celles des couleuvres. Desm. 1827.

serpent à sonnette. Sa queue n'est cependant pas garnie de pièces mobiles et un peu sonores; mais elle est terminée par une pointe de nature écailleuse, longue ordinairement d'un demi-pouce et dure comme de la corne. Cette espèce d'arme a donné lieu à plusieurs fables. On a prétendu qu'elle était aussi dangereuse que les dents de l'animal, qu'elle pouvait également donner la mort, et que même, lorsqu'elle perçait le tronc d'un jeune arbre dont l'écorce était encore tendre, les fleurs se fanaient dans le même instant, la verdure se flétrissait, l'arbre se desséchait et mourait. La vérité, relativement aux propriétés du piscivore, est, suivant Catesby, que sa morsure peut être très-funeste. Sa tête est grosse, son cou menu, sa mâchoire supérieure, armée de grands crochets mobiles. Le dessus de son corps, qui a quelquefois cinq ou six pieds de longueur, présente une couleur brune; le ventre et les côtés du cou sont noirs, avec des bandes jaunes, transversales et irrégulières. Il est très-agile, et très-adroit à prendre des poissons; on le voit souvent, pendant l'été, étendu autour des branches d'arbres qui pendent sur les rivières; il y saisit, avec rapidité, le moment de surprendre les oiseaux qui viennent se reposer sur l'arbre, ou les poissons qu'il aperçoit dans l'eau; il s'élance sur ces derniers, les poursuit en nageant et en plongeant avec beaucoup de vitesse, en prend d'assez gros qu'il entraîne sur le rivage, et qu'il y avale avec avidité; et voilà pourquoi nous l'avons nommé *Piscivore*. Il se précipite aussi quelquefois, du haut des branches où il se suspend, sur la tête des hommes qu'il voit passer au-dessous de lui dans un bateau (1).

---

(1) Catesby, à l'endroit déja cité.

QUATRIÈME GENRE.

SERPENTS

DONT LE DESSOUS DU CORPS ET DE LA QUEUE EST GARNI
D'ÉCAILLES SEMBLABLES A CELLES DU DOS.

ANGUIS.

LES serpents de ce genre sont très-différents des
autres, par leur conformation extérieure. Au lieu
d'avoir au-dessous de leur corps de grandes plaques, faites en formes de bandes transversales, et
une ou deux rangées de ces mêmes plaques au-
dessous de leur queue, ils sont couverts partout
de petites écailles semblables à celles que les couleuvres, les boa, les serpents à sonnette, et la
plupart des autres reptiles ont au-dessus du dos.
Les écailles de la rangée du milieu du dessous du
corps et de la queue sont cependant, dans quelques anguis, un peu plus grandes que les autres;
et c'est celles-là qu'il faut alors compter pour reconnaître plus aisément l'espèce de l'animal, de
même que l'on compte dans les boa et dans les
couleuvres, les grandes pièces qui revêtent le

dessous de leur corps. Ces grandes plaques, couchées les unes sous les autres sous le ventre et la queue des couleuvres et des boa, se redressent contre le terrain lorsque ces serpents veulent aller en arrière, et leur opposent alors une résistance plus ou moins forte; aussi les anguis, qui n'ont point de ces grandes pièces peuvent-ils exécuter des mouvements en tout sens avec plus de facilité que la plupart des autres reptiles; et c'est ce qui leur a fait attribuer, par des voyageurs, le nom d'Amphisbène ou de double marcheur (1); mais cette dénomination nous paraît devoir mieux convenir au genre des serpents à anneaux auxquels, en effet, M. Linnée l'a attachée exclusivement.

Comme la plupart des expressions exagérées ont produit assez souvent des erreurs grossières ou des contes ridicules, on n'a pas dit uniquement que les anguis pouvaient se mouvoir en arrière presque aussi aisément qu'en avant; on a prétendu encore qu'ils pouvaient se conduire et courir pendant long-temps, dans les deux sens, avec une égale facilité; qu'ils avaient des yeux à chaque extrémité du corps, pour discerner leur route en avant et en arrière; qu'ils y avaient même une tête complète; qu'on s'exposait aux mêmes dangers, en les saisissant par l'un ou l'autre bout; qu'ils étaient très à craindre pour les petits ani-

---

(1) Plusieurs anguis ont été envoyés d'Amérique ou d'ailleurs, au Cabinet du Roi, sous le nom d'*Amphisbène*.

maux dont ils se nourrissaient, parce que jamais le sommeil ne les empêchait de s'apercevoir du voisinage de leur proie; que pendant qu'une tête dormait, l'autre veillait, etc. Mais c'est assez rapporter des opinions que l'on ne doit pas craindre de voir se répandre, et que par conséquent on n'a pas besoin de combattre. Nous devons même convenir que la conformation des anguis est une des plus propres à faire naître ces erreurs; leur queue est, en effet, très-grosse en comparaison du corps, et son extrémité arrondie ressemble d'autant plus à une tête, même lorsqu'on la considère à une petite distance, que les diverses taches, qui varient ordinairement sa couleur, sont disposées de manière à représenter des yeux, des narines et une bouche. D'ailleurs les yeux des anguis étant très-petits, on a de la peine à les distinguer à l'endroit où ils sont réellement, et on peut plus facilement être trompé par leur apparence. C'est cette petitesse des yeux des anguis, qui les a fait nommer serpents aveugles par plusieurs voyageurs; mais cette dénomination, qui, à la rigueur, ne convient à aucun serpent, ne doit pas être du moins appliquée aux *Anguis*, ni aux *Amphisbènes* ou *Serpents à anneaux*; nous ne l'emploierons que pour désigner les dimensions encore plus petites des yeux des serpents que M. Linnée a nommés *Cœcilia*, et que nous nommons d'après lui *Cœciles*.

L'ORVET.[1]

Anguis fragilis, Merr., Linn., Cuv., Latr., Daud.

Ce serpent est très-commun en beaucoup de pays. Il se trouve dans presque toutes les contrées de l'ancien continent depuis la Suède jusqu'au cap de Bonne-Espérance. Il ressemble beaucoup à un quadrupède ovipare dont nous avons déja indiqué les rapports avec les *Anguis*, et auquel nous avons conservé le nom de Seps; il n'en diffère même en quelque sorte à l'extérieur, que parce qu'il n'a pas les quatre petites pates dont le seps est pourvu; aussi ses habitudes sont-elles d'autant

---

[1] Couleuvre commune, en Picardie et dans plusieurs autres provinces de France.

Serpent de verre.

Anvoye.

Orvet. M. Daubenton, Encyclopédie méthodique.

Anguis fragilis. Linn., amphib. Serpent.

Aldr. Serp. 245. *Cœcilia vulgaris.*

Imperat. nat. 316. *Cœcilia Gesneri.*

Rai, quadrup. 289. *Cœcilia Typhlus.*

Anguis fragilis. 125, tab. 5, fig. 2, Laurenti Specimen medicum.

Typhlops, Cœcilia, a Blind Worm. Scotia illustrata, autore Roberto Sibbaldo.

Anguis fragilis, Blind Worm. Zoologie Britannique, vol. III, p. 33, planche 25, n° 15.

Anguis fragilis. Wulf, Ichthyologia cum amphibiis regni Borussici.

Orvet. Dictionnaire d'Histoire naturelle, par M. Valmont de Bomare.

plus analogues à celles de ce lézard, que le seps ayant les pates extrêmement courtes, rampe plutôt qu'il ne marche, et s'avance par un mécanisme assez semblable à celui que les anguis emploient pour changer de place.

La partie supérieure de la tête est couverte de neuf écailles disposées sur quatre rangs, mais différemment que sur la plupart des couleuvres. Le premier rang présente une écaille, le second deux, et les deux autres en offrent chacun trois. Les écailles qui garnissent le dessus et le dessous de son corps sont très-petites, plates, hexagones, brillantes, bordées d'une couleur blanchâtre, et rousses dans leur milieu; ce qui produit un grand nombre de très-petites taches sur tout le corps de l'animal. Deux taches plus grandes paraissent l'une au-dessus du museau, et l'autre sur le derrière de la tête, et il en part deux raies longitudinales, brunes ou noires qui s'étendent jusqu'à la queue, ainsi que deux autres raies d'un brun-châtain qui partent des yeux. Le ventre est d'un brun très-foncé, et la gorge marbrée de blanc, de noir et de jaunâtre. Toutes ces couleurs peuvent varier suivant le pays, et peut-être suivant l'âge et le sexe. Mais ce qui peut servir beaucoup à distinguer l'orvet d'avec plusieurs autres anguis, c'est la longueur de sa queue qui égale et même surpasse quelquefois celle de son corps; l'ouverture de sa gueule s'étend jusqu'au-delà des yeux; les deux os de la mâchoire inférieure ne sont pas séparés l'un de l'autre comme dans un grand nombre de serpents ; et en cela l'orvet ressemble encore au seps et aux autres lézards. Ses dents sont courtes, menues, crochues, et tournées vers le gosier. La langue est comme échancrée en croissant. On a écrit que ses yeux étaient si petits qu'on avait peine à les distinguer ; cependant quoiqu'ils soient moins grands à proportion que ceux de beaucoup d'autres serpents, ils sont très-visibles, et d'ailleurs noirs et très-brillants (1). Il ne parvient guères à plus de trois pieds de longueur. On a prétendu que sa morsure était très-dangereuse (2) ; mais il n'a point de crochets mobiles, et d'après cela seul on aurait dû supposer qu'il n'avait point de venin ; d'ailleurs les expériences de M. Laurent l'ont mis hors de doute (3). De quelque manière qu'on irrite cet animal, il ne mord point, mais se contracte avec force, et se roidit, dit M. Laurent, au point d'avoir alors l'inflexibilité du bois. Ce naturaliste fut obligé d'ouvrir par force la bouche d'un orvet, et d'y introduire la peau d'un chien, que

----

(1) Les écailles, qui recouvrent ses lèvres, ne sont pas plus grandes que celles qui revêtent son dos ; aucunes de celles qui garnissent le dessous de son corps, ne sont plus grandes que leurs voisines. Il en a ordinairement cent trente-cinq rangs sous le corps, et autant sous la queue.

(2) Schwenckfeld, dans son Histoire des Reptiles de la Silésie, a écrit que, dans cette province, on regardait l'orvet comme venimeux.

(3) M. Laurent, ouvrage déja cité, p. 179. Les auteurs de la Zoologie Britannique disent, qu'en Angleterre, l'orvet n'est point regardé comme dangereux.

les dents de l'animal trop courtes et trop menues ne purent percer ; de petits oiseaux employés à la même expérience, et blessés par le reptile, ne donnèrent aucun signe de venin : la chair nue d'un pigeon fut aussi mise sous les dents de l'or-vet qui la tint serrée pendant long-temps, et la pénétra de la liqueur qui était dans sa bouche ; le pigeon fut bientôt guéri de sa blessure, sans donner aucun indice de poison.

Lorsque la crainte ou la colère contraignent l'orvet à tendre ainsi tous ses muscles, et à roidir son corps, il n'est pas surprenant qu'on puisse aisément en le frappant avec un bâton ou même une simple baguette, le diviser et le casser, pour ainsi dire, en plusieurs petites parties. Sa fragilité tient à cet état de roideur et de contraction, ainsi que l'a pensé M. Laurent qui a très-bien observé cet animal, et elle est d'autant moins surprenante que ses vertèbres sont très-cassantes par leur na-ture, comme celles de presque tous les petits ser-pents, et des petits lézards, et que ses muscles sont composés de fibres qui peuvent aisément se séparer. C'est cette propriété de l'orvet, qui l'a fait appeler par M. Linnée, *Anguis fragile*, et qui l'a fait nommer par d'autres auteurs *Serpent de verre*.

On vient de voir que l'orvet se trouve en Suède : il habite aussi l'Écosse (1) ; et, d'après cela, il pa-

____

(1) Sibbald, à l'endroit déjà cité.

raît qu'il ne craint pas le froid autant que la plupart des serpents, quoiqu'il soit en assez grand nombre dans la plupart des contrées tempérées et même chaudes de l'Europe; il a pour ennemis ceux des autres serpents, et particulièrement les cicognes (1) qui en font leur proie d'autant plus aisément, qu'il ne peut leur opposer ni venin, ni force, ni même un volume considérable.

Il s'accouple comme les autres reptiles; le mâle et la femelle s'entortillent l'un autour de l'autre, se serrent étroitement par plusieurs contours et pendant un temps assez long. On a vu des orvets demeurer ainsi réunis pendant plus d'une heure (2). Les petits serpents de cette espèce n'éclosent pas hors du ventre de leur mère, comme la plupart des couleuvres non venimeuses; mais ils viennent au jour tout formés (3). Un très-bon observateur (4) ayant ouvert deux femelles, trouva dix serpenteaux dans une qui était longue de treize pouces, et sept dans l'autre qui n'avait qu'un pied de longueur. Ces petits serpents étaient parfaitement formés. Ils ne différaient de leur mère que par leur grandeur, et par leurs couleurs qui étaient plus faibles; les plus grands avaient vingt

---

(1) Schwenckfeld, Histoire des Reptiles de la Silésie.

(2) Notes manuscrites communiquées par M. de Sept-Fontaines.

(3) Rai, à l'endroit déja cité; et notes manuscrites de M. de Sept-Fontaines.

(4) M. de Sept-Fontaines.

et une lignes, et les plus petits dix-huit lignes de longueur. Le temps de la portée des orvets est au moins d'un mois, et M. de Sept-Fontaines, que nous venons de citer, s'en est assuré en gardant chez lui une femelle qui ne mit bas qu'un mois après avoir été prise : elle ne parut pas grossir pendant sa captivité (1).

C'est ordinairement après les premiers jours de juillet, que l'orvet paraît revêtu d'une peau nouvelle dans les provinces septentrionales de France. Son dépouillement s'opère comme celui des couleuvres (2); il quitte sa vieille peau d'autant plus facilement, qu'il trouve à sa portée plus de corps contre lesquels il peut se frotter; il arrive seulement quelquefois que la vieille peau ne se retourne que jusqu'à l'endroit de l'anus, et qu'alors la queue sort de l'enveloppe desséchée qui la recouvrait, comme une lame d'épée sort de son fourreau (3).

L'orvet se nourrit de vers, de scarabées, de grenouilles, de petits rats, et même de crapauds; il les avale le plus souvent sans les mâcher; aussi arrive-t-il quelquefois que de petits vers viennent jusqu'à son estomac, pleins encore de vie, et sans avoir reçu aucune blessure. M. de Sept-Fontaines

---

(1) Lettre de M. de Sept-Fontaines à M. le comte de Lacépède, du 7 décembre 1788.

(2) Voyez l'article de la Couleuvre d'Esculape.

(3) Notes manuscrites de M. de Sept-Fontaines.

a trouvé dans le corps d'un jeune orvet, un lombric ou ver de terre long de six pouces, et de la grosseur d'un tuyau de plume ; le ver était encore en vie, et s'enfuit en rampant.

Malgré leur avidité naturelle, les orvets peuvent demeurer un très-grand nombre de jours sans manger, ainsi que les autres serpents, et M. Desfontaines en a eu chez lui qui se sont laissés mourir au bout de plus de cinquante jours, plutôt que de toucher à la nourriture qu'on avait mise auprès d'eux, et qu'ils auraient dévorée avec précipitation s'ils avaient été en liberté.

L'orvet habite ordinairement sous terre dans des trous qu'il creuse ou qu'il agrandit avec son museau ; mais comme il a besoin de respirer l'air extérieur, il quitte souvent sa retraite. L'hiver même, il perce quelquefois la neige qui couvre les campagnes, et élève son museau au-dessus de sa surface, la température assez douce des trous souterrains qu'il choisit pour asyle l'empêchant ordinairement de s'engourdir complètement pendant le froid. Lorsque les chaleurs sont revenues, il passe une grande partie du jour hors de sa retraite ; mais le plus souvent, il s'en éloigne peu, et se tient toujours à portée de s'y mettre en sûreté.

Il se dresse fréquemment sur sa queue qu'il roule en spirale, et qui lui sert de point d'appui ; et il demeure quelquefois long-temps dans cette situation. Ses mouvements sont rapides, mais moins que ceux de la couleuvre à collier. Il ne répand pas communément d'odeur désagréable (1).

L'ÉRIX.[2]

Anguis Eryx, Linn., Merr.; *Anguis fragilis*, Linn., Cuv. (3).

Cet anguis a beaucoup de rapports avec l'orvet, dont il n'est peut-être qu'une variété. Il a le dessus du corps d'un roux-cendré avec trois raies noires très-étroites qui s'étendent depuis le derrière de la tête, jusqu'à l'extrémité de la queue. Ses yeux sont à peine visibles. Il a la mâchoire supérieure un peu plus avancée que l'inférieure. Ses dents sont assez longues relativement à sa grandeur, égales, et un peu courbées vers le gosier. Ses écailles sont arrondies, un peu convexes,

---

(1) Personne n'a mieux étudié les habitudes de l'orvet que M. de Sept-Fontaines, à qui nous devons la connaissance de la plupart des détails que nous venons de rapporter.

(2) *Aberdeen*, dans plusieurs endroits de l'Angleterre, parce qu'on le trouve dans l'Aberdeen Shire.

Éryx. M. Daubenton, Encyclopédie méthodique.

Ang. Eryx. Linn., amphib. Serpent.

Gronov. mus. 2, p. 35, n° 9.

(3) M. Cuvier dit que l'*Anguis Eryx* de Linnée, décrit dans cet article, n'est qu'un jeune orvet commun, où les lignes dorsales sont encore bien marquées. DESM. 1827.

luisantes et unies. Sa queue est un peu plus longue que le reste du corps. Il a cent vingt-six rangs d'écailles au-dessous du corps, et cent trente-six au-dessous de la queue; on le trouve en Europe, particulièrement en Angleterre; et il habite aussi plusieurs contrées de l'Amérique.

LA PEINTADE.[1]

Acontias Meleagris, Merr.; *Anguis Meleagris*, Linn., Schn.; *Eryx Meleagris*, Daud.

Nous conservons ce nom à un anguis qui se trouve dans les Indes; il a cent soixante-cinq rangs d'écailles sous le corps, trente-deux sous la queue, et le dessus du corps verdâtre avec plusieurs rangées longitudinales de points noirs ou bruns.

Il nous semble qu'on doit regarder comme une variété de cette espèce, un anguis que M. Pallas a observé sur les bords de la mer Caspienne, et qui a à-peu-près la longueur d'un pied; la grosseur du petit doigt; cent soixante-dix rangs d'écailles sous le corps; trente-deux rangs sous la

---

(1) La Peintade. M. Daubenton, Encyclopédie méthodique.
Anguis Meleagris. Linn., amphib. Serp.
Anguis Meleagris, 124, Laurenti Specimen medicum.
Séba, mus. 2, tab. 21, fig. 4.

queue; la tête grise tachetée de noir; le corps noir pointillé de gris sur le dos, et de blanchâtre sur les côtés; la queue longue de deux pouces et variée de blanc (1).

LE ROULEAU.[2]

Tortrix Scytale, Merr.; *Anguis Scytale*, Linn., Laur., Latr., Daud.; *Anguis corallina* et *cærulea*, Laur. (3).

Cet anguis se trouve dans les deux continents. Il est très-commun en Amérique, ainsi que dans les grandes Indes; mais c'est toujours dans les pays chauds qu'on le rencontre. Sa tête un peu convexe par dessus, et concave en dessous est à peine distinguée du reste du corps par trois écailles plus grandes que les autres qui la couvrent. Ses dents sont assez nombreuses, et comme

(1) *Anguis miliaris.* Voyage de M. Pallas dans différentes provinces de l'empire de Russie, supplément, vol. II.

(2) Le Rouleau. M. Daubenton, Encyclopédie méthodique.

Anguis Scytale. Linn., amphib. Serpent.

Mus. Ad. fr. tab. 6, fig. 2.

Gronovius, mus. 2, n° 4. *Anguis.*

Séba, mus. 2, tab. 2, fig. 1, 2, 3, 4; tab. 7, fig. 4, et tab. 20, fig. 3.

Anguis Scytale. Laurenti Specimen medicum.

(3) Selon M. Merrem, cette espèce est la même que le Rouge, décrit ci-après. DESM. 1827.

elles sont toutes égales, et qu'il n'a pas de crochets mobiles, l'on doit présumer qu'il n'est point venimeux. Le corps et la queue sont garnis par dessus et par dessous d'écailles blanches bordées de roux (1), et tout le corps est varié par des bandes transversales qui, en formant des anneaux de couleur, gardent leur parallélisme ou se réunissent avec plus ou moins de régularité. L'on ne sait pas précisément à quelle grandeur peut parvenir le serpent rouleau; mais, d'après les divers individus qui ont été décrits par les naturalistes, et ceux qui sont conservés au Cabinet du Roi, nous présumons qu'elle n'est jamais très-considérable, que le diamètre de cet anguis n'est ordinairement que d'un demi-pouce, et que sa longueur n'excède guère deux ou trois pieds (2).

Il se nourrit de vers, d'insectes, et surtout de fourmis, et voilà tout ce que l'on connaît des habitudes de ce serpent.

---

(1) Le Rouleau a deux cent quarante rangs d'écailles sous le corps, et treize rangs sous la queue.

(2) Sa queue est très-courte en proportion du corps, dont la longueur est le plus souvent trente fois plus considérable que celle de la queue.

LE COLUBRIN.[1]

Tortrix colubrina, Merr.; *Anguis colubrina*, Hasselq., Linn., Schn.; *Eryx colubrinus*, Daud.

M. HASSELQUIST a fait connaître cet anguis que l'on trouve en Égypte : ce serpent a le corps varié d'une manière très-agréable, de brun et d'une couleur pâle; on a compté cent quatre-vingts rangs d'écailles sous son corps, et dix-huit sous sa queue.

LE TRAIT.[2]

Tortrix Jaculus, Merr.; *Anguis Jaculus*, Linn., Schn., Latr.; *Eryx Jaculus*, Daud.

CET anguis habite en Égypte, ainsi que le colubrin, et c'est aussi M. Hasselquist qui l'a fait connaître. Ce serpent a cent quatre-vingt-six rangs

---

(1) Le Colubrin. M. Daubenton, Encyclopédie méthodique.
Anguis colubrina. Linn., amphib. Serp.
Hasselquist, it. 320, n° 65.
(2) Le Trait. M. Daubenton, Encyclopédie méthodique.
Anguis Jaculus. Linn., amphib. Serpentes.
Hasselquist, it. 319. n° 64.

d'écailles sous le corps, et vingt-trois sous la queue. Celles qui garnissent son ventre, sont un peu plus larges que celles qui recouvrent son dos.

LE CORNU.[1]

Eryx Cerastes, Daud.; *Anguis Cerastes*, Hasselq., Linn., Schn., Lacep., Latr.(2).

CET anguis a beaucoup de rapports avec la couleuvre céraste; il a, comme ce dernier reptile, deux espèces de cornes sur la tête; mais nous avons vu que dans le céraste, ces éminences tiennent à la peau, et sont de nature écailleuse, au lieu que, dans le cornu, ce sont deux dents qui percent la lèvre supérieure, et ressemblent à deux petites cornes. On trouve cet anguis en Égypte où il a été observé par M. Hasselquist, et où vit aussi le céraste. Le cornu a deux cents rangs d'écailles sous le ventre, et quinze sous la queue.

---

(1) Le Cornu. M. Daubenton, Encyclopédie méthodique.
Anguis Cerastes. Linn., amphib. Serpent.
Hasselquist, it. 320, n° 66.

(2) Cette espèce, dont l'existence n'est pas encore suffisamment constatée, n'a été mentionnée ni par M. Cuvier, ni par M. Merrem.

DESM. 1827.

LE MIGUEL.[1]

Tortrix maculata, Merr.; *Anguis maculata*, Linn., Laur.,
Daud.; *Anguis decussata* et *A. tessellata*, Laur.

TEL est le nom que l'on donne à cet anguis
dans le Paraguay, et dans plusieurs autres contrées de l'Amérique méridionale. Les écailles qui
le couvrent sont brillantes et unies. Le dessus de
son corps est jaune, et présente une et quelquefois trois raies longitudinales brunes avec des
bandes transversales très-étroites, et de la même
couleur. Le miguel a deux cents rangs d'écailles
sous le ventre, et douze sous la queue; on voit
neuf grandes écailles sur la partie supérieure de
sa tête. Un individu de cette espèce, conservé au
Cabinet du Roi, a un pied de longueur totale, et
sa queue est longue de trois lignes.

---

(1) Le Miguel. M. Daubenton, Encyclopédie méthodique.
Anguis maculata. Linn., amphib. Serpent.
Mus. Ad. fr. 1, p. 21, tab. 21, fig. 3.
Anguis tessellata. 142. Laurenti Specimen medicum.
Gronov. mus. 2, p. 53, n° 5.
Miguel. Dict. d'Histoire naturelle, par M. Valmont de Bomarc.
Séba, mus. 2, tab. 100, fig. 2.

LE RÉSEAU.[1]

Tortrix reticulata, Merr.; *Anguis reticulata,* Linn., Latr., Daud.

Cet anguis a les écailles qui garnissent le dessus de son corps brunes et blanches dans leur centre, ce qui le fait paraître comme couvert d'un réseau brun. On le trouve en Amérique. Il a cent soixante dix-sept rangs d'écailles sous le ventre, et trente-sept sous la queue; le dessus de sa tête est revêtu de grandes écailles.

LE JAUNE ET BRUN.[2]

Hyalinus ventralis, Merr.; *Anguis ventralis,* Linn., Latr.; *Chamœsaura ventralis,* Schn.

Cet anguis se trouve en grand nombre dans les

---

(1) Le Réseau. M. Daubenton, Encyclopédie méthodique.
Anguis reticulata. Linn., amphib. Serpent.
Anguis reticulata. 128. Laurenti Specimen medicum.
Gronov. mus. 2, p. 54, n° 7.
Scheuchzer. Physic. sacr. 747, 4.
(2) Le Serpent de verre. M. Daubenton, Encyclopédie méthodique.
Anguis ventralis. Linn., amphib. Serpent.
The Glass Snake. Serpent de verre. Catesby, histoire naturelle de la Caroline, vol. II, p. 59, planche 59.

bois de la Caroline et de la Virginie, où il a été observé par MM. Catesby et Garden, et où on ne le regarde pas comme dangereux. Il paraît moins sensible au froid que les autres serpents des mêmes pays, puisqu'il se montre beaucoup plus tôt au printemps; il est, pour ainsi dire, aussi fragile que l'orvet; les fibres, qui composent ses muscles, peuvent se séparer très-aisément; pour peu qu'on le frappe, il se partage comme l'orvet en plusieurs portions, et il a été appelé *Serpent de verre*, de même que ce reptile. Sa longueur n'excède guère dix-huit pouces; et sa queue est trois fois aussi longue que son corps. Son ventre est jaune, et paraît comme réuni au reste du corps par une suture. Le dos est d'un vert mêlé de brun, avec un grand nombre de très-petites taches jaunes arrangées très-régulièrement. La description de M. Linnée semble indiquer que les écailles qui garnissent le dessus du corps, sont relevées par une arête. La langue est échancrée par le bout, à-peu-près comme celle de l'orvet. Le jaune et brun a cent vingt-sept rangs d'écailles sous le corps, et deux cent vingt-trois sous la queue.

LA QUEUE-LANCÉOLÉE.[1]

Pelamis fasciatus, Daud., Merr.; *Anguis laticauda*, Linn., Gmel.; *Hydrus fasciatus*, Schn.; *Hydrophis laticauda*, Latr.

CET anguis diffère de ceux que nous venons de décrire, par la forme de sa queue qui est comprimée par les côtés; cette partie se termine d'ailleurs en pointe, elle est, ainsi que le dos, d'une couleur pâle avec des bandes transversales brunes, et cinquante rangs d'écailles en garnissent le dessous. On compte deux cents rangs d'écailles sous le corps. La queue-lancéolée se trouve à Surinam. Il se pourrait qu'on dût rapporter à cette espèce le serpent à queue aplatie vu par M. Banks près des côtes de la Nouvelle-Hollande, de la Nouvelle-Guinée et de la Chine, nageant et plongeant avec facilité pendant les temps calmes, et décrit par M. Vosmaër (2).

---

(1) La Queue-lancéolée. M. Daubenton, Encyclopédie méthodique. *Anguis laticauda*. Linn., amphib. Serpent.
Mus. Ad. fr. 2, pag. 48.
Laticauda imbricata. 241. Laurenti Specimen medicum.

(2) On peut consulter, à ce sujet, l'article du *Serpent à large queue*, dans le Dictionnaire d'Histoire naturelle, par M. Valmont de Bomare.

LE ROUGE.

Tortrix Scytale, Merr.; *Anguis Scytale*, Linn., Laur., Latr., Daud.; *Anguis corallina* et *A. cœrulea*, Laur. (1).

CET anguis a été envoyé de Cayenne au Cabinet du Roi, par M. de Laborde; les écailles du dos sont d'un beau rouge, ce qui lui a fait donner le nom de *Serpent de corail* par les habitants de la Guyane; mais nous n'avons pas cru devoir lui conserver cette dénomination, de peur qu'on ne le confondît avec la couleuvre *le Corallin*, dont nous avons parlé. Le dessous de son corps est d'un rouge plus clair; toutes ses écailles sont hexagones et bordées de blanc; et il est d'ailleurs distingué des autres anguis par des bandes transversales noirâtres qui s'étendent non seulement sur le dessus, mais encore sur le dessous du corps. Lorsque ce serpent est en vie, ses couleurs sont très-éclatantes; mais autant son aspect est agréable, autant il faut fuir son approche. Sa morsure est venimeuse et très-dangereuse suivant M. de Laborde: il porte le nom de vipère à la Guyane, et ce qui prouve que ce nom doit lui appartenir,

---

(1) M. Merrem considère ce serpent comme ne différant pas spécifiquement du Rouleau, qui est décrit ci-avant, page 494. DESM. 1827.

c'est que l'on a reçu au Cabinet du Roi avec l'individu que nous décrivons, deux serpenteaux de la même espèce sortis tout formés du ventre de leur mère.

Le rouge a, ainsi que d'autres anguis, la rangée du milieu du dessous du corps et de la queue composée d'écailles un peu plus grandes que leurs voisines. Nous avons compté dans cette rangée deux cent quarante pièces au-dessous du corps, et douze seulement au-dessous de la queue qui est très-courte (1).

Il paraît que c'est le même animal que celui dont le P. Gumilla a parlé sous le nom de Serpent coral, dans son Histoire Naturelle de l'Orenoque, et pour lequel nous renvoyons à la note suivante (2).

______

(1) L'individu envoyé-au Cabinet du Roi avait un pied six pouces de longueur totale, et sa queue était longue de six lignes.

(2) « Je ne puis passer sous silence le serpent *Coral*, qu'on nomme « ainsi à cause de sa couleur incarnate, qui est entremêlée de taches « noires, grises, blanches et jaunes. Ce serpent supporte également tous « les climats, ce qui n'empêche pas que ses couleurs ne se ressentent « de leur variété; mais son venin conserve toujours la même force, et il « n'y en a point, si l'on en excepte la couleuvre *Macaurel*, dont la morsure soit plus dangereuse. Parlons maintenant des remèdes qu'on a « trouvés contre la morsure de ces reptiles.... On peut se servir de la « feuille de tabac, qui est un remède efficace contre la morsure des couleuvres, quelle qu'en soit l'espèce; il suffit d'en mâcher une certaine « quantité, d'en avaler une partie, et d'appliquer l'autre sur la plaie « pendant trois ou quatre jours, pour n'avoir rien à craindre. J'en ai fait « l'essai plusieurs fois sur des malades, et même sur des couleuvres; « après les avoir étourdies d'un coup de bâton, je leur ai saisi la tête avec « une petite fourche, et leur ayant fait ouvrir la bouche en la pressant,

LE LONG-NEZ.[1]

Typhlops rostralis, Merr.; *Anguis rostralis*, Weigel, Latr.,
Daud.; *A. nasutus*, Gmel., Lacep.

C'EST M. Weigel, naturaliste allemand, qui a
fait connaître cette espèce d'anguis, remarquable
par l'allongement de son museau. Ce prolongement est très-sensible, la lèvre de dessous étant
beaucoup moins avancée que la supérieure, contre

« j'ai mis dedans du tabac mâché, et aussitôt elles ont été saisies d'un
« tremblement général, qui n'a fini qu'avec leur vie ; la couleuvre étant
« restée froide et roide comme un bâton.

« Un troisième remède dont on peut se servir, c'est la *pierre orientale ;*
« elle n'est autre chose qu'un morceau de corne de cerf qu'on fait calciner
« jusqu'à ce qu'il ait pris la couleur du charbon, il s'attache de lui-même
« à la plaie, et attire tout le venin qui est dedans, mais il en faut quel-
« quefois plus de six morceaux, et le plus sûr est de mâcher du tabac en
« même temps.

« Lorsque l'endroit le permet, on applique sur la plaie quatre ven-
« touses sèches dont la première dispose les chairs, la seconde attire une
« liqueur jaune, la troisième une pareille liqueur teinte de sang, et la
« quatrième le sang tout pur ; après quoi il ne reste plus de venin dans
« la plaie.

« Voici un cinquième remède dont on a éprouvé l'effet : il consiste
« en une bonne quantité d'eau-de-vie, dans laquelle on a délayé de la
« poudre à canon, et à la troisième dose le venin perd toute son acti-
« vité.... » Hist. natur. de l'Orenoque, trad. franç., Lyon, 1758,
tom. III, pag. 89 et suiv.

(1) *Anguis rostratus*, Languasige, Schuppenschlange, C. L. Weigel,
Mém. des Curieux de la Nature de Berlin, vol. III, p. 190.

le bord inférieur de laquelle elle s'applique, et la bouche étant par-là un peu située au-dessous du museau. La longueur totale de l'individu, décrit par M. Weigel, était à-peu-près d'un pied; une pointe dure terminait la queue; la couleur du dessus du corps de cet anguis était d'un noir plus ou moins tirant sur le verdâtre; on voyait une tache jaune sur le bout du museau, et à l'extrémité de la queue, sur laquelle on remarquait deux bandes obliques de la même couleur, qui était aussi celle du ventre, et s'étendait même dans certains endroits sur les côtés du corps. Ce serpent avait deux cent dix-huit rangs d'écailles sous le corps, et douze sous la queue; il avait été apporté de Surinam.

LA PLATURE.[1]

Pelamis bicolor, Daud., Merr.; *Anguis platuros*, Gmel.; *Hydrus bicolor*, Schn.; *Hydrophis platura*, Latr.

CE serpent a beaucoup de ressemblance avec la queue-lancéolée; il a, comme ce dernier anguis, la queue comprimée et aplatie par les côtés; mais celle de la queue-lancéolée se termine en pointe,

---

[1] La Queue-plate. M. Daubenton, Encyclopédie méthodique. *Anguis platura*. Linn., amphib. Serpent.

au lieu que la queue de la plature a son extrémité arrondie. M. Linnée a fait connaître cette espèce de serpent, dont un individu faisait partie de la collection de M. Ziervogel, apothicaire à Copenhague.

La tête de la plature est allongée; ses mâchoires sont sans dents; cet anguis a un pied et demi de longueur totale, et deux pouces depuis l'anus jusqu'à l'extrémité de la queue; le dessus de son corps est noir, le dessous blanc, et la queue variée de blanc et de noir; les écailles, qui recouvrent ce serpent, sont arrondies, ne se recouvrent pas les unes les autres, et sont si petites qu'on ne peut pas les compter.

LE LOMBRIC.[1]

Typhlops vermicularis, Merr.; *Anguis lumbricalis*, Lacep., Daud.

Un des caractères auquel on fait le plus d'attention lorsqu'on examine le lombric, c'est la pro-

---

(1) *Anilios*, dans l'île de Chypre.

Serpent d'Oreille, dans l'Inde.

Le Lombric. M. Daubenton, Encyclopédie méthodique.

Anguis lumbricalis. Linn., amphib. Serp.

Anguis lumbricalis, 144. Laurenti Specimen medicum.

Gronov. mus. 2, p. 52, n° 3.

Browne, Jam. 460, tab. 44, fig. 1. *Amphisbæna prima subargentea.*

Séba, mus. 1, tab. 86, fig. 2.

portion générale de son corps, moins gros vers la tête qu'à l'extrémité opposée, de telle sorte, que si on ne considérait pas la position des écailles de cet anguis, on serait tenté de prendre le bout de sa queue pour sa tête, d'autant plus que cette dernière partie n'est pas plus grosse que l'extrémité du corps à laquelle elle tient, et que les yeux ne sont que de petits points noirs très-peu sensibles, et recouverts par une membrane ainsi que ceux des amphisbènes. Le museau du lombric est très-arrondi et percé de deux petits trous presque invisibles, qui tiennent lieu de narines à l'animal, mais il ne présente d'ailleurs aucune ouverture pour la gueule. Ce n'est qu'au-dessous du museau, et à une petite distance de cette extrémité qu'on aperçoit une petite bouche dont les lèvres n'ont que deux lignes de tour, dans le plus grand individu des lombrics conservés au Cabinet du Roi. La mâchoire inférieure, plus courte que celle de dessus, s'applique si exactement contre cette mâchoire supérieure, qu'il faut beaucoup d'attention pour reconnaître la place de la bouche lorsqu'elle est fermée. Nous n'avons pu voir des dents dans aucun des lombrics que nous avons examinés (1), mais nous avons remarqué dans tous une petite langue appliquée, et comme collée contre la mâchoire supérieure.

____

(1) Le lombric était regardé, à la Jamaïque, comme venimeux ; mais Browne dit qu'il n'a jamais pu constater l'existence du venin de ce reptile. Histoire naturelle de la Jamaïque, Londr., 1756, p. 460.

Le corps entier du lombric est presque cylindrique, excepté à l'endroit de la tête qui est un peu aplati par dessus et par dessous. Ce serpent est entièrement recouvert de très-petites écailles très-unies et très-luisantes, placées les unes au-dessus des autres comme les ardoises sur les toits, toutes de même forme et de même grandeur, tant sur le ventre que sur la queue et sur le dos, et présentant partout une couleur uniforme d'un blanc livide, de telle sorte que le dessous du corps n'est distingué du dessus, ni par la forme, ni par la position, ni par la couleur des écailles. Le museau est couvert par dessus de trois écailles un peu plus grandes que celles du dos, et placées à côté l'une de l'autre; et trois écailles semblables en revêtent le dessous au-devant de l'ouverture de la bouche.

L'anus est situé très-près de l'extrémité du corps dont il n'est éloigné que d'une ligne et demie dans un des individus que nous avons décrits. Cette ouverture, faite en forme de fente très-étroite, n'avait, dans cet individu, qu'une demi-ligne de longueur, et ne pouvait être aperçue que lorsqu'on pliait le corps de l'animal du côté opposé à celui où était l'anus. La très-courte queue du lombric est terminée par une écaille pointue et dure; la manière dont nous l'avons vue repliée dans plusieurs anguis de cette espèce, et la force avec laquelle elle était roidie, ainsi que le reste du corps, prouvent la facilité avec laquelle le lombric peut se tourner et se plier en différents sens.

Nous ignorons jusqu'à quelle grandeur les lombrics peuvent parvenir. Le plus grand de ceux que nous avons vus, avait huit pouces onze lignes de longueur, et deux lignes de diamètre dans l'endroit le plus gros du corps. Il avait été apporté de l'île de Chypre sous le nom d'Anilios, mais ce n'est pas seulement dans cette île qu'il habite; on le trouve aussi aux grandes Indes d'où on a envoyé au Cabinet du Roi un très-petit serpent long de quatre pouces neuf lignes, et n'ayant pas une ligne de diamètre, mais qui d'ailleurs est entièrement semblable au lombric, et qui évidemment est un jeune animal de la même espèce. Il est arrivé sous le nom de *Serpent d'oreille;* nous ne savons pas ce qui peut avoir donné lieu à cette dénomination.

La conformation du lombric, la grande facilité qu'il a de se replier plusieurs fois sur lui-même, et celle avec laquelle il peut s'insinuer dans les plus petites cavités, doivent donner à sa manière de vivre beaucoup de ressemblance avec celle de l'orvet dont il se rapproche à beaucoup d'égards, ainsi qu'avec celles de plusieurs vers proprement dits que l'espèce du lombric lie, pour ainsi dire, à l'ordre des serpents par de nouveaux rapports, et particulièrement par la petitesse de son anus, ainsi que par la position de sa bouche.

CINQUIÈME GENRE.

SERPENTS

DONT LE CORPS ET LA QUEUE SONT ENTOURÉS D'ANNEAUX
ÉCAILLEUX.

AMPHISBÈNES

L'ENFUMÉ.[1]

Amphisbæna fuliginosa, Linn., Gmel., Latr., Daud., Merr.;
A. vulgaris, *A. varia*, *A. magnifica* et *A. flava*, Laur., Gmel.

Il est très-facile de distinguer les amphisbènes

---

(1) *Ibijara*, par les Brasiliens.
Bodty.
Cega, *Cobre Vega*, et *Cobra de las Cabecas*, par les Portugais.
L'Enfumé. M. Daubenton, Encyclopédie méthodique.
Amphisbæna fuliginosa. Linn., amphib. Serpent.
Gronov. mus. 2, pag. 1, *Amphisbæna*.
Rai, quadrup. 289.
Trasgobane. M. Valmont de Bomare.
Séba, mus. 1, tab. 88, fig. 3; mus. 2, tab. 1, fig. 7; tab. 18, fig. 2;
tab. 22, fig. 3; tab. 73, fig. 4, et tab. 100, fig. 3.
Amphisbæna vulgaris, 119. *Amphisbæna varia*, 120. *Amphisbæna
magnifica*, 121. *Amphisbæna flava*, 122. Laurenti Specimen medicum.

de tous les serpents dont nous avons déja parlé. Non seulement ils n'ont point de plaques sous le corps, ni sous la queue; mais les écailles qui les revêtent sont presque carrées, plus ou moins régulières, disposées transversalement et réunies l'une à côté de l'autre de manière à former des anneaux entiers, qui environnent l'animal. Le dessus et le dessous du corps et de la queue se ressemblent si fort dans les amphisbènes, que, lorsque leur tête et leur anus sont cachés, l'on ne peut savoir s'ils sont dans leur position naturelle ou renversés sur le dos. On pourrait même dire que sans la position de leur tête, et celle de leur colonne vertébrale plus voisine du dessus que du dessous du corps, ils trouveraient un point d'appui aussi avantageux dans la portion supérieure de ces anneaux, que dans l'inférieure, et qu'ils pourraient également s'avancer en rampant sur leur dos et sur leur ventre. Mais s'ils sont privés de cette double manière de marcher, par la situation de leur tête, et par celle de leur colonne vertébrale, cette forme d'anneaux également construits au-dessus et au-dessous de leur corps, leur donne une grande facilité pour se retourner, se replier en différents sens comme les vers, et exécuter divers mouvements interdits aux autres serpents. Trouvant d'ailleurs dans ces anneaux, la même résistance, soit qu'ils avancent ou qu'ils reculent, ils peuvent ramper presque avec une égale vîtesse en avant et en arrière; et de-là vient

le nom de *Double-Marcheurs* ou *d'Amphisbènes*
qui leur a été donné. Ayant la queue très-grosse
et terminée par un bout arrondi, portant souvent
en arrière cette extrémité grosse et obtuse, et lui
faisant faire des mouvements que la tête seule
exécute communément dans beaucoup d'autres
reptiles, il n'est pas surprenant que leur manière
de se mouvoir ait donné lieu à une erreur semblable à celle que les anguis ont fait naître. On a
cru qu'ils avaient deux têtes non pas placées à
côté l'une de l'autre, comme dans certains serpents monstrueux, mais la première à une extrémité du corps, et la seconde à l'autre. On ne s'est
pas même contenté d'admettre cette conformation
extraordinaire; on a imaginé des fables absurdes
que nous n'avons pas besoin de réfuter. On a cru
et écrit très-sérieusement que lorsqu'on coupe un
amphisbène en deux par le milieu du corps, les
deux têtes se cherchent mutuellement; que lorsqu'elles se sont rencontrées, elles se rejoignent
par les extrémités qui ont été coupées, le sang
servant de glu pour les réunir; que si on les coupe
en trois morceaux, chaque tête cherche le côté
qui lui appartient, et que lorsqu'elle s'y est attachée, le serpent se trouve dans le même état
qu'avant d'avoir été divisé; que le moyen de tuer
un amphisbène, est de couper les deux têtes avec
une petite partie du corps, et de les suspendre
à un arbre avec un cordeau; que même cette
manière n'est pas très-sûre; que lorsque les oi-

seaux de proie ne les mangent point, et que le cordeau se pourrit, l'amphisbène, desséché par le soleil, tombe à terre, et qu'à la première pluie qui survient, il renaît par le secours de l'humidité qui le pénètre; que, par une suite de cette propriété, ce serpent réduit en poudre est le meilleur spécifique pour réunir et souder les os cassés (1), etc. Combien d'idées ridicules le défaut de lumières et le besoin du merveilleux n'ont-ils pas fait adopter!

L'espèce de ces amphisbènes la plus anciennement connue, est celle de l'enfumé. Le nom de ce serpent lui vient de sa couleur qui est en effet très-foncée, presque noire, et variée de blanc. Il parvient communément à la longueur d'un pied ou deux, mais sa queue n'excède presque jamais celle de douze ou quinze lignes (2). Ses yeux sont non seulement très-petits, mais encore recouverts, et comme voilés par une membrane; c'est cette conformation singulière qui lui a fait donner, ainsi qu'aux anguis, le nom de *Serpent aveugle*, et qui établit un nouveau rapport entre ce reptile et les murènes, les congres, et les anguilles qui d'ailleurs ressemblent à beaucoup d'égards aux serpents, et que l'on a quelquefois même appelés *Serpents d'eau*.

(1) Voyez l'Histoire naturelle de l'Orenoque, traduction française, Lyon, 1758, tom. III, p. 86.

(2) On compte ordinairement deux cents anneaux sur le corps de l'enfumé, et trente sur sa queue.

L'enfumé habite les Indes orientales, particuliè-rement l'île de Ceylan. On le rencontre aussi en Amérique; on ignore une grande partie de ses habitudes, mais l'on sait qu'il se nourrit de vers de terre, de mollasses, de divers insectes, de clo-portes, de scolopendres, etc. Il fait aussi la guerre aux fourmis dont il paraît qu'il aime beaucoup à se nourrir; bien loin de chercher à détruire ou diminuer son espèce, on devrait donc tâcher de la multiplier dans les contrées torrides si souvent dévastées par des légions innombrables de four-mis, qui s'avançant en colonnes pressées, et cou-vrant un grand espace, laissent partout des traces funestes que l'on prendrait pour celles de la flamme dévorante. L'enfumé fait aisément sa proie de ces fourmis ainsi que des vers, des larves d'insectes, et de tous les petits animaux qui se cachent sous terre, la faculté qu'il a de reculer ou d'avancer sans se blesser lui donnant, ainsi que sa confor-mation générale, une très-grande facilité pour pénétrer dans les retraites souterraines des vers, des fourmis, et des insectes. Il peut d'ailleurs fouiller la terre plus profondément que plusieurs autres serpents, sa peau étant très-dure, et ses muscles très-vigoureux. Quelques voyageurs ont écrit qu'il était venimeux; nous avons trouvé ce-pendant que ses mâchoires n'étaient garnies d'au-cun crochet mobile. On voit au-dessus de son anus huit petits tubercules percés à leur extré-mité, et qui communiquent avec autant de petites glandes, ce qui lui donne un nouveau rapport avec le bipède cannelé (1), ainsi qu'avec plusieurs espèces de lézards (2).

LE BLANCHET.[3]

Amphisbæna alba, Linn., Laur., Lacep., Latr., Daud., Merr.

Cet amphisbène diffère principalement de celui que nous venons de décrire par le nombre de ses anneaux, et par sa couleur : il est blanc, et souvent sans aucune tache; le dessus de sa tête est couvert, ainsi que celle de l'enfumé, par six grandes écailles disposées sur trois rangs, dont chacun est composé de deux pièces. On compte communément deux cent vingt-trois anneaux autour de son corps, et seize autour de sa queue. On voit au-dessus de l'ouverture de l'anus, huit tubercules semblables à ceux que présente l'enfumé, mais

---

(1) Voyez l'article du Bipède Cannelé, à la suite de l'Histoire naturelle des Quadrupèdes ovipares.

(2) L'enfumé a le dessus de la tête garni de six grandes écailles placées sur trois rangs.

(3) Le Blanchet, M. Daubenton, Encyclopédie méthodique.

Amphisb. alba. Linn., amphib. Serp.

Mus. Ad. fr. 1, p. 26, tab. 4, fig. 2.

Amphisb. alba, 118. Laurenti, Specimen medicum.

Séba, mus. 2, tab 24, fig. 1.

33.

moins élevés et moins grands. Un blanchet conservé au Cabinet du Roi, a un pied cinq pouces
neuf lignes de longueur totale, et sa queue n'est
longue que d'un pouce six lignes. Nous n'avons
pas vu de crochets mobiles dans les blanchets
que nous avons examinés.

SIXIÈME GENRE.

—

SERPENTS

DONT LES CÔTÉS DU CORPS PRÉSENTENT UNE RANGÉE
LONGITUDINALE DE PLIS.

—

COECILES.

L'IBIARE.[1]

Cœcilia tentaculata, Linn., Lacep., Gmel., Laur., Latr., Merr.,
Cuv.; *Cœc. Ibiara,* Daud.

—

La forme de ce serpent est cylindrique; un individu de cette espèce, décrit par M. Linnée, avait
un pied de longueur, et était épais d'un pouce.
L'ibiare paraît n'être couvert d'aucune écaille; on
remarque cependant sur son dos de petits points
un peu saillants dont la nature pourrait approcher de celle des écailles. Le museau est un peu
arrondi, la mâchoire supérieure plus avancée que
l'inférieure, est garnie auprès des narines de deux

—

(1) L'Ibiare. M. Daubenton, Encyclopédie méthodique.
Cœcilia tentaculata. Linn., amphib. Serpent.
Id. Amœnit. 1, p. 489, tab. 17, fig. 2.
Mus. Ad. fr. 1, p. 19, tab. 5, fig. 2.
Gronov. mus. 2, p. 52, n° 1.
Cœcilia tentaculata. 116, Laurenti, Specimen medicum.

petits barbillons ou *tentacules* très-courts, et à peine sensibles, ce qui donne à l'ibiare un rapport de plus avec plusieurs espèces de poissons. Ses yeux sont très-petits, et recouverts par une membrane, comme ceux de quelques autres serpents, et de plusieurs poissons de mer ou d'eau douce. Sa peau est plissée de chaque côté du corps, et y forme communément cent trente-cinq rides ou plis assez sensibles. Sa queue est très-courte; elle présente des rides annullaires comme le corps des vers de terre appelés *Lombrics*. On le trouve en Amérique. Il est à désirer que les voyageurs observent ses habitudes naturelles.

LE VISQUEUX.[1]

Cœcilia glutinosa, Linn., Gmel., Laur., Lacep., Daud.; *Cœc. viscosa*, Latr.

—————

CETTE espèce de cœcile habite les Indes; elle a les yeux encore plus petits que l'ibiare, et ses côtés présentent un plus grand nombre de plis. On en compte trois cent quarante le long du corps, et dix le long de la queue. Sa couleur est brune, avec une petite raie blanchâtre sur les côtés.

—————

(1) Le Visqueux. M. Daubenton, Encyclopédie méthodique.
Cœcil. glutinosa. Linn., amphib. Serp.
Mus. Ad. fr. 1, p. 19, tab. 4, fig. 1.
Cœcilia glutinosa. 117, Laurenti, Specimen medicum.

SEPTIÈME GENRE.

SERPENTS

DONT LE DESSOUS DU CORPS PRÉSENTE DE GRANDES PLAQUES, SUR LESQUELS ON VOIT ENSUITE DES ANNEAUX ÉCAILLEUX, ET DONT L'EXTRÉMITÉ DE LA QUEUE EST GARNIE PAR DESSOUS DE TRÈS-PETITES ÉCAILLES.

LANGAHA.

LANGAHA DE MADAGASCAR.[1]

Langaha madagascariensis, Bruguière, Lacep., Schn., Latr., Daud.; *Langaha nasuta*, Shaw.

M. BRUGUIÈRE de la Société Royale de Montpellier, a publié le premier la description de ce serpent qu'il a observé dans l'île de Madagascar. Cette espèce réunit trois caractères remarquables, l'un, des couleuvres, le second, des amphisbènes, et le troisième, des anguis; elle a, comme les anguis, une partie du dessous de la queue recouverte de petites écailles, des anneaux écailleux

—————

(1) Extrait d'une lettre de M. Bruguière à M. Broussonnet de l'Académie des Sciences, et publiée dans le Journal de Physique, février 1784.

comme les amphisbènes, et de grandes plaques
sous le corps comme les couleuvres; elle appartient dès-lors à un genre très-distinct et très-facile
à reconnaître, auquel nous avons conservé le nom
de Langaha qu'on lui donne à Madagascar.

L'individu de l'espèce du langaha de Madagascar, décrit par M. Bruguière, avait deux pieds
huit pouces de longueur totale, et sept lignes de
diamètre dans la partie la plus grosse de son corps.
Le dessus de sa tête était couvert de sept grandes
écailles, placées sur deux rangs, la rangée la plus
voisine du museau présentait trois pièces, et l'autre
rangée en présentait quatre. Sa mâchoire supérieure était terminée par une appendice longue
de neuf lignes, tendineuse, flexible, très-pointue
et revêtue de très-petites écailles, ce qui lui donnait un nouveau rapport avec la couleuvre nasique. Elle avait, suivant M. Bruguière, des dents
de même forme et en même nombre que celles
de la vipère. Les écailles, qui revêtaient le dos,
étaient rhomboïdales, rougeâtres, et l'on voyait à
leur base, un petit cercle gris avec un point jaune.
On comptait sur la partie inférieure du corps,
cent quatre-vingt-quatre grandes plaques blanchâtres, luisantes, d'autant plus longues qu'elles
étaient plus éloignées de la tête, et qui formaient
enfin autour du corps des anneaux entiers au
nombre de quarante-deux. Après ces anneaux,
ou plutôt vers le milieu de l'endroit garni par ces
anneaux écailleux, commençait la queue apparente

que recouvraient de très-petites écailles; mais la véritable queue était beaucoup plus longue, puisque l'anus était placé entre la quatre-vingt-dixième et la quatre-vingt-onzième grande plaque, au milieu de quatre pièces écailleuses.

M. Bruguière ayant vu trois langaha de Madagascar, s'est assuré que le nombre des grandes plaques et des anneaux était variable dans cette espèce : un de ces trois individus, au lieu de présenter les couleurs que nous venons d'indiquer, était violet, avec des points plus foncés sur le dos.

Les habitants de Madagascar craignent beaucoup le langaha; et en effet, la forme de ses dents, semblables à celles de la vipère, doit faire présumer qu'il est venimeux.

HUITIÈME GENRE.

SERPENTS

QUI ONT LE CORPS ET LA QUEUE GARNIS DE PETITS
TUBERCULES.

ACROCHORDES.

L'ACROCHORDE DE JAVA.[1]

Acrochordus javanicus, Lacep., Merr., Latr.; *Acrochordus
javensis*, Daud., Cuv.

M. HORNSTEDT a observé et décrit ce serpent
qu'il a cru devoir placer dans un genre particulier, et que nous séparerons, avec lui, des genres
dont nous venons de parler, jusqu'à ce que de
nouvelles observations aient fixé la véritable place
que ce reptile doit occuper. Le corps et la queue
de ce serpent sont garnis de verrues ou tubercules relevés par trois arêtes, et qui devant ressem-

---

(1) Mémoires de l'Académie des Sciences de Stockholm, an. 1787,
pag. 3o6 ; et Journal de Physique, an. 1788, p. 284.

La peau de l'acrochorde de Java, décrit par M. Hornstedt, a été
déposée dans le Cabinet d'Histoire naturelle du roi de Suède.

bler beaucoup à de petites écailles, rapprochent
l'acrochorde de Java, du genre des anguis, et particulièrement de la plature dont les écailles sont
très-petites et très-difficiles à compter. Mais l'a-
crochorde de Java est beaucoup plus grand que
la plupart des anguis; l'individu décrit par M. Hornstedt avait à-peu-près huit pieds trois pouces de
longueur totale; sa queue était longue de onze
pouces, et son plus grand diamètre excédait trois
pouces. Il était femelle; et l'on trouva dans son
ventre cinq petits tout formés, et longs de neuf
pouces.

L'acrochorde de Java a le dessus du corps noir,
le dessous blanchâtre, les côtés blanchâtres tachetés de noir; ses couleurs ont donc beaucoup
de rapports avec celles de la plature. Sa tête est
aplatie et couverte de petites écailles; l'ouverture
de sa gueule est petite; il n'a point de crochets
à venin; mais un double rang de dents garnit
chaque mâchoire; l'endroit le plus gros du corps
est auprès de l'anus dont l'ouverture est étroite.
Il a la queue très-menue; celle de l'individu, décrit par M. Hornstedt, n'avait que six lignes de
diamètre à son origine.

C'est dans une vaste forêt de poivriers, près de
Sangasan, dans l'île de Java, que cet individu fut
trouvé. Des Chinois que M. Hornstedt avait avec
lui, mangèrent la chair de ce reptile, et la trou-
vèrent excellente.

DES
SERPENTS MONSTRUEUX.

Nous venons de présenter la description des diverses espèces de serpents que les naturalistes ou
les voyageurs ont fait connaître; de mettre sous
les yeux les traits de leur conformation extérieure,
ainsi que les principaux points de leur organisation interne; de donner, pour ainsi dire, du
mouvement et de la vie à ces représentations ina-
nimées, en indiquant les grands résultats de l'organisation et de la forme de ces reptiles; de
comparer avec soin leurs propriétés et leurs formes; de rassembler les attributs communs à toutes
les espèces comprises dans chaque genre, et d'en
former les caractères distinctifs de chacun de ces
groupes. Nous élevant ensuite à une considération
plus étendue, nous avons essayé de réunir toutes
les qualités, toutes les facultés, toutes les habitudes, toutes les formes qui nous ont paru appartenir à tous les genres de serpents, et d'en composer le tableau général de l'ordre entier de ces
animaux, que nous avons placé au commencement de notre examen détaillé de leurs espèces
particulières.

Nous avons recherché dans ces formes, dans ces

habitudes, dans ces propriétés, celles qui sont constantes, et celles qui sont variables. Parcourant, à l'aide de l'imagination, les divers points du globe, pour y reconnaître les différentes espèces de serpents, nous n'avons jamais cessé, lorsque nous avons retrouvé la même espèce sous différents climats, de marquer, autant qu'il a été en nous, l'influence de la température et des accidents de l'atmosphère, sur sa conformation ou sur ses mœurs. Nous avons toujours voulu distinguer les facultés permanentes qui appartiennent véritablement à l'espèce, d'avec les propriétés passagères et relatives produites par l'âge, par les circonstances des lieux ou par celles des temps.

Il ne nous reste plus, pour donner de l'ordre des serpents l'idée la plus étendue et la plus exacte qu'il soit en notre pouvoir de faire naître, qu'à mettre un moment, sous les yeux, les grandes variétés auxquelles les individus peuvent être soumis, les écarts apparents dont ils peuvent être l'exemple, les diverses monstruosités qu'ils peuvent présenter.

Quelque isolés que paraissent ces objets, quelque passagers, quelque éloignés qu'ils soient des objets ordinaires de l'étude du naturaliste qui ne recherche que les choses constantes, ne considère que les espèces, et compte pour rien les individus, ils répandront une nouvelle lumière sur l'ensemble des faits permanents et généraux que nous venons de considérer.

Au premier coup-d'œil, une monstruosité paraît une exception aux lois de la nature; ce n'est
cependant qu'une exception aux effets qu'elles
produisent ordinairement. Ces lois, toujours immuables comme l'essence des choses dont elles
dérivent, ne varient ni pour les temps, ni pour
les lieux; mais, suivant les circonstances dans lesquelles elles agissent, leurs résultats sont accrus
ou diminués; leurs diverses actions se combinent
ou se désunissent. Lorsque ces actions se joignent
l'une à l'autre, les produits qui avaient toujours
été séparés se trouvent réunis, et voilà comment
se forment les monstres par excès. Lorsqu'au
contraire les différents effets de ces lois constantes
se séparent, pour ainsi dire, et ne s'exécutent
plus dans le même sujet, les résultats ordinaires
des forces de la nature sont diminués ou disparaissent, et voilà l'origine des monstres par défaut.

Les monstres sont donc des effets d'une composition ou d'une décomposition opérées par la
nature, dans ses propres forces, et qui, bien supérieures à tout ce que l'art pourrait tenter, peuvent nous dévoiler, pour ainsi dire, le secret de
ces forces puissantes et merveilleuses, en les montrant sous de nouveaux points de vue; de même
que, par la synthèse ou l'analyse, nous découvrons, dans les corps que nous examinons, de
nouvelles faces ou de nouvelles propriétés.

L'étude des monstruosités, surtout de celles qui

sont les plus frappantes et les plus extraordinaires, peut donc nous conduire quelquefois à des vérités importantes, en nous montrant de nouvelles applications des forces de la nature, et par conséquent en nous découvrant une plus grande étendue de ses lois.

Lorsque, en comparant la durée de ces résultats extraordinaires avec celle des résultats les plus communs, on cherchera combien la réunion ou le défaut de plusieurs causes particulières influe, non seulement sur la grandeur des effets, mais encore sur la longueur de leur existence, on trouvera presque toujours que les monstres subsistent pendant un temps moins long que les êtres ordinaires avec lesquels ils ont le plus de rapports, parce que les circonstances qui occasionnent la réunion ou la séparation des diverses forces dont résulte la monstruosité, n'agissent presque jamais également et en même proportion dans tous les points de l'être monstrueux qu'elles produisent; et dès-lors ses différents ressorts n'ayant plus entre eux des rapports convenables, comment leur jeu pourrait-il durer aussi long-temps?

Rien ne pouvant garantir les serpents de l'influence plus ou moins grande de toutes les causes qui modifient l'existence des êtres vivants, leurs diverses espèces doivent présenter et présentent, en effet, comme celles des autres ordres, non seulement des variétés de couleurs, constantes ou passagères, produites par la température, les accidents de l'atmosphère ou d'autres circonstances particulières, mais encore des monstruosités occasionnées par ce qu'ils éprouvent, soit avant d'être renfermés dans leur œuf, et pendant qu'ils ne sont encore que d'informes embryons, soit pendant qu'ils sont enveloppés dans ce même œuf ou après qu'ils en sont éclos, et lorsqu'étant encore très-jeunes, leur organisation est plus tendre et plus susceptible d'être altérée. Mais, comme ils n'ont ni bras ni jambes, ils ne peuvent être à l'extérieur, monstrueux par excès ou par défaut que dans leur tête ou dans leur queue; et voilà pourquoi, tout égal d'ailleurs, on doit moins trouver de serpents monstrueux que de quadrupèdes, d'oiseaux, de poissons, etc.

Il arrive cependant assez souvent que, lorsque les serpents ont eu leur queue partagée en long par quelque accident, une portion de cette queue se recouvre de peau, demeure séparée, et forme une seconde queue quelquefois conformée en apparence aussi bien que la première, quoique une seule de ces deux queues renferme des vertèbres, ainsi que nous l'avons vu pour les lézards. Mais cette espèce de monstruosité, produite par une division accidentelle, est moins remarquable que celle que l'on a observée dans quelques serpents, nés avec deux têtes. L'exemple d'une monstruosité semblable, reconnue dans presque tous les ordres d'animaux, empêcherait seul qu'on ne révoquât en doute l'existence de pareils serpents.

A la vérité, plusieurs voyageurs ont voulu parler de ces serpents à deux têtes, comme d'une espèce constante; induits peut-être en erreur par ce qu'on a dit des serpents nommés amphisbènes, auxquels on a attribué, pendant long-temps, deux têtes, une à chaque extrémité du corps, et dans lesquels on a supposé la faculté de se servir indifféremment de l'une ou de l'autre (1), ils ont confondu, avec ces amphisbènes, les serpents à deux têtes placées toutes les deux à la même extrémité du corps, et qui ne sont que des monstruosités passagères. Plusieurs personnes, arrivées de la Louisiane, m'ont assuré que ces serpents à deux têtes y formaient une espèce très-permanente, et qui se multipliait par la génération, ainsi que les autres espèces de serpents. Mais, indépendamment de toutes les raisons d'analogie qui doivent empêcher d'admettre cette opinion, aucun de ces voyageurs n'a dit avoir vu un de ces serpents femelle mettre bas des petits pourvus de deux têtes comme leur mère, ou pondre des œufs dont les fœtus présentassent la même conformation extraordinaire; et ces serpents à deux têtes ne doivent jamais être regardés que comme des monstruosités accidentelles, ainsi que les chiens, les chats, les cochons, les veaux, et les autres animaux que l'on a également vus avec deux têtes très-distinctes. Il peut se faire que des circon-

____

(1) Article des Serpents amphisbènes.

stances particulières, relatives au climat, rendent ces monstres plus communs dans certains pays que dans d'autres, et des observateurs peu difficiles n'auront eu besoin que d'apercevoir deux ou trois individus à deux têtes dans la même contrée, quoique à des époques très-éloignées, pour accréditer tous les contes répandus au sujet de ces reptiles; d'autant plus que, lorsqu'il s'agit de serpents ou d'autres animaux qui demeurent pendant long-temps renfermés dans leurs retraites, qui se cachent à la vue de l'homme, et qu'il est par conséquent assez difficile de rencontrer, deux ou trois individus ont suffi quelquefois à certains voyageurs pour admettre une espèce nouvelle et peuvent, en effet, suffire lorsqu'il ne s'agit pas d'une conformation des plus extraordinaires.

Les anciens ainsi que les modernes ont parlé de l'existence de ces reptiles monstrueux et à deux têtes. Aristote en fait mention. Ælien dit que, de son temps, on en voyait assez souvent dans le pays arrosé par le fleuve Arcas; qu'ils étaient longs de trois ou quatre coudées; que la couleur de leur corps était noire, et celle de leurs têtes blanchâtre. Aldrovande avait dans son cabinet, à Bologne, un de ces serpents à deux têtes. Joseph Lanzoni, et d'autres observateurs en ont vu (1), et l'on en

---

(1) Mélanges des Curieux de la Nature, de Vienne, pour l'année 1690, p. 318.

Voyez aussi les Transactions philosophiques, les Observations de François Rédi sur les animaux vivants renfermés dans les animaux vivants, etc.

conserve maintenant un dans le Cabinet du Roi.

Ce dernier reptile a, de longueur totale, dix pouces deux lignes; sa queue est longue d'un pouce six lignes, et sa circonférence est d'un pouce une ligne, dans l'endroit le plus gros du corps. Les écailles qui revêtent son dos, sont ovales, et relevées par une arête; il n'a qu'un seul cou, mais deux têtes égales, et longues chacune de huit lignes. Les écailles qui en garnissent la partie supérieure, sont semblables à celles du dos; une grande écaille recouvre chaque œil; les deux bouches renferment une langue fourchue, ainsi que des crochets creux et mobiles. Les deux têtes sont réunies de manière à former un angle de plus de cent cinquante degrés, et, lorsque les deux bouches sont ouvertes, on peut voir le jour au travers de ces deux bouches et des deux gosiers joints ensemble.

On peut observer, un peu au-dessous du cou, un pli assez considérable que fait le corps, et qui est produit par la peau du côté gauche, plus courte, dans cette partie, que la peau du côté droit.

La couleur du dessus du corps a été altérée par l'esprit-de-vin; elle paraît d'un brun plus ou moins foncé, et le dessous du corps est blanchâtre; nous avons compté deux cent vingt-six grandes plaques et soixante paires de petites. Ce reptile monstrueux appartient évidemment au genre des Couleuvres; il doit être placé parmi les venimeuses, et peut-être était-il de l'espèce de la vipère *Fer-de-lance*. Nous ignorons d'où il a été apporté au Cabinet de Sa Majesté.

Mais ce n'est pas seulement dans leurs collections, que les naturalistes ont vu des serpents à deux têtes. Rédi en a observé un vivant. Il l'avait trouvé, au mois de janvier, aux environs de Pise, et étendu au soleil, sur les bords de l'Arno (1). Ce reptile était mâle; sa longueur de deux palmes, et sa grosseur égalait celle du petit doigt. Sa couleur approchait de celle de la rouille; il avait sur le dos et sur le ventre des taches noires, moins foncées au-dessous du corps; une bande blanche formait une sorte de collier autour de ses deux cous, et une bande de la même couleur entourait l'extrémité de la queue, qui était parsemée de taches blanches. Chaque cou était long de deux travers de doigt; les deux cous et les deux têtes étaient entièrement semblables et très-bien conformés; chaque gueule renfermait une langue fourchue à son extrémité, mais ne présentait point de crochets mobiles et à venin (2). Rédi éprouva

---

(1) Observations de François Rédi sur les animaux vivants trouvés dans les animaux vivants. Collection académique, partie étrangère, vol. IV, p. 464.

(2) Nous donnons, dans cette note, un extrait de la description des parties intérieures de ce reptile, faite par Rédi. (Voyez dans la collection académique, l'article que nous venons de citer.) « Ce serpent avait deux « trachées-artères, et par conséquent deux poumons, lesquels étaient « tout-à-fait séparés l'un de l'autre, le poumon droit paraissait évidem- « ment plus gros que le gauche; la figure en était semblable à celle des

les effets de la morsure de ce reptile, sur divers
animaux qui n'en ressentirent aucun effet fâcheux.

« poumons des vipères et des autres serpents ; c'était une espèce de sac
« membraneux fort long, dont la surface intérieure était semée de petites
« éminences répandues sans ordre ; il était manifestement composé de
« deux différentes substances, et tout-à-fait semblable au poumon du
« serpent décrit par Gérard Blasius.

« Il se trouva deux cœurs enveloppés chacun de leur péricarde, et
« ayant chacun leurs vaisseaux sanguins ; ces deux cœurs différaient en
« cela seul que le droit était plus gros que le gauche.

« Il y avait deux œsophages et deux estomacs assez longs, comme
« dans tous les serpents. Ces estomacs s'unissaient dans un seul intestin
« qui leur était commun ; à l'endroit de leur réunion l'on apercevait sur
« la surface interne de chacun, un petit amas circulaire de glandes ou
« mamelons très-petits, aigus et rougeâtres, semblables à ceux qui, dans
« les volatiles, tapissent le dedans de la partie inférieure de l'œsophage...
« Une file de mamelons semblables, mais beaucoup plus petits et qu'on
« ne pouvait distinguer qu'à l'aide du microscope, régnaient sur toute
« la longueur du canal qui composait les deux œsophages et les deux
« estomacs.

« L'intestin, après ses circonvolutions ordinaires, allait s'ouvrir dans
« le cloaque de l'anus. Les estomacs étaient totalement vides ; il y avait
« seulement, dans le canal des intestins, quelques petits restes d'excré-
« ments et un peu de matière muqueuse, dans laquelle étaient engagés,
« et, pour ainsi dire, embourbés un grand nombre de vers très-petits,
« les uns d'un beau blanc, les autres rougeâtres et tout pleins de vie.
« J'avais cependant gardé ce serpent enfermé pendant trois semaines dans
« un vaisseau de verre, où il ne voulut prendre aucune sorte de nourri-
« ture, comme c'est la coutume de plusieurs serpents. Celui-ci avait deux
« foies, et dans le droit, qui était plus grand que le gauche, il se trouva
« cinq petites vésicules rondes et distendues, dont chacune renfermait un
« ver de même espèce que ceux qui étaient dans la cavité des intestins.

« Chacun des deux foies avait sa veine porte qui régnait sur toute sa
« longueur, et comme il y avait deux foies, il y avait aussi deux vésicules
« du fiel. Ces vésicules n'étaient point infixées ou incrustées dans le foie,
« au contraire, elles en étaient séparées et même un peu éloignées,
« comme c'est l'ordinaire dans les vipères et dans les autres serpents.

« Dans le serpent à deux têtes que je décris, la vésicule du fiel était

Ce serpent ne vécut que jusqu'au commencement de février, et ce qu'il y a d'assez remarquable c'est que la tête droite parut mourir sept heures avant la gauche.

« beaucoup plus grande dans le foie droit que dans le gauche : elle com-
« muniquait par un petit conduit au lobe droit du foie. Le canal cystique
« sortait du milieu de cette vésicule ou à-peu-près, et allait verser la bile
« dans les intestins. Du bord du foie droit naissait un autre petit conduit
« biliaire qu'on nomme hépatique ; il était isolé, et sans s'approcher de
« la vésicule, il allait déboucher dans les intestins à quelque distance du
« canal cystique. Ce second conduit biliaire ou conduit hépatique man-
« quait au foie gauche, du moins je ne pus l'y apercevoir. Ce foie avait
« seulement une vésicule du fiel d'où partait un canal cystique qui abou-
« tissait dans l'intestin, et y avait son insertion séparément des deux
« autres conduits : l'embouchure de celui-ci était marquée dans la cavité
« intérieure de l'intestin par un mamelon fort gonflé.

« Tous les mâles de l'espèce des serpents et des lézards ont deux
« verges et deux testicules, il semblait donc que ce serpent qui avait
« deux têtes, et dont les viscères étaient doubles, dût avoir quatre
« verges et quatre testicules ; cependant il n'avait que deux testicules et
« deux verges. Les testicules étaient blancs, comme à l'ordinaire, un
« peu allongés ; ils avaient tous leurs appendices et se trouvaient placés
« comme ils ont coutume d'être, non pas à côté l'un de l'autre, mais
« l'un un peu plus haut, c'est-à-dire plus près de la tête que l'autre.
« Les deux verges, conformées à l'ordinaire, avaient leur position ac-
« coutumée dans la queue ; elles étaient hérissées de pointes à leur extré-
« mité, comme elles le sont dans les vipères et dans les autres serpents
« qui se traînent sur le ventre.

« En pressant les deux verges de ce serpent à deux têtes, j'en fis
« sortir la liqueur séminale ordinaire, dont l'odeur est forte et désagréable.
« J'ai eu occasion d'observer deux serpents à deux queues, et je ne leur
« ai trouvé non plus que deux verges, et non pas quatre, de même
« qu'aux lézards verts et aux lézards à deux queues.

« Les deux cerveaux contenus dans les deux têtes étaient semblables
« entre eux, tant pour le volume que pour la conformation. Les deux
« moëlles épinières, après avoir traversé respectivement les vertèbres
« des deux cous, se réunissaient à la naissance du dos en un seul tronc
« qui régnait jusqu'à l'extrémité de la queue. »

OBSERVATIONS

SUR UN GENRE DE SERPENT

QUI N'A PAS ENCORE ÉTÉ DÉCRIT.[1]

Linnée avait cru pouvoir inscrire dans six genres tous les serpents connus de son temps. Il avait donné à ces familles les noms de *Couleuvre*, de *Boa*, de *Crotale*, d'*Anguis*, d'*Amphisbène* et de *Cécilie*. Il avait compris dans le premier genre les serpents qui ont une rangée de grandes lames écailleuses au-dessous du corps, et deux rangées de petites lames au-dessous de la queue; dans le second, ceux de ces reptiles qui présentent un rang de grandes lames au-dessous de la queue, aussi bien qu'au-dessous du corps; dans le troisième, ceux dont la queue est terminée par de grandes écailles d'une forme particulière, qui rend ces pièces susceptibles de s'emboîter les unes dans les autres; dans le quatrième, les serpents dont le dessous du corps et le dessous de la queue offrent de petites écailles conformées et disposées comme celles du dos; dans le cin-

---

[1] Ce mémoire est extrait des Annales du Muséum, 1803. tom. II, page 280.

quième, ceux dont le corps et la queue sont renfermés dans une suite d'anneaux écailleux; et enfin dans le sixième, les serpents qui, revêtus d'une peau visqueuse, montrent sur chacun de leurs côtés une série de plis membraneux.

Lorsque je publiai, en 1789, l'histoire naturelle des Serpents, je crus devoir ajouter deux genres aux six que Linnée avait établis; j'inscrivis à la suite de ces derniers les serpents qui, comme le reptile décrit à Madagascar par Bruguière, ont le dessous de la partie antérieure du corps revêtu de grandes lames, la partie postérieure du corps entourée d'anneaux, et l'extrémité de la queue garnie de petites écailles sur toute sa surface; je conservai à ces serpents le nom de *Langaha*, que leur donnent les Madégasses; et j'adoptai pour huitième genre celui que Hornstedt avait fait connaître, qu'il avait appelé *Acrochorde*, et dont tous les individus ont le corps et la queue parsemés de petits tubercules.

Je propose aujourd'hui aux naturalistes un nouveau genre de serpents. Il est en effet impossible de comprendre dans un des genres déja admis par les méthodistes une espèce de ces reptiles qui est encore inconnue, et dont je vais exposer les principaux caractères. Les individus qu'elle renferme ont une seule rangée de plaques au-dessous du corps, de même que les couleuvres, les boa et les crotales. Mais au lieu de présenter au-dessous de la queue une seule rangée

de lames écailleuses, comme les crotales et les
boa, ou deux rangs de petites lames, comme les
couleuvres, ils ont la portion inférieure de la
queue couverte, de même que dans les anguis,
de petites écailles arrangées et figurées comme
celles du dos. Ils offrent une véritable queue
d'anguis au bout d'un corps de couleuvre, de
boa ou de crotale : ils montrent par conséquent
une combinaison de téguments écailleux, que l'on
n'avait pas encore observée. Nous donnerons à
ce genre le nom d'*Erpeton*, qui, de toutes les
dénominations employées par les anciens pour
désigner des serpents ou des reptiles, est la seule
que les modernes n'aient pas encore appliquée à
un genre.

Mais l'espèce dont la conformation nous a
paru rendre nécessaire l'établissement d'un genre
nouveau dans la classe des serpents, n'est pas
seulement remarquable par les caractères génériques que nous venons d'indiquer ; elle l'est encore par la forme de son crâne, et par celle de
quelques autres de ses parties. Le dessus de sa
tête est couvert, comme le crâne des couleuvres
non venimeuses, de neuf lames écailleuses, plus
grandes que les écailles du dos; mais ces neuf
lames ont une disposition particulière. Elles sont
placées sur cinq rangs transversaux : le premier ou
le plus éloigné du museau en comprend deux ; le
second n'en montre qu'une ; le troisième, le quatrième et le cinquième, en offrent deux plus

petites que les trois autres ; et l'on distingue les orifices des narines dans les deux lames de la dernière rangée. Les deux os qui composent chaque mâchoire sont très-écartés l'un de l'autre, comme dans les couleuvres-vipères et venimeuses ; et cependant l'intérieur de la bouche ne recèle aucun crochet mobile et à venin ; les dents sont très-petites et arrangées comme celles des couleuvres les moins malfaisantes. De plus, on voit à la mâchoire supérieure et à l'extrémité du museau, deux appendices charnus, deux sortes de tentacules dont on n'a encore vu d'analogues sur le museau d'aucun serpent, excepté sur celui des cécilies. Ces tentacules, bien différents de la petite pyramide écailleuse qui s'élève sur chacun des yeux du céraste (1), et de l'excroissance dure et unique qui arme le bout du museau de l'ammodyte, sont très-flexibles, prolongés horizontalement en avant, assez longs, et recouverts d'écailles très-petites, mais placées les unes au-dessus des autres, et semblables par leur figure aux écailles dorsales. La présence de ces tentacules m'a déterminé à donner le nom spécifique de *tentaculé* à l'éperton que j'ai examiné.

Toutes les écailles qui recouvrent ce serpent sont d'ailleurs relevées par une arête longitudinale. Les lames qui garnissent le dessous du corps, et

---

(1) Voyez la description que j'ai donnée de ces sortes de petites cornes à l'article du *Céraste*, page 183.

y forment comme une bande longue et étroite, sont bien moins lisses encore. Elles présentent chacune deux arêtes longitudinales; et c'est un trait que je n'avais encore vu dans aucune espèce de serpent. Ces lames ou plaques sont hexagones et inégales en grandeur. Elles sont d'autant plus petites, qu'elles sont éloignées vers la tête ou vers l'anus, du milieu ou à-peu-près, de la longueur du corps proprement dit; et il faut faire remarquer que la rangée de ces lames hexagones, doublement relevées par une arête, et situées au-dessus du corps, ne commence qu'à une distance de la gorge, plus grande que la longueur de la tête.

Bien loin d'avoir une queue très-courte comme les cécilies, les erpétons tentaculés en ont une dont la longueur est à-peu-près égale au tiers de la longueur du corps proprement dit.

Nous ignorons quel est le pays habité par ces serpents. L'individu très-bien conservé que nous avons décrit, et qui avait plus d'un demi-mètre de longueur, fait partie de la belle collection donnée par la Hollande à la France, et déposée maintenant dans le Muséum national d'histoire naturelle. Nous avons compté, sur la partie inférieure du corps de cet individu, cent vingt lames ou plaques; et le dessous de la queue nous a présenté quatre-vingt-dix-neuf rangées transversales d'écailles semblables à celles du dos.

NOUVEAU GENRE DE SERPENT.

ERPÉTON.

Une rangée de grandes lames au-dessous du corps; le dessous de la queue revêtu de petites écailles semblables à celles du dos.

ESPÈCE.	CARACTÈRES.
1. Erpéton tentaculé. (*Erpeton tentaculatus.*)	Deux appendices charnus, recouverts de petites écailles, prolongés horizontalement, et placés à l'extrémité de la mâchoire supérieure; les lames du dessous du corps relevées par deux arêtes longitudinales.

Nous aurions pu insérer dans ce volume un dernier mémoire de M. de Lacépède, qui fait partie du tome IV des Annales du Muséum, et qui est relatif à plusieurs animaux de la Nouvelle-Hollande, dont la description n'avait pas encore été publiée; mais considérant que ce mémoire contient non seulement les descriptions de quelques reptiles, mais encore celles de plusieurs poissons, nous avons jugé qu'il serait plus convenable de le placer dans le dernier volume de cette édition des œuvres de M. de Lacépède, à la suite de l'Histoire des poissons.

FIN DU TOME IV.

TABLE

DES ARTICLES CONTENUS DANS LE QUATRIÈME VOLUME
DES OEUVRES DE LACÉPÈDE.

FIN DE LA TABLE DES ARTICLES.

TABLE RAISONNÉE

DES MATIÈRES DU QUATRIÈME VOLUME, RELATIVES AUX SERPENTS.

HISTOIRE NATURELLE DES SERPENTS.

Rang qu'occupent les serpents dans l'échelle des êtres, p. 21. — Leur physionomie générale, p. 21 et 22. — Ils sont placés à la suite des quadrupèdes ovipares, p. 22. — Ils sont le lien qui unit ces derniers aux poissons, p. 23. — Quoique privés de membres ils ont une marche rapide qu'on appelle ramper, et qui vient de *serpere*, p. 23. — Limites qui les circonscrivent, *ibid.* — Leurs espèces sont nombreuses, *ibid.* — Des écailles recouvrent leur corps, p. 24. — Leur organisation générale, p. 25. — Détails sur leur charpente osseuse, p. 25. — Organes défensifs des viscères, p. 26. — Du système circulatoire, p. 27. — De la respiration, p. 28. — De l'appareil digestif, p. 29. — Rapport des écailles entre elles, p. 30. — Locomotion, *ibid.* — Quelques exceptions citées par rapport à ce dernier mouvement, p. 32. — Manière dont certains serpents grimpent sur les arbres, p. 33. — Leurs dimensions relatives, 34 *et suiv.* — Diverses lois à ce sujet, p. 36. — Leur répartition sur le globe, p. 37. — Leur organisation semble préférer l'humidité combinée à la chaleur, p. 40. — Explication de ce phénomène vital, p. 41. — Accouplement des serpents et organes de la génération, *ibid.* — Ils sont ovipares, p. 42. — Les œufs de certaines espèces toutefois éclosent dans le ventre de la mère, telles sont les vipères, dont le nom vient de *vivipare*, p. 42. — Le nombre des œufs varie, p. 43. — Ils ne sont pas pondus chez certaines espèces tous à la fois, p. 45. — On ignore la durée de l'incubation solaire, p. 45. — Premiers mouvements des petits lorsqu'ils paraissent à la lumière, p. 46. — Étendue de leurs sens, p. 47 et 48. — Les serpents sont solitaires ou réunis, à-peu-près suivant les variations de leur taille, p. 51. — Ils s'engourdissent pendant un certain temps de l'année, p. 52. — Leur torpeur, dans nos climats, a lieu pendant l'hiver, p. 53. — Ils se dépouillent pour revêtir une peau nouvelle, p. 54. — La durée de leur vie est inconnue, p. 55. — Réflexions à ce sujet, p. 56 et 57. — La quantité de nourriture qui leur est nécessaire est relative à la taille de chaque espèce, p. 59 et 60. — Vapeur putride qu'ils exhalent, p. 61. — Ils enlacent leur proie dans leurs replis, *ibid.* — Ils avalent quelquefois des proies énormes par rapport à la dilatation de leur gosier, p. 63. — Leur digestion est plus ou moins longue, p. 64. — Ils semblent nés pour la destruction, p. 65. — Leur sifflement, *ibid.* — Lieux qu'ils affectionnent suivant les climats, p. 66 et 67. — Puissance des grandes espèces, p. 68. — De leur force et de leur adresse, *ibid.* — Les anciens connaissaient parfaitement les mœurs de ces reptiles, p. 70 et 71. — Qualités qu'ils leur attribuaient, p. 72. — Superstition dont ils ont été l'objet, p. 75. — Leurs attributs généraux, p. 75 et 76.

Nécessité d'adopter une classification pour décrire 140 espèces au moins de serpents, p. 77. — Le premier genre comprend les *Couleuvres*, p. 78. — Le second, les *Boas*, p. 78. — Le troisième, les serpents à sonnettes ou *Crotales*, p. 79. — Le quatrième, les *Anguis*, p. 79. — Le cinquième, les *Amphisbènes*, p. 79. — Le sixième, les *Cæcilies*, p. 79. — Le septième, le *Langaha*, p. 80. — Enfin le huitième, l'*Acrochorde*, p. 80. — Développement des principes de cette classification, *ibid.* — Utilité des caractères, p. 81. — Les serpents vivipares sont généralement venimeux, *ibid.* — Les couleuvres n'ont point de crochets et sont innocentes, p. 83. — Le genre des couleuvres est très-nombreux en espèces, p. 84. — Difficulté de les reconnaître, p. 85. — Les écailles servent de caractères, p. 87 et 88. — Les nuances des couleurs sont très-variables, p. 88. — L'âge et le sexe y apportent de nombreux changements, p. 89. — Principes d'après lesquels la table méthodique des serpents a été rédigée, p. 89 et 90. — Définition des genres qui en occupent les colonnes, p. *et suiv.*

9 782013 694384